定轨理论

Theory of Orbit Determination

[意] Andrea Milani Glovanni F. Gronchi 著
张 艳 石晟玮 郝世锋 译

国防工业出版社
National Defense Industry Press

著作权合同登记　图字: 军 -2012 -237 号

图书在版编目（CIP）数据

定轨理论 /（意）安德列 · 米兰妮（Andrea Milani），（意）格洛万尼 · F · 格龙基（Giovanni F. Gronchi）著; 张艳, 石晟玮, 郝世锋译. — 北京: 国防工业出版社, 2016. 7
（国防科技著作精品译丛）
书名原文: Theory of Orbit Determination
ISBN 978-7-118-10749-4

Ⅰ. ①定… Ⅱ. ①安… ②格… ③张… ④石… ⑤郝… Ⅲ. ①卫星定轨 Ⅳ. ①P123.46

中国版本图书馆 CIP 数据核字（2016）第 188581 号

This is a simplified Chinese of the following title published by Cambridge University Press:
Theory of Orbit Determination by Andrea Milani and Giovanni F. Gronchi
ISBN 978-0-521-87389-5

定轨理论

[意]　Andrea Milani　Glovanni F. Gronchi　著

张　艳　石晟玮　郝世锋　译

出版发行　国防工业出版社
地址邮编　北京市海淀区紫竹院南路 23 号　100048
经　　售　新华书店
印　　刷　北京嘉恒彩色印刷有限责任公司
开　　本　710 × 1000　1/16
印　　张　23 ½
字　　数　365 千字
版 印 次　2016 年 7 月第 1 版第 1 次印刷
印　　数　1—2000 册
定　　价　118.00 元

(本书如有印装错误，我社负责调换)

国防书店: (010) 88540777　发行邮购: (010) 88540776
发行传真: (010) 88540755　发行业务: (010) 88540717

译者序

随着人类科学研究的深入和活动空间的不断拓展，需要跟踪、测量和定轨的各类自然天体和人造天体的数量急剧增加。但是，大量天文观测和航天器跟踪带来的批量信息产生了经典算法所不能解决的问题，急需新的理论支撑定轨理论的发展。本书正是在这样的背景下产生的。该书由剑桥大学出版社在 2009 年首次出版发行。作者 Andrea Milani 是比萨大学数学系的数理学教授，他在多体问题、空间动力学、定轨预报以及空间碰撞预警等多个方面均有深入的研究。全书共分为四个部分，17 个章节，针对近年来在天文观测、碎片探测、航天任务等工作中出现的传统算法无法实现的精密定轨问题，系统地提出了一系列新的算法和模型。同时书中还通过列举大量的实际空间探测任务实例，帮助读者更好地理解书中提出的定轨模型和方法。

本书四个部分的具体内容如下：① 定轨问题的基本概念，主要介绍定轨问题中动力学、观测量和误差模型等三个基本要素的定义，并对定轨问题进行分类；② 定轨问题中的基本理论，主要介绍最小二乘、矩阵计算等方面的相关知识和理论；③ 群轨道理论，主要介绍不同轨道的识别、关联、测量以及监视等相关问题；④ 协同定轨问题，主要介绍在定轨问题中涉及的行星引力、非引力摄动以及多弧度测量等因素的详细建模与分析。

本书的翻译工作主要由北京跟踪与通信技术研究所张艳、石晟玮、郝世锋等同志完成，最后请南京大学汤靖师教授和译者共同完成了译校。本书的翻译工作还得到了北京跟踪与通信技术研究所刘利生、李波、柳仲贵、赵鹏等人的大力支持和帮助, 在此一并表示感谢。

在翻译过程中, 我们力求保留原著风格、把握原著含义, 但由于译者水平所限, 书中难免有错误和不准确之处, 恳请广大读者批评指正。

译者

2016 年 5 月

序

在探索和认知太阳系的过程中, 对自然天体和人造天体进行定轨是一项基本的工作。随着近年来在天文观测和航天器跟踪任务中数据质量和数量的不断积累提高, 产生了一些经典定轨算法所不能解决的问题。本书提出的新算法能够处理下一代巡天测量所能观测到的几百万个天体, 并且能够将这些超高精度水平的观测数据进行充分利用。

本书首先介绍了一些通用数学基础和经典算法, 随后阐述了基于最新的数学工具和研究结论的新算法, 其中本书作者在这些新算法的研究中也做了大量工作。同时, 本书还提供了基于实际天文观测和空间任务的新方法应用案例。本书不仅适用于应用数学、物理学、天文学和航天工程等专业的研究生和研究人员, 同时也适用于非专业的天文学爱好者。

本书作者 Andrea Milani 是比萨大学数学系的数学物理学专职教授。他的研究领域包括 N 体问题、太阳系稳定性、小行星动力学及小行星群、卫星测地学、行星探测、定轨和小行星碰撞危险等。

本书另一作者 Giovanni F. Gronchi 是比萨大学数学系的数学物理学研究人员。他的研究领域包括太阳系物体动力学、摄动理论、定轨、奇异问题和 N 体问题的周期轨道等。

封面插图: 八个有潜在危险的小行星 (PHA) 轨道, 它们和地球轨道之间的最小相对距离小于 0.05 个天文单位 (AU)。它们与其他众多小目标一起形成了一个包围我们行星轨道的集群 (示意图, 其中绿色表示地球, 黄色表示其运行轨道)。这些目标均可用望远镜或雷达进行跟踪观测, 从而为研究定轨问题提供了很好的样本。图中显示的目标均为直径大于 2 km 的超亮型 PHA, 一旦它们与地球发生碰撞, 将引起全球性的灾难。近年来, 在定轨理论方面取得了显著的进步, 逐步发展了一些新的算法用以计算并排除上述 PHA 在未来至少 100 年内撞击地球的可能性。相同的方法也可应用于其他一些小型 PHA 碰撞风险计算, 但是对于已知的更小天体或者还未被发现的天体, 其碰撞风险计算仍然存在难度, 因此还需进一步推进定轨能力的发展。图中的轨道曲线在实际的空间图像中是相互重叠的, 同时, 在空间图像中还标注了 A. Boattini 在 2008 年发现的一颗太阳系彗星, 并展示了其星云状发光效果。

前言

本书的编撰不仅是我们自身开展教学活动提供参考的需要,同时也可为我们重新思考和整理已经获取的研究成果提供一个契机。基于以下两点原因, 我们认为本书对于行业内其他相关人员也是非常有用的。

首先, 空间飞行器不再是少数超级大国的专利, 它已被越来越多的国家和机构所研究和应用。而定轨是开展任务规划、空间操作等工作的基础。因此本书所介绍的相关数学工具可得到广泛应用。

其次, 无论是对自然天体还是人造天体, 定轨中的相关知识与技巧以往只在一个小范围的专业队伍中得到应用。以往的主流观点认为: 相关理论和软件应当通过正规版权或者保密机制得到保护。然而对于纯数学理论问题, 这种保护方式最终都是无效的。在三四十年前, 当时全球正处于谁将率先进入太空的关键竞争阶段, 因此上述观点在当时的环境下应该说是合理的。现在的国际环境已完全不同于当年, 有必要公开和传播定轨理论来使其为更多的相关专业领域人员所用。

尽管本书中的许多经验法则和实际操作建议对于领域内专家而言可能是众所周知的, 但即使是众所周知的结论也可以以一种更加合理的、严谨的并且容易理解的新方法加以呈现, 同时也可结合最新的研究成果加以介绍。另一方面, 受篇幅限制, 本书也无意对定轨领域内的所有问题进行全面的介绍。本书主要是介绍作者研究团队多年的研究成果, 以便使其得到广泛的应用。内容主要包括一些经过严格数学证明的方法, 这些方法已经过我们研究团队充分测试, 其有效性得到充分验证。在过去的 15 年中, 在定轨领域取得了巨大的进步, 其他的一些研究团队在此领域内也做出了重要的贡献, 对其研究方法的有效性我们无权评论。在本书中仅列举一些我们认为有效的方法。

上述观点可能不能得到定轨领域内所有人的认同, 但我们确信, 通过建立定轨所需的基本数学基础和规则, 消除一些技术上的模糊性, 对于现有从事该领域研究的人员也是有益的。当前, 有大量空间任务和大型天文项目可供选择, 在如此激烈的竞争环境下, 定轨专家们往往迫于压力仅凭有限的手段便声称已取得很好的结果, 这些结论往往没有得到实际任务的应用检验。为此, 如果有一本书能够通过实际应用明确指出哪些结论是可信的, 哪些结论是不可信的, 那么也许能够缓解当前这种状况。

本书是我和比萨大学数学系前空间力学组 (现天体力学组) 的同事们在过去 30 年的研究经验与成果的基础上组织编写的。除了基本的数学理论和教学案例以外, 在本书中还列举了一些基于实际研究项目的案例研究。这些案例主要与空间探测任务和自然天体研究相关。列举这些案例的主要原因有两个: 一是为了突出展示基础数学理论在实际卫星大地测量学与天体动力学方面的应用; 二是通过这些案例能够直观地给出在上述两个领域中的应用差别。

本书的编撰工作主要由我和我的同事 F. Gronchi 博士合作完成。除了经典理论和作者的独创研究成果以外, 本书还包括了我们研究团队中其他成员的研究成果, 以及具有协作关系的其他外部研究人员的成果。具体人员包括: L. Anselmo、O. Arratia、S. Baccili、A. Boattini、C. Bonanno、M. Carpino、G. Catastini、L. Cattaneo、S. R. Chesley、S. Cicalò、L. Denneau、L. Dimare、P. Farinella、D. Farnocchia、Z. Knežević、L. Iess、R. Jedicke、A. La Spina、M. de' Michieli Vitturi、A. M. Nobili、A. Rossi、M. E. Sansaturio、G. Tommei、G. B. Valsecchi、D. Villani、D. Vokrouhlický。上述名单可能并不完整, 在此对其他相关的研究人员也一并表示感谢。

谨以此书献给我的两位好友及同事: Paolo Farinella 和 Steve Chesley。他们本来应该作为本书的共同作者, 但是在 2000 年本书编撰立项尚未成熟时, 他们都离开了我们的研究团队。Steve 回到了他的祖国, 在那里他仍然对我们的项目提出建议。Paolo 则去了我们无法联系到的地方。在此, 对于他们所给予的帮助表示感谢。

目录

第一部分　问题描述与需求

第二部分 基础理论

第三部分 群目标轨道确定

第一部分　问题描述与需求

第 1 章

定轨问题

在本章中将通过详述三个基本的数学元素来描述定轨问题: 动力学、观测和误差模型。主要内容包括常用的极小值原理 (其中最常见的是最小二乘法), 以及在天文学和航天动力学领域不同的定轨分类问题。在本章的最后一节可找到对本书阅读顺序的一些建议, 以满足不同读者的需求。

1.1 轨道和观测

定轨问题中最基本的两个因素是轨道和观测, 其中轨道是如下运动方程的解:

$$\frac{\mathrm{d}\boldsymbol{y}}{\mathrm{d}t} = f(\boldsymbol{y}, t, \boldsymbol{\mu})$$

上述方程是一个常微分方程。

式中: $\boldsymbol{y} \in \mathbb{R}^p$ 为状态矢量; $\boldsymbol{\mu} \in \mathbb{R}^{p'}$ 为动力学参数, 如重力场系数; $t \in \mathbb{R}$ 为时间。小行星的运动方程是一个 N 体问题, 其运行轨道受行星万有引力的影响。对于很多彗星和具有精确轨道的小行星而言, 还需要考虑一些非引力作用的影响。而人造卫星的运动方程是一个典型的卫星问题, 其轨道通常都受行星重力场不均匀摄动和非引力作用的影响。

运动方程的初始条件为状态矢量在 t_0 时刻的值, 即

$$\boldsymbol{y}(t_0) = \boldsymbol{y}_0 \in \mathbb{R}^p$$

在以上列举的两个简单例子中, p 的值为 6, 也就是说, 初始条件仅由某一惯性坐标系下小天体的位置和速度构成。轨道为给定初始条件

$\boldsymbol{y}_0$ 和 $\boldsymbol{\mu}$ 下运动方程的特解 (初值问题)。所有轨道的集合可由通解 $\boldsymbol{y}=\boldsymbol{y}(t,\boldsymbol{y}_0,\boldsymbol{\mu})$ 表示。如果将其看作一个从初始条件 (及动力学参数) 到当前时刻 t 的映射, 上式也称为积分流, 可用函数表示为

$$\boldsymbol{y}(t)=\Phi_{t_0}^{t}(\boldsymbol{y}_0,\boldsymbol{\mu})$$

对于第二个数学元素 —— 观测, 在此首先介绍观测函数 $R(\boldsymbol{y},t,\boldsymbol{v})$。

该函数是一个由时间和 p'' 维运动学参数 $\boldsymbol{v}$ 表示的当前状态量。假设函数 R 可微, 则通解与观测函数的复合称为预测函数, 即

$$r(t)=R(\boldsymbol{y}(t),t,\boldsymbol{v})$$

该函数主要用于预测不同时刻 $t_i(i=1,2,\cdots,m)$ 的具体观测量。但是一般情况下, 观测结果 r_i 与预测结果并不相等, 其差别称为残差, 可记为

$$\xi_i=r_i-R(\boldsymbol{y}(t_i),t_i,\boldsymbol{v}),\quad i=1,2,\cdots,m$$

下标 i 也可作为观测函数的变量。大部分情况下, 观测函数为二维变量, 如赤经和赤纬, 或者是距离和距离变化率。这些情况中, 参数 R 有两个不同的解析表达式, 分别对应为奇数和偶数两种情况。其所有残差可组合成一个 $\mathbb{R}^m$ 域内的矢量:

$$\boldsymbol{\xi}=(\xi_i)_{i=1,2,\cdots,m}$$

上述函数是一个包含有 $p+p'+p''$ 个变量 $(\boldsymbol{y}_0,\boldsymbol{\mu},\boldsymbol{v})$ 的函数。

上述方程定义了一个完全确定的模型, 即每项残差均为 $p+p'+p''$ 个参数的单值函数。该函数利用通解, 可通过包含显式解析式的观测函数来表示。但通解没有一个具体的解析表达式, 可通过微分方程确定其唯一性。由第 2 章可知上述两个函数均可假设为可微。在第 14 章和第 17 章中将看到这些假设其实并不完全成立, 但在本书以下的讨论中将采用这些假设。

由于所有观测都存在误差, 因此将引入随机变量。即使精确地知道参数真值 $(\boldsymbol{y}_0^*,\boldsymbol{\mu}^*,\boldsymbol{v}^*)$, 且各类模型精确 (包括运动方程和观测模型), 所有计算过程中不存在计算误差, 仍然存在如下形式的残差矢量:

$$\xi_i^*=r_i-R(\boldsymbol{y}(\boldsymbol{y}_0^*,t_i,\boldsymbol{\mu}^*),t_i,\boldsymbol{\nu}^*,i)=\epsilon_i$$

这是一个非零的随机变量, 其联合分布 $\boldsymbol{\epsilon}=(\epsilon_i)_{i=1,2,\cdots,m}$ 需要进行模型化, 即需要设定一定的条件 (如设定一个概率密度函数或者一组不

等式) 来描述可接受的观测误差。大多数情况下, 概率密度使用高斯分布, 具体讨论见第 3 章。

1.2 极小值原理

经典定轨理论 (Gauss, 1809 年) 中的基本方法是定义依赖于残差矢量 $\boldsymbol{\xi}$ 的目标函数 $\mathcal{Q}(\boldsymbol{\xi})$。该目标函数不能任意选择, 需要满足正规凸性的条件, 最简单的目标函数 $\mathcal{Q}$ 为残差平方和:

$$\mathcal{Q}(\boldsymbol{\xi}) = \frac{1}{m}\boldsymbol{\xi}^{\mathrm{T}}\boldsymbol{\xi} = \frac{1}{m}\sum_{i=1}^{m}\xi_i^2$$

一般类型的非负二次型都可以用完全相同的方式处理 (第 5 章), 在实际应用中也经常用到。由于每个矢量都可表示成所有参数的函数, 即 $\xi_i = \xi_i(\boldsymbol{y}_0, \boldsymbol{\mu}, \boldsymbol{v})$, 因此目标函数也是参数 $(\boldsymbol{y}_0, \boldsymbol{\mu}, \boldsymbol{v})$ 的函数。下一步需要选择参数对数据进行拟合。定义 $\boldsymbol{x} \in \mathbb{R}^N$ 为 $(\boldsymbol{y}_0, \boldsymbol{\mu}, \boldsymbol{v}) \in \mathbb{R}^{p+p'+p''}$ 的子矢量, 即 $\boldsymbol{x} = (x_i), i = 1, N$, 其中每个 x_i 表示为初始条件或动力学参数、运动学参数, 则目标函数可定义为

$$Q(\boldsymbol{x}) = \mathcal{Q}(\boldsymbol{\xi}(\boldsymbol{x}))$$

其余不包含 $\boldsymbol{x}$ 的参数统一由 $\boldsymbol{k} \in \mathbb{R}^{p+p'+p''-N}$ 表示, 固定在事先设定的数值中。

极小值原理通常是指, 标称解的选择是使目标函数 $Q(\boldsymbol{x})$ 达到最小值 Q^* 的点 $\boldsymbol{x}^* \in \mathbb{R}^N$。最小二乘原理指运用于目标函数为平方和 $\mathcal{Q}(\boldsymbol{\xi}) = \boldsymbol{\xi}^{\mathrm{T}}\boldsymbol{\xi}/m$ 或其他二次方形式的极小值原理。

1.3 两种解读

极小值原理并不能理解为极小值 $\boldsymbol{x}^*$ 必须为"真解"。该原理有两种解读方法。依照最优理论, $\boldsymbol{x}^*$ 为最优点, 但略微超过最小值的目标函数值也可被接受。合理解的范围可用置信区间表示为

$$Z(\sigma) = \left\{\boldsymbol{x} \in \mathbb{R}^N | Q(\boldsymbol{x}) \leqslant Q^* + \frac{\sigma^2}{m}\right\}$$

置信参数 $\sigma > 0$。对于最小二乘原理，则有

$$Z(\sigma) = \left\{ \boldsymbol{x} \in \mathbb{R}^N | \sum_{i=1}^{N} \xi_i^2 \leqslant mQ^* + \sigma^2 \right\}$$

置信区间的直观含义是很清楚的，即尽管 $Z(\sigma)$ 内的解 $\boldsymbol{x}$ 的观测误差大于最优点 $\boldsymbol{x}^*$ 的观测误差，但还是符合观测过程中获取的信息。实际上，选择合适的 σ 值来限制可接受的误差范围并不容易。

概率理论提供了另一种解读方法，它将观测误差 ϵ_i 假定为具有一定概率密度的随机变量 (这应是一个误差模型的结果，可利用观测的先验条件或验后统计检验来验证)。矢量 $\boldsymbol{\epsilon} = (\epsilon_i)i = 1, 2, \cdots, m$ 为一个联合概率密度函数已知的联合分布随机变量矢量 (3.1 节)。需要注意的是，不同时刻的观测误差不能假定为相互独立的，需要通过统计检验来验证。那么，观测误差的概率模型可映射到定轨结果的概率模型，其中随机变量 $\boldsymbol{x}$ 的概率密度理论上是存在且可以具体计算的 (至少在某些假设条件下)。即使在一定的合理假设下，$\boldsymbol{x}$ 可以既是众数 (概率密度的最大值点) 也是期望值，但标称解 $\boldsymbol{x}^*$ 和真实轨道完全吻合的可能性为零。

换句话说，最优理论将可能的解集描述为 $\boldsymbol{x}$ 空间中一个以标称点为中心的子集，在该子集中，目标函数有一个可接受的值，标称解为目标函数的最小值点。概率理论将解集看做一个包围概率密度最高点的概率密度云。上述两种理论均有用，它们各有优缺点。

1.4 问题分类

根据动力系统和观测技术的不同，定轨问题可分为不同的类型。其中一种按动力系统分类的方法是将运动方程右侧分解为三部分，即

$$\frac{\mathrm{d}\boldsymbol{y}}{\mathrm{d}t} = \boldsymbol{f}_0(\boldsymbol{y}, t, \boldsymbol{\mu}) + \boldsymbol{f}_1(\boldsymbol{y}, t, \boldsymbol{\mu}) + \boldsymbol{f}_2(\boldsymbol{y}, t, \boldsymbol{\mu})$$

对于无摄动运动方程只包含主项 $\boldsymbol{f}_0$，其中 $|\boldsymbol{f}_0| \gg |\boldsymbol{f}_1|$。主项可以不包含或含有少量未知参数。摄动部分可细分为较重要的 $\boldsymbol{f}_1$ 项和可忽略的 $\boldsymbol{f}_2$ 项。可忽略项不仅意味着 $|\boldsymbol{f}_1| \gg |\boldsymbol{f}_2|$，而且说明 $\boldsymbol{f}_2$ 项对通解的影响很小 (与观测精度相比)。因此，在实际运算中，计算预报星历的运动方程只包含 $\boldsymbol{f}_0$ 项和 $\boldsymbol{f}_1$ 项。在每个具体案例中选择需忽略的项是一个微妙的问题，具体讨论见 4.6 节、15.3 节和 17.3 节。

首先讨论主项 $\boldsymbol{f}_0$。对于地球卫星而言, 该项为地球的二体质点引力; 对于日心轨道而言, 该项为太阳的二体质点引力; 等等。大部分情况下, 非摄动运动方程是一个二体运动问题, 仅在极少几个特例中, 二体运动不是主项。

因此可以根据中心天体的不同来对定轨问题进行分类, 具体包括:

(1) 地球卫星轨道, 包括月球、人造卫星和空间碎片;

(2) 日心轨道, 包括行星、小行星、彗星、流星体、海王星等外天体和 (人造星际) 探测器;

(3) 其他行星卫星轨道, 包括天然卫星、行星轨道飞行器、双小行星和小行星/彗星轨道器;

(4) 绕其他恒星轨道, 如双星和太阳系外行星;

(5) 无中心天体情况, 如拉格朗日平动点附近的轨道, 暂时的卫星捕获, 运动受辐射压主导的微小星际尘埃。

定轨问题还会因观测方法、数据量、观测时段、定轨精度的不同有所差异, 其主要差别存在于合作式和非合作式两种定轨模式。

1.4.1 跟踪

在合作式定轨中, 目标轨道的确定需要人造装置进行辅助观测, 这种情况下的观测过程通常称为跟踪。

最常用的跟踪方式是无线电跟踪。人造卫星上通常都装有应答机, 可接收、放大和转发地面站特定频段的无线电信号①。距离变化率 (航天器与地面站间距离对时间的导数) 可通过地面站发送和接收信号间的多普勒频移来测量。如果信号除了载波以外还含有可由应答机转发的编码信号, 即在返回的载波上加载编码信号, 则距离也可测量。这种跟踪方式也可用于行星间相对距离测量和行星际空间的距离测量。

在上述示例中, 航天器必须为应答机提供能量, 因为应答机是主动式工作的, 所以需要航天器的动力系统和姿态控制系统来确保天线的指向。也有不需要航天器提供能量的情况, 如特定用于激光测距的地球卫星。它们配备一类特殊的反射镜 (角反射器), 以最小散射能量损失沿入射方向返回光线。地面站配备单频脉冲高能激光器, 通过测量每个脉冲的发射时间和信号返回时间的时间间隔来确定到卫星的距离。

除了人造天体 (即人造飞行器) 以外, 跟踪装置同样也能放置在自

---

① 回波信号相对应答机接收信号会有一定的频移, 但可通过相位锁定技术保持精确的时间信息。

然天体上。例如在 20 世纪 70 年代, 美国和苏联就曾经在月球上放置角反射器, 因此激光测月已常规开展超过 30 年, 使得月球这一自然天体的定轨精度达到厘米级, 超过很多受非引力摄动影响的人造卫星; “海盗” 号着陆器曾在火星工作超过 5 年, 其携带的应答机使得火星轨道的计算精度能达到几十米; 行星际探测器 (如 “旅行者” 号) 可用于约束相遇的其他行星轨道。借助于高精度的应答机, 像 Cassini (现在绕土星飞行) 以及未来的 BepiColombo (绕水星飞行) 等行星际探测器将可提供精确的行星及土星自然卫星的轨道。因此, 自然天体轨道和人造航天器轨道之间不存在明显的差别。

合作式定轨具有以下三个特征:

其一, 目标具有应答跟踪能力。这样, 在任务设计阶段便可规划观测数量、时间分布和观测精度。在任务分析阶段必须进行定轨仿真, 以便从航天动力学角度提出可行的任务方案。如果定轨仿真结果较差, 就需要改进观测频度和精度。所以在合作式定轨中不会出现非常困难的定轨发散问题。另外, 严重的非线性问题和数据混乱问题也不会发生。然而, 如果发生了某些故障, 如天线未能展开这样的硬件故障, 或者星上计算机软件缺陷这样的软件故障, 抑或是缺少定轨仿真结果导致的计划失误, 均可导致跟踪出现许多非合作定轨情况下才会出现的问题, 包括发散、过度非线性甚至数据混乱等。

其二, 观测信息中包含了被跟踪目标信息。在最简单的情况下, 给定的立体角内仅有一个航天器应答信号。频段和轨道区域 (如在地球同步轨道区域) 由国际权威机构统一分配, 以避免地面发射和卫星回传信号的混乱与干扰。另外, 也可利用回传信号中的编码来识别卫星身份 (如导航卫星星座)。因此可以认为, 每组跟踪数据对应的卫星都是已知的①。在大部分情况下, 对每个航天器均可实现独立定轨; 但星间跟踪测量除外, 它是通过两个 (多个) 卫星间的无线电/激光测量, 实现两个 (多个) 目标同时定轨。

第三, 如果观测的数量和精度远超过定轨的需求, 即拟合确定初始状态 $\boldsymbol{y}_0$, 那么这些额外信息还可以用来确定其他动力学和运动学参数。事实上, 这种情况经常出现。卫星大地测量学的核心思想是通过跟踪数据来确定中心体 (地球、太阳、其他行星和小行星) 的重力场, 而不仅是不均匀的地基重力测量。利用卫星大地测量, 可使地球表面地面站的精

① 当然这一假设经常是不成立的, 从而可能导致定轨混乱。

度远超过地基测量可能达到的精度。

1.4.2 编目

在非合作式定轨中, 由于观测目标无法协同测量, 因此观测数据资源较少, 但观测数据总量却不一定少。事实上, 其数据量与空间科学任务的跟踪数据相当, 可达到数千万个。这主要源于观测数据对应着大量的目标, 但每个目标的平均观测数据较少, 例如, 目前具备观测能力的目标有 10^6 个目标, 但观测数据仅有 10^7 个。

本书中将充分讨论太阳系小天体的定轨问题, 包括小行星、彗星、流星体和海王星外天体。目标数量按轨道和尺寸来分类, 如直径大于或等于 1 km 的主带小行星数量在 10^6 量级 (这是仅从已知轨道推算的估计值)。巡天观测是用大量望远镜扫描天空, 寻找恒星状但相对恒星存在运动的目标。Herschel 由此提出了 "小行星" 这一名称。探测到这类移动目标时, 所含的信息量很少, 通常只包含天体测量信息 (角位置) 和测光信息 (视星等)。这些信息无法用来判断该目标是过去已发现的还是新目标。

正如在第 8 章中将要看到的, 仅靠发现目标的数据无法进行定轨和目标识别。因此定轨问题无法脱离识别问题来讨论。目标识别问题是指通过联合分析各类探测信息来发现同一物理目标的不同独立信息。识别/定轨程序的输出为编目信息, 包括已发现目标的列表、最佳拟合轨道、估计不确定度和其他少量物理信息 (在大部分情况下, 仅有目标的绝对星等 —— 用于衡量目标固有的反射太阳光的能力)①。

上面提及的被动测量是指探测反射光技术。行星际的雷达观测通常使用主动测量, 即利用高功率微波束指向大行星、行星自然卫星、小行星和彗星等天体。在现有的技术水平下, 距离 r 处的信噪比与 $1/r^4$ 成正比, 在行星际的距离上目前仅可对主要的内行星、一些很大的卫星 (如土卫六 Titan) 和大的小行星实现雷达观测, 其他大部分目标是近地小行星, 它们与地球可以达到相对很近的距离②。雷达观测是一个复杂问题, 由于回波信号来自小行星表面不同区域, 因此相对雷达天线存在不同的距离和距离变化率。实际上, 雷达的天体测量数据是在基于目标

---

① 绝对星等给出了目标的直径、质量信息。但这些数据中同样也包含了诸如反照率、密度之类的未知参数信息。

② 依靠现有技术, 对于直径小于 1 km 的小型天体, 雷达的最远可探测距离为 0.2 ~ 0.3 AU。

尺寸、形状、雷达反射率和旋转状态的基础上拟合得到的标准值。这些约束轨道的信息可综合成等效的距离和距离变化率观测量。雷达天体测量的精度比传统的天体测量高 $2\sim3$ 个量级。

以上主要描述自然天体的定轨问题, 对不具备操控能力的航天器也可采用类似的方法。与小行星相同, 它们可采用非合作方式进行观测, 即通过天体或雷达测定。但大多数情况下无法观测识别出不同的无效航天器。地球轨道空间碎片探测正朝着小尺寸方向发展, 由于火箭各级残骸、抛整流罩过程中释放的火箭残骸、解体卫星、火箭发动机、螺丝钉、螺栓、小碎片, 以及燃料残渣、冷却液和各种垃圾的增加, 编目天体数量在不断增长, 目前估计约有 350000 个直径 1 cm 以上的轨道碎片。因此空间碎片问题就是一个特定非合作定轨问题, 并且必须开展巡天观测对超过某一尺寸的目标进行编目。基于碰撞监视需求, 上述问题尤其受到关注。毫米级以上目标以几千米每秒的相对速度与国际空间站碰撞将严重破坏空间站。

非合作式定轨与合作式定轨情况刚好相反, 它同样也有三个特征。

其一, 观测值的数量无法控制。可以通过设计巡天任务获得大量观测值, 但大部分观测值序列均为已知轨道的不同目标, 因此每个目标的平均观测量较少, 通常在 10 的量级。

其二, 单个目标的一组实时观测值是不足以计算轨道的, 因此在定轨之前需要解决数据识别问题。另一方面, 只有当轨道拟合所需的所有数据均来自同一目标时, 识别结果才是可靠的。因此定轨和识别是同一个问题, 并且相当复杂。

其三, 通常不需求解动力学和运动学参数。当建立可靠的识别后, 每条轨道就可以单独求解, 拟合 $N=p=6$ 个参数。另外, 单独拟合测光数据可以得到绝对星等, 但是需要处理数百万个目标。

1.4.3 行星系统

有少数定轨问题不符合合作/非合作定轨两个分类, 如行星系统, 这里有两个典型示例。

太阳系有 N_P 个行星①, 行星的运动方程必须考虑其他行星的摄动

① 行星的准确定义是有争议的, 例如, 冥王星的尺寸和质量与那些海王星外天体相当, 但明显小于如月球、木卫三和土卫六等卫星, 为此之前将其分类为微型行星 (minor planet)。我们讨论中的关键因素是质量大到能够对其他行星的轨道产生可观测摄动 (效应) 的天体数目, 见 4.6 节讨论; 因此在目前的观测精度下, 冥王星是不包括在内的。

影响, 即进行相对论修正。这些摄动的影响主要来自较大的卫星 (尤其是月球) 和大的小行星。大行星质量以动力学参数 μ 和描述广义相对论效应的后牛顿参数形式出现。

为此, 包括地球在内的行星轨道必须同时确定。参数列表可能包括 $p = 6N_P$ 个初始条件、$p' \geqslant N_P$ 个动力学参数和许多运动学参数。观测量包括天体测量、行星雷达、掩星、行星着陆器和航天器探测数据。该问题主要将在第 6 章秩亏问题中讨论。

行星 (和非常小的伴星) 绕恒星的轨道可以通过测量恒星的视向速度, 即距离变化率来测量。虽然行星的运动范围广阔, 但绝大部分情况下, 其暗淡的亮度在恒星强辐射背景下无法分辨。如果假定存在一颗独立的行星 (或伴星), 则该问题就是一个简单的二体问题。一旦对称性问题得到解决 (第 6 章), 定轨问题就很简单。这些太阳系以外的行星可看做非合作目标。虽然现在确实存在大量的高分辨径向速度数据序列, 在没有其他恒星探测数据引起混乱的情况下, 每个行星系统单纯利用自己的数据就可以解决定轨的问题。但如果出现多颗行星围绕同一恒星的情况, 问题就会变得比较复杂。虽然其复杂程度还是比不上地球卫星测地和非合作定轨问题, 即使如此, 对于这类问题还是需要谨慎求解。

对于地球上均可观测到的双星, 其定轨问题有一套专门的理论。本书将不讨论这一情形, 有相关专著 (Aitken, 1964) 对此进行讨论。

对于人造卫星还有一类介于两者之间的定轨问题, 即星座的定轨。星座中几十颗卫星被部署在相似的轨道上, 并且可以使用星座中不同的成员同时进行观测, 得到的差分数据精度高于绝对观测量①。这时所有卫星的轨道必须同时确定。

1.5 如何阅读此书

本书面向对定轨中一般性数学问题或者至少一类应用需求 (如跟踪、非合作和行星系统) 感兴趣的人。预计很多读者并无意了解与自己工作无太多关系的所有细节, 因此建议有选择地采用三种途径阅读此书。

如果对卫星测地、任务分析及空间任务运作、行星际探测及类似主题感兴趣, 可以阅读第 2 章和第 3 章的准备内容, 然后阅读第 5 章和

① 该方法的另一个优点是通过测量从不同卫星返回的信号相位差, 可解决测站的时间问题, 从而不需依赖精确时钟。

第 6 章的基础理论, 以及第 13 章和第 14 章卫星轨道的特定背景, 以便为第 14 章 ~ 第 17 章中地球卫星及行星探测的研究内容的阅读提供基础知识储备。

如果对小行星/彗星轨道确定感兴趣, 那么同样需要先阅读第 2 章和第 3 章。如果没有足够的天体力学背景, 还应阅读第 4 章。接下来, 需要阅读第 5 章和第 6 章, 从而为第 7 章 ~ 第 10 章的识别和定轨一体化理论研究内容提供基础知识。第 11 章主要是小行星测量研究, 第 8 章有关于空间碎片研究工作的一些有益建议。如果对定轨中最重要的应用之一 —— 碰撞监测 (一种避免地球与小行星碰撞的必要手段) —— 感兴趣, 则还需要阅读第 12 章。

如果仅仅对行星系统感兴趣, 在第 6 章中有相关的示例讨论, 因此可以阅读前 6 章。在第 17 章有一些相关的附加信息。

如果对定轨的相关应用均感兴趣, 可以选择喜欢的内容。相关名词的定义可以通过主题索引在正文中找到。基于本书作者长期和丰富的经验, 希望本书的这种写作方式能对读者有所帮助。

附录中包含一些辅助性的材料, 这些可能对设计和开发定轨软件提供重要的帮助。由于本书篇幅有限, 且为了方便更新, 附录不包含在书中但可以在线获取 (网址 http://adams.dm.unipi.it/orbdetbook)。

第 2 章

动力学系统

本章包含后续内容所需的一些动力学系统的基础理论。在书中没有给出正式的推导过程, 仅介绍了一些常用的结论。相关内容可参考其他一些教科书, 如 Hartmann (1964) 和 Milani (2002a) 等人的专著。

2.1 运动方程

描述目标运动一般采用以下形式的常微分方程:

$$\frac{\mathrm{d}\boldsymbol{y}}{\mathrm{d}t} = \boldsymbol{f}(\boldsymbol{y}, t, \boldsymbol{\mu})$$

式中: $\boldsymbol{f}: \mathbb{R}^{p+p'+1} \to \mathbb{R}^p$ 为满足一些正则性条件的函数; 状态矢量 $\boldsymbol{y} \in \mathbb{R}^p$ 为未知量; $\boldsymbol{\mu} \in \mathbb{R}^{p'}$ 为动力学参数, 在此可以假设其为常数 (即 $(\boldsymbol{\mu} = \boldsymbol{\mu}_0)$)。我们主要关心初值问题的求解 (即柯西问题)。

$$\frac{\mathrm{d}\boldsymbol{y}}{\mathrm{d}t}(t) = \boldsymbol{f}(\boldsymbol{y}(t), t, \boldsymbol{\mu}), \quad \boldsymbol{y}(t_0) = \boldsymbol{y}_0 \tag{2.1}$$

式 (2.1) 的通解是时间、初值和动力学参数的函数, 可用下式表示:

$$\boldsymbol{y}(t) = \boldsymbol{y}(t, t_0, \boldsymbol{y}_0, \boldsymbol{\mu})$$

通过引入变量 $\boldsymbol{z}$, 初值 $\boldsymbol{z}_0$ 和函数 $\boldsymbol{g}$, 可以将上述问题转化为自洽动力学系统来研究, 即

$$\boldsymbol{z} = \begin{pmatrix} \boldsymbol{y} \\ t - t_0 \\ \boldsymbol{\mu} \end{pmatrix}, \quad \boldsymbol{z}_0 = \boldsymbol{z}(t_0) = \begin{pmatrix} \boldsymbol{y}_0 \\ 0 \\ \boldsymbol{\mu}_0 \end{pmatrix}, \quad \boldsymbol{g} = \begin{pmatrix} \boldsymbol{f} \\ 1 \\ \boldsymbol{0} \end{pmatrix}$$

式中: $\mathbf{0}$ 为 $\mathbb{R}^{p'}$ 中的零矢量。由此问题转化为

$$\frac{\mathrm{d}\boldsymbol{z}}{\mathrm{d}t}(t)=\boldsymbol{g}(\boldsymbol{z}(t)),\quad \boldsymbol{z}(t_0)=\boldsymbol{z}_0 \tag{2.2}$$

式 (2.2) 的解通常表示为 $\boldsymbol{\Phi}_{t_0}^t(z_0)$ 或 $\boldsymbol{z}(t,t_0,z_0)$, 在此称为流。映射 $\boldsymbol{\Phi}_{t_0}^t$ 依赖两个参数 t_0、t。t 时刻的解 $\boldsymbol{z}(t)$ 可通过初值 $\boldsymbol{z}_0$ 转化得到。流具有以下的半群性质: 对于每个 $t_0,t_1,t_2\in\mathbb{R}$, 有 $\boldsymbol{\Phi}_{t_1}^{t_2}\circ\boldsymbol{\Phi}_{t_0}^{t_1}=\boldsymbol{\Phi}_{t_0}^{t_2}$。当 $\boldsymbol{\Phi}_{t_0}^{t_0}$ 为恒等式时, 流 $\boldsymbol{\Phi}_{t_0}^t$ 可逆且逆矩阵为 $\boldsymbol{\Phi}_t^{t_0}$。对于类似式 (2.2) 的自洽微分方程, 其解具有时移不变性, 即

$$\boldsymbol{\Phi}_{t_0}^t(\boldsymbol{z}_0)=\boldsymbol{\Phi}_0^{t-t_0}(\boldsymbol{z}_0)=\boldsymbol{z}(t-t_0,0,\boldsymbol{z}_0)$$

因此, 给定初始时刻 t_0, 可以将 $t-t_0$ 作为时间变量或假定 $t_0=0$, 此时可用简化符号 $\boldsymbol{\Phi}^t=\boldsymbol{\Phi}_0^t$ 来表示。

有时, 运动方程是二阶微分方程:

$$\frac{\mathrm{d}^2\boldsymbol{x}}{\mathrm{d}t^2}=\boldsymbol{h}(\boldsymbol{x},\boldsymbol{v},\boldsymbol{\mu},\boldsymbol{t}),\quad \boldsymbol{x}(t_0)=\boldsymbol{x}_0,\quad \boldsymbol{v}(t_0)=\boldsymbol{v}_0 \tag{2.3}$$

式中: $\boldsymbol{v}=\mathrm{d}\boldsymbol{x}/\mathrm{d}t$。该方程一般出现在笛卡儿坐标系的轨道计算问题中。假设 $\boldsymbol{y}=(\boldsymbol{x},\boldsymbol{v})$, $\boldsymbol{y}_0=(\boldsymbol{x}_0,\boldsymbol{v}_0)$ 和 $\boldsymbol{f}(\boldsymbol{y})=(\boldsymbol{v},\boldsymbol{h})$, 此时上述方程即可简化为式 (2.1)。

2.2 方程的解

在本节中, 将介绍式 (2.2) 解的存在性、唯一性和正则性的一些基本结论。这些结论证明可以参考其他相关书籍, 如动力学系统研究 (Hartmann, 1964) 等。

2.2.1 解的存在性和唯一性

在此考虑一个开集 $\Omega\subseteq\mathbb{R}^n$。如果存在一个值 L, 并且 $L>0$, 使得

$$|\boldsymbol{g}(\boldsymbol{z}_1)-\boldsymbol{g}(\boldsymbol{z}_2)|<L|\boldsymbol{z}_1-\boldsymbol{z}_2|,\quad \forall \boldsymbol{z}_1,\boldsymbol{z}_2\in\Omega$$

则函数 $\boldsymbol{g}:\Omega\to\mathbb{R}^n$ 在域 Ω 内是一致李普希茨连续 (Lipschitz-continuous)。

如果 $\boldsymbol{g}$ 是一致、李普希茨连续的, 那么, 对每个 $\boldsymbol{z}_0\in\Omega$, 在区间 $(-\epsilon,\epsilon)$ 内 ($\epsilon>0$ 且与 $\boldsymbol{z}_0$ 相关) 式 (2.2) 存在唯一的解 $\boldsymbol{z}(t)$。如果 $\boldsymbol{g}$ 在域

Ω 内局部李普希茨连续, 则在开集 $\mathbb{R}^{n+1}$ 内存在局部一致的积分传播函数 $\boldsymbol{z}(t,\boldsymbol{z}_0)$。

在一个较大的包含紧致集 K 且 $\Omega \subset K$ 的开集 Ω_1 内, $\boldsymbol{g}$ 是一阶可微的 C^1 (具有连续偏导数), 则 $\boldsymbol{g}$ 在域 Ω 内李普希茨连续。在天体力学中, 由于重力势是一个谐函数 (第 13 章), 因此运动方程的正则性是可以保证的, 只有一些非重力摄动力可能导致非一致性问题, 详见 14.3 节。

2.2.2 最大解

式 (2.2) 的解如果定义在最大的时间区间上, 则称其为最大解, 即在更大的时间区间上原初值问题无解。假定 $\boldsymbol{z}_0 \in \Omega$ 且 $\boldsymbol{z} = \boldsymbol{z}(t)$ 是式 (2.2) 在包括 0 的开区间 $I \in \mathbb{R}$ 中的解。如果定义 $t \geqslant 0$ 上的解 $\boldsymbol{z}(t)$ 在有限时间间隔 $[0, t_1)$ 内限制在紧集 $K \subset \Omega$ 内, 则 $\boldsymbol{z}(t)$ 不是最大解。当 $t \leqslant 0$ 时, 结论类似。仅定义在有限区间内的最大解一定会离开 Ω 中的任意紧集。

2.2.3 流的李普希茨连续性

积分传递函数 $\boldsymbol{z}(t,\boldsymbol{z}_0)$ 作为初始状态 $\boldsymbol{z}_0$ 的函数是李普希茨连续的。这里可以用格朗沃尔引理 (Gronwall Lemma) 描述: 定义 $y : \boldsymbol{I} \to \mathbb{R}$ 为区间 $\boldsymbol{I} \subseteq \mathbb{R}$ 内的非负函数, 如果有 $\alpha, \beta > 0$, 则

$$0 \leqslant y(t) \leqslant \beta + \alpha \int_0^t y(s)\mathrm{d}s$$

即

$$0 \leqslant y(t) \leqslant \beta \exp(\alpha t)$$

由格朗沃尔引理立即可以得到: 如果 $\boldsymbol{z}_1(t)$、$\boldsymbol{z}_2(t)$ 是在 $\boldsymbol{z}_1(0)$、$\boldsymbol{z}_2(0)$ 初值条件下式 (2.2) 的解, 那么在 $\boldsymbol{g}$ 是一致、李普希茨连续的假设条件下, 有

$$|\boldsymbol{z}_1(t) - \boldsymbol{z}_2(t)| \leqslant |\boldsymbol{z}_1(0) - \boldsymbol{z}_2(0)| + L\int_0^t |\boldsymbol{z}_1(s) - \boldsymbol{z}_2(s)|\mathrm{d}s$$

由格郎沃尔引理, 则

$$|\boldsymbol{z}_1(t) - \boldsymbol{z}_2(t)| \leqslant |\boldsymbol{z}_1(0) - \boldsymbol{z}_2(0)| \exp(Lt) \tag{2.4}$$

即流相对初值是李普希茨连续的。

2.3 变分方程

定义雅可比 (Jacobian) 矩阵为状态转移矩阵:

$$\boldsymbol{A}(t,\boldsymbol{z}_0)=\frac{\partial \boldsymbol{z}}{\partial \boldsymbol{z}_0}(t,\boldsymbol{z}_0)$$

如果积分传递函数 $\boldsymbol{z}(t,\boldsymbol{z}_0)$ 可被时间 t 和初值 $\boldsymbol{z}_0$ 二阶微分, 通过变换求导的次序, 则可以获得相同的结果①:

$$\frac{\partial}{\partial t}\left[\frac{\partial \boldsymbol{z}}{\partial \boldsymbol{z}_0}(t,\boldsymbol{z}_0)\right]=\frac{\partial}{\partial \boldsymbol{z}_0}\left[\frac{\partial \boldsymbol{z}}{\partial t}(t,\boldsymbol{z}_0)\right] \tag{2.5}$$

由式 (2.5) 和式 (2.2)($\boldsymbol{z}(t,\boldsymbol{z}_0)$ 为式 (2.2) 的解), 可获得微分方程:

$$\frac{\partial}{\partial t}\left[\frac{\partial \boldsymbol{z}}{\partial \boldsymbol{z}_0}(t,\boldsymbol{z}_0)\right]=\frac{\partial \boldsymbol{g}}{\partial \boldsymbol{z}}(\boldsymbol{z}(t,\boldsymbol{z}_0))\frac{\partial \boldsymbol{z}}{\partial \boldsymbol{z}_0}(t,\boldsymbol{z}_0) \tag{2.6}$$

结合在 $(t,\boldsymbol{z})=(0,\boldsymbol{z}_0)$ 时的初始条件 $\partial\boldsymbol{z}/\partial\boldsymbol{z}_0=I$ (I 为单位矩阵), 方程式 (2.6) 对应的柯西问题为

$$\begin{cases}\dfrac{\partial \boldsymbol{A}}{\partial t}(t,\boldsymbol{z}_0)=\dfrac{\partial \boldsymbol{g}}{\partial \boldsymbol{z}}(\boldsymbol{z}(t,\boldsymbol{z}_0))A(t,\boldsymbol{z}_0)\\ \boldsymbol{A}(0,\boldsymbol{z}_0)=\boldsymbol{I}\end{cases} \tag{2.7}$$

式 (2.7) 的线性微分方程就是变分方程, 它也被认为是相对运动的线性化方程。设 $\boldsymbol{z}^{(0)}(t,\boldsymbol{z}_0)=\boldsymbol{z}(t,\boldsymbol{z}_0)$ 是式 (2.2) 的通解, 且 $\boldsymbol{z}^{(\epsilon)}(0,\boldsymbol{z}_0)=\boldsymbol{z}_0+\epsilon\boldsymbol{v}_0$ 是小扰动 $\epsilon\boldsymbol{v}_0$ 情况下的初值条件, 并记

$$\boldsymbol{z}^{(\epsilon)}(t,\boldsymbol{z}_0)=\boldsymbol{z}(t,\boldsymbol{z}_0+\epsilon\boldsymbol{v}_0)$$

关于小参数 ϵ 条件下 $\boldsymbol{z}^{(\epsilon)}$ 的泰勒展开为

$$\boldsymbol{z}^{(\epsilon)}(t,\boldsymbol{z}_0)=\boldsymbol{z}^{(0)}(t,\boldsymbol{z}_0)+\epsilon\boldsymbol{z}^{(1)}(t,\boldsymbol{z}_0)+O(\epsilon^2)$$

其中:

$$\boldsymbol{z}^{(1)}(t,\boldsymbol{z}_0)=\frac{\partial \boldsymbol{z}}{\partial \boldsymbol{z}_0}(t,\boldsymbol{z}_0)\boldsymbol{v}_0$$

$\boldsymbol{g}(\boldsymbol{z}^{(\epsilon)})$ 的泰勒展开为

$$\boldsymbol{g}(\boldsymbol{z}^{(\epsilon)})=\boldsymbol{g}(\boldsymbol{z}^{(0)}+\epsilon\boldsymbol{z}^{(1)}+O(\epsilon^2))=\boldsymbol{g}(\boldsymbol{z}^{(0)})+\epsilon\frac{\partial \boldsymbol{g}}{\partial \boldsymbol{z}}(\boldsymbol{z}^{(0)})\boldsymbol{z}^{(1)}+O(\epsilon^2)$$

---

① 由于在积分流 $\boldsymbol{z}(t,\boldsymbol{z}_0)$ 中 $\boldsymbol{z}_0$ 也是可变的, 因此用符号 $\dfrac{\partial}{\partial t}$ 代替 $\dfrac{\mathrm{d}}{\mathrm{d}t}$。

将 $\partial \boldsymbol{z}^{(\epsilon)}/\partial t = \boldsymbol{g}(\boldsymbol{z}^{(\epsilon)})$ 中零阶和一阶项对应相等, 并且忽略 ϵ 的高阶项, 可得

$$\frac{\partial}{\partial t}(\boldsymbol{z}^{(\epsilon)} - \boldsymbol{z}^{(0)}) = \frac{\partial \boldsymbol{g}}{\partial \boldsymbol{z}}(\boldsymbol{z}^{(0)})(\boldsymbol{z}^{(\epsilon)} - \boldsymbol{z}^{(0)})$$

即相对运动 $\boldsymbol{v}(t, \boldsymbol{z}_0) = \boldsymbol{z}^{(\epsilon)}(t, \boldsymbol{z}_0) - \boldsymbol{z}^{(0)}(t, \boldsymbol{z}_0)$ 就是下述系统的解:

$$\begin{cases} \dfrac{\partial \boldsymbol{v}}{\partial t}(t, \boldsymbol{z}_0) = \dfrac{\partial \boldsymbol{g}}{\partial \boldsymbol{z}}(\boldsymbol{z}^0(t, \boldsymbol{z}_0))\boldsymbol{v}(t, \boldsymbol{z}_0) \\ \boldsymbol{v}(0, \boldsymbol{z}_0) = \boldsymbol{v}_0 \end{cases} \tag{2.8}$$

其通解可由变分方程式 (2.7) 给出。

2.3.1 动力学参数的变分方程

下面将明确写出方程式 (2.1) 的变分方程。状态转移矩阵为

$$\boldsymbol{A}(t) = \frac{\partial \boldsymbol{z}}{\partial \boldsymbol{z}_0} = \begin{bmatrix} \dfrac{\partial \boldsymbol{y}}{\partial \boldsymbol{y}_0} & \dfrac{\partial \boldsymbol{y}}{\partial \boldsymbol{\mu}} \\ \dfrac{\partial \boldsymbol{\mu}}{\partial \boldsymbol{y}_0} & \dfrac{\partial \boldsymbol{\mu}}{\partial \boldsymbol{\mu}} \end{bmatrix} = \begin{bmatrix} \dfrac{\partial \boldsymbol{y}}{\partial \boldsymbol{y}_0} & \dfrac{\partial \boldsymbol{y}}{\partial \boldsymbol{\mu}} \\ 0 & I \end{bmatrix}$$

式中: 0、I 分别为在 $\boldsymbol{A}(t)$ 矩阵中具有合适维数的零矩阵和单位矩阵。此外还有

$$\frac{\partial \boldsymbol{g}}{\partial \boldsymbol{z}} = \begin{bmatrix} \dfrac{\partial \boldsymbol{f}}{\partial \boldsymbol{y}} & \dfrac{\partial \boldsymbol{f}}{\partial \boldsymbol{\mu}} \\ 0 & 0 \end{bmatrix}$$

所以, 变分方程式 (2.7) 代入系统, 有

$$\frac{\partial}{\partial t}\left(\frac{\partial \boldsymbol{y}}{\partial \boldsymbol{y}_0}\right) = \frac{\partial \boldsymbol{f}}{\partial \boldsymbol{y}}\frac{\partial \boldsymbol{y}}{\partial \boldsymbol{y}_0}, \quad \frac{\partial}{\partial t}\left(\frac{\partial \boldsymbol{y}}{\partial \boldsymbol{\mu}}\right) = \frac{\partial \boldsymbol{f}}{\partial \boldsymbol{y}}\frac{\partial \boldsymbol{y}}{\partial \boldsymbol{\mu}} + \frac{\partial \boldsymbol{f}}{\partial \boldsymbol{\mu}}$$

其中初始条件为

$$\frac{\partial \boldsymbol{y}}{\partial \boldsymbol{y}_0}(0) = \boldsymbol{I}, \quad \frac{\partial \boldsymbol{y}}{\partial \boldsymbol{\mu}}(0) = 0$$

2.3.2 二阶方程的变分方程

如果运动方程是二阶的 (如方程式 (2.3)), 则可按下式分解状态转移矩阵:

$$\boldsymbol{B} = \frac{\partial \boldsymbol{x}}{\partial \boldsymbol{x}_0}, \quad \boldsymbol{C} = \frac{\partial \boldsymbol{x}}{\partial \boldsymbol{v}_0}, \quad \boldsymbol{D} = \frac{\partial \boldsymbol{x}}{\partial \boldsymbol{\mu}}$$

在本书中广泛使用了 $\dot{\boldsymbol{x}} = \mathrm{d}\boldsymbol{x}/\mathrm{d}t$ 的表示方法, 注意到

$$\dot{\boldsymbol{B}} = \frac{\partial \boldsymbol{v}}{\partial \boldsymbol{x}_0}, \quad \dot{\boldsymbol{C}} = \frac{\partial \boldsymbol{v}}{\partial \boldsymbol{v}_0}, \quad \dot{\boldsymbol{D}} = \frac{\partial \boldsymbol{v}}{\partial \boldsymbol{\mu}}$$

因此, 变分方程可以通过交换导数得到, 即对 B 和 C 求二次时间导数:

$$\begin{cases} \ddot{\boldsymbol{B}} = \dfrac{\partial \boldsymbol{h}}{\partial \boldsymbol{v}}\dot{\boldsymbol{B}} + \dfrac{\partial \boldsymbol{h}}{\partial \boldsymbol{x}}\boldsymbol{B} \\ \boldsymbol{B}(t_0) = \boldsymbol{I}, \quad \dot{\boldsymbol{B}}(t_0) = \boldsymbol{0} \end{cases} \tag{2.9}$$

$$\begin{cases} \ddot{\boldsymbol{C}} = \dfrac{\partial \boldsymbol{h}}{\partial \boldsymbol{v}}\dot{\boldsymbol{C}} + \dfrac{\partial \boldsymbol{h}}{\partial \boldsymbol{x}}\boldsymbol{C} \\ \boldsymbol{C}(t_0) = \boldsymbol{0}, \quad \dot{\boldsymbol{C}}(t_0) = \boldsymbol{I} \end{cases} \tag{2.10}$$

此时 $\boldsymbol{D}$ 的线性方程是非齐次的:

$$\begin{cases} \ddot{\boldsymbol{D}} = \dfrac{\partial \boldsymbol{h}}{\partial \boldsymbol{v}}\dot{\boldsymbol{D}} + \dfrac{\partial \boldsymbol{h}}{\partial \boldsymbol{x}}\boldsymbol{D} + \dfrac{\partial \boldsymbol{h}}{\partial \boldsymbol{\mu}} \\ \boldsymbol{D}(t_0) = \boldsymbol{0}, \quad \dot{\boldsymbol{D}}(t_0) = \boldsymbol{0} \end{cases} \tag{2.11}$$

2.3.3 解的可微性

在此, 讨论积分传递函数的另一个一致特性。令 $\varOmega \subseteq \mathbb{R}^n$ 为开集, 且 $\boldsymbol{g}: \varOmega \to \mathbb{R}^n$ 为一个 C^1 函数, 则对每个 $\bar{\boldsymbol{z}}_0 \in \varOmega$, 存在一个包含 $(0, \bar{\boldsymbol{z}}_0)$ 区间的开集 $W \subset \mathbb{R} \times \varOmega$, 其中的积分传递函数 $\varPhi^t(\boldsymbol{z}_0)$ 是变量 $(t, \boldsymbol{z}_0)$ 的 C^1 函数。而且混合导数 $\partial^2 \varPhi^t(\boldsymbol{z}_0)/\partial t \partial \boldsymbol{z}_0$ 存在且连续。特别的是变分方程式 (2.7) 的推导过程变得合理。这可通过变分方程自身和格朗沃尔引理得到证明。这个结果可以推广到 C^k 阶函数 $\boldsymbol{g}$, 可获得对所有变量的 C^k 阶的解。

2.4 李雅普洛夫指数

假定 $\boldsymbol{z}(t, \boldsymbol{z}_0)$ 为柯西问题式 (2.2) 的解, 则 $\boldsymbol{v}^t(\boldsymbol{z}_0)$ 是式 (2.7) 变分方程的解。如果极限存在, 即

$$\lim_{t \to +\infty} \frac{1}{t} \log \frac{|\boldsymbol{v}^t(\boldsymbol{z}_0)|}{\boldsymbol{v}_0}$$

则可用 $\chi = \chi(\boldsymbol{z}_0, \boldsymbol{v}_0)$ 表示该极限, 并且称其为动力学系统的李雅普洛夫 (Lyapounov) 指数。如果正的最大李雅普洛夫指数元倒数存在, 则该倒数表示两个相邻轨道平均差达到 exp(1) 所需的时间, 即李雅普诺夫时间。

考虑在 $\boldsymbol{z}_1(0)$、$\boldsymbol{z}_2(0)$ 两个不同初始状态下, 式 (2.2) 的解 $\boldsymbol{z}_1(t)$、$\boldsymbol{z}_2(t)$ 的情况。利用格朗沃尔引理, 式 (2.4) 可表示为

$$\Delta(t) = |\boldsymbol{z}_1(t) - \boldsymbol{z}_2(t)| \leqslant \Delta(0) \cdot \exp(Lt)$$

所以

$$\frac{1}{t} \log \frac{\Delta(t)}{\Delta(0)} \leqslant L$$

通过求 $\Delta(0) \to 0$ 和 $t \to +\infty$ 的极限, 可得不等式

$$\chi(\boldsymbol{z}_0, \boldsymbol{v}_0) \leqslant L \tag{2.12}$$

式中: L 为函数 $\boldsymbol{g}$ 的李普希茨常数。上述不等式的含义是明确的, 如下面的算例所示: 在初始状态 $\boldsymbol{z}(0) = \boldsymbol{z}_0$ 下, 方程 $\mathrm{d}\boldsymbol{z}/\mathrm{d}t = \lambda \boldsymbol{z}$ 的解为 $\boldsymbol{z}(t) = \exp(\lambda t)\boldsymbol{z}_0$, 其微分值 $\Delta(t)$ 存在如下关系式:

$$\frac{\Delta(t)}{\Delta(0)} = \frac{|\boldsymbol{z}_1(t) - \boldsymbol{z}_2(t)|}{|\boldsymbol{z}_1(0) - \boldsymbol{z}_2(0)|} = \exp(\lambda t)$$

因此

$$\frac{1}{t} \log \frac{\Delta(t)}{\Delta(0)} = \lambda$$

式中: λ 为李雅普洛夫指数。

2.5 动力学模型问题

考虑简单的非线性问题

$$\frac{\mathrm{d}a}{\mathrm{d}t} = 0, \quad \frac{\mathrm{d}\lambda}{\mathrm{d}t} = n(a) = \frac{k}{a^{3/2}} \tag{2.13}$$

其初始状态为 $a(0) = a_0$, $\lambda(0) = \lambda_0$; $k > 0$ 是高斯引力常数, 且 $k^2 = Gm_\odot$。这个问题是在偏心率为零的近似下, 平面二体问题对应的模型, 其平运动是半长轴的非线性函数。这种模型在第 5、6 章和第 7 章将广泛讨论。积分流对应于移位映射:

$$a(t, a_0, \lambda_0) = a_0, \quad \lambda(t, a_0, \lambda_0) = \lambda_0 + n_0 t \tag{2.14}$$

式中: $n_0 = n(a_0)$。式 (2.14) 即表示初始相邻的两个轨道随时间逐渐线性分离, 其中李雅普洛夫指数为 0, 相应的变分方程的状态转移矩阵

$\boldsymbol{A}(t,a_0,\lambda_0)=\dfrac{\partial(a,\lambda)}{\partial(a_0,\lambda_0)}$ 是柯西问题的解, 即

$$\frac{\partial \boldsymbol{A}}{\partial t}=\begin{bmatrix} 0 & 0 \\ -\dfrac{3}{2}\dfrac{n_0}{a_0} & 0 \end{bmatrix}\boldsymbol{A},\quad \boldsymbol{A}(0)=\boldsymbol{I} \tag{2.15}$$

线性柯西问题的积分传递函数为

$$\frac{\mathrm{d}\boldsymbol{z}}{\mathrm{d}t}(t)=\boldsymbol{M}\boldsymbol{z}(t),\quad \boldsymbol{z}(0)=\boldsymbol{z}_0 \tag{2.16}$$

式中: $\boldsymbol{M}$ 为 $n\times n$ 阶矩阵, 可通过 $\varPhi^t(\boldsymbol{z}_0)=\exp(\boldsymbol{M}t)\boldsymbol{z}_0$ 求得, 其矩阵指数定义为

$$\exp(\boldsymbol{M}t)=\sum_{i=0}^{\infty}\frac{\boldsymbol{M}^i t^i}{i!} \tag{2.17}$$

在任意紧致区间内, 该指数关于时间 t 一致收敛。对方程式 (2.15) 而言:

$$\boldsymbol{A}(t,a_0,\lambda_0)=\exp\begin{bmatrix} 0 & 0 \\ -\dfrac{3}{2}\dfrac{n_0}{a_0}t & 0 \end{bmatrix}=\begin{bmatrix} 1 & 0 \\ -\dfrac{3}{2}\dfrac{n_0}{a_0}t & 1 \end{bmatrix}$$

对动力学参数 k 的偏导数公式是下面柯西问题的解:

$$\boldsymbol{B}(t,a_0,\lambda_0)=\left[\frac{\partial a(t,a_0,\lambda_0)}{\partial k},\frac{\partial \lambda(t,a_0,\lambda_0)}{\partial k}\right]^{\mathrm{T}}$$

可以写为

$$\frac{\partial \boldsymbol{B}}{\partial t}=\begin{bmatrix} 0 & 0 \\ -\dfrac{3}{2}\dfrac{n_0}{a_0} & 0 \end{bmatrix}\boldsymbol{B}+\begin{bmatrix} 0 \\ \dfrac{1}{a_0^{3/2}} \end{bmatrix},\quad \boldsymbol{B}(0)=\begin{bmatrix} 0 \\ 0 \end{bmatrix}$$

则解可写为

$$\boldsymbol{B}(t,a_0,\lambda_0)=[0,t/a_0^{3/2}]^{\mathrm{T}}$$

第 3 章

误差模型

在本章中将简单介绍后面章节所需的基础概率理论, 重点强调高斯或正态分布等与最小二乘原理 (5.7 节) 相关的知识。这里只给出少数证明, 其余的可参考其他教科书 (Jazwinski, 1970; Mood et al., 1974)

3.1 连续随机变量

连续随机变量 X 可由概率密度函数表示, 对所有 $x \in \mathbb{R}$, 实函数 $\boldsymbol{p}_X(x) \geqslant 0$ 是连续的且存在以下性质:

$$\int_{-\infty}^{+\infty} \boldsymbol{p}_X(x)\mathrm{d}x = 1 \tag{3.1}$$

对所有 $x \in \mathbb{R}$, X 存在连续可微的分布函数 $\mathrm{d}_X(x)$:

$$\mathrm{d}_X(x) = \int_{-\infty}^{x} \boldsymbol{p}_X(x)\mathrm{d}s$$

因此

$$\boldsymbol{p}_X(x) = \frac{\mathrm{d}}{\mathrm{d}x}\mathrm{d}_X(x)$$

通过上式, 可以计算域 $\mathbb{R}$ 中的概率值 P_X。X 在开区间 (a,b) 内的概率为

$$P_X(a < X < b) = \mathrm{d}_X(b) - \mathrm{d}_X(a) = \int_a^b p_X(x)\mathrm{d}x \tag{3.2}$$

$P_X(a < X < b) = P_X(a \leqslant X \leqslant b)$, 因此也可获得闭区间 $[a,b]$ 内的概率值。由于概率密度 $p_X(x)$ 是一个有界的积分, 则存在大的代数子集

$B \in \mathbb{R}$, 使得 X 在该区域的概率为

$$P_X(X \in B) = \int_B \boldsymbol{p}_X(x)\mathrm{d}x$$

事实上, 该子集包含有限个和少量无限个不相交的开区间, 并且代数集包含其余集的闲集。该集合称为 $\mathbb{R}$ 域内的波莱尔 σ 代数集 (the Borel σ-algebra)①。连续随机变量不能完全描述所有应用中的问题, 尤其是对于测量误差, 还存在离散分布的情况。因此, 可以将随机变量 X 定义为连续和离散变量的集合, 这样对某些点 a 存在 $P_X(x = a) > 0$。它们同样不能用连续分布函数表示, 并且也不存在概率密度函数。这种情况经常出现在误差中。例如, 任何人为数字化都会出现离散的操作误差。然而, 对于大的数据序列, 这类误差不是很重要, 当剔除异常且难于建模的粗大误差时, 可运用连续随机变量的误差模型来描述。

假设 X 为连续随机变量, 作如下定义:

均值 (或期望值) 为

$$E(X) = \int_{-\infty}^{+\infty} x p_X(x)\mathrm{d}x$$

方差为

$$\mathrm{Var}(X) = \int_{-\infty}^{+\infty} [x - E(X)]^2 p_X(x)\mathrm{d}x$$

标准差 (均方根) 为

$$\mathrm{RMS}(X) = \sqrt{\mathrm{Var}(X)}$$

n 阶中心矩

$$\mu_n(X) = \int_{-\infty}^{+\infty} [x - E(X)]^n p_X(x)\mathrm{d}x$$

峰度为

$$K(X) = \frac{\mu_4(X)}{\mathrm{Var}(X)^2}$$

---

① 式 (3.2) 中的积分为勒贝格积分, 可给出波莱尔 σ 代数集的所有元素对应的值。但是在应用中, 概率已知的 $\mathbb{R}$ 的子集情况比较简单, 通常情况下, 该子集为一个区间, 因此可以将式 (3.2) 中的积分作为黎曼积分。

3.1.1 联合分布随机变量

如果用在矢量 $(x,y)\in\mathbb{R}^2$ 上连续的联合概率密度函数 $p_{X,Y}(x,y)$ 来定义连续随机变量 X、Y, 则 X、Y 为联合分布随机变量。此时

$$p_{X,Y}(x,y)\geqslant 0,\quad \int_{\mathbb{R}^2} p_{X,Y}(x,y)\mathrm{d}x\mathrm{d}y=1$$

与独立变量情况相同, 可定义概率值 $P_{X,Y}$。在矩形域 $(a,b)\times(c,d)$ 中, 定义

$$P_{X,Y}\begin{pmatrix} a<X<b \\ c<Y<d \end{pmatrix}=\int_a^b\int_c^d p_{X,Y}(x,y)\mathrm{d}x\mathrm{d}y$$

于是, 考虑 $\mathbb{R}^2$ 域中子集的情况。这些子集可能是由有限个或可数的无限个矩形域, 或其补集构成, 也就是说在 $\mathbb{R}^2$ 域内存在波莱尔 σ 代数集。如果 D 是这样一个子集, 定义①:

$$P_{X,Y}(D)=\int_D p_{X,Y}(x,y)\mathrm{d}x\mathrm{d}y$$

对连续随机变量 X、Y, 定义 X 的期望和方差为

$$E(X)=\int_{\mathbb{R}^2} xp_{X,Y}(x,y)\mathrm{d}x\mathrm{d}y$$
$$\mathrm{Var}(X)=\int_{-\infty}^{+\infty}[x-E(X)]^2 p_{X,Y}(x,y)\mathrm{d}x\mathrm{d}y$$

同理可对变量 Y 进行定义。此外, 还可定义 X、Y 的协方差为

$$\begin{aligned}\mathrm{Cov}(X,Y)&=\int_{\mathbb{R}^2}[x-E(X)][y-E(Y)]p_{X,Y}(x,y)\mathrm{d}x\mathrm{d}y\\&=E([X-E(X)][Y-E(Y)])\end{aligned}$$

其协方差矩阵为

$$\boldsymbol{\Gamma}=\begin{bmatrix}\mathrm{Var}(X) & \mathrm{Cov}(X,Y)\\ \mathrm{Cov}(X,Y) & \mathrm{Var}(Y)\end{bmatrix}$$

定义正规矩阵 $\boldsymbol{C}=\boldsymbol{\Gamma}^{-1}$。变量 X 和 Y 的相关系数为

$$\mathrm{Corr}(X,Y)=\frac{\mathrm{Cov}(X,Y)}{\sqrt{\mathrm{Var}(X)}\sqrt{\mathrm{Var}(Y)}}$$

① 依据 Peano-Jordan, 如果 D 是可测的, 则该积分为黎曼积分。

当相关系数为 0 时, 表示两个变量不相关, 否则相关。

上述定义可推广到 n 个连续随机变量 $X_1, X_2, \cdots, X_n$ 的联合分布, 定义其联合概率密度函数为 $p_{X_1,X_2,\cdots,X_n}(x_1, x_2, \cdots, x_n)$, 对任意变量, 概率密度函数是非负、连续的, 且在 $\mathbb{R}^n$ 域内可积。在 $\mathbb{R}^n$ 的子集 D 内, 概率值可以通过多维积分求得

$$P_{X_1,X_2,\cdots,X_n}((X_1, X_2, \cdots, X_n) \in D) = \int_D p_{X_1,X_2,\cdots,X_n} \mathrm{d}x_1 \mathrm{d}x_2 \cdots \mathrm{d}x_n$$

式中: D 同样需要满足类似二维情况下的条件。

假设 $X_j, j = 1, n$ 为 n 个联合分布连续随机变量, 则每个变量的期望和方差为

$$E(X_j) = \int_{\mathbb{R}^n} x_j p_{X_1,X_2,\cdots,X_n}(x_1, x_2, \cdots, x_n) \mathrm{d}x_1 \mathrm{d}x_2 \cdots \mathrm{d}x_n$$

$$\mathrm{Var}(X_j) = \int_{\mathbb{R}^n} [x_j - E(X_j)]^2 p_{X_1,X_2,\cdots,X_n}(x_1, x_2, \cdots, x_n) \mathrm{d}x_1 \mathrm{d}x_2 \cdots \mathrm{d}x_n$$

X_i、X_j 的协方差为

$$\begin{aligned}&\mathrm{Cov}(X_i, X_j)\\ =& \int_{\mathbb{R}^n} [x_i - E(X_i)][x_j - E(X_j)] p_{X_1,X_2,\cdots,X_n}(x_1, x_2, \cdots, x_n) \mathrm{d}x_1 \mathrm{d}x_2 \cdots \mathrm{d}x_n\end{aligned}$$

正规矩阵 $\boldsymbol{C}$ 是协方差矩阵 $\boldsymbol{\Gamma} = (\gamma_{ij})_{i,j}$ 的逆矩阵, $\boldsymbol{\Gamma}$ 的系数为 $\gamma_{ii} = \mathrm{Var}(X_i)$, $\gamma_{ij} = \mathrm{Cov}(X_i, X_j)$, $i \neq j$。相关系数也可由协方差矩阵推导得到:

$$\mathrm{Corr}(X_i, X_j) = \frac{\gamma_{ij}}{\sqrt{\gamma_{ii}\gamma_{jj}}}$$

3.1.2 独立、边缘、条件概率

对二维联合分布随机变量 X、Y, 定义其边缘密度函数为

$$p_X(x) = \int_{-\infty}^{+\infty} p_{X,Y}(x, y) \mathrm{d}y, \quad p_Y(y) = \int_{-\infty}^{+\infty} p_{X,Y}(x, y) \mathrm{d}x$$

上式可作为联合分布随机变量中任一变量的概率密度函数, 该函数对另一变量的任意取值都适用。

如果下式成立, 则联合分布变量 X、Y 是独立、随机的。

$$p_{X,Y}(x, y) = p_X(x) p_Y(y) \tag{3.3}$$

如果 X、Y 是独立的, 则 $\mathrm{Cov}(X,Y)=0$, 反之则不一定成立。

假设 X、Y 是概率密度为 $p_{X,Y}(x,y)$ 的连续随机变量, 则条件密度函数为

$$p_{X|Y}(x;y)=p_{X,Y}(x,y)/p_Y(y),\quad p_{Y|X}(y;x)=p_{X,Y}(x,y)/p_X(x)$$

式中: $p_Y(y)>0$; $p_X(x)>0$。公式中用 “;” 强调两个变量的不同角色。若 X 和 Y 相互独立, 则可将条件密度函数表示为 $p_{Y|X}(y;x)=\boldsymbol{p}_Y(y)$ 或 $p_{X|Y}(x;y)=\boldsymbol{p}_X(x)$。

3.2 高斯随机变量

在最小二乘原理中存在部分起重要作用的连续随机变量, 其密度函数具有如下形式:

$$p_X(x)=N(\mu,\sigma^2)(x)=\frac{1}{\sqrt{2\pi}\sigma}\exp\left(-\frac{(x-\mu)^2}{2\sigma^2}\right)\tag{3.4}$$

式中: $\boldsymbol{\mu}=E(\boldsymbol{X})$; $\sigma=\mathrm{RMS}(\boldsymbol{X})$。这种变量称为高斯或正态分布变量。存在如下有用关系式:

$$\int_{-\infty}^{+\infty}\exp\left(-\frac{x^2}{2\sigma^2}\right)\mathrm{d}x=\sqrt{2\pi}\sigma$$

它可通过在球坐标系下计算函数 $\exp(x^2+y^2)$ 在 $\mathbb{R}^2$ 平面内的积分求得。由上式很容易发现高斯变量满足式 (3.1) 的概率密度函数。

3.2.1 转置不变性

高斯密度的几何特性如下所述。如果两个联合分布连续随机变量 X、Y 满足如下条件: 相互独立, 具有等边界密度函数 $p_X(x)=p_Y(x)=f(x)$, 且概率密度函数 $p_{X,Y}(x,y)$ 转置后不变, 即存在函数 $g:\mathbb{R}\to\mathbb{R}$, 使得 $p_{X,Y}(x,y)=g(x^2+y^2)$, 则变量 X、Y 是零均值的高斯变量, 即

$$p_X(x)=N(0,\sigma^2)(x)$$

则 g 可以表示为

$$g(x^2+y^2)=f(x)f(y)\Rightarrow g(x^2)=f(x)f(0)$$

式中: $f(0)=k$ 为常数。这样, 将 $f(x)=g(x^2)/k=kh(x^2)$ 代入上式, 得

$$h(x^2+y^2)=h(x^2)h(y^2)\Rightarrow \log h(x^2)+\log(y^2)=\log h(x^2+y^2)$$

由上式可知, $\log h(x^2)=sx^2$ 且 $f(x)=k\exp(sx^2)$, $\log h(z)$ 为线性函数。要使函数 f 积分有界, 则 s 必须为非负。假设 $s=-1/2\sigma^2$ 且 $p_X(x)=f(x)=k\exp\left(-\dfrac{1}{2\sigma^2}\right)$, 则由式 (3.1) 的标准化特性, 可得 $k=\dfrac{1}{\sigma}\sqrt{2\pi}$。因此二维高斯转置不变性可表示为

$$p_{X,Y}(x,y)=N(0,\sigma^2)(x)N(0,\sigma^2)(y)=\frac{1}{2\pi\sigma^2}\exp\left(-\frac{x^2+y^2}{2\sigma^2}\right)$$

3.2.2 二维高斯变量

给定两个独立的联合分布高斯变量 X、Y, 其联合密度函数 $p_{X,Y}(x,y)=p_X(x)p_Y(y)$ 的均值为 0, 标准差分别为 σ_x、σ_y。相应的协方差矩阵为

$$\boldsymbol{\Gamma}=\begin{pmatrix}\sigma_x^2 & 0\\ 0 & \sigma_y^2\end{pmatrix}$$

则其正规矩阵为 $\boldsymbol{C}=\boldsymbol{\Gamma}^{-1}$, 联合概率密度函数为

$$\begin{aligned}p_{X,Y}(x,y)&=N(0,\boldsymbol{\Gamma})(x,y)\\&=\frac{\sqrt{\det\boldsymbol{C}}}{2\pi}\exp\left(-\frac{1}{2}(x,y)\boldsymbol{C}\begin{pmatrix}x\\y\end{pmatrix}\right)\\&=\frac{1}{2\pi\sigma_x\sigma_y}\exp\left[-\frac{1}{2}\left(\frac{x^2}{\sigma_x^2}+\frac{y^2}{\sigma_y^2}\right)\right]\end{aligned}$$

更一般地, 假定 X、Y 为两个相关的高斯随机变量, 其正规矩阵 $\boldsymbol{C}$ 和协方差矩阵 $\boldsymbol{\Gamma}$ 分别为

$$\boldsymbol{C}=\frac{1}{1-\rho^2}\begin{pmatrix}1/\sigma_x^2 & -\rho/(\sigma_x\sigma_y)\\ -\rho/(\sigma_x\sigma_y) & 1/\sigma_y^2\end{pmatrix},\quad \boldsymbol{\Gamma}=\begin{pmatrix}\sigma_x^2 & \rho\sigma_x\sigma_y\\ \rho\sigma_x\sigma_y & \sigma_y^2\end{pmatrix}$$

式中: $\rho=\mathrm{Corr}(X,Y)$。则边缘概率密度函数与变量相互独立的情况相同, 可表示为

$$p_X(x)=N(0,\sigma_x^2)(x),\quad p_Y(y)=N(0,\sigma_y^2)(y)$$

但其联合概率密度函数则不同, 如下式所示:

$$\begin{aligned} p_{X,Y}(x,y) &= N(0,\boldsymbol{\Gamma})(x,y) \\ &= \frac{1}{2\pi\sigma_x\sigma_y\sqrt{1-\rho^2}}\exp\left[-\frac{1}{2(1-\rho^2)}\left(\frac{x^2}{\sigma_x^2}-\frac{2\rho xy}{\sigma_x\sigma_y}+\frac{y^2}{\sigma_y^2}\right)\right] \end{aligned}$$

该结论同样适用于非零期望的联合分布连续随机变量, 此时联合概率密度函数为

$$\begin{aligned} p_{X,Y}(x,y) &= N(\boldsymbol{m},\boldsymbol{\Gamma})(x,y) \\ &= \frac{\sqrt{\det \boldsymbol{C}}}{2\pi}\exp\left(-\frac{1}{2}(x-m_x,y-m_y)\boldsymbol{C}\begin{pmatrix} x-m_x \\ y-m_y \end{pmatrix}\right) \end{aligned} \tag{3.5}$$

式中:

$$\boldsymbol{m} = (m_x, m_y) = (E(X), E(Y))$$

且 X 和 Y 的边缘密度函数是正态的, 分别为

$$p_X(x) = N(m_x, \sigma_x^2), \quad p_Y(y) = N(m_y, \sigma_y^2)$$

此外, 如果 $\mathrm{Corr}(X,Y)=0$, 则正规矩阵和协方差矩阵均为对角阵, 且变量 X 和 Y 是相互独立的。

3.2.3 回归线

给定两个具有式 (3.5) 概率密度函数的联合分布高斯变量 X、Y, 在给定 Y 的条件下, X 的概率密度也具有高斯特性, 即

$$p_{X|Y}(x;y) = N\left(m_x + \rho\frac{\sigma_x}{\sigma_y}(y-m_y), \sigma_x^2(1-\rho)\right)(x)$$

在给定条件期望 $E[\boldsymbol{Y}|\boldsymbol{X}](x) = \int_{\mathbb{R}} p_{Y|X}(y;x)\mathrm{d}y$ 时, 上式可用回归线表示为

$$y = m_y + \frac{\sigma_y}{\sigma_x}\rho(x-m_x)$$

同样在给定 X 的条件下, Y 的概率密度函数有相似的形式, 即

$$p_{Y|X}(y;x) = N\left(m_y + \rho\frac{\sigma_y}{\sigma_x}(x-m_x), \sigma_y^2(1-\rho^2)\right)(y)$$

此时使用另一回归线为

$$x = m_x + \frac{\sigma_x}{\sigma_y}\rho(y - m_y)$$

回归线图例见图 5.1。

3.2.4 多维高斯变量

假设 $X_1, X_2, \cdots, X_n$ 为 n 个联合分布随机变量, 如果其联合密度函数如下式所示, 则上述变量满足高斯或正态分布:

$$p_{X_1,X_2,\cdots,X_n}(x_1, x_2, \cdots, x_n) = \frac{\sqrt{\det \boldsymbol{C}}}{(2\pi)^{n/2}} \exp\left(-\frac{1}{2}(\boldsymbol{x} - \boldsymbol{m})^{\mathrm{T}}\boldsymbol{C}(\boldsymbol{x} - \boldsymbol{m})\right)$$

式中: $\boldsymbol{m} = (m_1, m_2, \cdots, m_n)^{\mathrm{T}}$ 为其均值矢量, 且正规矩阵 $\boldsymbol{C}$ 是对称和正定的。用符号 $N(\boldsymbol{m}, \boldsymbol{\Gamma})$ 表示上面的概率密度函数, 其中 $\boldsymbol{\Gamma} = \boldsymbol{C}^{-1}$。此外, 如果 $\boldsymbol{C}$ 是对角阵, 则 $\boldsymbol{\Gamma}$ 也是, 且变量 X_j 是相互独立的: 对高斯变量, 独立和不相关是等价的。

对多维高斯变量, 需要使边缘概率密度函数的结果更加通用。设定两个联合分布的随机变量矢量为

$$\boldsymbol{X} = (X_1, X_2, \cdots, X_n), \quad \boldsymbol{Y} = (Y_1, Y_2, \cdots, Y_m)$$

其概率密度函数满足高斯分布:

$$p_{X,Y}(\boldsymbol{x}, \boldsymbol{y}) = N((\boldsymbol{m}_x; \boldsymbol{m}_y), \boldsymbol{\Gamma}_{xy})$$

式中: $\boldsymbol{x} = (x_1, x_2, \cdots, x_n)$; $\boldsymbol{y} = (y_1, y_2, \cdots, y_m)$; $(\boldsymbol{m}_x; \boldsymbol{m}_y)$ 为两个矢量的累积, 其协方差阵可分解为

$$\boldsymbol{\Gamma} = \begin{bmatrix} \boldsymbol{\Gamma}_x & \boldsymbol{\Gamma}_{xy} \\ \boldsymbol{\Gamma}_{yx} & \boldsymbol{\Gamma}_y \end{bmatrix}, \quad \boldsymbol{\Gamma}_{yx} = \boldsymbol{\Gamma}_{xy}^{\mathrm{T}}$$

式中: $\boldsymbol{\Gamma}_x$ 为 $n \times n$ 维矩阵; $\boldsymbol{\Gamma}_y$ 为 $m \times m$ 维矩阵; $\boldsymbol{\Gamma}_{xy}$ 为 $n \times m$ 维矩阵。则边缘概率密度函数为

$$\boldsymbol{p_X} = N(\boldsymbol{m_x}, \boldsymbol{\Gamma}_x), \quad \boldsymbol{p_Y} = N(\boldsymbol{m_y}, \boldsymbol{\Gamma}_y) \tag{3.6}$$

即边缘协方差矩阵是协方差矩阵在对应线性子空间中的约束条件, 条件协方差矩阵如下式所示:

$$\boldsymbol{p_{X|Y}}(\boldsymbol{x}; \boldsymbol{y}) = N(\boldsymbol{m}_x + \boldsymbol{\Gamma}_{xy}\boldsymbol{\Gamma}_y^{-1}(\boldsymbol{y} - \boldsymbol{m}_y), \boldsymbol{\Gamma}_x - \boldsymbol{\Gamma}_{xy}\boldsymbol{\Gamma}_y^{-1}\boldsymbol{\Gamma}_{yx}) \tag{3.7}$$

式 (3.7) 可以描述为条件正规矩阵 $\boldsymbol{C}^x$ 是正规矩阵 $\boldsymbol{C}=\boldsymbol{\Gamma}^{-1}$ 在对应线性子空间中的约束条件, 该结论同样适用于 $\boldsymbol{p}_{\boldsymbol{Y}|\boldsymbol{X}}(y;x)$, 见 5.4 节。

3.3 期望和变换

给定连续随机变量 $\boldsymbol{X}$ 和连续实函数 $f(x)$, 可以定义随机变量 $\boldsymbol{Y}=F(\boldsymbol{X})$, 其概率值为

$$P_Y(a<Y<b)=P_X(X:a<F(X)<b)$$

问题是 Y 是否为连续随机变量, 也就是是否存在连续概率密度函数 $\boldsymbol{p}_{\boldsymbol{Y}}(\boldsymbol{y})$。假设

(1) $y=f(x)$ 是由 $W=\{x\in\mathbb{R}:p_{\boldsymbol{X}}(x)>0\}$ 映射到 $D\subset\mathbb{R}$ 的双射函数;

(2) $x=f^{-1}(y)$ 在 D 内非零、连续可导。

则在区域 D 内除零值外, $Y=F(X)$ 是连续随机变量, 其概率密度函数为

$$\boldsymbol{p}_{\boldsymbol{Y}}(y)=\left|\frac{\mathrm{d}f^{-1}(y)}{\mathrm{d}y}\right|\boldsymbol{p}_{\boldsymbol{X}}(f^{-1}(y))$$

该定义也可推广到下面的 n 维变量。假设 $\boldsymbol{X}=(X_1,X_2,\cdots,X_n)$ 是联合分布连续随机变量, 其概率密度函数为 $p_{\boldsymbol{X}}(\boldsymbol{x})$, $\boldsymbol{x}=(x_1,x_2,\cdots,x_n)$。同时假定 $\boldsymbol{f}(\boldsymbol{x})=\boldsymbol{y}$, $\boldsymbol{y}=(y_1,y_2,\cdots,y_n)$ 为一连续函数, 则 $W=\{\boldsymbol{x}\in\mathbb{R}^n$ 使得 $p_{\boldsymbol{X}}(\boldsymbol{x})>0\}$, $D=\boldsymbol{f}(W)$, 其中 $\boldsymbol{f}:W\to D$ 为双射函数。如果 $\boldsymbol{f}^{-1}\in\boldsymbol{C}^1(D)$, 且其雅可比矩阵 $\boldsymbol{J}$ 不为零, 则在区域 D 内除零值外, 下式就是定义的连续矢量的随机变量 $\boldsymbol{Y}=\boldsymbol{F}(\boldsymbol{X})$ 的概率密度。

$$\boldsymbol{p}_{\boldsymbol{Y}}(\boldsymbol{y})=|\det\boldsymbol{J}|\boldsymbol{p}_{\boldsymbol{X}}(\boldsymbol{f}^{-1}(\boldsymbol{y})) \tag{3.8}$$

3.3.1 高斯变量的线性变换

已知连续随机变量 $\boldsymbol{X}$, 假设 $\boldsymbol{y}=\boldsymbol{f}(\boldsymbol{x})=\boldsymbol{A}\boldsymbol{x}+\boldsymbol{b}$ 是 $\mathbb{R}^n$ 域内的仿射转换, 其中 $\boldsymbol{A}$ 为 $n\times n$ 维矩阵。如果 $\boldsymbol{X}$ 是高斯变量, 其概率密度函数为 $\boldsymbol{p}_{\boldsymbol{X}}(\boldsymbol{x})=N(\boldsymbol{m},\boldsymbol{\Gamma})$, 其中 $\boldsymbol{m}\in\mathbb{R}^n$, $\boldsymbol{\Gamma}$ 为对称正定的 $n\times n$ 维矩阵, 则 $\boldsymbol{Y}=\boldsymbol{F}(\boldsymbol{X})$ 也服从正态分布, 其概率密度函数为

$$\boldsymbol{p}_{\boldsymbol{Y}}(\boldsymbol{y})=N(\boldsymbol{A}\boldsymbol{m}+\boldsymbol{b},\boldsymbol{A}\boldsymbol{\Gamma}\boldsymbol{A}^{\mathrm{T}}) \tag{3.9}$$

即变量 $\boldsymbol{Y}$ 的期望值为 $\boldsymbol{f}(\boldsymbol{m})$, 协方差矩阵为 $\boldsymbol{A\Gamma A}^{\mathrm{T}}$。这一过程称为协方差传递准则。

这种情况下, 变换是可逆的, 即 $\boldsymbol{x}=\boldsymbol{A}^{-1}(\boldsymbol{y}-\boldsymbol{b})$, 且 $\partial\boldsymbol{x}/\partial\boldsymbol{y}=\det^{-1}(A)$。那么在方程式 (3.8) 中代入 $\boldsymbol{x}-\boldsymbol{m}=\boldsymbol{A}^{-1}[\boldsymbol{y}-\boldsymbol{f}(\boldsymbol{m})]$ 和 $(\boldsymbol{A}^{\mathrm{T}})^{-1}\boldsymbol{C}\boldsymbol{A}^{-1}=(\boldsymbol{A\Gamma A}^{\mathrm{T}})^{-1}$, 可得

$$
\begin{aligned}
\boldsymbol{p_Y}(\boldsymbol{y}) &= \frac{\sqrt{\det\boldsymbol{C}(\det\boldsymbol{A})^{-2}}}{(2\pi)^{n/2}}\exp\left(-\frac{1}{2}[\boldsymbol{y}-\boldsymbol{f}(\boldsymbol{m})]^{\mathrm{T}}(\boldsymbol{A}^{\mathrm{T}})^{-1}\boldsymbol{C}\boldsymbol{A}^{-1}[\boldsymbol{y}-\boldsymbol{f}(\boldsymbol{m})]\right)\\
&= \frac{\sqrt{\det(\boldsymbol{A\Gamma A}^{\mathrm{T}})^{-1}}}{(2\pi)^{n/2}}\exp\left(-\frac{1}{2}[\boldsymbol{y}-\boldsymbol{f}(\boldsymbol{m})]^{\mathrm{T}}(\boldsymbol{A\Gamma A}^{\mathrm{T}})^{-1}[\boldsymbol{y}-\boldsymbol{f}(\boldsymbol{m})]\right)\\
&= N(\boldsymbol{f}(\boldsymbol{m}),\boldsymbol{A\Gamma A}^{\mathrm{T}})
\end{aligned}
$$

概率密度函数为 $N(\boldsymbol{m},\boldsymbol{\Gamma})$ 的高斯变量 $\boldsymbol{X}$ 的广义转换 $\boldsymbol{y}=\boldsymbol{f}(\boldsymbol{x})=\boldsymbol{B}(\boldsymbol{x}+\boldsymbol{b})$ 可通过以下方法求得, 其中 $\boldsymbol{B}$ 是最大秩为 m 的 $m\times n$ 维矩阵。假定 $\boldsymbol{\Pi}=[\boldsymbol{I}|\boldsymbol{0}]$ 为映射到首个 m 维坐标子空间的矩阵, $\boldsymbol{A}$ 为 $n\times n$ 维可逆矩阵, 且 $\boldsymbol{B}=\boldsymbol{\Pi A}$。利用式 (3.9) 计算由可逆变换 $\boldsymbol{z}=\boldsymbol{A}(\boldsymbol{x}+\boldsymbol{b})$ 定义的随机变量的概率密度 $N(\boldsymbol{A}(\boldsymbol{m}+\boldsymbol{b}),\boldsymbol{A\Gamma A}^{\mathrm{T}})$, 然后利用边缘密度函数式 (3.6) 可得

$$
\boldsymbol{p_Y}(\boldsymbol{y})=N(\Pi\boldsymbol{A}(\boldsymbol{m}+\boldsymbol{b}),\Pi\boldsymbol{A\Gamma A}^{\mathrm{T}}\Pi^{\mathrm{T}})=N(\boldsymbol{f}(\boldsymbol{m}),\boldsymbol{B\Gamma B}^{\mathrm{T}}) \tag{3.10}
$$

3.3.2 线性子空间的条件概率密度

在此需要将高斯变量的条件概率密度函数推广至任意 m 维环绕空间及任意 $N(N<m)$ 维的仿射子集。在 5.7 节需要应用该结论。

假定 W 是一个 N 维平面, 它是由 $m\times N$ 维矩阵 $\boldsymbol{B}$ 和参考点 $\boldsymbol{\xi}^*$ 定义的线性 (非齐次的) 映射构成的 $\mathbb{R}^N$ 中像点:

$$
W=\{\boldsymbol{\xi}\in\mathbb{R}^m:\boldsymbol{\xi}=\boldsymbol{Bx}+\boldsymbol{\xi}^*,\boldsymbol{x}\in\mathbb{R}^N\}
$$

此外, 可以假设 $\boldsymbol{\xi}^*$ 是正交于 W 的矢量 (否则, 与 W 平行的分量可被减掉)。假定 $p_\Xi(\boldsymbol{\xi})=N(\boldsymbol{0},\boldsymbol{I})$ 为旋转不变的高斯概率密度, 需要计算 W 上的随机变量 Ξ 的条件概率密度。

利用旋转矩阵 $\boldsymbol{R}$, 则

$$
\boldsymbol{R}(\boldsymbol{\xi}-\boldsymbol{\xi}^*)=\begin{bmatrix}\boldsymbol{\xi}'\\ \boldsymbol{\xi}''\end{bmatrix}\Rightarrow\boldsymbol{R}^{\mathrm{T}}\begin{bmatrix}\boldsymbol{0}\\ \boldsymbol{\xi}''\end{bmatrix}+\boldsymbol{\xi}^*\in W \tag{3.11}
$$

即 W 可用参数 $\boldsymbol{\xi}'' \in \mathbb{R}^N$ 表示。Ξ'' 的概率密度就是给定 $\boldsymbol{\xi}' = \boldsymbol{R}\boldsymbol{\xi}^*$ 的 $\boldsymbol{R}(\Xi)$ 的条件概率密度, 而其分布 $N(\mathbf{0}, \boldsymbol{I})$ 是旋转不变的, 因此 Ξ'' 的概率密度可以用方程式 (3.7) 计算, 且 Ξ'' 是高斯变量, 其正规矩阵受 Ξ 正规矩阵的约束, 即

$$p_{\Xi''} = N(\mathbf{0}, \boldsymbol{I})$$

式中: $\boldsymbol{I}$ 为 $N \times N$ 维单位阵。几何学上, $(m-1)$ 个球和 N 面相交的点只能组成 $(N-1)$ 个球面, 而这些就是 Ξ'' 的概率密度的水平面。

第 4 章

N 体问题

本章介绍 N 体万有引力问题在理论研究和实际应用中使用的坐标系等基础理论, 以及太阳系轨道动力学模型的选择问题。

4.1 运动方程和积分

引入 $(N+1)$ 体问题的目的在于利用常微分方程定义 $N+1$ 个质点通过万有引力相互影响的过程。令 $N+1$ 个质点的位置为 $\boldsymbol{r}_j$, 速度为 $\dot{\boldsymbol{r}}_j$, 质量为 m_j, 则

$$m_j\ddot{\boldsymbol{r}}_j = \sum_{i\neq j}\frac{Gm_im_j}{|\boldsymbol{r}_i-\boldsymbol{r}_j|^3}(\boldsymbol{r}_i-\boldsymbol{r}_j), \quad j=0,1,\cdots,N \tag{4.1}$$

式中: G 为万有引力常数。式 (4.1) 即为牛顿形式的运动方程。但是实际上需要另一种适合讨论对称性和可积性以及便于坐标转换的表达式。相互作用的万有引力存在势能, 可用势能函数表示:

$$V = -\sum_{0\leqslant i\leqslant j\leqslant N}\frac{Gm_im_j}{|\boldsymbol{r}_i-\boldsymbol{r}_j|}$$

引入动能 T 和拉格朗日函数 L 的表达式:

$$T=\frac{1}{2}\sum_{i=0}^{N}m_i|\dot{\boldsymbol{r}}_i|^2, \quad L=T-V \tag{4.2}$$

则牛顿运动方程等价于拉格朗日方程:

$$\frac{\mathrm{d}}{\mathrm{d}t}\left(\frac{\partial L}{\partial\dot{\boldsymbol{r}}_j}\right)-\frac{\partial L}{\partial\boldsymbol{r}_j}=0 \tag{4.3}$$

该方程有两个重要特性, 第一个特性与运动积分有关, 另一特性将在 4.2 节中讨论。拉格朗日方程式 (4.3) 中的初积分就是所有位置和速度的函数:

$$I = I(\boldsymbol{R}, \dot{\boldsymbol{R}}), \quad \boldsymbol{R} = (\boldsymbol{r}_0, \boldsymbol{r}_1, \cdots, \boldsymbol{r}_N), \quad \dot{\boldsymbol{R}} = (\dot{\boldsymbol{r}}_0, \dot{\boldsymbol{r}}_1, \cdots, \dot{\boldsymbol{r}}_N)$$

这样方程解的时间导数恒为零, 即

$$\frac{\mathrm{d}I}{\mathrm{d}t} = \frac{\partial I}{\partial \boldsymbol{R}}\dot{\boldsymbol{R}} + \frac{\partial I}{\partial \dot{\boldsymbol{R}}}\ddot{\boldsymbol{R}} = 0$$

因此 I 在轨道中为常数。

4.1.1 对称性和可积性

拉格朗日函数 L 的单参数对称群是一个位置 $\boldsymbol{R}$ 的微分同胚 F^s, 其中位置 $\boldsymbol{R}$ (通过微分方式) 依赖于参数 $s \in \mathbb{R}$, 所以 $F^s \circ F^z = F^{s+z}$ 且拉格朗日函数是不变量:

$$L\left(F^s(\boldsymbol{R}), \frac{\mathrm{d}}{\mathrm{d}t}F^s(\boldsymbol{R})\right) = L\left(F^s(\boldsymbol{R}), \frac{\partial F^s}{\partial \boldsymbol{R}}\dot{\boldsymbol{R}}\right) = L(\boldsymbol{R}, \dot{\boldsymbol{R}})$$

当 $s = 0$ 时, F^0 是恒等变换。同时假设混合导数 $\partial^2 F^s/\partial \boldsymbol{R}\partial s$ 是连续的。在零值附近可对 s 用相同的方法定义拉格朗日函数的局部单参数对称群。根据诺特定理 (the Noether theorem), 如果拉格朗日函数 L 存在局部单参数对称群 F^s, 则

$$\boldsymbol{I}(\boldsymbol{R}, \dot{\boldsymbol{R}}) = \frac{\partial L}{\partial \dot{\boldsymbol{R}}}\cdot, \left.\frac{\partial F^s(\boldsymbol{R})}{\partial s}\right|_{s=0} \tag{4.4}$$

为拉格朗日式 (4.3) 的初积分。

为了将该理论应用于 $(N+1)$ 体问题, 需要寻找式 (4.2) 中拉格朗日函数的对称性, 即相对距离 $|\boldsymbol{r}_i - \boldsymbol{r}_j|$ 和速度 $|\dot{\boldsymbol{r}}_j|$ 的一个函数关系。因此位形空间的等距变换下, 距离不变且与事件无关, 因此三维欧几里得空间的等距变换函数为

$$G(\boldsymbol{x}) = \boldsymbol{R}\boldsymbol{x} + \boldsymbol{q}, \quad \frac{\mathrm{d}G}{\mathrm{d}t}(\boldsymbol{x}) = \boldsymbol{R}\dot{\boldsymbol{x}}$$

式中: $\boldsymbol{R}$ 为正交矩阵 ($\boldsymbol{R}^{\mathrm{T}}\boldsymbol{R} = \boldsymbol{I}$); $\boldsymbol{q}$ 为常矢量, 两者均与时间无关。三维空间的对称群有六维且由六个单参数子群产生①。其中存在三个单参数

① 单个元素的切线空间即李氏代数是由这些子群的切线产生的, 只有在单参数子群中包含了定向等距。

平移对称群 ($\boldsymbol{R}=I$):

$$F^s(\boldsymbol{x})=\boldsymbol{x}+s\hat{\boldsymbol{v}}_h,\quad \frac{\partial F^s(\boldsymbol{x})}{\partial s}=\hat{\boldsymbol{v}}_h$$

式中: $\hat{\boldsymbol{v}}_h$ 为坐标轴的单位矢量; $h=1,2,3$。如果相同的转换应用于所有目标, 则式 (4.4) 的积分为

$$p_h=\hat{\boldsymbol{v}}_h\cdot\sum_{j=0}^{N}m_j\dot{\boldsymbol{r}}_j$$

它是线动量 p 由沿轴 $\hat{\boldsymbol{v}}_h$ 方向的分量。后者是一个矢量积分, 则质心 $\boldsymbol{b}_0$ 以恒定速度移动:

$$\boldsymbol{b}_0=\frac{1}{M_0}\sum_{j=0}^{N}m_j\boldsymbol{r}_j,\quad M_0=\sum_{j=0}^{N}m_j\ (\text{质量}),\quad \boldsymbol{b}_0(t)=\frac{t}{M_0}\boldsymbol{p}+\boldsymbol{b}_0(0)\tag{4.5}$$

式中: $\boldsymbol{b}_0(0)$ 为常矢量, 可通过组合位置和速度来求得, 但其组合系数与时间相关, 即其任一分量均为时间相关的初积分。

其他三个单参数对称群为旋转基 ($\boldsymbol{q}=0$)。三维变量 $\boldsymbol{x}$ 围绕轴 $\hat{\boldsymbol{v}}_h$ 旋转角 s。当 $s>0$ 时, 按逆时针方向 (从轴 $\hat{\boldsymbol{v}}_h$ 顶点向下看) 旋转, 定义为 $s>0$:

$$F^s(\boldsymbol{x})=R_{s\hat{\boldsymbol{v}}_h}\boldsymbol{x},\quad \left.\frac{\partial F^s(\boldsymbol{x})}{\partial s}\right|_{s=0}=\hat{\boldsymbol{v}}_h\times\boldsymbol{x}$$

且诺特定理的积分为

$$c_h=\sum_{j=0}^{N}(\hat{\boldsymbol{v}}_h\times\boldsymbol{r}_j)\cdot m_j\dot{\boldsymbol{r}}_j=\hat{\boldsymbol{v}}_h\cdot\sum_{j=0}^{N}m_j(\boldsymbol{r}_j\times\dot{\boldsymbol{r}}_j)$$

该积分是下面总角动量沿轴 $\hat{\boldsymbol{v}}_h$ 的分量

$$\boldsymbol{c}=\sum_{j=0}^{N}m_j(\boldsymbol{r}_j\times\dot{\boldsymbol{r}}_j)\tag{4.6}$$

因此运动存在角动量的矢量积分。

另外, 还存在一个积分, 即所有能量的积分, 它无法通过诺特定理推导①, 而可通过计算时间全导数得到, 即

$$\frac{\mathrm{d}T}{\mathrm{d}t}=\sum_{j=0}^{N}m_j\ddot{\boldsymbol{r}}_j\cdot\dot{\boldsymbol{r}}_j,\quad \frac{\mathrm{d}V}{\mathrm{d}t}=\sum_{j=0}^{N}\frac{\partial V}{\partial\boldsymbol{r}_j}\cdot\dot{\boldsymbol{r}}_j$$

---

① 由于存在时域上的不变性, 可以通过汉密尔顿公式进行解释, 则存在 $t\mapsto t+s$ 的对称性。

结合式 (4.1) 可知, 上面两式是相对应的, 因此 $E=T+V$ 是一个初积分。

在 $(N+1)$ 体问题中还存在另一种对称性, 它不仅包含坐标上的对称, 还包含时间甚至是质量上的对称。这种性质同样与初积分相关, 其中初积分与上述几个变量也是相关的。假定长度变换因子为 λ, 时间变换因子 τ, 质量变换因子为 μ, 则

$$m_j\ddot{\boldsymbol{r}}_j \mapsto \frac{\mu\lambda}{\tau^2}m_j\ddot{\boldsymbol{r}}_j, \quad \frac{\partial V}{\partial \boldsymbol{r}_j} \mapsto \frac{\mu^2}{\lambda^2}\frac{\partial V}{\partial \boldsymbol{r}_j}$$

当且仅当下式成立, 尺度变换后轨道满足运动方程:

$$\lambda^3=\mu\tau^2 \tag{4.7}$$

式 (4.7) 即开普勒第三定律的量纲形式。如果 $\tau=1$, 则长度因子可通过公式 $\lambda^3=\mu$ 进行确定; 这意味着确定质量和长度是不可能的 (6.2 节)。

当运用 $\lambda^3=\mu\tau^2$ 缩放比例时, 能量积分等比缩放为

$$T \mapsto \frac{\mu\lambda^2}{\tau^2}T, \quad V \mapsto \frac{\mu^2}{\lambda}V \Rightarrow E \mapsto \frac{\mu\lambda^2}{\tau^2}E$$

同时, 角动量矢量积分缩放为 $\boldsymbol{c} \mapsto \mu\lambda^2/\tau\boldsymbol{c}$, 因此联合式 Ec^2, $c=|\boldsymbol{c}|$, 可按下式缩放:

$$Ec^2 \mapsto \frac{\mu\lambda^2}{\tau^2}\frac{\mu^2\lambda^4}{\tau^2}Ec^2=\mu^5Ec^2$$

因此如果 $\mu=1$ (即质量不变), Ec^2 是不变量。

19 世纪后期的天体力学已获得更深层次的结果, 即在 $N\geqslant 3$ 的情况下, 在 $(N+1)$ 体问题中, 不存在与 10 个描述线性动量角动量以及总能量 (其中 7 个与时间无关, 3 个与时间相关) 不相关的初积分。

4.2 坐标转换

有两个原因使得必须使用初积分来减少运动方程的维数。首先, $3N+3$ 维的构形空间和 $6N+6$ 维的初始条件相空间对理解解的特性而言, 维数太大了; 其次, 与积分相关的对称性可简化定轨问题 (第 6 章), 可采用的一种方法是减少变量个数。另外, 还需要知道在坐标变换的前提下, 如何实现运动方程的转换, 这相对于拉格朗日方程更容易。

设 $\boldsymbol{B}=(\boldsymbol{b}_0,\boldsymbol{b}_1,\cdots,\boldsymbol{b}_n)$ 是另一组 $N+1$ 体中位置坐标, 且 $\boldsymbol{R}=\boldsymbol{R}(\boldsymbol{B})$ 的坐标转换是 $(3N+3)$ 维空间的微分同胚的连续二阶可导。因此假设每一点 $\boldsymbol{B}$ 的雅可比矩阵 $A(\boldsymbol{B})=\partial\boldsymbol{R}/\partial\boldsymbol{B}$ 可逆, 则相对应的速度变换为

$$\dot{\boldsymbol{R}}=\frac{\partial\boldsymbol{R}}{\partial\boldsymbol{B}}(\boldsymbol{B})\dot{\boldsymbol{B}}=A(\boldsymbol{B})\dot{\boldsymbol{B}}$$

设 $L(\boldsymbol{R},\dot{\boldsymbol{R}})$、$\mathcal{L}(\boldsymbol{B},\dot{\boldsymbol{B}})$ 为与拉格朗日函数相关的量:

$$\mathcal{L}(\boldsymbol{B},\dot{\boldsymbol{B}})=L(\boldsymbol{R}(\boldsymbol{B}),\dot{\boldsymbol{R}}(\boldsymbol{B},\dot{\boldsymbol{B}}))=L(\boldsymbol{R}(\boldsymbol{B}),A(\boldsymbol{B})\dot{\boldsymbol{B}})$$

则拉格朗日方程左侧可转换为

$$\frac{\mathrm{d}}{\mathrm{d}t}\left(\frac{\partial\mathcal{L}}{\partial\dot{\boldsymbol{B}}}\right)-\frac{\partial\mathcal{L}}{\partial\boldsymbol{B}}=\left[\frac{\mathrm{d}}{\mathrm{d}t}\left(\frac{\partial L}{\partial\dot{\boldsymbol{R}}}\right)-\frac{\partial L}{\partial\boldsymbol{R}}\right]A(\boldsymbol{B}) \tag{4.8}$$

拉格朗日方程在两个坐标系中是等价的, 即

$$\frac{\mathrm{d}}{\mathrm{d}t}\left(\frac{\partial\mathcal{L}}{\partial\dot{\boldsymbol{B}}}\right)-\frac{\partial\mathcal{L}}{\partial\boldsymbol{B}}=\mathbf{0}\Longleftrightarrow\frac{\mathrm{d}}{\mathrm{d}t}\left(\frac{\partial L}{\partial\dot{\boldsymbol{R}}}\right)-\frac{\partial L}{\partial\dot{\boldsymbol{R}}}=\mathbf{0}$$

其中, 一个坐标系的解可以通过 $\boldsymbol{R}=\boldsymbol{R}(\boldsymbol{B})$ 转换为另一个坐标系的解。

4.2.1 二体问题的简化

下面将从最简单的二体问题开始讨论, 以得到解决一般问题的一些思路。拉格朗日方程为

$$L=\frac{1}{2}m_0|\dot{\boldsymbol{r}}_0|^2+\frac{1}{2}m_1|\dot{\boldsymbol{r}}_1|^2+\frac{Gm_0m_1}{|\boldsymbol{r}_0-\boldsymbol{r}_1|}$$

可以通过使用质心坐标和 $\boldsymbol{r}_1$ 相对 $\boldsymbol{r}_0$ 的位置代替 $\boldsymbol{r}_0$、$\boldsymbol{r}_1$ 来进行坐标变换, 即

$$\boldsymbol{b}_0=\mu_1\boldsymbol{r}_1+(1-\mu_1)\boldsymbol{r}_0,\quad \mu_1=\frac{m_1}{m_0+m_1},\quad \boldsymbol{b}_1=\boldsymbol{r}_1-\boldsymbol{r}_0 \tag{4.9}$$

通过式 (4.9) 可以得到 $V=\nu(b_1)=-Gm_0m_1/b_1$, 其中 $b_1=|\boldsymbol{b}_1|$。记 T 为 $\boldsymbol{b}_0,\boldsymbol{b}_1$ 的函数, 在 T 中用 $\dot{\boldsymbol{b}}_0$、$\dot{\boldsymbol{b}}_1$ 代替 $\dot{\boldsymbol{r}}_0$、$\dot{\boldsymbol{r}}_1$:

$$2T=m_0\dot{\boldsymbol{r}}_0^2+m_1\dot{\boldsymbol{r}}_1^2=(m_0+m_1)\dot{\boldsymbol{b}}_0^2+\frac{m_0m_1}{m_0+m_1}\dot{\boldsymbol{b}}_1^2$$

其中混合项抵消, 拉格朗日函数是 $\boldsymbol{b}_0$、$\boldsymbol{b}_1$ 的函数:

$$L=\frac{1}{2}M_0\dot{\boldsymbol{b}}_0^2+\frac{1}{2}M_1\dot{\boldsymbol{b}}_1^2+\frac{GM_0M_1}{b_1}$$

式中: $M_0 = m_0 + m_1$ 为总的质量; M_1 为经处理的质量:

$$M_1 = \frac{m_0 m_1}{m_0 + m_1} \tag{4.10}$$

则拉格朗日函数 L 可分解成两个拉格朗日函数的和 $L = M_0 L_0(\dot{\boldsymbol{b}}_0) + M_1 L_1(\boldsymbol{b}_1, \dot{\boldsymbol{b}}_1)$, 其中第一项仅包含 $\boldsymbol{b}_0$, 第二项仅包含 $\boldsymbol{b}_1$, 且拉格朗日方程可分离为

$$M_0 \ddot{\boldsymbol{b}}_0 = 0, \quad M_1 \ddot{\boldsymbol{b}}_1 = -\frac{\partial \nu(\boldsymbol{b}_1)}{\partial \boldsymbol{b}_1}$$

第一个方程表示质心沿直线常速运动, 第二个方程是一个质点 M_1 被固定质心 M_0 吸引的开普勒问题。

通过对 T 重复相同的计算过程, 可发现角动量在 $\boldsymbol{B}$ 坐标中具有简单的表达式:

$$\boldsymbol{c} = m_0 \boldsymbol{r}_0 \times \dot{\boldsymbol{r}}_0 + m_1 \boldsymbol{r}_1 \times \dot{\boldsymbol{r}}_1 = M_0 \boldsymbol{b}_0 \times \dot{\boldsymbol{b}}_0 + M_1 \boldsymbol{b}_1 \times \dot{\boldsymbol{b}}_1$$

当将式 (4.5) 中的 $\boldsymbol{b}_0(t)$ 代入上式时, $\boldsymbol{b}_0$ 的贡献为常数。

$$\boldsymbol{c}_0 = \boldsymbol{b}_0 \times \dot{\boldsymbol{b}}_0 = \frac{1}{M_0} \boldsymbol{b}_0(0) \times \boldsymbol{p}, \quad \boldsymbol{c} = M_0 \boldsymbol{c}_0 + M_1 \boldsymbol{c}_1$$

式中: $\boldsymbol{c}_1 = \boldsymbol{b}_1 \times \dot{\boldsymbol{b}}_1$ 为 $\boldsymbol{b}_1$ 每单位质量的角动量, 也是初积分矢量。因此对每个时间 t, $\boldsymbol{b}_1$、$\dot{\boldsymbol{b}}_1$ 应在垂直于 $\boldsymbol{c}_1$ 的轨道面内。

4.2.2 二体问题的解

二体问题还有另一积分矢量在 $N \geqslant 3$ 的多体问题中没出现, 即拉普拉斯 — 楞次矢量 (the Laplace–Lenz vector)

$$\boldsymbol{e} = \frac{1}{GM_0} \dot{\boldsymbol{b}}_1 \times \boldsymbol{c}_1 - \frac{1}{b_1} \boldsymbol{b}_1 \tag{4.11}$$

式 (4.11) 可以利用三个相互正交的单位矢量 $\boldsymbol{v}_z = \boldsymbol{c}_1 / c_1 (c_1 = |\boldsymbol{c}_1|), \boldsymbol{v}_r = \boldsymbol{b}_1 / b_1$ 和 $\boldsymbol{v}_\theta$ 构成的参考系描述, 此时 $\dot{\boldsymbol{b}}_1 \cdot \boldsymbol{v}_\theta > 0$。如果 θ 是轨道平面上矢量 $\boldsymbol{v}_r$ 和固定方向的夹角, 且 $r = b_1$, 则有

$$\begin{gathered} \boldsymbol{c}_1 = r\boldsymbol{v}_r \times \frac{\mathrm{d}}{\mathrm{d}t}(r\boldsymbol{v}_r) = r\boldsymbol{v}_r \times (\dot{r}\boldsymbol{v}_r + r\dot{\theta}\boldsymbol{v}_\theta) = r^2\dot{\theta}\boldsymbol{v}_r \times \boldsymbol{v}_\theta = r^2\dot{\theta}\boldsymbol{v}_z \\ GM_0 \boldsymbol{e} = -r^2 \dot{r}\dot{\theta}\boldsymbol{v}_\theta + (r^3\dot{\theta}^2 - GM_0)\boldsymbol{v}_r \end{gathered} \tag{4.12}$$

通过方程的解可知

$$\dot{\boldsymbol{c}}_1 = 0, \quad 2\dot{r}\dot{\theta} + r\ddot{\theta}^2 = 0, \quad \ddot{r} = -\frac{GM_0}{r^2} + \frac{c_1^2}{r^3}$$

所以

$$GM_0\dot{\boldsymbol{e}} = \ddot{\boldsymbol{b}}_1 \times \boldsymbol{c}_1 - GM_0\dot{\theta}\boldsymbol{v}_\theta = -GM_0\dot{\theta}(\boldsymbol{v}_r \times \boldsymbol{v}_z + \boldsymbol{v}_\theta) = 0$$

因此 $\boldsymbol{e}$ 包含两个独立于 $\boldsymbol{c}_1$ 的积分项 (由于 $\boldsymbol{e}\cdot\boldsymbol{c}_1 = 0$), 定义真近地点角 v 为轨道面上 $\boldsymbol{e}$ 和 $\boldsymbol{v}_r$ 的夹角, 即

$$e\cos v = \boldsymbol{e}\cdot\boldsymbol{v}_r = \frac{r^3\dot{\theta}^2}{GM_0} - 1 = \frac{c_1^2}{GM_0 r} - 1$$

式中: $r^2\dot{\theta} = c_1$ 为 $\boldsymbol{b}_1$ 的角动量, 且为常数。由此得到常用的二次圆锥曲线公式为

$$r = \frac{c_1^2/GM_0}{1 + e\cos v}$$

另外两个描述二体问题的积分项是偏心率 $e = |\boldsymbol{e}|$ 和近地点角距 ω, 即轨道面 e 与固定方向的夹角, 且 $\theta = v + \omega$。偏心率 $\boldsymbol{e}$ 是一个依赖于角动量和能量的积分参数。二体问题在 $(\boldsymbol{b}_0, \boldsymbol{b}_1)$ 坐标轴下的能量积分为

$$E(\boldsymbol{B}, \dot{\boldsymbol{B}}) = M_0E_0 + M_1E_1, \quad E_0 = \frac{1}{2}|\dot{\boldsymbol{b}}_0|^2, \quad E_1 = \frac{1}{2}|\dot{\boldsymbol{b}}_1|^2 - \frac{GM_0}{|\boldsymbol{b}_1|}$$

且偏心率的平方可由式 (4.12) 求得

$$e^2 = \boldsymbol{e}\cdot\boldsymbol{e} = \frac{r^4\dot{\theta}^2\dot{r}^2 + (r^3\dot{\theta}^2 - GM_0)^2}{G^2M_0^2} = 1 + \frac{2E_1c_1^2}{G^2M_0^2}$$

如果相对动能 E_1 为负, 则 $e < 1$ 且 $\boldsymbol{b}_1$ 轨道是椭圆, 其半长轴为

$$a = \frac{q+Q}{2} = \frac{1}{2}\left[\frac{c_1^2/GM_0}{1+e} + \frac{c_1^2/GM_0}{1-e}\right] = \frac{GM_0}{-2E_1}$$

式中: q、Q 分别为近地点和远地点距离, 且相对运动角动量是 $c_1 = \sqrt{GM_0a(1-e^2)}$, 二体问题的解的具体公式可见附录 A (在线获取)。

4.3 质心和日心坐标

$N+1$ 体的位置可在不同坐标系中描述, 其中线性坐标转换形式为

$$\boldsymbol{b}_j = \sum_{i=0}^{N} a_{ji}\boldsymbol{r}_i, \quad \boldsymbol{A} = (a_{ji}), \quad i, j = 0 \sim N \tag{4.13}$$

式中: 矩阵 $\boldsymbol{A}$ 仅为质量的函数。变换的目的是应用质心积分来减少方程数量, 以推广二体问题的结论。自然地 $\boldsymbol{b}_0$ 作为质心, 则根据式 (4.5), 矩阵 $\boldsymbol{A}$ 的第一行为

$$a_{0i} = \frac{m_i}{M_0}, \quad i = 0 \sim N \tag{4.14}$$

其他 $\boldsymbol{b}_i, i = 1, N$ 的选择就不像二体问题那么简单。不同的选择有不同的优点, 可用于不同的目的。在本节和下节将回顾 $(N+1)$ 体问题中常用的坐标系。

4.3.1 质心坐标

质心坐标系立足于一个事实, 即一个相对于惯性坐标系匀速平移的参考系也是一个惯性系。因此以 $\boldsymbol{b}_0 = 0$ 为原点, 质心位置为 $\boldsymbol{b}_i = \boldsymbol{r}_i - \boldsymbol{b}_0, i = 1 \sim N$ 的参考系统也是惯性的, 且运动方程与式 (4.1) 相同。坐标系改到质心系不仅改变坐标, 还可降低问题的维数 (可以减少三个微分方程)。依据式 (4.5), 目标 0 (如太阳) 的质心坐标不是动力学变量, 而可以由其他目标的坐标和 $\boldsymbol{b}_0$ 推导得出:

$$\boldsymbol{s} = \boldsymbol{s}(\boldsymbol{B}) = \boldsymbol{r}_0 - \boldsymbol{b}_0 = -\sum_{i=1}^{N} \frac{m_i}{m_0} \boldsymbol{b}_i \tag{4.15}$$

式中: 第一项假设为 0, 则运动方程为

$$m_j \ddot{\boldsymbol{b}}_j = \sum_{i \neq j, i=1}^{N} \frac{G m_i m_j}{|\boldsymbol{b}_i - \boldsymbol{b}_j|^3} (\boldsymbol{b}_i - \boldsymbol{b}_j) + \frac{G m_0 m_j}{|\boldsymbol{b}_j - s|^3} (\boldsymbol{s} - \boldsymbol{b}_j), j = 1, 2, \cdots, N \tag{4.16}$$

可表示为保守形式:

$$m_j \ddot{\boldsymbol{b}}_j = -\frac{\partial \nu(\boldsymbol{s}, \boldsymbol{b}_1, \boldsymbol{b}_2, \cdots, \boldsymbol{b}_n)}{\partial \boldsymbol{b}_j}, j = 1, 2, \cdots, N^{①}$$

式中: 势能 $\nu(\boldsymbol{B}) = V(\boldsymbol{R}(\boldsymbol{B}))$, 取代 $\boldsymbol{s} = \boldsymbol{s}(\boldsymbol{B})$ 之前, 需求出 ν 的偏导数。能量和角动量的积分表达式复杂一些, 包含 $\dot{\boldsymbol{s}}$。

质心坐标系用于数值积分非常有效, 仅有 $3N$ 个式 (4.16) 需要积分, 额外的计算仅需每一步利用式 (4.15) 计算 $\boldsymbol{s}$ 即可。计算出的轨道不需要使用质心坐标系, 正常的过程是将输出结果转换回日心坐标系。

当惯性速度直接可测时, 必须使用质心坐标系, 测量恒星的视向速度 (如通过射电天文测量脉冲星, 或分光镜测量普通星) 就是其中一种

① 原文有误。

应用情况。这可用于探测存在较小伴星 (如行星) 的恒星产生的微小速度, 具体见 6.5 节。测量得到的视向速度是恒星速度 $\dot{\boldsymbol{s}}$ 与地球视向速度 $\boldsymbol{b}_3$ 之差, 对地球使用日心坐标系会导致结果严重错误①。在 6.6 节, 质心坐标系还可用于牛顿方程中普通相对论的修正。

另一方面, 由于方程缺乏对称性和简单的表达式, 质心坐标系极少用于轨道的解析公式和理论探讨。

4.3.2 日心坐标系

描述行星和小行星的运动可以选择日心坐标系, 与式 (4.9) 中二体问题相同, 也就是说可用于描述相对于中心体 0 (一般是太阳) 的物体 $j=1\sim N$ 的运动。由于 $m_0 \gg m_j, j=1\sim N$, 因此太阳几乎不动, 但其运动在微分方程中不能忽略。目标位置矢量可用矢量 $\boldsymbol{b}_i=\boldsymbol{r}_i-\boldsymbol{r}_0$ 表示, 运动方程可由式 (4.1) 简单推导, 考虑到非惯性框架, 增加太阳加速度方向相反的惯性力为

$$m_j\ddot{\boldsymbol{b}}_j=\sum_{i\neq j,i=0}^{N}\frac{Gm_im_j}{|\boldsymbol{r}_i-\boldsymbol{r}_j|^3}(\boldsymbol{r}_i-\boldsymbol{r}_j)-m_j\ddot{\boldsymbol{r}}_0$$

由于方程中只包含差值 $\boldsymbol{b}_i-\boldsymbol{b}_j=\boldsymbol{r}_i-\boldsymbol{r}_j$ 和 $\boldsymbol{b}_i=\boldsymbol{r}_i-\boldsymbol{r}_0$, 上述方程可用日心矢量表示:

$$m_j\ddot{\boldsymbol{b}}_j=-\frac{Gm_0m_j}{|\boldsymbol{b}_j|^3}\boldsymbol{b}_j+\sum_{i\neq j,i=1}^{N}\frac{Gm_im_j}{|\boldsymbol{b}_i-\boldsymbol{b}_j|^3}(\boldsymbol{b}_i-\boldsymbol{b}_j)-m_j\ddot{\boldsymbol{r}}_0$$

太阳的加速度源于所有行星的万有引力, 可通过在式 (4.1) 中使 $j=0$ 求得。将其代入方程并删除公共因子 m_j, 有

$$\ddot{\boldsymbol{b}}_j=-\frac{Gm_0}{|\boldsymbol{b}_j|^3}\boldsymbol{b}_j+\sum_{i\neq j,i=1}^{N}\frac{Gm_i}{|\boldsymbol{b}_i-\boldsymbol{b}_j|^3}(\boldsymbol{b}_i-\boldsymbol{b}_j)-\sum_{i=1}^{N}\frac{Gm_i}{|\boldsymbol{b}_i|^3}\boldsymbol{b}_i \tag{4.17}$$

上述方程不需要计算太阳在惯性系的位置, 就可计算出每个日心矢量 $\boldsymbol{b}_i, i=1,n$ 的解。考虑到太阳的加速度中也有来自相同行星的部分, 则有

$$\ddot{\boldsymbol{b}}_j=-\frac{G(m_0+m_j)}{|\boldsymbol{b}_j|^3}\boldsymbol{b}_j+\sum_{i\neq j,i=1}^{N}\frac{Gm_i}{|\boldsymbol{b}_i-\boldsymbol{b}_j|^3}(\boldsymbol{b}_i-\boldsymbol{b}_j)-\sum_{i\neq j,i=1}^{N}\frac{Gm_i}{|\boldsymbol{b}_i|^3}\boldsymbol{b}_i \tag{4.18}$$

① 在一年的观测周期内, 可能导致发现假性伴星。

通过这种方法, 运动方程分解为行星绕质量为 m_0+m_j 的固定中心转动的二体部分 (即简化为太阳和行星 j 的二体问题), 即其他行星引力带来的直接摄动, 以及其他行星对太阳产生加速度引起的间接摄动。

太阳系轨道一般选择日心坐标系。太阳系内部, 相对位置 $\boldsymbol{r}_j-\boldsymbol{r}_k=\boldsymbol{b}_j-\boldsymbol{b}_k$ 是唯一的可观测量, 如光学天体测量的角度、雷达的距离和距离变化率。质心 $\boldsymbol{b}_0$ 和太阳质心位置 $\boldsymbol{s}$ 可由表示为质量比率 m_j/m_0 的量求得, 因此在质心系统的笛卡儿坐标系中, 小行星轨道的星表编目依赖于行星的质量值, 每次质量修正后, 星表必须相应修改。如果目标的轨道根数是在日心坐标系中计算, 其轨道不会因为行星质量估值的改变而修正, 除非小行星非常接近质量修正后的行星。

4.4 雅可比坐标

在形如式 (4.13) 的线性坐标转换中, 雅克比坐标被确定, 质心作为第一个矢量, 这样就以最简单形式的运动方程实现了式 (4.14)。这需要求解矩阵 $\boldsymbol{A}$, 即具有以下性质的雅可比矢量序列 $\boldsymbol{b}_0,\boldsymbol{b}_1,\boldsymbol{b}_2,\cdots,\boldsymbol{b}_N$ 和折合质量序列 $M_0,M_1,M_2,\cdots,M_N$:

(1) 第一个矢量 $\boldsymbol{b}_0$ 是质心, M_0 是总质量;

(2) $\boldsymbol{R}$ 坐标下的拉格朗日方程与转换到雅可比坐标系下的方程形式相同:

$$m_i\ddot{\boldsymbol{r}}_i=-\frac{\partial V}{\partial \boldsymbol{r}_i}\Leftrightarrow M_i\ddot{\boldsymbol{b}}_i=-\frac{\partial \nu}{\partial \boldsymbol{b}_i}$$

式中: $\nu(\boldsymbol{B})=V(\boldsymbol{R})$ 为雅克比坐标下的势能。

由特性 (1) 产生的 $\boldsymbol{A}$ 的条件可由式 (4.14) 给出, 由 (2) 产生的条件则要求动能保持对角形式:

$$2T=\sum_{i=0}^{N}m_i|\dot{\boldsymbol{r}}_i|^2=\sum_{j=0}^{N}M_j|\dot{\boldsymbol{b}}_j|^2$$

于是雅可比形式的动量为 $M_j\dot{\boldsymbol{b}}_j$, 且方程是依据 (2) 要求的简单形式。上式中用式 (4.13) 代入 (1) 得

$$2T=\sum_{i,k=0}^{N}\dot{\boldsymbol{r}}_i\cdot\dot{\boldsymbol{r}}_k\sum_{j=0}^{N}a_{ji}M_ja_{jk}=\sum_{i,k=0}^{N}\dot{\boldsymbol{r}}_i\cdot\boldsymbol{r}_k m_i\delta_{ik}$$

式中: $i=k$ 时 $\delta_{ik}=1$, $i\neq k$ 时 $\delta_{ik}=0$。因此 $\boldsymbol{A}$ 的方程为

$$m_i\delta_{ik}=\sum_{j=0}^{N}a_{ji}M_ja_{jk},\quad i,k=0\sim N \tag{4.19}$$

矩阵中, 如果 $\boldsymbol{m}$、$\boldsymbol{M}$ 分别是质量和折合质量的对角阵, 且系数为 $\boldsymbol{m}=\mathrm{diag}[m_0,m_1,\cdots,m_N]$, $\boldsymbol{M}=\mathrm{diag}[M_0,M_1,\cdots,M_N]$, 则式 (4.19) 可由 $\boldsymbol{A}^{\mathrm{T}}$ 改写, 转置矩阵为

$$\boldsymbol{m}=\boldsymbol{A}^{\mathrm{T}}\boldsymbol{M}\boldsymbol{A} \tag{4.20}$$

由性质 (2) 推论雅克比坐标还有另一性质, 即总角动量式 (4.6) 也有简单表达式:

$$\boldsymbol{c}=\sum_{i=0}^{N}\boldsymbol{r}_i\times m_i\dot{\boldsymbol{r}}_i=\sum_{j=0}^{N}\boldsymbol{b}_j\times M_j\dot{\boldsymbol{b}}_j$$

也就是, $(N+1)$ 体系统中总角动量是质心 $\boldsymbol{b}_0\times M_0\dot{\boldsymbol{b}}_0$ 自由运动的角动量加上各二体系统 $\boldsymbol{b}_j\times M_j\dot{\boldsymbol{b}}_j, j=1,2,\cdots,N$ 的角动量之和。

由式 (4.20) 可知, $\det(\boldsymbol{m})=\det(\boldsymbol{M})\det(\boldsymbol{A})^2$, 其中 $\boldsymbol{m}$、$\boldsymbol{M}$ 的行列式值分别是所有质量和折合质量的乘积。因此由性质 (1) 和 (2), 质量因子可变, 方向也可以改变。为避免上述情况, 定义雅克比坐标时需附加另外两个性质:

(3) 质量的乘积与折合质量的乘积相等:

$$\prod_{i=0}^{N}m_i=\prod_{j=0}^{N}M_j \tag{4.21}$$

(4) 由 $\boldsymbol{A}$ 定义的线性转换方向不变: $\det(\boldsymbol{A})>0$。

由性质 (2)、(3) 和 (4) 可知, $\det(\boldsymbol{A})=+1$。

4.4.1 雅克比坐标的存在性和条件唯一性

如果转换式 (4.13) 满足上述四个特性, 则其可定义雅克比坐标系统。对给定的 N 和质量序列 m_i, 具有所有特性的 $\boldsymbol{A}$ 矩阵存在但不唯一。其唯一性条件如下:

假设 $\boldsymbol{b}_0^N,\boldsymbol{b}_1^N,\cdots,\boldsymbol{b}_N^N$ 是满足特性 (1)~(4) 的雅克比矢量序列, 具有折合质量 $M_0^N,M_1^N,\cdots,M_N^N$。m_{N+1}、$\boldsymbol{r}_{N+1}$ 是附加目标的质量和位置,

则存在满足特性 (1)~(4) 的唯一的雅克比坐标, 其 N 个不变雅克比矢量和折合质量为

$$\boldsymbol{b}_j^{N+1}=\boldsymbol{b}_j^N,\quad M_j^{N+1}=M_j^N,\quad j=1\sim N$$

新的折合质量为

$$M_{N+1}=\frac{m_{N+1}M_0^N}{M_0^{N+1}},\quad M_0^{N+1}=M_0^N+m_{N+1} \tag{4.22}$$

新的雅克比矢量为

$$\boldsymbol{b}_{N+1}=\boldsymbol{r}_{N+1}-\boldsymbol{b}_0^N,\quad \boldsymbol{b}_0^{N+1}=\frac{1}{M_0^{N+1}}\sum_{j=0}^{N+1}m_j\boldsymbol{r}_j \tag{4.23}$$

上述性质可以通过比较 $N+1$ 体和 $N+2$ 体问题中的式 (4.19) 和式 (4.21) 得到。

式 (4.23) 和式 (4.22) 的解可描述如下: 雅克比坐标系可以将 $(N+1)$ 体系统分解为质心的自由运动和 N 个二体子系统。增加一个新目标, 新的雅克比矢量就是新目标与先前系统质心 $\boldsymbol{b}_0^N$ 的相对位置 $\boldsymbol{r}_{N+1}$, 且新的折合质量是新的质量 m_{N+1} 加先前总质量 M_0^N 的调和平均。由此可转化为二体问题, 即式 (4.9) 和式 (4.10)。

至于唯一性, 对 $N+1=2$ 个目标, 给定雅克比坐标, 二体问题就简化为中心引力问题。然而, 如果目标列表为 $\{\boldsymbol{r}_1,\boldsymbol{r}_0\}$, 则雅克比矢量为 $\boldsymbol{b}_1=\boldsymbol{r}_0-\boldsymbol{r}_1$, 对 $N+1=3$ 个目标, 标准解首先耦合 (m_0,m_1), 即

$$\boldsymbol{b}_1=\boldsymbol{r}_1-\boldsymbol{r}_0,\quad M_1=\frac{m_0m_1}{m_0+m_1}$$

这样用矢量 $\boldsymbol{b}_2$ 表示相对 (m_0,m_1) 质心的量, 即

$$\boldsymbol{b}_2=\boldsymbol{r}_2-\frac{m_0}{m_0+m_1}\boldsymbol{r}_0-\frac{m_1}{m_0+m_1}\boldsymbol{r}_1,\quad M_2=\frac{m_2(m_0+m_1)}{m_0+m_1+m_2}$$

上述解并不是唯一的, 最初两个目标对的形式为 (m_2,m_0) 也是可能的, 即 $\boldsymbol{b}_1=\boldsymbol{r}_0-\boldsymbol{r}_2$ 且 $\boldsymbol{r}_1$ 为相对于 (m_2,m_0) 质心的量。第三个解对应的耦合次序为 $((m_1,m_2),m_0)$。此外还有三个解违反了性质 (4)。

解的选择与耦合操作次序有关, 对于三体问题可用类似 $((m_0,m_1),m_2)$ 的符号来表示。理论上, 通过运用上述递推过程, $N+1$ 体的 $(N+1)!$ 种次序, 每种都可以产生一组解。在下一节, 在计算摄动的相对大小时, 这些解是不可能等价的。例如, 如果太阳是 m_0, 地球为 m_1, 月球为 m_2, 最好的雅克比系统是 $((m_1,m_2),m_0)$, 即月球绕地日系质心运行, 地日系质心轨道绕太阳运行。

4.4.2 行星和典型双星系统

对 $N+1=4$ 体问题, 雅克比坐标的非唯一性意义重大。假定对前三个天体已选择某雅克比坐标, 如耦合次序为 $((m_0, m_1), m_2)$。当加入目标 m_4、$\boldsymbol{r}_4$ 时, 存在两种处理方式, 一是利用上节所用的递推关系, 即 $\boldsymbol{b}_3 = \boldsymbol{r}_3 - \boldsymbol{b}_0^3$; 另一种是设定 $\boldsymbol{b}_2 = \boldsymbol{r}_3 - \boldsymbol{r}_2$, 并用 (m_2, m_3) 的质心代替 $\boldsymbol{r}_2$, 即用 $\boldsymbol{b}_3$ 矢量连接两个子系统 (m_0, m_1) 和 (m_2, m_3) 的质心。

$$\boldsymbol{b}_1 = \boldsymbol{r}_1 - \boldsymbol{r}_0, \quad \boldsymbol{b}_2 = \boldsymbol{r}_3 - \boldsymbol{r}_2, \quad \boldsymbol{b}_3 = [(1-\mu_2)\boldsymbol{r}_2 + \mu_2\boldsymbol{r}_3] - [(1-\mu_1)\boldsymbol{r}_0 + \mu_1\boldsymbol{r}_1]$$

式中: $\mu_2 = m_3/(m_2+m_3)$, 则折合质量 M_2 是 m_2 和 m_3 的平均, M_3 是 (m_0+m_1) 和 (m_2+m_3) 的平均:

$$M_1 = \frac{m_0 m_1}{m_0+m_1}, \quad M_2 = \frac{m_2 m_3}{m_2+m_3}, \quad M_3 = \frac{(m_0+m_1)(m_2+m_3)}{m_0+m_1+m_2+m_3}$$

第一种方式构成行星系统, 可用耦合符号 $(((m_0, m_1), m_2), m_3)$ 表示; 第二种方式构成两个双星系统, 可用 $((m_0, m_1), (m_2, m_3))$ 表示。形式上两种方式是等价的, 均满足雅克比坐标系统的 (1)~(4) 的条件。行星系统表示所有质量 m_1、m_2、m_3 的行星均以递增距离 $|\boldsymbol{r}_1 - \boldsymbol{r}_0|$、$|\boldsymbol{r}_2 - \boldsymbol{r}_0|$ 和 $|\boldsymbol{r}_3 - \boldsymbol{r}_0|$ 围绕质量比 m_0 大得多的 "恒星" 轨道运行。两个双星系统则表示 "内行星" m_1 围绕 "恒星" m_0 运行的相对距离小于 "外部行星" m_2, 后者有一颗 "卫星" m_3。为严格定义上述两种方式的含义, 需要用不同质量和相对距离的比率表明某一动力学框架。

通常, 给定具有 N' 和 N'' 体的两个子系统, 每个均具有雅克比坐标, 质心为 $\boldsymbol{b}_0'$、$\boldsymbol{b}_0''$ 及总质量分别为 M_0'、M_0'', 存在 $N'+N''$ 体的联合雅克比系统, 其中新的雅克比矢量连接两个质心, 且新的折合质量等于两个总质量的平均:

$$\boldsymbol{b}_{N'+N''} = \boldsymbol{b}_0'' - \boldsymbol{b}_0', \quad M_{N'+N''} = \frac{M_0' M_0''}{M_0' + M_0''}$$

$\boldsymbol{b}_0$ 是所有目标的质心, 且其他的 $(N'-1)+(N''-1)$ 个矢量符合先前的定义。这是保留了 $N'+N''-2$ 个雅克比矢量 (不包括子系统质心) 组合两个子系统的唯一方法。通过这种方法可以建立任意耦合符号的雅克比系统, 图 4.1 中所示的系统可用 $(((((m_0, m_1), m_2), (m_3, m_4)), m_5), (m_6, m_7))$ 耦合符号表示。

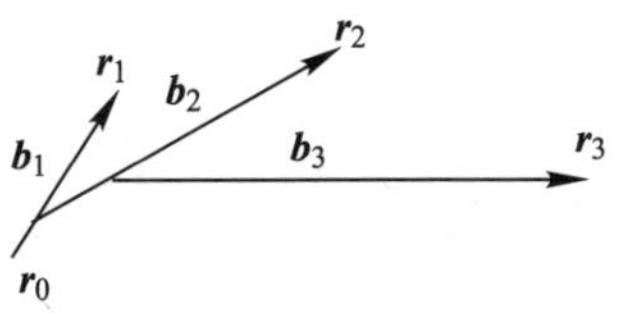

(a) 行星系统

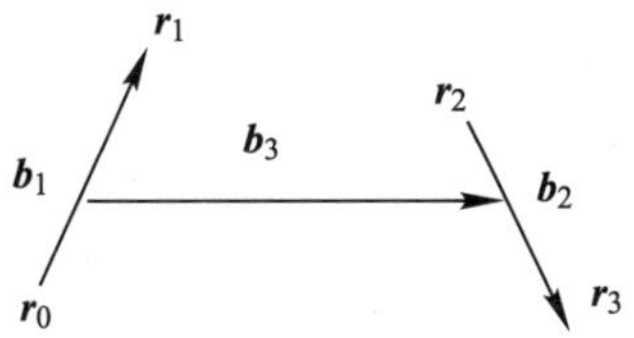

(b) 双行星系统

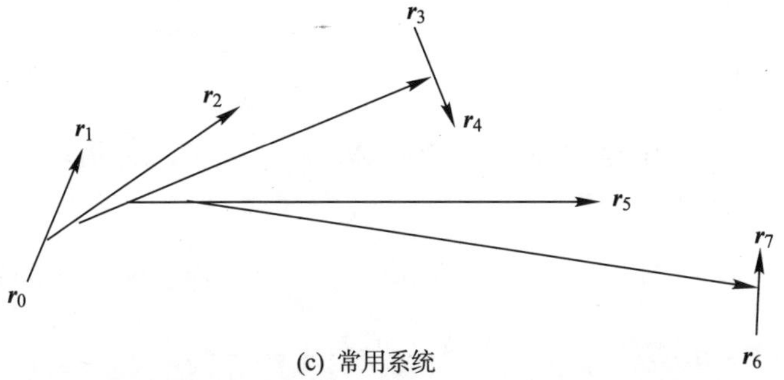

(c) 常用系统

图 4.1 三种系统的示例及相关的雅克比矢量。(a) 行星系统和 (b) 两个双星系统的情况在正文有描述。(c) 可用于描述绕恒星 $\boldsymbol{r}_0$ 运行的行星系统。其中, 行星为 $\boldsymbol{r}_2$、$\boldsymbol{r}_3$、$\boldsymbol{r}_5$、$\boldsymbol{r}_6$, 行星 $\boldsymbol{r}_3$ 有一颗卫星, 行星 $\boldsymbol{r}_6$ 有两颗卫星

4.5 小参数摄动

在行星系统的动力学模型中, 需要评估由附加目标引起的相对摄动的影响。利用罗伊 – 沃克 (Roy–Walker) 参数在雅克比坐标中可直接估计出摄动的相对大小。

4.5.1 摄动方程

首先讨论在标准系统 $((m_0, m_1), m_2)$ 的雅克比坐标中的三体问题, 其拉格朗日函数为

$$\mathcal{L}(\boldsymbol{B}, \dot{\boldsymbol{B}}) = \sum_{i=1}^{3} \frac{1}{2} M_i |\dot{\boldsymbol{b}}_i|^2 + \frac{G m_0 m_1}{|\boldsymbol{b}_1|} + \frac{G m_1 m_2}{|\boldsymbol{r}_2 - \boldsymbol{r}_1|} + \frac{G m_0 m_2}{|\boldsymbol{r}_2 - \boldsymbol{r}_0|}$$

式中:

$$\boldsymbol{r}_2 - \boldsymbol{r}_1 = \boldsymbol{b}_2 - \frac{m_0}{m_0 + m_1} \boldsymbol{b}_1, \quad \boldsymbol{r}_2 - \boldsymbol{r}_0 = \boldsymbol{b}_2 + \frac{m_1}{m_0 + m_1} \boldsymbol{b}_1$$

在此需要将拉格朗日函数表示成三个 “无摄” 的拉格朗日函数和一

个摄动函数的和。既然在雅克比坐标中, 动能已经按需进行了分解, 因此仅有势能需要转换。运用质量和:

$$N_j = \sum_{i=0}^{J} m_i, \quad N_1 M_1 = m_0 m_1, \quad N_2 M_2 = M_0 M_2 = m_2(m_0 + m_1)$$

构成的三个无摄动拉格朗日函数为

$$L_0(\boldsymbol{b}_0, \dot{\boldsymbol{b}}_0) = \frac{1}{2}|\dot{\boldsymbol{b}}_0|^2, \quad L_i(\boldsymbol{b}_i, \dot{\boldsymbol{b}}_i) = \frac{1}{2}|\dot{\boldsymbol{b}}_i|^2 + \frac{GN_i}{|\boldsymbol{b}_i|}, \quad i = 1, 2$$

上式对应着质心自由运动和 $\boldsymbol{b}_i$ 绕质心 $N_i, i = 1, 2$ 的二体运动。摄动函数就是剩下的函数:

$$\begin{cases} L(\boldsymbol{B}, \dot{\boldsymbol{B}}) = M_0 L_0(\boldsymbol{b}_0, \dot{\boldsymbol{b}}_0) + M_1 L_1(\boldsymbol{b}_1, \dot{\boldsymbol{b}}_1) + M_2 L_2(\boldsymbol{b}_2, \dot{\boldsymbol{b}}_2) + R_{12}(\boldsymbol{b}_1, \boldsymbol{b}_2) \\ R_{12}(\boldsymbol{b}_1, \boldsymbol{b}_2) = m_2 G N_1 \left\{ \dfrac{\mu_1}{|\boldsymbol{r}_2 - \boldsymbol{r}_1|} + \dfrac{1 - \mu_1}{|\boldsymbol{r}_2 - \boldsymbol{r}_0|} - \dfrac{1}{|\boldsymbol{b}_2|} \right\} \end{cases} \tag{4.24}$$

式中: $\mu_1 = m_1/(m_0 + m_1)$ 为质量对的质量比率; R_{12} 由三个部分组成, 分别是质量为 m_0 和 m_1 的目标在位置 $\boldsymbol{r}_2$ 的势能 (符号与对应的引力势能相反) 及质量为 $m_0 + m_1$ 的目标在其质心 (m_0, m_1) 的势能的相反数。这是由于假想的 $m_0 + m_1(m_0 + m_1)$ 质量的首个双星系统质心产生的势能用来构成 $(m_0 + m_1, m_2)$ 的无摄函数。因此摄动函数就是由三个质量分布构成的引力势能, 其中一个目标质量为负, 总质量为 0。

4.5.2 球谐展开

将摄动函数 R_{12} 球谐展开, 三个位于 $\boldsymbol{r}_0, \boldsymbol{r}_1$ 和质心 $\boldsymbol{b}_0^1 = \mu_1 \boldsymbol{r}_1 + (1 - \mu_1)\boldsymbol{r}_0$ 的质量 m_0、m_1 和 $-(m_0 + m_1)$ 构成了产生摄动函数的质量分布。既然上述三质量线性排列, 则势能具有轴对称性且可仅用带谐函数表示 (13.2 节)。在此仅对球谐展开式的前几项感兴趣, 并直接计算球谐系数。

假定 $\boldsymbol{b}_1$ 和 $\boldsymbol{b}_2$ 间的夹角为 ψ, 且纬度为 $\theta = \pi/2 - \psi$ (与通过 $\boldsymbol{b}_0^1$ 且与 $\boldsymbol{b}_1$ 轴垂直的赤道平面相关)。现在计算出 $\Re_{12}(\boldsymbol{b}_1, \boldsymbol{b}_2)$ 分母中的三个距离, 可用 $b_1 = |\boldsymbol{b}_1|$, $b_2 = |\boldsymbol{b}_2|$ 和角度 θ 等变量的函数表示。m_2 和 m_1 间的距离为

$$|\boldsymbol{r}_2 - \boldsymbol{r}_1|^2 = |\boldsymbol{b}_2 - (1 - \mu_1)\boldsymbol{b}_1|^2 = b_2^2 + (1 - \mu_1)^2 b_1^2 - 2(1 - \mu_1) b_1 b_2 \sin\theta$$

代入无摄距离 b_2 和比率 $\alpha_1 = b_1/b_2$, 距离的倒数如下式所示, 其中

$\alpha_1 < 1$ (否则系统需要转换):

$$\frac{1}{|\boldsymbol{r}_2 - \boldsymbol{r}_1|} = \frac{1}{b_2}\{1 - 2(1-\mu_1)\alpha_1 \sin\theta + (1-\mu_1)^2\alpha_1^2\}^{-1/2}$$

利用泰勒公式 $(1+x)^{-1/2} = 1 - 1/2x + 3/8x^2 + O(x^3)$, 可获得与小参数 α_1 相关的展开式:

$$\frac{1}{|\boldsymbol{r}_2 - \boldsymbol{r}_1|} = \frac{1}{b_2}\{1 + (1-\mu_1)\alpha_1 P_1(\sin\theta) + (1-\mu_1)^2\alpha_1^2 P_2(\sin\theta) + O(\alpha_1^3)\}$$

运用一阶和二阶勒让德多项式 (在 13.2 节将具体讨论勒让德函数) 可得

$$P_1(\sin\theta) = \sin(\theta), \quad P_2(\sin\theta) = \frac{3}{2}\sin^2\theta - \frac{1}{2}$$

m_2 和 m_0 的距离公式为

$$|\boldsymbol{r}_2 - \boldsymbol{r}_0|^2 = |\boldsymbol{b}_2 + \mu_1\boldsymbol{b}_1|^2 = b_2^2 + \mu_1^2 b_1^2 + 2\mu_1 b_1 b_2 \sin\theta$$

所以

$$\frac{1}{|\boldsymbol{r}_2 - \boldsymbol{r}_0|} = \frac{1}{b_2}\{1 - \mu_1\alpha_1 P_1(\sin\theta) + \mu_1^2\alpha_1^2 P_2(\sin\theta) + O(\alpha_1^3)\}$$

摄动函数 R_{12} 是前面表达式减去 $1/b_2$ 的线性组合, 其中单极矢量 $1/b_2$ 和含有 P_1 的二极矢量可以消去, 当在质心球谐展开时, 可得

$$\frac{1}{m_2}R_{12}(\boldsymbol{b}_1, \boldsymbol{b}_2) = \frac{GN_1}{b_2}\mu_1(1-\mu_1)[\alpha_1^2 P_2(\sin\theta) + O(\alpha_1^3)] \tag{4.25}$$

式 (4.25) 的剩余项表示考虑到 $O(\alpha_1^3)$ 项也包含系数 $\mu_1(1-\mu_1)$。这可通过计算三阶带谐函数进行检验。

4.5.3 雅克比坐标表示的摄动

每个双星系统摄动函数的影响可以用相关二体系统的变化度量。能量积分:

$$E(\boldsymbol{B}, \dot{\boldsymbol{B}}) = M_0 E_0 + M_1 E_1 + M_2 E_2 - R_{12}$$

包含系统的二体能量 (每单位质量) 线性组合而成, 其中:

$$E_0 = \frac{1}{2}|\dot{\boldsymbol{b}}_0|^2, \quad E_i = T_i + V_i = \frac{1}{2}|\dot{\boldsymbol{b}}_i|^2 - \frac{GN_i}{|\boldsymbol{b}_i|}, \quad i = 1, 2 \tag{4.26}$$

摄动势能 R_{12} 对 $\boldsymbol{b}_2$ 子系统相对效果为 $R_{12}/(M_2E_2)$。在定性计算中，该比值可用 $V_2 = -GN_2/b_2 \simeq 2E_2$ 进行近似。对圆轨道该近似是准确的：

$$\frac{R_{12}}{M_2E_2} \simeq \frac{2R_{12}}{M_2V_2} = -2\mu_1(1-\mu_1)[\alpha_1^2 P_2(\sin\theta) + O(\alpha_1^3)]$$

当 $\alpha_1 \ll 1$ 时，上式可得到近似的上限：

$$\left|\frac{R_{12}}{M_2E_2}\right| \leqslant 2\epsilon_{12}, \epsilon_{12} = \mu_1(1-\mu_1)\alpha_1^2$$

将上面的过程用于 $\boldsymbol{b}_1$ 子系统，即 $V_1 = -GN_1/b_1 \simeq 2E_1$，得

$$\left|\frac{R_{12}}{M_1E_1}\right| \leqslant 2\frac{M_2N_2\mu_1(1-\mu_1)}{M_1N_1}\alpha_1^3 = 2\epsilon_{21}, \epsilon_{21} = \frac{\mu_2}{(1-\mu_2)}\alpha_1^3$$

因此摄动函数的大小相对无摄势能可利用罗伊－沃克参数 ϵ_{12}、ϵ_{21} 估计。值得注意的是，它们两个量包含了质量比和雅克比矢量长度比 α_1 量：外部摄动衰减与 α_1 立方成正比，内部摄动则与平方成正比。假定 ε_{ij} 很小，摄动对两个轨道 $\boldsymbol{b}_j, j = 1, 2$ 半长轴 a_j 的影响能通过简单公式 $\Delta\alpha_j/\alpha_j = -\Delta E_j/E_j$ 进行估算。

4.5.4 四体问题

四体系统可理解为一种组合结构，既可以利用符号 $((m_0, m_1), (m_2, m_3))$ 表示，也可利用图 4.1(b) 的图像表示。值得注意的是，不是所有的图像均适合表示系统。除了“顶点”矢量外，每个矢量 $\boldsymbol{b}_j$ 必须有且仅有一个“上级”矢量 $\boldsymbol{b}_{s(j)}$。上述示例中，两个双星系统矢量 $\boldsymbol{b}_3$ 就是顶点，它是矢量 $\boldsymbol{b}_2$ 和 $\boldsymbol{b}_1$ 的上级。对每个雅克比矢量 (不在顶点) $\boldsymbol{b}_j$，可定义长度比率 $\alpha_j = b_j/b_{s(j)}$。如果上级矢量很长，即长度比率 α_j 很小，则该系统不单可看成组合结构，还可以利用 α_j 的幂次和质量比率构成推广的罗伊—沃克参数描述每两个双星对的相互作用，并用来估计摄动函数的相对大小。

对两个双星系统，势能是三个二体项和三个摄动函数项的和：

$$V = -\sum_{0\leqslant i\leqslant j\leqslant 4}\frac{Gm_im_j}{|\boldsymbol{r}_i - \boldsymbol{r}_j|} = M_1V_1 + M_2V_2 + M_3V_3 - R_{13} - R_{23} - R_{12}$$

式中：状态矢量为 $\boldsymbol{b}_1$、$\boldsymbol{b}_2$ 的双星系统和状态矢量为 $\boldsymbol{b}_3$ 的“把手”之间

的摄动项为 (Milani and Nobili, 1983)

$$R_{13} = N_2\Re_1(\boldsymbol{b}_{23}), \quad R_1(x) = GN_1\left[\frac{\mu_1}{|\boldsymbol{x}-\boldsymbol{r}_1|} + \frac{1-\mu_1}{|\boldsymbol{x}-\boldsymbol{r}_0|} - \frac{1}{|\boldsymbol{x}-\boldsymbol{b}_{01}|}\right]$$
$$R_{23} = N_1\Re_2(\boldsymbol{b}_{01}), \quad R_2(x) = GN_2\left[\frac{\mu_2}{|\boldsymbol{x}-\boldsymbol{r}_3|} + \frac{1-\mu_3}{|\boldsymbol{x}-\boldsymbol{r}_2|} - \frac{1}{|\boldsymbol{x}-\boldsymbol{b}_{23}|}\right]$$

同时, 对质心为 $\boldsymbol{b}_{ik} = (m_i\boldsymbol{b}_i + m_k\boldsymbol{b}_k)/(m_i+m_k)$ (其中 $(i,k)=(0,1),(2,3)$) 的双星系统, 其相对摄动为

$$\begin{aligned} R_{12} &= N_1\{\mu_1\Re_2(\boldsymbol{r}_1) + (1-\mu_1)\Re_2(\boldsymbol{r}_0) - \Re_2(\boldsymbol{b}_{01})\} \\ &= N_2\{\mu_2\Re_1(\boldsymbol{r}_3) + (1-\mu_2)\Re_1(\boldsymbol{r}_2) - \Re_1(\boldsymbol{b}_{23})\} \end{aligned}$$

通过使用三体问题的相同公式, 可估计出摄动函数与二体势能的比率: 例如, $\boldsymbol{b}_3$ 和 $\boldsymbol{b}_1$ 间的摄动为

$$\begin{aligned} \left|\frac{R_{13}}{M_1V_1}\right| &= \frac{GM_1N_1}{b_1}[\mu_1(1-\mu_1)\alpha_1^2 P_2(\sin\theta) + O(\alpha_1^3)]\frac{b_1}{GN_1N_2} \\ &= \frac{N_2\mu_1(1-\mu_1)}{N_1}\alpha_1^3 + O(\alpha_1^4) = \epsilon_{31} + O(\alpha_1^4) \\ \left|\frac{R_{31}}{M_3V_3}\right| &= \frac{GN_1N_2}{b_3}[\mu_1(1-\mu_1)\alpha_1^2 P_2(\sin\theta) + O(\alpha_1^3)]\frac{b_3}{GM_3N_3} \\ &= \mu_1(1-\mu_1)\alpha_1^2 + O(\alpha_1^3) = \epsilon_{13} + O(\alpha_1^3) \end{aligned}$$

且罗伊 – 沃克参数的表达式与三体问题相同。同理还有 ϵ_{32}、ϵ_{23}。

用于估计双星中 $\boldsymbol{b}_1$ 对 $\boldsymbol{b}_2$ 摄动的参数 ϵ_{12} 是比较复杂的。摄动函数 R_{12} 的展开式中 (Milani and Nobili, 1983) 的最低阶项 (α_1, α_2 的幂) 中包含了 $\mu_1(1-\mu_1)\mu_2(1-\mu_2)\alpha_1^2\alpha_2^2$。也就是说, ϵ_{12} 与小参数的乘积 $\epsilon_{13}\epsilon_{23}$ 具有相同的阶次。因此在实际应用中, 两个双星系统中两个双星间的摄动是可以忽略的, 如木星的卫星对内行星轨道引起的摄动。

4.5.5 日心坐标系下的摄动

在日心坐标系中, 估计对二体轨道根数的摄动力大小需要分别考虑太阳的非惯性原点引起的间接摄动。现考虑最简单的 $N=2$ 的情况, 并利用式 (4.26), 可得绕日运行轨道 $\boldsymbol{b}_j = \boldsymbol{r}_j - \boldsymbol{r}_0$ 中二体问题的能量为

$$E_j = \frac{1}{2}|\dot{\boldsymbol{b}}_j|^2 - \frac{G(m_0+m_j)}{|\boldsymbol{b}_j|} = -\frac{G(m_0+m_j)}{2a_j}$$

式中: a_j 为密切日心轨道的半长轴。在运动方程式 (4.17)$(j=1,2)$ 中, 第一项类似于二体问题, 不影响 E_j; 二体能量的时间导数是摄动力的幂:

$$\dot{E}_j=\dot{E}_j^{\text{dir}}+\dot{E}_j^{\text{ind}},\quad \dot{E}_j^{\text{dir}}=Gm_i\frac{\boldsymbol{b}_i-\boldsymbol{b}_j}{|\boldsymbol{b}_i-\boldsymbol{b}_j|^3}\cdot\dot{\boldsymbol{b}}_j,\quad \dot{E}_j^{\text{ind}}=-Gm_i\frac{\boldsymbol{b}_i}{|\boldsymbol{b}_i|^3}\cdot\dot{\boldsymbol{b}}_j$$

间接部分可用圆轨道近似估计为

$$|\boldsymbol{b}_j|\simeq a_j,|\dot{\boldsymbol{b}}_j|\simeq n_ja_j,\quad n_j=\sqrt{Gm_0m_j/a_j^3}$$

同样, 考虑该摄动力主要项具有频率 n_j-n_i, 仅在间接部分作用下, E_j 以相同的频率按下面近似的幅度振荡:

$$|\varDelta^{\text{ind}}E_j|\leqslant\frac{1}{|n_j-n_i|}\frac{Gm_ia_jn_j}{a_i^2}$$

日心半长轴的振动幅度可估计为

$$\frac{|\varDelta^{\text{ind}}a_j|}{a_j}\simeq\frac{|\varDelta^{\text{ind}}E_j|}{E_j}=2\frac{m_i}{(m_0+m_j)}\frac{n_j}{|n_j-n_i|}\frac{a_j^2}{a_i^2}$$

假设 $m_0\gg m_1,m_2$, 由外行星 $j=1,i=2,n_1\gg n_2$ 引起的间接摄动为

$$\frac{|\varDelta_2^{\text{ind}}a_1|}{a_1}\leqslant 2\frac{m_2}{m_0}\frac{a_1^2}{a_2^2}$$

内行星 $(j=2,i=1)$ 的间接摄动力为

$$\frac{|\varDelta_1^{\text{ind}}a_2|}{a_2}\leqslant 2\frac{m_1}{m_0}\frac{a_2^2n_2}{a_1^2n_1}\simeq 2\frac{m_1}{m_0}\frac{\sqrt{a_2}}{\sqrt{a_1}}$$

使用三角不等式和近圆轨道条件 $|\boldsymbol{b}_i-\boldsymbol{b}_j|\geqslant|a_j-a_i|$, 可得直接摄动的上界:

$$|\varDelta^{\text{dir}}E_j|\leqslant\frac{1}{|n_j-n_i|}\frac{Gm_i}{|a_i-a_j|^2}n_ja_j$$

且半长轴的振幅为

$$\frac{|\varDelta^{\text{dir}}a_j|}{a_j}\leqslant\frac{|\varDelta^{\text{dir}}E_j|}{E_j}=2\frac{m_i}{(m_0+m_j)}\frac{n_i}{|n_j-n_i|}\frac{a_j^2}{|a_i-a_j|^2}$$

由外行星 $(j=1,i=2)$ 引起的直接摄动为

$$\frac{|\varDelta_2^{\text{dir}}a_1|}{a_1}\leqslant 2\frac{m_2}{m_0}\frac{a_1^2}{a_2^2}$$

这与间接部分的估计相同。内行星 $(j=2,i=1)$ 的直接摄动为

$$\frac{|\Delta_1^{\mathrm{dir}}a_2|}{a_2} \leqslant 2\frac{m_1}{m_0}\frac{a_2^2 n_2}{a_2^2 n_1} \simeq 2\frac{m_1}{m_0}\frac{a_1^{3/2}}{a_2^{3/2}}$$

这与间接摄动估计量是不同的。当 $a_2/a_1 \to +\infty$ 时, 内行星的直接摄动趋于 0, 间接摄动则趋于无穷。内行星的间接摄动可能导致半长轴到任意大值, 甚至形成双曲线轨道。随着 a_2 的增长, 其他星体的引力趋于 0。而在间接摄动大于太阳的引力前, 由 m_1、$\boldsymbol{b}_1$ 引起的太阳加速度为常数。

对于外行星产生的摄动, 日心半长轴的摄动估值包含比率 a_1^2/a_2^2, 而在雅克比坐标下的相应估值, 则含有与 a_1^3/a_2^3 成正比的罗伊 — 沃克参数 ϵ_{21}。也就是说, 对于更大的 a_2/a_1, 日心系下的摄动更大, 但当 $a_2/a_1 \to +\infty$ 时, 摄动仍然趋于零。

本节和 4.3 节讨论的结论: 使用日心坐标表达根数与质量比 m_j/m_0 无关的行星轨道是很有必要的。但由于来自内行星摄动的影响, 这些轨道根数会随时间剧烈地变化。雅克比坐标可以提供随时间变化更稳定的轨道根数, 但它依赖于质量。质心坐标系的行为则比较折中, 其摄动大于雅克比坐标下的值, 但当日心系下 $a_2/a_1 \to +\infty$ 时, 不至于发散。因此不存在满足所有需求的最佳选择, 需要通过坐标变换去发掘每个系统的最佳特性。

4.6 太阳系动力学模型

对于行星系统 (尤其是我们所在的太阳系) 中目标的定轨, 动力学模型需要采用 $(N+1)$ 体系统的运动方程。对于给定的定轨问题、运动方程中必须包括哪些项? 这个问题依赖于轨道以及观测的精度。

这一节将讨论在引力摄动模型中包含的天体数量与非引力摄动模型。物体的非球形引力将在第 13 章中讨论。广义相对论摄动将在 6.6 节中讨论。

4.6.1 多少个物体

对给定目标的轨道, 关于 $(N+1)$ 体模型需要解决的第一个问题是如何选择 N? 太阳系中包括太阳、多个大行星①、行星的自然卫星, 以及

① 需要考虑的大行星的数量需要进一步讨论, 详细内容如下所示。

大量的小天体 (小行星、彗星、海王星外物体, 半人马座, 以及流星等), 因此需要对其进行选择。为了给出一致的近似, 首先选择某个阶次的摄动力, 再忽略那些对目标物体的轨道确定影响小于这一阶次的天体。

进行上述过程的最有效的方法是使用雅克比坐标以及罗伊 — 沃克小参数法估计摄动效果的大小, 但这并不意味着待确定的变量必须使用雅克比坐标形式。主要和次要行星的摄动力的参数 ϵ_{ij} 值在 Walker et al (1980) 中的表 II 中给出; 在此我们再现或者重新计算了某些参数值①。

根据表 4.1 和类似计算下结论显然是和应用相关的。轨道计算中需要的精度应当满足观测精度。举例来说, 该表中包含可用于讨论地球轨道的动力学模型参数, 可得到如下结论: 谷神星的摄动力比冥王星的更重要, 木卫三的摄动力是可忽略的, 并且月球的轨道问题与地月系统质心轨道是强耦合的, 因此是不能够独立求解的。

表 4.1 太阳系的三体子系统的罗伊 – 沃克参数

子系统	ϵ_{12}	ϵ_{21}
太阳 — 水星 — 地球	2.5×10^{-8}	1.7×10^{-7}
太阳 — 金星 — 地球	1.3×10^{-6}	1.1×10^{-6}
太阳 — 地球 — 火星	1.3×10^{-6}	9.2×10^{-8}
太阳 — 地球 — 谷神星	4.0×10^{-7}	2.2×10^{-11}
太阳 — 地球 — 木星	1.1×10^{-7}	6.8×10^{-6}
太阳 — 地球 — 土星	3.3×10^{-8}	3.3×10^{-7}
太阳 — 地球 — 天王星	8.2×10^{-9}	6.2×10^{-9}
太阳 — 地球 — 海王星	3.3×10^{-9}	1.9×10^{-9}
太阳 — 地球 — 冥王星	4.8×10^{-10}	7.5×10^{-13}
地球 — 月球 — 太阳	7.9×10^{-8}	5.7×10^{-3}
木星 — 木卫三 — 太阳	1.5×10^{-10}	2.7×10^{-6}

4.6.2 非引力摄动

引力是最有穿透力的相互作用, 它与天体的整体质量相关, 对于天体表面和中心部分是没有差别的。其他的摄动力本质上仅作用于天体

① 用 1980 年文章的数据计算摄动是最新的。冥王星的质量通过后来对冥王星 — 卡戎双星系统的观测重新估计比原先小 200 倍。

的表面。例如, 对于宏观物体, 即使带有大量电荷, 电荷趋向于在表面聚集, 使得静电力不是重要的作用力; 电磁辐射仅对表面附近较薄的层面起作用, 作用的厚度与波长相当; 阻力是外部粒子对表面产生的电磁作用力。因此, 在所有的非引力摄动中均存在一个小参数为面质比

$$\frac{A}{m} \simeq \frac{\pi R^2}{\frac{4\pi}{3}\rho R^3} = \frac{3}{4\rho R}$$

式中: A 为横截面积; ρ 为平均密度; R 为受摄物体的半径。上述近似方程对于球形物体严格成立。一个简单的例子是由太阳光产生的直接辐射压力为 $F = (\varPhi/c)A$, 其中 $\varPhi$ 为从太阳开始一定距离 $r_\odot$ 上的辐射能量流 (每单位横截面积上), c 为光速。辐射压力与万有引力的比值为

$$\beta = \frac{\varPhi A r_\odot^2}{G m_\odot m c}$$

式中: $m_\odot = m_0$ 为太阳的质量。考虑到 $E = mc^2$, 从太阳出来的能量流以 $\dot{m}_\odot = 4\pi r_\odot^2 \varPhi/c^2 \simeq 7 \times 10^{-14} m_\odot/y$ 的速率从太阳带走质量, 也就是说, 太阳由于光子的脱离而以特征时间① $t_\odot = m_\odot/\dot{m}_\odot \simeq 1.5 \times 10^{13} y$ 降低自身的质量。因此

$$\beta \simeq \frac{A}{m}\frac{\dot{m}_\odot}{m_\odot}\frac{c}{4\pi G}$$

用 CGS 单位, $c/4\pi G \simeq 3 \times 10^{16}$ 且 $3 \times 10^{16} s \simeq 10^9 y$, 因此

$$\beta = \frac{A}{m}\frac{1}{t_\odot} \simeq \frac{A}{m}\frac{1}{15000} (t_\odot \text{ 以亿年为单位})$$

可利用上述估计表达式来评定什么情况下辐射压力将对日心轨道产生不可忽略的摄动影响。

(1) 对于行星, 如水星 $\rho \simeq 5$, $R \simeq 2400$ km, $A/m \simeq 6 \times 10^{-10}$ 及 $\beta \simeq 4 \times 10^{-14}$: 辐射压力在几乎可完全忽略的水平。

(2) 对于小行星, $\rho \approx 1.5$, $R \approx 500$ m, $A/m \approx 2 \times 10^{-5}$ 及 $\beta \approx 1.3 \times 10^{-9}$: 辐射压力较小, 对于天体测量是可忽略的, 但在可以使用非常精确的观测手段 (如雷达, 跟踪人造卫星) 时是不能够被忽略的。

(3) 对于航天器, $A \approx 5\ \text{m}^2$, $m \approx 500$ kg, $A/m \approx 0.1$ 及 $\beta \approx 7 \times 10^{-6}$, 辐射压力已经完全不能忽略。辐射压力和其他非引力作用力对航天器的影响将在第 14 章中讨论。

---

① 该特征时间与太阳保持主序星时间跨度相关, 其对应于将约 1000 的质量转换为辐射。太阳还由于太阳风带走了带电粒子而失去质量。

(4) 对于给定密度的小颗粒, 如 $\rho = 2$, 存在临界半径使得 $\beta = 1$: 对于球形物体 $A/m = 3/8R$, 由 $\beta = 2.5 \times 10^{-5}/R = 1$ 计算出 $R = 0.25\ \mu\text{m}$。对于这种尺寸的微粒, 这是一个相当简单的粒子/波相互作用模型, 但能保证数量级的阶次是正确的, 对于太阳系轨道释放的, 以低相对速度, 尺寸在微米级以下的微粒不会被束缚在太阳系中, 这些微粒称为 β 粒子。

第二部分　基础理论

第 5 章

最小二乘

本章主要从非线性最小二乘问题的角度介绍定轨中的基本公式。首先, 介绍线性最小二乘问题和经典的迭代方法: 牛顿方法和微分改正法。利用最优理论, 结果的不确定性可用置信椭球描述。如果观测误差是高斯分布的 (这一假设也将在本章中讨论), 概率理论将给出非常类似的结果。本章主要基于高斯在 1809 年所著的文献来介绍经典理论和方法, 仅在 5.8 节介绍了 Carpino 等人在 2003 年的最新研究成果。

5.1 线性最小二乘

最小二乘问题的基本思想: 给定有限的观测数据, 拟合出某个未知的时间函数 $f(t)$ 的模型。如果该模型可以表示成 N 个基函数 f_k 的线性组合, 这就是个线性问题, 即

$$f(t) = \sum_{k=1}^{N} x_k f_k(t)$$

线性组合的系数 x_k 就是拟合参数。假定矢量 $\boldsymbol{x} = (x_k \in \mathbb{R}^N)$ 和 $\boldsymbol{t} = (t_i)$, $\boldsymbol{\lambda} = (\lambda_i) \in \mathbb{R}^m$, 观测数据为 $m \geqslant N$ 对参数 $(t_i, \lambda_i) < i = 1, m$。如给定观测值, 则残差矢量为[①]

$$\xi_i = \lambda_i - f(t_i) - \lambda_i - \sum_{k=1}^{N} x_k f_k(l_i) = \xi_i(\boldsymbol{x})$$

① 预测值前的减号是一个习惯用法, 残差 = 观测值 − 计算值。

通过定义一个与残差平方和成比例的目标函数, 可将其转化为最优化问题, 即

$$Q(\boldsymbol{x})=\frac{1}{m}\sum_{i=1}^{m}\left[\lambda_i-\sum_{k=1}^{N}x_k f_k(t_i)\right]^2$$

通过运用设计矩阵:

$$\boldsymbol{B}=\frac{\partial \boldsymbol{\xi}}{\partial \boldsymbol{x}}=(b_{ik}), b_{ik}=-f_k(t_i), i=1\sim m; k=1\sim N$$

目标函数可用矢量或矩阵表示为

$$Q(\boldsymbol{x})=\frac{1}{m}(\boldsymbol{\lambda}+\boldsymbol{B}\boldsymbol{x})^{\mathrm{T}}(\boldsymbol{\lambda}+\boldsymbol{B}\boldsymbol{x})=\frac{1}{m}\left[\boldsymbol{\lambda}^{\mathrm{T}}\boldsymbol{\lambda}+2\boldsymbol{\lambda}^{\mathrm{T}}\boldsymbol{B}\boldsymbol{x}+\boldsymbol{x}^{\mathrm{T}}\boldsymbol{B}^{\mathrm{T}}\boldsymbol{B}\boldsymbol{x}\right]$$

目标函数的驻点是下式的解:

$$m\frac{\partial Q}{\partial \boldsymbol{x}}=2[\boldsymbol{\lambda}^{\mathrm{T}}\boldsymbol{B}+\boldsymbol{x}^{\mathrm{T}}\boldsymbol{B}^{\mathrm{T}}\boldsymbol{B}]=\boldsymbol{0}$$

即法化方程 $\boldsymbol{B}^{\mathrm{T}}\boldsymbol{B}\boldsymbol{x}=-\boldsymbol{B}^{\mathrm{T}}\boldsymbol{\lambda}$。其中, 法化矩阵 $\boldsymbol{C}=\boldsymbol{B}^{\mathrm{T}}\boldsymbol{B}$ 是对称且非负的二次型。如果该二次型为正, 则二次型 $\boldsymbol{Q}(\boldsymbol{x})$ 是定义在 $\mathbb{R}^N$ 上成椭球的等值超曲面 $mQ(\boldsymbol{x})=\sigma^2$。逆矩阵 $\boldsymbol{\Gamma}=\boldsymbol{C}^{-1}$ 为协方差矩阵, 则法化方程的解为 $\boldsymbol{x}^*=-\boldsymbol{\Gamma}\boldsymbol{B}^{\mathrm{T}}\boldsymbol{\lambda}$。所有这些椭球的中心是 $\boldsymbol{x}^*$, 即

$$mQ(\boldsymbol{x})=mQ^*+(\boldsymbol{x}-\boldsymbol{x}^*)^{\mathrm{T}}\boldsymbol{C}(\boldsymbol{x}-\boldsymbol{x}^*)$$

式中: $Q^*=Q(\boldsymbol{x}^*)$ 为目标函数的最小值, 其值可通过比较 $Q(\boldsymbol{x})$ 展开式求得

$$mQ^*=\boldsymbol{\lambda}^{\mathrm{T}}\boldsymbol{\lambda}-\boldsymbol{\lambda}^{\mathrm{T}}\boldsymbol{B}\boldsymbol{\Gamma}\boldsymbol{B}^{\mathrm{T}}\boldsymbol{\lambda}\leqslant\boldsymbol{\lambda}^{\mathrm{T}}\boldsymbol{\lambda}$$

拟合后的残差矢量为

$$\boldsymbol{\xi}=\boldsymbol{\lambda}+\boldsymbol{B}\boldsymbol{x}^*=\boldsymbol{\lambda}-\boldsymbol{B}\boldsymbol{\Gamma}\boldsymbol{B}^{\mathrm{T}}\boldsymbol{\lambda} \tag{5.1}$$

除非 $\boldsymbol{\lambda}$ 属于由矩阵 $\boldsymbol{B}$ 的列组成的子空间, 否则上式不为 0。

5.1.1 模型问题

用变量 $(n,\boldsymbol{\lambda})$ 代替 $(a,\boldsymbol{\lambda})$, 回顾 2.5 节提出的模型问题, 则其通解为

$$n(t)=n_0,\quad \boldsymbol{\lambda}(t)=n_0t+\lambda_0$$

式中: (n_0, λ_0) 为初始条件。残差及其偏导数为

$$\xi_i = \lambda_i - n_0 t_i - \lambda_0, i = 1, m, \frac{\partial \boldsymbol{\xi}}{\partial (n_0, \lambda_0)} = \boldsymbol{B} = [-\boldsymbol{t} - \mathbf{1}]$$

其中第一列是时间的负数, 第二列为 -1, 则法化矩阵为

$$\boldsymbol{C} = \boldsymbol{B}^{\mathrm{T}}\boldsymbol{B} = \begin{bmatrix} \boldsymbol{t}\cdot\boldsymbol{t} & \boldsymbol{t}\cdot\mathbf{1} \\ \mathbf{1}\cdot\boldsymbol{t} & \mathbf{1}\cdot\mathbf{1} \end{bmatrix} = \begin{bmatrix} \sum t_i^2 & \sum t_i \\ \sum t_i & m \end{bmatrix}$$

假定初始条件 $n_0 = 0, \lambda_0 = 0$, 则残差与观测值相同且法化方程的右侧为

$$\boldsymbol{D} = -\boldsymbol{B}^{\mathrm{T}}\boldsymbol{\xi} = -\boldsymbol{B}^{\mathrm{T}}\boldsymbol{\lambda} = \begin{bmatrix} \sum t_i\lambda_i \\ \sum \lambda_i \end{bmatrix}$$

定义一组有限集的均值、方差和协方差:

$$\bar{t} = \frac{1}{m}\sum_{i=1}^{m} t_i, \mathrm{Var}(\boldsymbol{t}) = \frac{1}{m}\sum_{i=1}^{m}(t_i - \bar{t})^2, \mathrm{Cov}(\boldsymbol{t}, \boldsymbol{\lambda}) = \frac{1}{m}\sum_{i=1}^{m}(t_i - \bar{t})(\lambda_i - \bar{\lambda})$$

式中: $\bar{\lambda}$ 为 λ_i 的均值。通过恒等式 $\boldsymbol{t}\cdot\boldsymbol{t} = m\mathrm{Var}(\boldsymbol{t}) + m\bar{t}^2$, $\boldsymbol{t}\cdot\boldsymbol{\lambda} = m\mathrm{Cov}(\boldsymbol{\lambda}, \boldsymbol{t}) + m\bar{t}\bar{\lambda}$, 可得

$$\boldsymbol{C} = m\begin{bmatrix} \mathrm{Var}(\boldsymbol{t}) + \bar{t}^2 & \bar{t} \\ \bar{t} & 1 \end{bmatrix}, \quad \boldsymbol{D} = m\begin{bmatrix} \mathrm{Cov}(\boldsymbol{t}, \boldsymbol{\lambda} + \bar{t}\bar{\lambda}) \\ \bar{\lambda} \end{bmatrix} \tag{5.2}$$

如果 $\det \boldsymbol{C} = m^2\mathrm{Var}(\boldsymbol{t}) > 0$, 则协方差矩阵为

$$\boldsymbol{\Gamma} = \frac{1}{m\mathrm{Var}(\boldsymbol{t})}\begin{bmatrix} 1 & -\bar{t} \\ -\bar{t} & \mathrm{Var}(\boldsymbol{t}) + \bar{t}^2 \end{bmatrix}$$

且解 (n^*, λ^*) 是下式中的回归曲线:

$$n^* = \mathrm{Cov}(\boldsymbol{t}, \boldsymbol{\lambda})/\mathrm{Var}(\boldsymbol{t}), \quad \lambda^* = \bar{\lambda} - n^*\bar{t}$$

残差 $\boldsymbol{\xi} = \boldsymbol{\lambda} - n^*\boldsymbol{t} - \lambda^*\mathbf{1}$ 的均值为 $\bar{\xi} = 0$, 且方差为

$$\mathrm{Var}(\boldsymbol{\xi}) = Q^* = \mathrm{Var}(\boldsymbol{\lambda}) - \frac{\mathrm{Cov}^2(\boldsymbol{t}, \boldsymbol{\lambda})}{\mathrm{Var}(\boldsymbol{t})} = \mathrm{Var}(\boldsymbol{\lambda})[1 - \mathrm{Corr}^2(\boldsymbol{t}, \boldsymbol{\lambda})]$$

其中相关系数为

$$\mathrm{Corr}(\boldsymbol{t}, \boldsymbol{\lambda}) = \frac{\mathrm{Cov}(\boldsymbol{t}, \boldsymbol{\lambda})}{\sqrt{\mathrm{Var}(\boldsymbol{t})\mathrm{Var}(\boldsymbol{\lambda})}}$$

它是介于 -1 到 1 之间的参数, 用以表示相对于拟合前值 $Q(\mathbf{0}) = \mathrm{Var}(\boldsymbol{\lambda})$ 目标函数的减少量。

5.2 非线性最小二乘问题

非线性最小二乘问题的目标函数 $Q(\boldsymbol{x})=\dfrac{1}{m}\boldsymbol{\xi}^{\mathrm{T}}(\boldsymbol{x})\boldsymbol{\xi}(\boldsymbol{x})$ 不仅仅是二次方函数, 还是拟合参数 $\boldsymbol{x}$ 的可微函数。残差关于拟合参数的偏导数为下述矩阵:

$$\boldsymbol{B}=\frac{\partial\boldsymbol{\xi}}{\partial\boldsymbol{x}}(\boldsymbol{x}),\quad \boldsymbol{H}=\frac{\partial^2\boldsymbol{\xi}}{\partial\boldsymbol{x}^2}(\boldsymbol{x})$$

式中: $\boldsymbol{B}$ 为 $m\times N$ 阶设计矩阵 $(m\geqslant N)$; $\boldsymbol{H}$ 为 $m\times N\times N$ 阶三维列阵。在定轨的范畴中, 残差的偏导数是预测函数的偏导数 (符号相反)。这些可以通过运用链式法则, 由观测函数 R 的偏导数和运动方程通解 $\boldsymbol{y}(t)=\boldsymbol{y}(\boldsymbol{y}_0,t,\boldsymbol{\mu},\boldsymbol{\nu})$ 的偏导数求得, 即

$$\frac{\partial\xi_i}{\partial\boldsymbol{x}_k}=-\frac{\partial R}{\partial\boldsymbol{y}}\frac{\partial\boldsymbol{y}(t_i)}{\partial\boldsymbol{x}_k}-\frac{\partial R}{\partial\boldsymbol{x}_k}$$

其中, 如果 $\boldsymbol{x}_k$ 是矢量 $(y_0,\boldsymbol{\mu})$ 的子矢量 (即可为初始状态也可为动力学参数), 则第一项为主项; 如果 $\boldsymbol{x}_k$ 是 $\boldsymbol{\nu}$ (运动学参数) 的子矢量, 则第二项为主项。$\boldsymbol{H}$ 的公式较复杂, 包含了动力学方程通解的一阶和二阶导数。

为了寻找最小点, 需要先找 $Q(\boldsymbol{x})$ 的驻点:

$$\frac{\partial Q}{\partial\boldsymbol{x}}=\frac{2}{m}\boldsymbol{\xi}^{\mathrm{T}}\boldsymbol{B}=\boldsymbol{0}$$

由于存在两个问题, 非线性最小二乘没有线性最小二乘那么简单。第一, 上述方程是非线性方程组, 通常没有显式解。第二, 驻点不一定是绝对最小点, 它可能是鞍点或局部最小点。第一个问题可通过一些迭代法解决, 如牛顿法或其变体。第二个问题则需要检查由二阶导数组成的海森矩阵 (Hessian Matrix) 来排除鞍点。为确定通过迭代法所找到的局部最小值就是绝对最小值, 所采用的方法往往计算代价较大。

5.2.1 牛顿法

标准的牛顿法需要计算目标函数的二阶导数:

$$\frac{\partial^2 Q}{\partial\boldsymbol{x}^2}=\frac{2}{m}(\boldsymbol{B}^{\mathrm{T}}\boldsymbol{B}+\boldsymbol{\xi}^{\mathrm{T}}\boldsymbol{H})=\frac{2}{m}\boldsymbol{C}_{\mathrm{new}}\tag{5.3}$$

式中: $\boldsymbol{C}_{\mathrm{new}}$ 为 $N\times N$ 阶矩阵, 在局部最小值邻域内非负①。假定残差 $\boldsymbol{\xi}(\boldsymbol{x}_k)$

① 由 $\boldsymbol{\xi}^{\mathrm{T}}\boldsymbol{H}$, 可预定矩阵由 $\sum_i\xi_i\partial^2\xi_i/\partial x_j\partial x_k$ 构成。

已由第 k 次迭代的参数值 $\boldsymbol{x}_k$ 求得, 则在 $\boldsymbol{x}_k$ 处展开的 (非零) 梯度为

$$\frac{\partial Q}{\partial \boldsymbol{x}}(\boldsymbol{x}) = \frac{\partial Q}{\partial \boldsymbol{x}}(\boldsymbol{x}_k) + \frac{\partial^2 Q}{\partial \boldsymbol{x}^2}(\boldsymbol{x}_k)(\boldsymbol{x} - \boldsymbol{x}_k) + \cdots$$

式中: 省略号代表 $(\boldsymbol{x} - \boldsymbol{x}_k)$ 的高次项。如果在 $\boldsymbol{x} = \boldsymbol{x}^*$ 处梯度为 0, 则

$$\boldsymbol{0} = \frac{\partial Q}{\partial \boldsymbol{x}}(\boldsymbol{x}_k) + \frac{\partial^2 Q}{\partial \boldsymbol{x}^2}(\boldsymbol{x}_k)(\boldsymbol{x} - \boldsymbol{x}_k) + \cdots$$

即

$$\boldsymbol{C}_{\text{new}}(\boldsymbol{x}^* - \boldsymbol{x}_k) = -\boldsymbol{B}^{\mathrm{T}}\boldsymbol{\xi} + \cdots$$

忽略高次项, 如果在 $\boldsymbol{x}_k$ 点计算的矩阵 $\boldsymbol{C}_{\text{new}}$ 可逆, 则牛顿法的 $k+1$ 步迭代 $\boldsymbol{x}_k \to \boldsymbol{x}_{k+1}$ 提供的修正为

$$\boldsymbol{x}_{k+1} = \boldsymbol{x}_k + \boldsymbol{C}_{\text{new}}^{-1}D, \quad D = -\boldsymbol{B}^{\mathrm{T}}\boldsymbol{\xi}$$

式中: $D = D(\boldsymbol{x}_k)$。点 $\boldsymbol{x}_{k+1}$ 应比 $\boldsymbol{x}_k$ 更加接近于 $\boldsymbol{x}^*$, 实际应用中, 牛顿法是否收敛依赖于迭代的初始估值 $\boldsymbol{x}_0$ 的选择。

5.2.2 微分改正法

最常用的迭代法是一个牛顿法的变体, 这里称其为微分改正法, 其每步迭代的修正量为

$$\boldsymbol{x}_{k+1} = \boldsymbol{x}_k - (\boldsymbol{B}^{\mathrm{T}}\boldsymbol{B})^{-1}\boldsymbol{B}^{\mathrm{T}}\boldsymbol{\xi}$$

式中: 用 $\boldsymbol{x}_k$ 点计算的法化矩阵 $\boldsymbol{C} = \boldsymbol{B}^{\mathrm{T}}\boldsymbol{B}$ 代替了矩阵 $\boldsymbol{C}_{\text{new}}$, 即除了高于 $(\boldsymbol{x}^* - \boldsymbol{x}_k)$ 二阶的项之外, $\boldsymbol{\xi}^{\mathrm{T}}\boldsymbol{H}(\boldsymbol{x}^* - \boldsymbol{x}_k)$ 项也被忽略。这里经常被忽略的第二项是一个 $(\boldsymbol{x}^* - \boldsymbol{x}_k)$ 的一阶项, 但它包含残差, 所以如果残差足够小, 其值小于 $\boldsymbol{C}(\boldsymbol{x}^* - \boldsymbol{x}_k)$。然而, 这种定性的结果并不总是适用 (10.2 节)。

简化牛顿法主要为了计算由 $P = p' + p''$ 个动力学参数 (p' 个初始状态, p'' 个运动方程中的参数) 的二阶导数 $\partial \boldsymbol{B}/\partial \boldsymbol{x} = \partial^2 \boldsymbol{\xi}/\partial \boldsymbol{x}^2$ 所组成的三维列阵, 它需要解 $p'P^2$ 个标量微分方程, 此外还有运动方程和变分方程的 $p' + p'P$ 个微分方程。

微分修正的一次迭代为线性最小二乘问题的解, 其法化方程为

$$\boldsymbol{C}(\boldsymbol{x}_{k+1} - \boldsymbol{x}_k) = D$$

式中: $D=-\boldsymbol{B}^{\mathrm{T}}\boldsymbol{\xi}$ 与牛顿法相同。这个线性问题可以通过截断目标函数获得, 即

$$Q(\boldsymbol{x})\simeq Q(\boldsymbol{x}_k)+\frac{2}{m}\boldsymbol{\xi}^{\mathrm{T}}\boldsymbol{B}(\boldsymbol{x}-\boldsymbol{x}_k)+\frac{1}{m}(\boldsymbol{x}-\boldsymbol{x}_k)^{\mathrm{T}}\boldsymbol{C}(\boldsymbol{x}-\boldsymbol{x}_k)$$

由于 $\boldsymbol{C}_{\mathrm{new}}$ 被 $\boldsymbol{C}$ 替换, 上式不再是二阶泰勒展开式。

5.2.3 收敛性及其与线性最小二乘的比较

如果协方差矩阵可计算 (即法化矩阵的逆矩阵 $\boldsymbol{\Gamma}=\boldsymbol{C}^{-1}$ 存在), 那么一次迭代 (即一次微分修正的步骤) 便可实现。由于 $\boldsymbol{C}=\boldsymbol{B}^{\mathrm{T}}\boldsymbol{B}$ 总是半正定的, 因此如果 $\boldsymbol{B}$ 的秩为 $N(m\geqslant N)$, 则其为正定。所有这些均适用于精确的计算, 但病态条件矩阵 $\boldsymbol{C}$ 和 $\boldsymbol{\Gamma}$ 可能导致数值问题的出现。对一个对称正定矩阵 $\boldsymbol{A}$, 条件数 $\mathrm{cond}(\boldsymbol{A})$ 是 $\boldsymbol{A}$ 特征值的最大值与最小值的比率①。

如果 $\boldsymbol{C}$ 是病态条件矩阵, 也就是条件数非常大, 相当于舍入误差的倒数, 则该矩阵的求逆计算会产生数值的不稳定。Cholesky②算法和特征值算法可用于解决病态情况下数值求解的稳定性问题。即使协方差矩阵仍为病态 ($\boldsymbol{C}$ 的小特征值对应 $\boldsymbol{\Gamma}$ 的大特征值), 它仍然可以求解线性最小二乘拟合问题。

精确求解逆病态法化矩阵 $\boldsymbol{C}$ 并不能保证迭代过程的成功。如果 $\boldsymbol{\Gamma}$ 有大的特征值, 则微分修正的迭代可能遇到大的修正量 $\boldsymbol{x}_{k+1}-\boldsymbol{x}_k=\boldsymbol{\Gamma}D$, 特别是沿 $\boldsymbol{\Gamma}$ 最大特征值相应方向 (弱方向) 产生大的分量 (第 10 章)。修正较大时, 通过截断方程 $\partial Q/\partial\boldsymbol{x}=\boldsymbol{0}$ 得到的近似是较差的, $Q(\boldsymbol{x}_{k+1})$ 值相比 $Q(\boldsymbol{x}_k)$ 值不是递减的。如果目标函数开始增长, 通常会持续变大, 则之后的修正值也会增大, 直到参数 $\boldsymbol{x}$ 中的某些权失去物理意义。

总之, 解决线性和非线性最小二乘问题存在两个主要的差异: 第一, 线性问题总是有解。即使正规矩阵是病态的, 甚至存在 0 特征值, 也可以找到求解的算法③。第二, 非线性问题需要大量的迭代运算。例如, 在微分修正步骤中, 经验表明, 收敛失效可能是由于错误的权值导致的严重发散, 或者是由于持续的振荡, 又或者在同一个弱方向上存在近似常值的修正。因此, 需有一个标准来终止迭代过程并表示迭代完成, 即一

① 这仅仅是文献中可供选择定义的一种, 其最为直观且满足我们的需求。对于更多细节的讨论, 见 6.4 节。

② 原文 Cholewsky 有误。

③ 对 $\det\boldsymbol{C}=0$ 的情况, 非唯一解总是存在, 可用伪逆算法求解, 见 6.1 节。

个只有在 $k \to +\infty$ 的极限才可以得到好的收敛近似值。同时当迭代没有收敛趋势时, 也需要确定合适标准来终止迭代过程并宣布迭代失败。可以使用以下两个标准来获得可接受的近似值 $\boldsymbol{x}^*$ 使迭代终止。

第一个标准是基于最后的修正值 $\Delta\boldsymbol{x} = \boldsymbol{x}_{k+1} - \boldsymbol{x}_k$ 来确定。为确定 $\Delta\boldsymbol{x}$ 是小量, 需要一个在拟合参数的 N 维空间中的度量。该度量可以由法化矩阵定义为

$$\|\Delta\boldsymbol{x}\|_{\boldsymbol{C}} = \sqrt{\Delta\boldsymbol{x}^{\mathrm{T}}\boldsymbol{C}\Delta\boldsymbol{x}/N}$$

上式可以通过置信椭球 (5.4 节) 或概率理论 (5.7 节) 直接解释。如果 $\|\Delta\boldsymbol{x}\|_C \ll 1$, 接下来的迭代将不能对解有显著的改进。

第二个标准在每步迭代时使用目标函数 $Q_k = Q(\boldsymbol{x}_k)$。如果 $|Q_{k+1} - Q_k|/Q_{k+1} \ll 1$, 则最后一步的修正对最小化目标函数没有太大用处。然而, 仅一步迭代导致的 Q 值相对小的变化不足以预测接下来的迭代过程中 Q 值会不会带来明显改变。为了终止迭代, 最好要求 3~5 步迭代过程中, Q 值没有明显改变, 或 $\|\Delta\boldsymbol{x}\|$ 很小。

决定定轨失败的标准可根据具体情况进行选择。如果需计算的轨道数量很多, 且允许少部分轨道无法计算, 则迭代过程可在较弱条件下中断。例如, 当目标函数在 3~5 步迭代过程中不断增大, 或者拟合参数 $\boldsymbol{x}$ 超出了可接受区域时。如果定轨失败的情况不可接受, 微分修正迭代必须继续, 直到收敛或严重的发散, 这时, 需要尝试其他的初值和/或其他的迭代方法, 具体讨论见第 7~10 章。

非线性最小二乘还有一些特定的问题。首先, 标称解大部分情况下是目标函数的局部最小值且解不唯一。有时候, 可接受的最小值 $Q(\boldsymbol{x}^*)$ 只有一个, 但可能有两个局部最小的相近值 (特殊情况讨论见第 9 章和 10.2 节)。在这种情况下, 这两个标称解及它们邻域内的点都可能是解, 哪一个都不能被随便摒弃。

其次, 微分修正在不断搜索 $Q(\boldsymbol{x})$ 的驻点过程中, 可能收敛到一个鞍点, 即海森矩阵 $\partial^2 Q/\partial\boldsymbol{x}^2$ 在这个驻点上包含一部分负特征值。由方程式 (5.3) 可知, 负的特征值源于包含残差二阶导数的 $\boldsymbol{H}$ 项与 $\boldsymbol{B}^{\mathrm{T}}\boldsymbol{B} = \boldsymbol{C}$ 项没有关系, 所以当 $\boldsymbol{\xi}$ 相对较大或当法化矩阵 $\boldsymbol{C}$ 是病态时, 就会出现鞍点。如果使用微分修正, 则无法计算 $\boldsymbol{H}$ 阵, 也无法得到用于确定收敛点 $\boldsymbol{x}^*$ 是鞍点还是局部最小值的信息。在文献中只有极少几个例子记录了定轨问题中出现鞍点的情况 (Sansaturio et al., 1996)。

5.3 残差的权重

最小二乘问题的一个简单推广是加权最小二乘问题, 目标函数为非负的二次型:

$$Q(\boldsymbol{\xi}) = \frac{1}{m}\boldsymbol{\xi}^{\mathrm{T}}\boldsymbol{W}\boldsymbol{\xi} = \frac{1}{m}\sum_{i=1}^{m}\sum_{k=1}^{m}\omega_{ik}\xi_i\xi_k$$

式中: $\boldsymbol{W} = (\omega_{ik})$ 为权矩阵, 只有非负特征值的对称矩阵。目前为止, 公式中唯一的变化是, 正规矩阵和正则方程右侧变为

$$\boldsymbol{C} = \boldsymbol{B}^{\mathrm{T}}\boldsymbol{W}\boldsymbol{B}, \quad \boldsymbol{D} = -\boldsymbol{B}^{\mathrm{T}}\boldsymbol{W}\boldsymbol{\xi}$$

最简单的情况为

$$\boldsymbol{W} = 1/s^2\boldsymbol{I}\ (\boldsymbol{I}\ \text{是}\ m\times m\ \text{阶单位矩阵})$$
$$\boldsymbol{C} = \frac{1}{s^2}\boldsymbol{B}^{\mathrm{T}}\boldsymbol{B}, \quad \boldsymbol{D} = -\frac{1}{s^2}\boldsymbol{B}^{\mathrm{T}}\boldsymbol{\xi}$$

参数 s 通过因子 s^2 在协方差矩阵 $\boldsymbol{\Gamma} = \boldsymbol{C}^{-1}$ 中出现, 而在微分修正 $\boldsymbol{\Gamma D}$ 中则相互抵消。也就是说, 等权虽然影响不确定性, 但是并不影响解的完成。用于某些特定单位表示的残差, 即隐含了等权的条件。例如角度观测量会用角秒表示, 距离观测量用千米表示。

不同的权表示假设不同的观测量具有不同的精度。这会改变标称解及协方差矩阵。非等权可通过将残差归一化来获得, 如果权矩阵是对角阵 $\boldsymbol{W} = \mathrm{diag}[s_1^{-2}, s_2^{-2}, \cdots, s_m^{-2}]$, 则可以使用 $\boldsymbol{\xi}' = (\xi_i')$ 表示真实的残差, $\boldsymbol{\xi} = (\xi_i)$ 表示标准化的残差:

$$\boldsymbol{\xi} = \sqrt{\boldsymbol{W}}\boldsymbol{\xi}', \quad \xi_i = \frac{\xi_i'}{s_i}$$

于是 $\boldsymbol{C} = \boldsymbol{B}^{\mathrm{T}}\boldsymbol{B}$ 和 $\boldsymbol{D} = -\boldsymbol{B}^{\mathrm{T}}\boldsymbol{\xi}$, 与简单最小二乘方法相同。如果观测误差是相关的 (5.8 节) 且权矩阵 $\boldsymbol{W}$ 不是对角阵, 问题就变得稍微复杂些。这种情况下, 不能随便使用 $\sqrt{\boldsymbol{W}}$, 因为可以通过很多算法求得多个可能的 “矩阵平方根”, 而一般主要关注其中的两个。

Cholesky 算法的目的是寻找三角矩阵 $\boldsymbol{P}$ 使其满足 $\boldsymbol{P}^{\mathrm{T}}\boldsymbol{P} = \boldsymbol{W}$ (Bini et al., 1988, 4.17 节)。特征值算法使用旋转矩阵 $\boldsymbol{R}$ 使矩阵 $\boldsymbol{W}$ 转化为对角阵, 然后计算对角阵的平方根 (即每个特征值的平方根), 再旋转到原来的参考系统 (Bini et al., 1988, 4.15 节)。通过这种方法可得

到满足 $\boldsymbol{P}^2=\boldsymbol{W}$ 条件的矩阵 $\boldsymbol{P}=\boldsymbol{R}\sqrt{\boldsymbol{D}}\boldsymbol{R}^{\mathrm{T}}$ (因为 $\boldsymbol{P}$ 是对称的, 同样 $\boldsymbol{P}^{\mathrm{T}}\boldsymbol{P}=\boldsymbol{W}$)。两种方法均可用于求解法化方程, 因为比起计算 $\boldsymbol{W}$ 的逆矩阵具有明显的优势。其中 Cholesky 方法通过分解为三角阵 $\boldsymbol{P}$, 利用连续替换的方法即可求逆, 并且 $[\boldsymbol{P}^{\mathrm{T}}\boldsymbol{P}]^{-1}=\boldsymbol{P}^{-1}[\boldsymbol{P}^{\mathrm{T}}]^{-1}$; 通过这种方法, 对病态矩阵求逆时, 分母的基数为条件数的平方根。特征值方法中, 如果 $\boldsymbol{R}^{\mathrm{T}}\boldsymbol{W}\boldsymbol{R}=\mathrm{diag}[\boldsymbol{\lambda}_k]$, 则 $\boldsymbol{W}^{-1}=\boldsymbol{R}\mathrm{diag}[\boldsymbol{\lambda}_k^{-1}]\boldsymbol{R}^{\mathrm{T}}$。利用寻找特征值和特征空间的稳健方法, 相比 Cholesky 方法它可以解决更高阶的条件数。

获得矩阵 $\boldsymbol{P}$ 之后, 可再次变换, 其中归一化残差 $\boldsymbol{\xi}$ 可通过真实残差 $\boldsymbol{\xi}$ 的变换 $\boldsymbol{\xi}=\boldsymbol{P}\boldsymbol{\xi}'$ 求得。归一化残差的偏导数矩阵 $\boldsymbol{B}$ 可通过真实残差的偏导数矩阵 $\boldsymbol{B}'$ 求得:

$$\boldsymbol{B}=\frac{\partial\boldsymbol{\xi}}{\partial\boldsymbol{x}}=\frac{\partial\boldsymbol{\xi}}{\partial\boldsymbol{\xi}'}\frac{\partial\boldsymbol{\xi}'}{\partial\boldsymbol{x}}=\boldsymbol{P}\boldsymbol{B}'$$

$$\boldsymbol{C}=(\boldsymbol{B}')^{\mathrm{T}}\boldsymbol{W}\boldsymbol{B}'=(\boldsymbol{B}')^{\mathrm{T}}\boldsymbol{P}^{\mathrm{T}}\boldsymbol{P}\boldsymbol{B}'=\boldsymbol{B}^{\mathrm{T}}\boldsymbol{B}$$

$$\boldsymbol{D}=-(\boldsymbol{B}')^{\mathrm{T}}\boldsymbol{W}\boldsymbol{\xi}'=-(\boldsymbol{B}')^{\mathrm{T}}\boldsymbol{P}^{\mathrm{T}}\boldsymbol{P}\boldsymbol{\xi}'=-\boldsymbol{B}^{\mathrm{T}}\boldsymbol{\xi}'$$

权矩阵在法化方程中抵消。因此, 即使假设测量已被加权, 无论是非等权的对角阵, 还是包含相关性的全满矩阵 $\boldsymbol{W}$, 均可以使用不包含权矩阵 $\boldsymbol{W}$ 的公式。

已假设权阵 $\boldsymbol{W}$ 具有非负的特征值 (否则残差的组合会导致负的目标函数, 且未必存在最小值), 但 $\boldsymbol{W}$ 可能会有一个 0 特征值。这可用于剔除观测值, 例如观测编号 i 的权 $\omega_{ii}=0$; 如果观测值是相关的, 还需要设置 $\omega_{ij}=\omega_{ji}=0$, $j\neq i$。其原因是由于在先验的质量控制中认为这是有误的 (这个早于在定轨中的应用), 或者因为验后中发现残差太大, 无法被接受 (5.8 节)。

5.4 置信椭球

在一个标称解 $\boldsymbol{x}^*$ 的邻域内, 目标函数 Q 的值会略大于最小值 $Q^*=Q(\boldsymbol{x}^*)$, 记为 $Q(\boldsymbol{x})=Q^*+\Delta Q(\boldsymbol{x})$; 这里称 $\Delta Q(\boldsymbol{x})$ 为惩罚, 通过在 $\boldsymbol{x}^*$ 处展开 Q, 其中梯度 $-\boldsymbol{\xi}^{\mathrm{T}}\boldsymbol{B}$ 为 0, 惩罚的最低阶部分是 $\Delta\boldsymbol{x}$ 的二次型, 系数矩阵为 $\boldsymbol{C}_{\mathrm{new}}(\boldsymbol{x}^*)/m$。如方程式 (5.3) 所示, 如果 $\boldsymbol{\xi}$ 足够小, 该二次方型可被替换为

$$\Delta Q(\boldsymbol{x})=\frac{1}{m}(\boldsymbol{x}-\boldsymbol{x}^*)^{\mathrm{T}}\boldsymbol{C}(\boldsymbol{x}-\boldsymbol{x}^*)+\cdots$$

式中: 省略号表示 $\Delta\boldsymbol{x}$ 的三阶以上项和含有 $\boldsymbol{\xi}$ 的 $\Delta\boldsymbol{x}$ 的二阶项。

第 1 章曾将置信区间定义为 $\boldsymbol{x}$ 的集合, 其惩罚不超过控制的权值。通过上面的展开, 置信区间可近似为置信椭球

$$Z_L(\sigma) = \{\boldsymbol{x} \in \mathbb{R}^N | (\boldsymbol{x}-\boldsymbol{x}^*)^{\mathrm{T}}\boldsymbol{C}(\boldsymbol{x}-\boldsymbol{x}^*) \leqslant \sigma^2\}$$

当且仅当 $\boldsymbol{C}$ 是正定时, 上式在 $(N-1)$ 维椭球内。如何逐个和整体地用置信椭球描述参数 x_k, $k=1\sim N$ 的不确定性 (3.2 节)? 假定参数矢量沿正交线性的参数子空间分解为两个部分:

$$\boldsymbol{x} = \begin{bmatrix}\boldsymbol{h}\\ \boldsymbol{g}\end{bmatrix}, \quad \boldsymbol{x}^* = \begin{bmatrix}\boldsymbol{h}^*\\ \boldsymbol{g}^*\end{bmatrix}$$

通过分解, 法化矩阵和协方差矩阵为

$$\boldsymbol{C} = \begin{bmatrix}\boldsymbol{C_{hh}} & \boldsymbol{C_{hg}}\\ \boldsymbol{C_{gh}} & \boldsymbol{C_{gg}}\end{bmatrix}, \quad \boldsymbol{\Gamma} = \begin{bmatrix}\boldsymbol{\Gamma_{hh}} & \boldsymbol{\Gamma_{hg}}\\ \boldsymbol{\Gamma_{gh}} & \boldsymbol{\Gamma_{gg}}\end{bmatrix}$$

惩罚的二次型近似为

$$\begin{aligned} m\Delta Q \simeq\ & (\boldsymbol{h}-\boldsymbol{h}^*)\cdot\boldsymbol{C_{hh}}(\boldsymbol{h}-\boldsymbol{h}^*)\\ & +2(\boldsymbol{h}-\boldsymbol{h}^*)\cdot\boldsymbol{C_{hg}}(\boldsymbol{g}-\boldsymbol{g}^*)+(\boldsymbol{g}-\boldsymbol{g}^*)\cdot\boldsymbol{C_{gg}}(\boldsymbol{g}-\boldsymbol{g}^*)\end{aligned}$$

解的组分 $\boldsymbol{g}$ 的不确定性可用三种不同公式表示, 这取决于对正交的 $\boldsymbol{h}$ 子空间做的假设。特殊情况下, $\boldsymbol{g}$ 是一维, 可由此获得一个坐标 x_k 的不确定度。

5.4.1 标称值的条件置信椭球

情形 1: 当 $\boldsymbol{h}=\boldsymbol{h}^*$ 时, $\boldsymbol{g}$ 的不确定性。此时存在

$$m\Delta Q \simeq (\boldsymbol{g}-\boldsymbol{g}^*)\cdot\boldsymbol{C_{gg}}(\boldsymbol{g}-\boldsymbol{g}^*)$$

并且 $\boldsymbol{g}$ 子空间内条件置信椭球存在矩阵 $\boldsymbol{C_{gg}}$, 这也是矩阵 $\boldsymbol{C}$ 对应子空间的子矩阵。通过取 $\boldsymbol{x}=\boldsymbol{g}$, 并将 $\boldsymbol{h}$ 中变量取为考察参数 (即保留其标称值), $\boldsymbol{C_{gg}}$ 就是拟合中的法化矩阵。注意: 除非 $\boldsymbol{C_{hg}}=\boldsymbol{\Gamma_{hg}}=\boldsymbol{0}$, 分解中变量 $\boldsymbol{g}$ 的协方差矩阵 $\boldsymbol{\Gamma_g}=\boldsymbol{C_{gg}^{-1}}$ 与协方差阵 $\boldsymbol{\Gamma}$ 中的 $\boldsymbol{\Gamma_{gg}}$ 是不一致的。

几何上, 这对应于置信椭球与平行于变量 $\boldsymbol{g}$ 的线性子空间, 且穿过 $\boldsymbol{h}^*$ 子空间的交集, 见图 5.1 和 3.3 节。

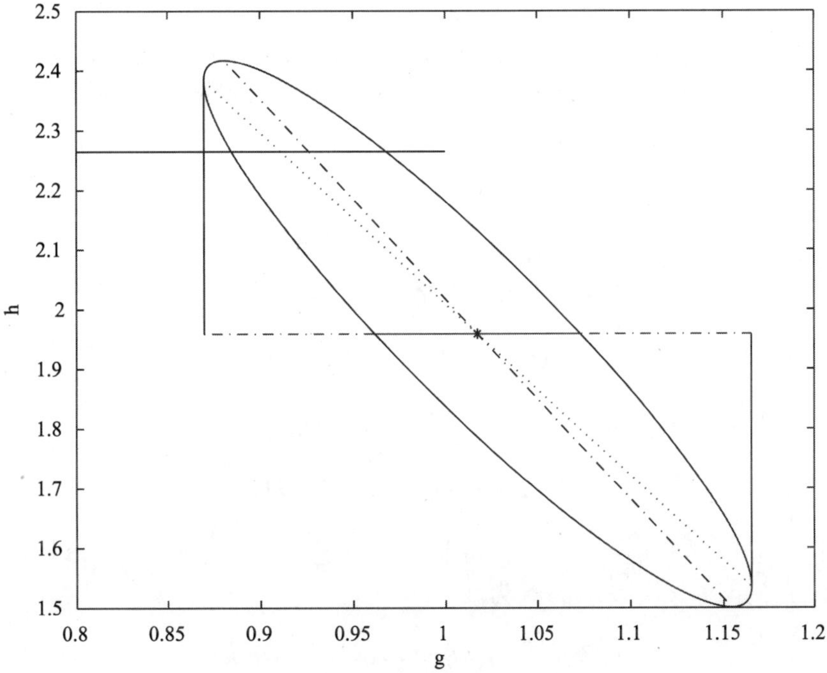

图 5.1 给定 $\boldsymbol{h}$ 时, $\boldsymbol{g}$ 的回归线 (点画线表示) 包含 $\boldsymbol{h}$ 常值部分的中心, 在 $N=2$ 的情形下, 即为水平交线的中点。给定 $\boldsymbol{g}$ 时, $\boldsymbol{h}$ 的回归线 (点表示) 包含垂直交线的中点, 包括垂直线与椭圆相切的点

5.4.2 边缘置信椭球

情形 2: 对于任意 $\boldsymbol{h}$, $\boldsymbol{g}$ 的不确定性。几何上, 就是置信椭球映射到 $\boldsymbol{g}$ 子空间。可以通过寻找椭球上线性切空间与 $\boldsymbol{h}$ 子空间平行时对应的 $\boldsymbol{g}$ 值来确定映射的边界。

$$\frac{\partial}{\partial \boldsymbol{h}}[m\Delta Q] \simeq 2(\boldsymbol{h}-\boldsymbol{h}^*)^{\mathrm{T}}\boldsymbol{C}_{\boldsymbol{hh}} + 2(\boldsymbol{g}-\boldsymbol{g}^*)^{\mathrm{T}}\boldsymbol{C}_{\boldsymbol{gh}} = \boldsymbol{0}$$

即如果 $\boldsymbol{C}_{\boldsymbol{hh}}$ 可逆, 也就是如果 $\boldsymbol{C}$ 正定, 则

$$\boldsymbol{h}-\boldsymbol{h}^* = -\boldsymbol{C}_{\boldsymbol{hh}}^{-1}\boldsymbol{C}_{\boldsymbol{hg}}(\boldsymbol{g}-\boldsymbol{g}^*)$$

上式即为给定 $\boldsymbol{g}$ 时, 回归子空间 $\boldsymbol{h}$ 的参数方程, 它们与置信椭球的交集就是对于任意 $\boldsymbol{h}$, $\boldsymbol{g}$ 的边缘置信椭球的投影 (图 5.1 和 3.3 节)。将其代入 ΔQ 的近似二次型中, 可得

$$m\Delta Q \simeq (\boldsymbol{g}-\boldsymbol{g}^*)\cdot \boldsymbol{C}^{\boldsymbol{gg}}(\boldsymbol{g}-\boldsymbol{g}^*), \quad \boldsymbol{C}^{\boldsymbol{gg}} = \boldsymbol{C}_{\boldsymbol{gg}} - \boldsymbol{C}_{\boldsymbol{gh}}\boldsymbol{C}_{\boldsymbol{hh}}^{-1}\boldsymbol{C}_{\boldsymbol{hg}}$$

$\boldsymbol{g}$ 子空间内的边缘置信椭球上存在矩阵 $\boldsymbol{C}^{gg}$, 这不是 $\boldsymbol{C}$ 中对应的子矩阵。上式中, 非负二次型前的减号表示: 任意 $\boldsymbol{h}$ 的置信椭球包含 $\boldsymbol{h}=\boldsymbol{h}^*$ 情况下的置信椭球。$\boldsymbol{C}^{gg}$ 的定义可由纯粹的数学推导获得, 将法化系统划分为限制在子空间中的两个方程:

$$\begin{cases}\boldsymbol{C}_{hh}\Delta\boldsymbol{h}+\boldsymbol{C}_{hg}\Delta\boldsymbol{g}=\boldsymbol{D}_h\\ \boldsymbol{C}_{gh}\Delta\boldsymbol{h}+\boldsymbol{C}_{gg}\Delta\boldsymbol{g}=\boldsymbol{D}_g\end{cases}$$

则通过消除 $\Delta\boldsymbol{h}$ 即可获得解。由第一个方程:

$$\Delta\boldsymbol{h}=\boldsymbol{C}_{hh}^{-1}[\boldsymbol{D}_h-\boldsymbol{C}_{hg}\Delta\boldsymbol{g}]$$

代入另一个方程, 则可获得另一个线性系统:

$$\boldsymbol{C}^{gg}\Delta\boldsymbol{g}=\boldsymbol{D}_g-\boldsymbol{C}_{gh}\boldsymbol{C}_{hh}^{-1}\boldsymbol{D}_h$$

其中矩阵 $\boldsymbol{C}^{gg}$ 由上式定义。如果 $\boldsymbol{C}^{gg}$ 可逆, 存在 $\boldsymbol{\Gamma}_{gg}(\boldsymbol{C}^{gg})^{-1}$, 以及用协方差矩阵分块表示的解为

$$\begin{cases}\Delta\boldsymbol{g}=\boldsymbol{\Gamma}_{gg}\boldsymbol{D}_g-\boldsymbol{\Gamma}_{gg}\boldsymbol{C}_{gh}\boldsymbol{C}_{hh}^{-1}\boldsymbol{D}_h\\ \Delta\boldsymbol{h}=\boldsymbol{\Gamma}_{hh}\boldsymbol{D}_h-\boldsymbol{C}_{hh}^{-1}\boldsymbol{C}_{hg}\boldsymbol{\Gamma}_{gg}\boldsymbol{D}_g\end{cases}$$

式中: $\boldsymbol{\Gamma}_{hh}=\boldsymbol{C}_{hh}^{-1}+\boldsymbol{C}_{hh}^{-1}\boldsymbol{C}_{hg}\boldsymbol{\Gamma}_{gg}\boldsymbol{C}_{gh}\boldsymbol{C}_{hh}^{-1}$。替代求解的只有在 $\boldsymbol{C}_{hh}$ 和 $\boldsymbol{C}^{gg}$ 可逆时才成立, 在此不要求 $\boldsymbol{C}_{gg}$ 可逆。在该假设中, 对于任意的 $\boldsymbol{h}$, 可用协方差矩阵 $\boldsymbol{C}^{gg}=\boldsymbol{\Gamma}_{gg}^{-1}$ 描述置信椭球矩阵, 其中 $\boldsymbol{\Gamma}_{gg}$ 是 $\boldsymbol{\Gamma}$ 子空间的约束。这可以通过边缘概率分布作概率解释, 见 3.2 节。通过互换 $\boldsymbol{h}$ 和 $\boldsymbol{g}$ 的角色, 可得

$$\boldsymbol{C}^{hh}=\boldsymbol{C}_{hh}-\boldsymbol{C}_{hg}\boldsymbol{C}_{gg}^{-1}\boldsymbol{C}_{gh}$$

如果上式可逆, 则逆矩阵为 $\boldsymbol{\Gamma}_{hh}$, 即协方差矩阵对 $\boldsymbol{h}$ 子空间的约束。这就给出了当 $\boldsymbol{C}_{gg}$ 和 $\boldsymbol{C}^{hh}$ 可逆时的完整解。这里不要求 $\boldsymbol{C}_{gg}$ 可逆。当 $\boldsymbol{C}$ 和 $\boldsymbol{\Gamma}$ 是病态矩阵时, 选择待求逆的矩阵对数值计算的稳定性至关重要。

5.4.3 非标称值的条件椭球

情形 3: 当 $\boldsymbol{h}=\boldsymbol{h}_0\neq\boldsymbol{h}^*$ 时, $\boldsymbol{g}$ 的不确定性。此时可近似为

$$\begin{aligned}m\Delta Q\simeq{}&(\boldsymbol{h}_0-\boldsymbol{h}^*)\cdot\boldsymbol{C}_{hh}(\boldsymbol{h}_0-\boldsymbol{h}^*)\\&+2(\boldsymbol{h}_0-\boldsymbol{h}^*)\cdot\boldsymbol{C}_{hg}(\boldsymbol{g}-\boldsymbol{g}^*)+(\boldsymbol{g}-\boldsymbol{g}^*)\cdot\boldsymbol{C}_{gg}(\boldsymbol{g}-\boldsymbol{g}^*)\end{aligned}$$

且对应的最小值是下式的解:

$$\frac{\partial}{\partial \boldsymbol{g}}[m\Delta Q]=2(\boldsymbol{h}_0-\boldsymbol{h}^*)^{\mathrm{T}}\boldsymbol{C}_{\boldsymbol{hg}}+2(\boldsymbol{g}-\boldsymbol{g}^*)^{\mathrm{T}}\boldsymbol{C}_{\boldsymbol{gg}}=\mathbf{0}$$

若 $\boldsymbol{C}_{\boldsymbol{gg}}$ 可逆, 对于固定的 $\boldsymbol{h}=\boldsymbol{h}_0$, 最小值点为

$$\boldsymbol{g}_0=\boldsymbol{g}^*-\boldsymbol{C}_{\boldsymbol{gg}}^{-1}\boldsymbol{C}_{\boldsymbol{gh}}(\boldsymbol{h}_0-\boldsymbol{h}^*)$$

上式即为给定 $\boldsymbol{h}_0$ 时 $\boldsymbol{g}_0$ 的回归子空间。通常 $\boldsymbol{g}_0$ 不同于 $\boldsymbol{g}^*$, 除非子空间不相关。也就是说, 除非 $\boldsymbol{C}_{\boldsymbol{gh}}$ 是零矩阵。现在可通过将惩罚 ΔQ 作为 $\boldsymbol{g}-\boldsymbol{g}_0$ 的函数来计算, 用

$$\boldsymbol{g}-\boldsymbol{g}^*=(\boldsymbol{g}-\boldsymbol{g}_0)+\boldsymbol{g}-\boldsymbol{g}^*=(\boldsymbol{g}-\boldsymbol{g}_0)-\boldsymbol{C}_{\boldsymbol{gg}}^{-1}\boldsymbol{C}_{\boldsymbol{gh}}(\boldsymbol{h}_0-\boldsymbol{h}^*)$$

替换后得

$$m\Delta Q\simeq(\boldsymbol{g}-\boldsymbol{g}_0)\cdot\boldsymbol{C}_{\boldsymbol{gg}}(\boldsymbol{g}-\boldsymbol{g}_0)+(\boldsymbol{h}_0-\boldsymbol{h}^*)\cdot\boldsymbol{C}^{\boldsymbol{hh}}(\boldsymbol{h}_0-\boldsymbol{h}^*)$$

这意味着约束 $\boldsymbol{h}=\boldsymbol{h}_0$ 隐含了最小值惩罚:

$$m\Delta Q_{\boldsymbol{h}}=(\boldsymbol{h}_0-\boldsymbol{h}^*)\cdot\boldsymbol{C}^{\boldsymbol{hh}}(\boldsymbol{h}_0-\boldsymbol{h}^*)$$

这是差值 $\boldsymbol{h}_0-\boldsymbol{h}^*$ 的二次型, 包含 $\boldsymbol{C}^{\boldsymbol{hh}}=\boldsymbol{\Gamma}_{\boldsymbol{hh}}^{-1}$。由于 $\boldsymbol{g}$ 离开约束极小值 $\boldsymbol{g}$, 产生了附加惩罚项, 与 $\boldsymbol{h}=\boldsymbol{h}^*$ 情形相同, 表达该项的二次型包含 $\boldsymbol{C}_{\boldsymbol{gg}}$ 矩阵。但在 $\boldsymbol{g}$ 空间的条件置信椭球是较小的, 因为

$$m\Delta Q\simeq\sigma^2\Leftrightarrow(\boldsymbol{g}-\boldsymbol{g}_0)\cdot\boldsymbol{C}_{\boldsymbol{gg}}(\boldsymbol{g}-\boldsymbol{g}_0)\Leftrightarrow\sigma^2-(\boldsymbol{h}_0-\boldsymbol{h}^*)\cdot\boldsymbol{C}^{\boldsymbol{hh}}(\boldsymbol{h}_0-\boldsymbol{h}^*)$$

当 $\boldsymbol{C}^{\boldsymbol{hh}}$ 是正定时, 即当 $\boldsymbol{C}$ 和 $\boldsymbol{\Gamma}$ 是正定时, 最后一项的减号部分为正 (当 $\boldsymbol{h}_0\neq\boldsymbol{h}^*$ 时)。这可用概率论中条件概率分布描述。

5.5 协方差的传递

假定 $\boldsymbol{y}$ 表示 t 时刻的状态矢量, 是运动方程的解。积分流 $\Phi_{t_0}^t(\boldsymbol{y}_0)$ (其中 $\boldsymbol{y}_0=\boldsymbol{y}(t_0)$) 的微分可由偏导数矩阵, 即状态转移矩阵表示:

$$\frac{\partial \boldsymbol{y}(t)}{\boldsymbol{y}_0}=D\Phi_{t_0}^t(\boldsymbol{y}_0)$$

状态转移矩阵是变分方程的解, 是一个线性常微分方程系统。变分方程的解可通过数值方法求得, 同时可求得运动方程的解。使用半群性质:

$$\Phi_t^{t_0}(\Phi_{t_0}^t(\boldsymbol{y}_0)) = \Phi_{t_0}^{t_0}(\boldsymbol{y}_0) = \boldsymbol{y}_0, \quad \frac{\partial \boldsymbol{y}}{\partial \boldsymbol{y}_0}\frac{\partial \boldsymbol{y}_0}{\partial \boldsymbol{y}} = \boldsymbol{I}$$

首先假设拟合变量的矢量 $\boldsymbol{x}$ 与 $\boldsymbol{y}_0$ 一致。通过使用状态转移矩阵, $\boldsymbol{y}_0$ 的法化和协方差矩阵可由 t_0 时刻传递到任意时刻 t。其中下标为 0 的量代表是历元 t_0 的量, 同样下标为 t 的量表示历元 t 的量。对法化矩阵:

$$\boldsymbol{C}_0 = \frac{\partial \boldsymbol{\xi}}{\partial \boldsymbol{y}_0}^{\mathrm{T}} \frac{\partial \boldsymbol{\xi}}{\partial \boldsymbol{y}_0}$$

通过假设拟合变量为 $\boldsymbol{y}(t)$, 可再对雅可比矩阵使用链式法则, 可实现至 t 时刻的传递, 即

$$\begin{aligned} \boldsymbol{C}_t = \frac{\partial \boldsymbol{\xi}}{\partial \boldsymbol{y}}^{\mathrm{T}} \frac{\partial \boldsymbol{\xi}}{\partial \boldsymbol{y}} &= \left(\frac{\partial \boldsymbol{\xi}}{\partial \boldsymbol{y}_0}\frac{\partial \boldsymbol{y}_0}{\partial \boldsymbol{y}}\right)^{\mathrm{T}} \left(\frac{\partial \boldsymbol{\xi}}{\partial \boldsymbol{y}_0}\frac{\partial \boldsymbol{y}_0}{\partial \boldsymbol{y}}\right)^{\mathrm{T}} \\ &= \frac{\partial \boldsymbol{y}_0}{\partial \boldsymbol{y}}^{\mathrm{T}} \boldsymbol{C}_0 \frac{\partial \boldsymbol{y}_0}{\partial \boldsymbol{y}} = \left(\frac{\partial \boldsymbol{y}_0}{\partial \boldsymbol{y}}^{\mathrm{T}}\right)^{-1} \boldsymbol{C}_0 \left(\frac{\partial \boldsymbol{y}_0}{\partial \boldsymbol{y}}\right)^{-1} \end{aligned} \tag{5.4}$$

协方差矩阵是法化矩阵的逆, 所以

$$\boldsymbol{\Gamma}_0 = \boldsymbol{C}_0^{-1}, \quad \boldsymbol{\Gamma}_t = \boldsymbol{C}_t^{-1} = \frac{\partial \boldsymbol{y}_0}{\partial \boldsymbol{y}} \boldsymbol{\Gamma}_0 \frac{\partial \boldsymbol{y}_0}{\partial \boldsymbol{y}}^{\mathrm{T}} \tag{5.5}$$

式 (5.5) 给出了与式 (3.9) 对应的协方差传递公式。总之, 为了传递法化协方差矩阵以及计算不同历元的置信椭球, 需要重复求解最小二乘问题, 仅需要求解变分方程。但实际上在模型中, 计算的线性假设通常是值得商榷的。

如果拟合参数 $\boldsymbol{x}$, 除了 $\boldsymbol{y}_0$ 以外还包括常数 μ、ν, 则 $\boldsymbol{x}$ 的状态转移矩阵的形式为

$$\frac{\partial \boldsymbol{x}_0(t)}{\partial \boldsymbol{x}(t_0)} = \begin{bmatrix} \partial \boldsymbol{y}(t)/\partial \boldsymbol{y}_0 & \boldsymbol{0} \\ 0 & \boldsymbol{I} \end{bmatrix}$$

其传递公式可按完全相同的方式使用。

5.5.1 非线性来源

非线性问题来源于两种情况: 第一, 线性近似可能导致法化矩阵和协方差矩阵病态, 从而导致置信椭球的形状被拉长。如果 $\lambda_i, j = 1 \sim N$

是传递后法化矩阵 $\boldsymbol{C}_t$ 的特征值, 则置信椭球的半轴长度为 $\sigma_i = 1/\sqrt{\lambda_i}$, 且最长和最短的比值为 $\sqrt{\mathrm{cond}(C)}$。这个比值通常在 $10^5 \simeq 10^6$ 之间, 所以在置信椭球上, 点距离标称解的距离变得很大。第二, 当参数空间的范围 (或区域) 很大时, 即当置信区域明显不同于置信椭球时, 使用二次型近似可能不成立。两种情况同时作用, 则当椭球长轴很长时, 非线性问题就变得很重要。

在传递置信区域的两步计算中, 任意一步中均可能发生半长轴的剧烈增长, 或者明显的非线性效应。其中, 第一步是计算历元时刻 t_0 拟合参数 $\boldsymbol{x}$ 的置信区间, 一般是在观测弧段中心附近。当观测数据不充分时, 法化矩阵 $\boldsymbol{C}_0$ (对历元 t_0) 是病态的。

第二步是到时间 t_1 的不确定性传递。积分流 $\Phi_{t_0}^{t_1}$ 是非线性的, 且其导数 (状态转移矩阵) 的某些系数随时间至少线性增长。因此法化矩阵和协方差矩阵 (式 (5.4) 和式 (5.5)) 的传递导致条件数随时间至少平方增长。在混沌的动力系统中 (即具有正的李雅普诺夫指数), 某些状态转移矩阵的系数将随时间指数增长, 上述影响将急剧增强。小行星运行在行星穿越轨道上就是这种情况, 具体见第 12 章。

5.6 模型问题

这里以 5.1 节讨论的模型问题为例, 这是包含变量 (a, λ) 的非线性公式。其通解为

$$a(t) = a_0, \quad \lambda(t) = n(a_0)t + \lambda_0$$

当 $a > 0$ 时, $n(a)$ 是单调递减的凸函数, 即

$$n(a) = \frac{k}{a^{3/2}}, \quad \frac{\mathrm{d}n}{\mathrm{d}a} = -\frac{3}{2}\frac{n}{a} < 0, \quad \frac{\mathrm{d}^2 n}{\mathrm{d}a^2} = \frac{15}{4}\frac{n}{a^2} > 0$$

偏导数和设计矩阵为

$$\frac{\partial \xi_i}{\partial a_0} = \frac{3}{2}\frac{n_0}{a_0} = t_i, \quad \frac{\partial \xi_i}{\partial \lambda_0} = -1, \quad \boldsymbol{B} = \left[\frac{3}{2}\frac{n_0}{a_0}\boldsymbol{t} - \boldsymbol{1}\right]$$

式中: $n_0 = n(a_0)$。选择合适起点使得 $\bar{t} = 0$, 则 $\sum t_i^2 = m\mathrm{Var}(\boldsymbol{t})$ 且 $\sum t_i \lambda_i = m\mathrm{Cov}(\boldsymbol{t}, \boldsymbol{\lambda})$, 则由式 (5.2), 得

$$\boldsymbol{C} = \boldsymbol{B}^{\mathrm{T}}\boldsymbol{B} = m\begin{bmatrix} (9n_0^2/a_0)\mathrm{Var}(\boldsymbol{t}) & 0 \\ 0 & 1 \end{bmatrix}$$

初值 $a=a_0$、$\lambda=\lambda_0$ 且 $a_0>0$、$n_0=n(a_0)>0$, 由此, 残差为 $\boldsymbol{\xi}=\boldsymbol{\lambda}-n_0\boldsymbol{t}-\lambda_0\boldsymbol{1}$, 考虑 $\boldsymbol{t}\cdot\boldsymbol{\xi}=\boldsymbol{t}\cdot\boldsymbol{\lambda}-n_0\boldsymbol{t}\cdot\boldsymbol{t}$, 则法化方程右侧为

$$\boldsymbol{D}=-\boldsymbol{B}^{\mathrm{T}}\boldsymbol{\xi}=m\begin{bmatrix}-(3n_0/2a_0)(\mathrm{Cov}(\boldsymbol{t},\boldsymbol{\lambda})-n_0\mathrm{Var}(\boldsymbol{t}))\\ \bar{\lambda}-\lambda_0\end{bmatrix}$$

从初值 (a_0,λ_0) 出发, 第一步微分修正为

$$a_1=a_0-\frac{2}{3}\frac{a_0}{n_0}\left[n_0-\frac{\mathrm{Cov}(\boldsymbol{t},\boldsymbol{\lambda})}{\mathrm{Var}(\boldsymbol{t})}\right],\quad \lambda_1=\lambda_0+(\overline{\lambda}-\lambda_0)$$

第一步迭代的结果必须与变量 (n,λ) 线性拟合的结果相比对, 后者即为 $n^*=\mathrm{Cov}(\boldsymbol{t},\boldsymbol{\lambda})/\mathrm{Var}(\boldsymbol{t}),\lambda^*=\overline{\lambda}$。这样第一步迭代可以立刻将 λ 改正到正确值, 这在后续迭代过程中可持续进行。对 a 的修正可用下式表示:

$$a_1=a_0-\frac{n(a_0)-n^*}{\mathrm{d}n/\mathrm{d}a}$$

也就是说, 当初值 $a_1=a_0$ 时用牛顿法求解方程。牛顿法的一步迭代就可以求解方程 $n(a)-n*=0$。在这个简单的例子里, 可以判断迭代使用微分能否收敛。如果 $a_1=[(5/2)n_0-n^*]/(3n_0/2a_0)$ 为负, 第二步迭代就不可能实现。这种情况发生在 $a_0>(5/2)^{2/3}a^*\simeq 1.84a^*$, 其中 a^* 满足 $n(a^*)=n^*$。如果 $a_0<a^*$, 迭代时递减凸函数 $n(a)$ 大于 n^* 的值, 迭代发生且保证收敛。如果 $(5/2)^{2/3}a*>a_0>a^*$, 则 $0<a_1<a^*$, 且后续迭代在保证收敛的区域内。最后结论是当 $0<a_0<(5/2)^{2/3}a*$ 时, 对任何 λ_0 微分修正是收敛的。置信区域的传递也可看到非线性的影响 (图 5.2)。使用式 (5.4), 将法化矩阵 $\boldsymbol{C}_0$ 传递到 $\boldsymbol{t}$ 时刻 $\boldsymbol{C}_t$, 需要对状态转移矩阵求逆:

$$\frac{\partial(a,\lambda)}{\partial(a_0,\lambda_0)}=\begin{bmatrix}1&0\\-(3n_0/2a_0)t&1\end{bmatrix},\frac{\partial(a_0,\lambda_0)}{\partial(a,\lambda)}=\begin{bmatrix}1&0\\(3n_0/2a_0)&1\end{bmatrix}$$

$$\boldsymbol{C}_t=m\begin{bmatrix}(9n_0^2/4a_0^2)(\mathrm{Var}(\boldsymbol{t})+t^2)&(3n_0/2a_0)t\\(3n_0/2a_0)t&1\end{bmatrix}$$

当平均时间为 $\bar{t}=-t$ 时, 与 $t=0$ 时刻计算得到的法化矩阵相同。虽然这不再是对角阵, 但其行列式值相同, 即传递后的置信椭圆具有相同区域, 但沿 λ 轴倾斜, 且半长轴和半短轴的比值增大。随着时间 t 的增长, 通过 a_0、λ_0 的置信椭圆 (即由 C_c 定义的椭圆) 的完整的非线性积分流曲线, 将逐渐变为香蕉形状 (图 5.2)。对于大的 t 值, 这样的半线性预测, 可能变得和线性结果明显不一致, 详见 7.4 节。

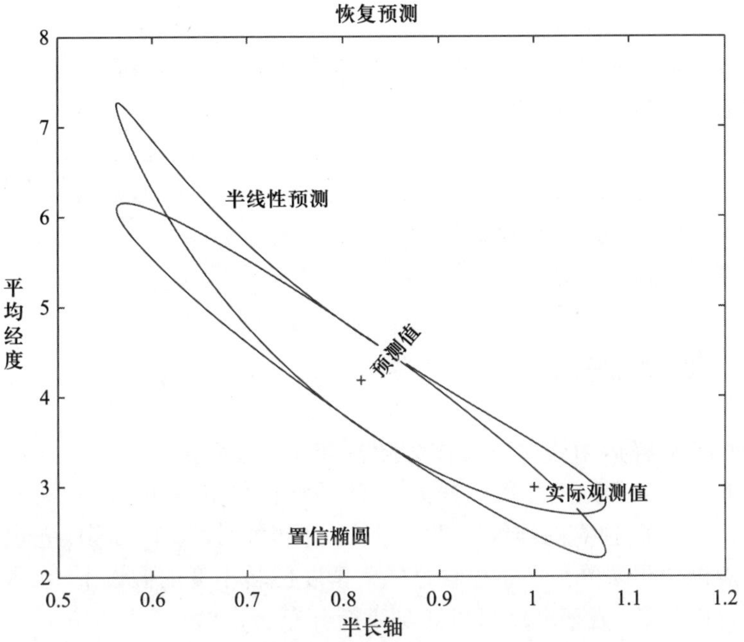

图 5.2 模型问题的半线性预测与线性置信椭圆比对

5.6.1 角度观测量

如果将 λ 定义为绝对值为 2π 的角度变量, 那么模型问题会变得更有实际意义。实际中, 当卫星在 t_i 时刻的经度观测量为 $\lambda_i, i=1,2$ 时, 其观测量中不包含 $[t_1,t_2]$ 轨道覆盖弧段究竟是 $\lambda_2-\lambda_1$ 还是 $\lambda_2-\lambda_1+2p\pi$ (p 为整数) 的信息。

举个简单的例子, 假设有等时间间隔 Δt 的 $m=2h+1$ 个观测量 ($\bar{t}=0$), 则 $t_i=(i-h-1)\Delta t$; 设平运动的最佳拟合值为 n^*, 如果卫星运动在一圈以内, 则 $\lambda_{i+1}-\lambda_i \simeq n^*\Delta t$, 但显然 $\lambda_{i+1}-\lambda_i \simeq n^*\Delta t+2\pi p, p\in\mathbb{Z}$ 也可以得到很好的拟合结果, 则标称解的另一种形式为

$$n_p^* \simeq \frac{n^{*2}\Delta t+2\pi p}{\Delta t}=n^*+\frac{2\pi}{\Delta t}p$$

除非在 t^+ 时刻 ($t^+/\Delta t$ 非整数) 有新的观测量可用, 否则无法确定准确解。在一个简单的数值试验中, 该方法很容易收敛到 a_1^*, 其中 $n(a_1^*)\simeq n_1^*$。为此对时间不是 Δt 整数倍的预测值完全抛弃会导致不正常的数据复原。

由于残差不是 $\lambda_i-\lambda(t_i)$, 而是 $\xi_i=[\lambda_i-\lambda(t_i,a_0,\lambda_0)+\pi] \bmod (2\pi)-\pi$, 这会改变问题的拓扑, 从而在使用角度变量时目标函数存在多个极值。这里在求主值前偏移了 π 是为了保证函数 Q 在 $\xi_i=0$ 连续。然而, $\xi_i=\pi$ 时是不可微的, 因此目标函数不是任意可微的且在每个可微区域可找到单独的最小值。如果微分修正开始的初值远远偏离真实解, 在 a_0 点采用牛顿方法会导致伪解 a_p^* (与 n_p^* 相关, $p=1,2,\cdots$)。在 7.4 节, 选择整倍数旋转是解决识别问题的一个关键步骤。

5.7 概率解释

概率解释运用残差自身作为随机变量。最简单的假设是在最佳的拟合参数 $\boldsymbol{x}$ 找到之后, 每个残差 ξ_i 都是均值为 0, 单位方差 (以某个适合单位)、时间独立的连续随机变量 Ξ_i。同时假设每个观测误差也是独立的随机变量 i (3.1 节)。在联合概率密度旋转不变的假设下, 函数仅依赖于目标函数, 概率密度只可能是高斯分布 $\boldsymbol{p}_{\Xi_i}(\boldsymbol{\xi})=N(0,1)(\boldsymbol{\xi})$ (3.2 节), 则残差随机矢量 $\boldsymbol{\xi}$ 存在概率密度 $\boldsymbol{p}_{\boldsymbol{\Xi}}(\boldsymbol{\xi})=N(0,I)(\boldsymbol{\xi})$, 其中 $\boldsymbol{I}$ 是 $m\times m$ 阶恒等矩阵。在这些条件下, 拟合参数 $\boldsymbol{x}$ 的解可看作联合分布随机变量 $\boldsymbol{X}$ 的集合。目的是计算给定概率密度 $\boldsymbol{p}_{\Xi_i}(\boldsymbol{\xi})$ 下的概率密度 $\boldsymbol{p}_x(\boldsymbol{x})$, 这里残差是拟合参数的函数:

$$G:\mathbb{R}^N\to\mathbb{R}^m,\quad \boldsymbol{\xi}=G(\boldsymbol{x})$$

通过从观测量中减去预测值求得 。令 $\boldsymbol{x}^*$ 是标称解, 对应的残差为 $\boldsymbol{\xi}^*=G(\boldsymbol{x}^*)$, G 是一个可微函数, 因此可在标称解附近线性化

$$\boldsymbol{\xi}-\boldsymbol{\xi}^*=\boldsymbol{B}(\boldsymbol{x}^*)(\boldsymbol{x}-\boldsymbol{x}^*)+\cdots$$

式中: $B(\boldsymbol{x}^*)$ 为在收敛值处计算的设计矩阵; 省略号表示 $|\boldsymbol{x}-\boldsymbol{x}^*|$ 高于一阶的项。拟合参数空间 $V=G(\mathbb{R}^N)$ 的图像是残差空间 $\mathbb{R}^m$ 的 N 维子流形。该流形可能包含奇异点, 但点 $\boldsymbol{\xi}^*$ 不能是奇点, 因为矩阵 $B(\boldsymbol{x}^*)$ 的秩为 N, 否则微分修正将失败且标称解 $\boldsymbol{x}^*$ 可能无法获得。因此可假设至少在 $\boldsymbol{\xi}^*$ 的邻域内, 流形 V 是光滑的。为了计算 $\mathbb{R}^N$ 上 $\boldsymbol{X}$ 的概率密度, 需要计算 V 上的条件密度函数 Ξ。

忽略高阶项, 则线性化方程可写为

$$\Delta\boldsymbol{\xi}=B(\boldsymbol{x}^*)\Delta\boldsymbol{x},\quad \Delta\boldsymbol{\xi}=\boldsymbol{\xi}-\boldsymbol{\xi}^*,\quad \Delta\boldsymbol{x}=\boldsymbol{x}-\boldsymbol{x}^*$$

这是 $\mathbb{R}^N$ 和线性 N 平面 $TV(\boldsymbol{\xi}^*)$ (与 V 在 $\boldsymbol{\xi}^*$ 点相切) 的切映射。使用线性化和对二次型目标函数使用线性最小二乘一样:

$$Q(\boldsymbol{x}) = Q^* + \frac{1}{m}(\boldsymbol{x}-\boldsymbol{x}^*)^{\mathrm{T}}\boldsymbol{C}(\boldsymbol{x}-\boldsymbol{x}^*)$$

其中忽略所有高阶项的影响, 值得注意的是通过用 $\boldsymbol{C}$ 代替 $\boldsymbol{C}_{\text{new}}$, 忽略了方程式 (5.3) 中 $\boldsymbol{\xi}^{\mathrm{T}}\boldsymbol{H}$ 项。

通过和方程式 (3.11) 一样在残差空间运用旋转 $\boldsymbol{R}$, 即在坐标系 $(\boldsymbol{\xi}', \boldsymbol{\xi}'')$ 下 (从而可用 $\boldsymbol{\xi}''$ 参数化 $TV(\boldsymbol{\xi}^*)$), 在 $TV(\boldsymbol{\xi}^*)$ 上的条件概率密度 $\boldsymbol{\Xi}$ 是高斯型的, 其协方差为 $p_{\Xi''} = N(\boldsymbol{0}, \boldsymbol{I})$ 的 $N \times N$ 维单位矩阵。在这些坐标下, 由于图像的 $\boldsymbol{\xi}'$ 部分为 0, 则线性化映射 $B(\boldsymbol{x}^*)$ 具有简单的结构, 即

$$\boldsymbol{RB}(\boldsymbol{x}^*) = \begin{bmatrix} \boldsymbol{0} \\ \boldsymbol{A} \end{bmatrix}$$

式中: $\boldsymbol{A} = A(\boldsymbol{x}^*)$ 为可逆的 $N \times N$ 阶矩阵, 则法化矩阵 $\boldsymbol{C} = C(\boldsymbol{x}^*)$ 可写为

$$\boldsymbol{C} = \boldsymbol{B}^{\mathrm{T}}\boldsymbol{B} = \boldsymbol{B}^{\mathrm{T}}\boldsymbol{R}^{\mathrm{T}}\boldsymbol{R}\boldsymbol{B} = \boldsymbol{A}^{\mathrm{T}}\boldsymbol{A}$$

从 $TV(\boldsymbol{\xi}^*)$ 到 $\mathbb{R}^N$ 的逆变换可由矩阵 $\boldsymbol{A}^{-1}$ 给出。由高斯变换式 (3.9), $\boldsymbol{X}$ 的概率密度: $\boldsymbol{p}_x(\boldsymbol{x}) = N(\boldsymbol{x}^*, \boldsymbol{A}^{-1}\boldsymbol{I}[\boldsymbol{A}^{-1}]^{\mathrm{T}})$ 是高斯变量, 其协方差矩阵为

$$\boldsymbol{\Gamma} = \boldsymbol{A}^{-1}[\boldsymbol{A}^{-1}]^{\mathrm{T}} = [\boldsymbol{A}^{\mathrm{T}}\boldsymbol{A}]^{-1} = [\boldsymbol{B}^{\mathrm{T}}\boldsymbol{B}]^{-1} = \boldsymbol{C}^{-1}$$

这是由高斯在 1809 年提出的基本结论: 线性最小二乘问题的解具有高斯概率密度, 其均值等于标称解且协方差阵等于法化矩阵的逆。$\boldsymbol{\Gamma} = \boldsymbol{C}^{-1}$ 是求解法化方程的矩阵, 由此联系了概率解释微分修正的“最后一步” 与最优理论解释的关系。

通过回顾 5.4 节中考虑概率解释的结论, 可以发现两种解释的其他相关性。解的高斯概率密度为

$$\boldsymbol{p}_x(\boldsymbol{x}) = \frac{\sqrt{\det \boldsymbol{C}}}{(2\pi)^{N/2}} \exp\left[-\frac{1}{2}(\boldsymbol{x}-\boldsymbol{x}^*)^{\mathrm{T}}\boldsymbol{C}(\boldsymbol{x}-\boldsymbol{x}^*)\right]$$

则概率密度中仅通过惩罚函数[①] $\Delta Q = Q - Q^*$ 包含 $\boldsymbol{x}$。置信椭球的边界是概率密度函数的等位面。条件和边缘置信椭球的边界分别是条件和

① 这可应用于忽略高阶项的近似中; 完整的非线性概率密度原则上可通过一般的变换式 (3.8) 来定义, 但不能显式地用解析的公式求解。

边缘概率密度的等位面。简而言之, 最优理论和概率解释所需的计算是完全相同的。可根据计算的结果 (由 $\boldsymbol{x}^*$、$\boldsymbol{C}(\boldsymbol{x}^*)$、$\boldsymbol{\Gamma}(\boldsymbol{x}^*)$、$Q^*$ 来定义) 选择采用的解释方法。

5.7.1 概率密度的归一化

上述关于概率解释的假设太严格, 不适用于大部分情况。然而这些假设可用于归一化后的残差。例如真实残差变量 ξ_i' 可随 i 变化, 且其均值可能非 0: $\boldsymbol{p}_{\Xi_i'}(\xi_i') = N(b_i, \sigma_i^2)(\xi_i')$。这种情况下, 将残差归一化后为 $\xi_i = (\xi_i' - b_i)/\sigma_i$, 其中移除了偏差 b_i 并且尺度变化由标准差 σ_i 确定, 这样, 可将上述变量都变为相同概率密度 $N(0,1)$ 的随机变量。

甚至连独立假设也可放宽: 联合随机变量 Ξ' 可能是非零相关的多元高斯随机变量, 其概率密度为 $\boldsymbol{p}_{\Xi'}(\boldsymbol{\xi}') = N(\boldsymbol{b}, \boldsymbol{\Gamma}_{\xi'})(\boldsymbol{\xi}')$, 同时可用一个平方矩阵 $\boldsymbol{P}$ (满足 $\boldsymbol{P}^{\mathrm{T}}\boldsymbol{P} = \boldsymbol{C}_{\xi'} = \boldsymbol{\Gamma}_{\xi'}^{-1}$) 进行归一化。归一化后的残差定义为 $\boldsymbol{\xi} = P(\boldsymbol{\xi}' - \boldsymbol{b})$, 因此 $\boldsymbol{p}_{\Xi'}(\boldsymbol{\xi}) = N(\boldsymbol{0}, \boldsymbol{I})(\boldsymbol{\xi})$, 其中 $\boldsymbol{I}$ 为 $m \times m$ 阶单位阵。通过给定矩阵的平方根 $\boldsymbol{P}$, 归一化残差概率密度函数的计算过程可采用相同的算法, 消除了加权最小二乘问题中的权阵 $\boldsymbol{W}$。当然, 归一化后的残差可用 $\boldsymbol{W} = \boldsymbol{C}_{\xi'} = \boldsymbol{\Gamma}_{\xi'}^{-1}$ 进行概率解释。

5.8 高斯误差模型和野值剔除

由经验和严格的统计试验表明, 用于定轨的观测误差不能事前假设具有高斯分布。事实上, 无论何时处理大量数据, 其误差分布均不能用单一的正态分布描述, 这主要基于两个原因:

其一, 许多观测值是 “错误” 的, 即存在不正常情况的大的测量误差, 包括人为误差、软件错误和异常困难的测量条件 (包括较差的天气、太低的信噪比 (S/N)、目标移动过快等)。在统计误差模型中很难包含这些情况, 此外, 也不利于最小二乘解的准确性。最好的策略是将残差 ξ_i 分解为两部分: 一部分可用概率误差模型描述; 另一部分在拟合过程中作为野值剔除 (令它们的权 $\omega_{ii} = 0$, 见 5.3 节)。

其二, 即使对于分布符合某些概率模型的残差子集, 也不能对全部序列采取相同的概率密度函数 (仅依赖于残差值)。这是因为存在隐藏的参数, 如信噪比、探测器的像素大小、拖尾图像的数量、天体测量中星表的准确性等; 对应这些参数的不同值, 均方根误差是不同的。隐藏参数的数值也不是总能提供, 即使对给定的观测站, 它们也不是常值。随着天文学家的认识水平、软硬件及星表的不定期升级, 给定的天文台的精度可随时间改进。

为了证实这点, 将运用非合作定轨中的大量数据作为算例。合作定轨的情况在第 15 章中讨论。

在典型非合作的情况下, 图 5.3 展示了两个角度坐标之一的赤纬 δ 的残差柱状图, 由已编号的小行星的轨道拟合后得到对这类目标轨道是超定的: 残差主要来源于天体测量的误差, 轨道误差影响较小。图中包含来自小行星测量最多的单个测量残差, 需要处理超过 9×10^6 的观测数据才能生成这幅图。上面的曲线表现了所有残差的分布, 很显然这不是高斯分布, 残差相对较大, 具有明显的拖尾分布。对这样大量的数据, 不可能通过人工判断来剔除野值。下面将描述一种完全自动的野值剔除方法, 这种方法可用于剔除较大残差的尾部。其他的残差分布虽不

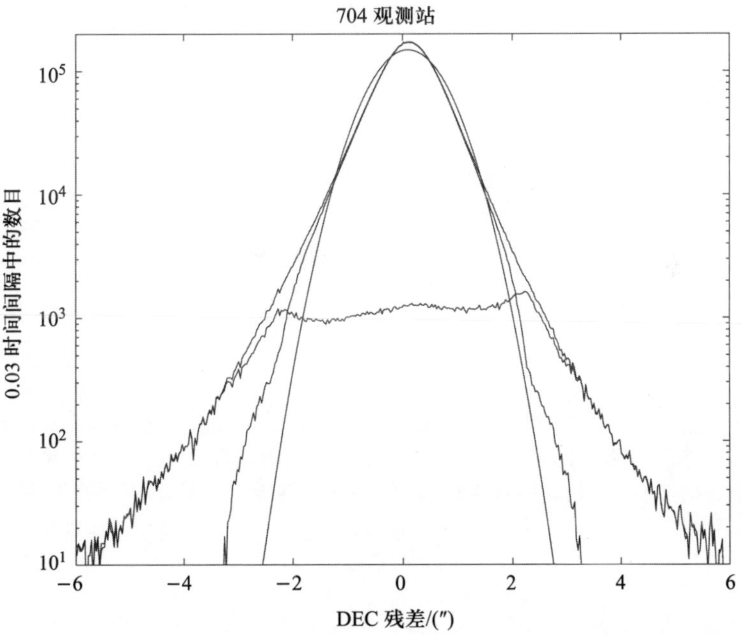

图 5.3 观测站测量的部分小行星偏差的残差柱状图 (图中 4 条曲线由高往低 (图左侧部分) 分别表示: 1997 — 2003 年的总的残差曲线; 残差廓线化根据本节讨论的算法计算得到; 轨道拟合中采用的是实际残差; 高斯分布曲线应用相同均值和均方差的实际残差 (由于纵坐标采用了对数表示, 因此图中高斯分布曲线为一个抛物线)。

是单一的高斯分布, 但可以通过多个高斯分布的组合来建模。

5.8.1 弱拟合的野值剔除

选择拟合中待剔除的野值, 不能只选取绝对值最大的残差。对于观测的平均采样时间短于真实信号时标的强超定拟合: 单个 "错误" 的观测量不能显著地改变标称解。如图 5.4 所示。这种情况常见于合作式定轨, 此时信号变化的时标已知, 采样时间作为跟踪设备的设计参数确定。

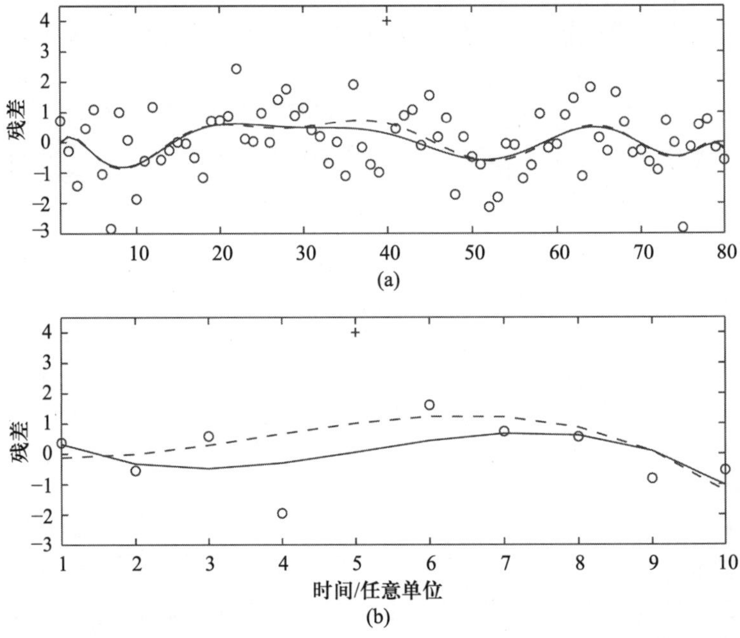

图 5.4 拟合过程中野值的影响 (点具有高斯分布 $N(0,1)$, 野值偏离均值 4 倍均方根误差) (a) 对密集数据的超定拟合 (80 个点, 多项式阶次为 10) 含有野值 (虚线) 的多项式解在局部不同于剔除后的结果 (实线), 但野值明显具有最大的残差; (b) 稀疏数据的弱拟合 (10 个点, 多项式阶次为 3), 带有野值的拟合明显倾向于粗差, 使得残差大小不突出。

相反地, 当观测量稀疏时, 有无 "错误" 值, 解的结果会截然不同, 这样其他残差可能成为偏大值 (见图 5.4 中时间点 4 处的残差)。这种情况经常出现在勉强满足超定拟合的非合作定轨中。

考虑这种影响, 用式 (5.1) 描述由拟合前残差 $\boldsymbol{\xi}_0$ 表示的拟合后残差

$\boldsymbol{\xi}$ 的线性近似:

$$\boldsymbol{\xi}=[\boldsymbol{I}-\boldsymbol{B}\boldsymbol{\Gamma}_{\boldsymbol{x}}\boldsymbol{B}^{\mathrm{T}}]\boldsymbol{\xi}_0$$

式中: $\boldsymbol{B}$ 为设计矩阵, 相应的协方差可通过传递式 (5.5) 计算, 式中拟合前残差[①]的不确定性可由观测误差的协方差阵 $\boldsymbol{\Gamma}_{\boldsymbol{\xi}_0}=\boldsymbol{I}$ 表示:

$$\boldsymbol{\Gamma}_{\boldsymbol{\xi}}=[\boldsymbol{I}-\boldsymbol{B}\boldsymbol{\Gamma}_{\boldsymbol{x}}\boldsymbol{B}^{\mathrm{T}}]\boldsymbol{I}[\boldsymbol{I}-\boldsymbol{B}\boldsymbol{\Gamma}_{\boldsymbol{x}}\boldsymbol{B}^{\mathrm{T}}]=\boldsymbol{I}-\boldsymbol{B}\boldsymbol{\Gamma}_{\boldsymbol{x}}\boldsymbol{B}^{\mathrm{T}}$$

对单个拟合后残差 ξ_i, 方差为

$$\gamma_{\boldsymbol{\xi},i,i}=1-\boldsymbol{B}_i\boldsymbol{\Gamma}_{\boldsymbol{x}}\boldsymbol{B}_i^{\mathrm{T}} \tag{5.6}$$

式中: $\boldsymbol{B}_i=\partial\xi_i/\partial\boldsymbol{x}$ 为设计矩阵的相关行。采用相似的方法可能计算出被剔除的残差 ξ_k, 即在拟合中没有使用的观测量残差 (相对轨道解) 的协方差矩阵, 轨道不确定性的影响仅为 $\boldsymbol{B}_k\boldsymbol{\Gamma}_{\boldsymbol{x}}\boldsymbol{B}_k^{\mathrm{T}}$。然而在这种情况下, 预测误差和测量误差可被认为是不相关的, 这样剔除残差的方差仅是两类误差的简单和, 即

$$\gamma_{\boldsymbol{\xi},k,k}=1+\boldsymbol{B}_k\boldsymbol{\Gamma}_{\boldsymbol{x}}\boldsymbol{B}_k^{\mathrm{T}} \tag{5.7}$$

因此, 如果残差已用于拟合, 需通过除以式 (5.6) 的方差均方根进行归一化, 其值 $\leqslant 1$; 如果残差已被剔除, 其归一化后的残差数值可通过除以式 (5.7) 的方差均方根获得, 其值 $\geqslant 1$。

野值剔除算法可描述如下: 如果归一化后的绝对值大于等于 χ_{disc}, 残差 ξ_i 将被剔除; 如果归一化的绝对值小于 χ_{rec}, 剔除的残差 ξ_k 可恢复。虽然标准 χ^2 表可用于指导两个参数 $\chi_{\mathrm{rec}}<\chi_{\mathrm{disc}}$ 的确定, 但其选择是非常微妙的。当然, 这仅是迭代过程中的一步, 每一步之间标称解需重复计算。

实用的完全自动的野值剔除过程必然是复杂的, 它可确保每一步微分修正可收敛, 且野值集也收敛: 如果存在非常大的残差, 则需要一开始就剔除, 即 χ_{req}、χ_{disc} 的值每一步均需合理选择, 详细的描述见 Carpino et al., 2003。而且, 观测值经常成群被剔除, 如在天体测量观测中, 二维观测量 (α_i,δ_i) 出现同时被剔除或恢复的情况, 此时需要类似于式 (5.6) 和式 (5.7) 的 2×2 阶协方差阵。

① 假定残差已经被归一化, 如 5.3 节。对于使用一般权矩阵 $\boldsymbol{W}$ 见 Carpino et al (2003)。

5.8.2 集合和局部高斯模型

理想情况下，观测量的权矩阵必须依赖于测量过程完整的信息，包括观测者的评价，他通常可对数据的质量做最好的判断。在实际应用中，信息总是不完备的，或是至少对轨道计算不可用。Carpino et al. (2003) 探索了一种可能的方法：通过使用所有实际有用的信息，将数据按相似的观测和测量条件来集合。

数据首先可通过观测台站、测量手段[①]和测量时间进行分类。低精度数据可采用早期存储较少有效位数的方法分类。还可以进一步通过测量条件难度等信息来分类，如低信噪比 (S/N)、快速运动、星场密集 (如观测接近银道面)。如果 S/N 值不可用，视星等可用作替代 (假设对特定的测站，相同的时间区间内，曝光时间是均匀的)。

一旦数据被分类，对每个类 j，计算一个最优拟合的正态分布 $N(b_j, \sigma_j^2)$ (不使用野值)。这种分布的偏差 b_j 必须为 0，否则数据需要再校准。在实际中，这种校准一般在验后进行。峰值可用于控制这种分布不会远离高斯分布。于是，误差模型就由一系列包含 b_j、σ_j 的集合 (根据定义，每个观测量可分到唯一的集合中) 组成的表。这种模型含有有用的信息，因为对不同的观测台站和年份，均方根误差的差异可达到一个量级，从 $0.2''$ 到 $2''$ 不等，同时偏差也非常明显 (Carpino et al., 2003)。然而，这还不够。

5.8.3 相关性

即使残差的尺度和偏差已通过核实的权重及偏移进行了调整，其概率分布也无法用独立、单位方差的高斯函数正确描述：因为它们是非独立变量。对高斯分布来说，独立和零相关是等价的，因此可以通过计算残差序列对 (ξ_i, ξ_j), $(i, j) \in B$ 的相关性来测试独立性假设：

$$\mathrm{Corr}(\boldsymbol{\xi}, B) = \frac{1}{N_B} \sum_{(i,j)\in B} \xi_i \xi_j \tag{5.8}$$

式中：N_B 为子集 B 中残差对的总数，且残差已利用偏差大小进行了偏移，并用集合的 RMS 进行尺度缩放。

现在，主要问题是如何选择残差对的集合 B，Carpino et al. (2003) 论述的几个试验表明最显著的相关性与时间有关，表现为观测量的时

① 例如，天体测量中 CCD 测量的简化方法与那些用于照相的方式是完全不同的。

间差值: 它们出现在同一测站对于同一颗小行星间隔长达几周的观测中, 同一晚的观测具有最大相关值 (典型的范围在 0.2~0.4)。

在最小二乘拟合中, 这种程度的相关性是不能忽略的。举个最简单的例子, 假设同一晚 m 个观测量的协方差矩阵, 对角元素为 1, 其他地方 $\alpha < 1$。该矩阵的特征矢量为 $\mathbf{1}$, 最大特征值为 $1 + (m-1)\alpha$。对一个包含 5 次观测的短弧观测值, 相关性 $\alpha = 0.2 \sim 0.4$ 相当于置信椭球 $Z_L(1)$ 的最长半轴在 $\sqrt{1.8} \sim \sqrt{2.6}$, 而忽略相关性则意味着用半径为 1 的球代替上述椭球。依据 Carpino et al (2003) 所述, 空间的相关性 (依赖于天空的位置), 不需要在数据的质量水平中考虑。

因此, 可以通过时间差进行分类。对于每个由时间差确定的集合, 由式 (5.8) 估计的相关性可以用线性模型进行拟合, 从而相隔任意时间 δt 的两组观测 (从同一测站 S 观测同一行星) 的相关性 $\mathrm{Corr}(\delta t, S)$ 可以用 $\mathrm{Corr}(\delta t, S) = \sum_i c_i f_i(\delta t)$ 表示。然而, 不能使用任意基函数 f_i 的线性组合, 因为观测误差的协方差矩阵必须是正定的。Mussio (1984) 的文献表明一些时间函数满足保证相关矩阵是正定的性质, 因此协方差矩阵也是正定的。一个条件是所有这些函数必须随时间衰减到 0, 即 $\lim_{\delta t \to +\infty} f_i(\delta t) = 0$。这包括指数衰减函数 $\exp(-c\delta t)$、高斯型函数 $\exp(-c\delta t^2)$、二次函数乘以时间指数函数形如 $(1 - \mathrm{d}\delta t^2)\exp(-cT)$ 及其线性组合。Carpino et al (2003) 给出了这些基函数的系数 c_i 表, 适用于提出最大数据集的测站, 这使我们可以计算用于 5.3 节中公式的非对角权阵 $\boldsymbol{W}$。

上面通过处理不完整信息来建立误差模型的尝试不能给出完整可靠的结果。而且, 当观测值的精度改进时, 这种 "简单" 的误差模型 (如所有的测量量均赋权重 $1''$) 的缺点就变得更加明显, 特别是在第 12 章中的关键应用。近来, Baer et al (2008) 重新分析了编号小行星观测的残差集合, 肯定了 Carpino et al (2003) 的报告提出的明显有偏性和相关性, 同时也发现明显的空间相关性, 如赤纬观测量的赤纬偏差, 且在不同测站的观测数据中均有发现。这些偏差的数值可以达到 $0.2''$。最明显的解释是在小行星观测常用的星表存在区域性的系统误差①。无论是何种原因, 对特定的测站, 不是常值的偏差, 不能通过测站分类消除。这种误差必须通过对同一星表中的天体测量观测量按天球区域分类来消除。在本书完成的过程中, 星表信息尚不可用于轨道计算, 因此大体测量中误

① 这些地域误差的原因不容易发现, 需要星表编制者开展研究。

差模型问题没有直接可用的严密解。这严重局限了定轨问题中概率解释的可靠性, 该问题与数学公式无关, 而是受到现实中不完整的数据公开政策的限制。

第 6 章

秩亏

这一章主要讨论用于定轨的标准微分修正失败的问题。最糟糕的情况是发生法化矩阵退化: 这可能源于对称群的作用使得残差不变化。即使当微分修正迭代的每步均能计算时, 也会导致失败, 最常见的原因是近似退化, 这可能源于近似对称性。针对这些困难情况, 多位学者对各类约束和稳定微分修正的方法进行了讨论。本章将系统性地概括并推广这些论文的研究成果 (Milani and Melchioni, 1989; Milani et al., 1995; Bonanno and Milani, 2002; Milani et al., 2002; Milani et al., 2005)。

6.1 完全秩亏

如果在 $\boldsymbol{x}_j$ 微分修正的某一步, 法化矩阵 C 不是可逆的, 则求解

$$\boldsymbol{B}^{\mathrm{T}}\boldsymbol{B}(\boldsymbol{x}_{j+1}-\boldsymbol{x}_j)=-\boldsymbol{B}^{\mathrm{T}}\boldsymbol{\xi}$$

计算改正值无法通过协方差矩阵 $\boldsymbol{\Gamma}$ 得到。不过法化方程的解总是存在的 (但不唯一)。引入伪逆 $\boldsymbol{C}^*$, 定义为与 $\boldsymbol{C}$ 上的零映射和限制在正交的子空间上的 $\boldsymbol{C}$ 的逆的乘积关联的矩阵。$\boldsymbol{C}^*$ 提供了一个最小范数的解, 即

$$\boldsymbol{x}_{j+1}=\boldsymbol{x}_j-\boldsymbol{C}^*\boldsymbol{B}^{\mathrm{T}}\boldsymbol{\xi}$$

伪逆 $\boldsymbol{C}^*$ 在某些情况下可用作推广的协方差矩阵 (8.3 节), 但基于伪逆的修正值未必能收敛到目标函数的最小值。

这种情形下, 满足矩阵 $\boldsymbol{C}$ 秩为 $N-d$ 的整数 d 称为秩亏的阶次, 即这是个 d 维的核。那么矩阵 $\boldsymbol{B}$ 具有相同的秩 $N-d$, 其 m 个列矢量

$\{\boldsymbol{b}_j\}, j=1,N$ 是线性相关的: 它们张成一个 $N-d$ 维线性子空间, 且存在维数为 d 的子空间 $K\subset\mathbb{R}^N$, 满足

$$\boldsymbol{v}\in K\Rightarrow \boldsymbol{B}\boldsymbol{v}=\boldsymbol{0} \tag{6.1}$$

在 $\boldsymbol{v}\in K$ 的任一方向上的变化对残差的影响是二阶的 (与变化的大小有关), 即

$$\boldsymbol{\xi}(\boldsymbol{x}_i+s\boldsymbol{v})-\boldsymbol{\xi}(\boldsymbol{x}_i)=s\boldsymbol{B}\boldsymbol{v}+O(s^2)=O(s^2) \tag{6.2}$$

直观的解释如下: 参数 $\boldsymbol{x}$ 的某些线性组合对残差是没影响的, 因此它们不受最小二乘的约束。

以上所有的讨论均假设计算是准确的, 即矩阵在行列式值非零时可准确求逆, 当其行列式为零时, 矩阵则无法求逆。在计算机上, 舍入误差可能导致行列式为零时仍可求得逆矩阵或行列式非零但数值较小时却无法计算逆矩阵。在实际应用中, 迭代过程中出现秩亏会导致计算失败, 例如, 出现修正值逐渐增大直到参数 $\boldsymbol{x}$ 无意义。

6.1.1 秩亏处理方法

无论是减少被估参数还是增加观测量, 秩亏问题的唯一解决方法就是问题转换。如果没有办法增加观测量的数量, 唯一的解决方法是剔除处理。也就是说, d 个参数需要从拟合序列 $\boldsymbol{x}$ 中剔除 (且加入到考察参数列 $\boldsymbol{k}$), 并满足矩阵 $\boldsymbol{B}$ 和 $\boldsymbol{C}$ 的秩仍为 $N-d$。这意味着附加的参数将固定为某个标称值, 除非先验信息 (从其他测量值中获得) 可用, 否则这个值将是任意值。一般的过程如下所述: 改变 $\mathbb{R}^N$ 中 $\boldsymbol{x}$ 的基使得前面 d 个矢量 $\{\boldsymbol{v}_j\}, j=1,d$ 是 K 的基, 其他 $N-d$ 个坐标可选作新的拟合参数。通过 Gram-Schmidt 正交归一化, 对 $N\times N$ 正交矩阵可以坐标变换的方式来完成, 通过选择合适的符号, 坐标变换就是旋转。

在本书的示例中可以看到, 当旋转作用的所有参数均是相同的类型时, 如初始状态 $\boldsymbol{y}_0$、动力学参数 $\boldsymbol{\mu}$、运动学参数 $\boldsymbol{v}$, 这一过程是正常的。当被迫 "旋转" 不同维数和物理含义的混合变量时, 解将偏离直观解。

另一种方法是运用先验观测量。这等价于假定在处理当前观测之前, 至少某些变量 $\boldsymbol{x}$ 的某些信息可用, 即加入一组观测值 $\boldsymbol{x}=\boldsymbol{x}^P$ 来约束参数的值, 其中 $\boldsymbol{x}^P\in\mathbb{R}^N$, 且给定先验观测值 $x_i=x_i^P$ 的权为 $1/\sigma_i, i=1,N$, 其与假定的先验标准差 σ_i 相关。该方法等价于增加一个先验正则方程:

$$\boldsymbol{C}^P\boldsymbol{x}=\boldsymbol{C}^P\boldsymbol{x}^P \tag{6.3}$$

式中: $C^P = \text{diag}[\boldsymbol{\sigma}_i^{-2}]$。如果有更好的表征已有信息可用, 先验法化矩阵可采用非对角阵, 因此, 可将 "先验惩罚" 加到目标函数中:

$$Q(\boldsymbol{x}) = \frac{1}{N+m}[(\boldsymbol{x}-\boldsymbol{x}^P)^{\mathrm{T}}\boldsymbol{C}^P(\boldsymbol{x}-\boldsymbol{x}^P)+\boldsymbol{\xi}^{\mathrm{T}}\boldsymbol{\xi}]$$

完整的法化方程变为

$$[\boldsymbol{C}^P+\boldsymbol{B}^{\mathrm{T}}\boldsymbol{B}]\Delta\boldsymbol{x} = -\boldsymbol{B}^{\mathrm{T}}\boldsymbol{\xi}+\boldsymbol{C}^P(\boldsymbol{x}^P-\boldsymbol{x}_j)$$

式中: $\Delta\boldsymbol{x} = (\boldsymbol{x}_{j+1}-\boldsymbol{x}_j)$ 未知。如果先验不确定性 $\boldsymbol{\sigma}_i$ 足够小, 新的法化矩阵 $\boldsymbol{C} = \boldsymbol{C}^P+\boldsymbol{B}^{\mathrm{T}}\boldsymbol{B}$ 秩为 N, 则问题得到解决。问题是先验信息是否可靠, 对于属于 $\boldsymbol{y}_0$ 的参数, 这意味着假设某些轨道信息已经可用; 对于属于 $\boldsymbol{\mu}$、$\boldsymbol{\nu}$ 的参数, 先验信息可从与轨道无关的测量中得到, 例如, 重力场系数可从地基的重力测量中获得, 观测站的位置可通过以前的任务测得。

先验观测量可仅运用于 $N' < N$ 个拟合参数 x_i, 其具有最小的 d 值 (先验观测量至少与秩亏数相等)。如果 $N' = d$ 且先验不确定度趋于 0, 那么假设的 d 个拟合参数取具有一定精度的值, 基于先验观测值的秩亏问题的解将趋于前解。实际应用中, 假设强约束与假设确定值是相同的, 基于此, 可以采用两种方法解决相同公式的秩亏问题。

相反, 弱约束是一种常用于某些参数空间的非唯一选择方法。例如, 在求解开普勒轨道根数时, 可以对偏心率引入形如 $e = 0 \pm 1$ 的先验观测量, 从而强制要求解是椭圆, 而如果对所有 $e < 1$ 的解均存在明显较大的残差, 也可以允许双曲线轨道解。该先验信息对应这类明显的双曲线轨道在太阳系中很少见 (实际上, 目前还没有), 所以在大多数情况下假设轨道 $e < 1$ 更好, 不过轨道确定算法不必强制有偏, 从而阻止发现新的轨道类型的目标。

先验信息的运用可采用更一般的形式, 如最小二乘解的先验约束: 目标函数的最小值搜索是限制在参数集合 $\boldsymbol{x}$ (满足 k 个方程 $\boldsymbol{f}(\boldsymbol{x}) = \boldsymbol{0}$) 中。如果适当选择 $k \geqslant d$ 个函数约束, 就可以解决秩亏问题。约束优化的一般理论超出了本书的范畴, 可参见 (Conn et al., 1992) 的及其他一些参考资料。可以通过在参数当前值 $\boldsymbol{x}_k$ 附近 (在微分改正一次给定的迭代中) 求 $\boldsymbol{f}$ 的偏导数来将约束线性化, $\boldsymbol{A} = \partial\boldsymbol{f}/\partial\boldsymbol{x}(\boldsymbol{x}_k)$ 是对应的雅可比矩阵, 则约束可通过在目标函数中加入由 $\boldsymbol{A}$ 定义的改正值 $\boldsymbol{x}_{k+1}-\boldsymbol{x}_k$ 的二次函数来描述 (15.5 节)。

6.1.2 退化的模型问题

5.6 节中模型问题的通解依赖于参数 k, 与中心体质量的平方根成比例, 即

$$a(t) = a_0, \quad \lambda(t) = \frac{k}{a_0^{3/2}} t + \lambda_0 \tag{6.4}$$

残差对参数 (a_0, λ_0, k) 的导数为

$$\boldsymbol{B} = \left[\frac{3}{2} \frac{n_0}{a_0} \boldsymbol{t} - \boldsymbol{1} - \frac{n_0}{k} \boldsymbol{t} \right]$$

第一和最后一列是成比例的, 当 $\bar{t} = 0$ 时, 法化矩阵为

$$\boldsymbol{C} = \boldsymbol{B}^{\mathrm{T}} \boldsymbol{B} = m \begin{bmatrix} \dfrac{9}{4} \dfrac{n_0^2}{a_0^2} \mathrm{Var}(\boldsymbol{t}) & 0 & -\dfrac{3}{2} \dfrac{n_0^2}{k a_0} \mathrm{Var}(\boldsymbol{t}) \\ 0 & 1 & 0 \\ -\dfrac{3}{2} \dfrac{n_0^2}{k a_0} \mathrm{Var}(\boldsymbol{t}) & 0 & \dfrac{n_0^2}{a_0^2} \mathrm{Var}(\boldsymbol{t}) \end{bmatrix}$$

上式行列式值为零。在法化方程中, 有

$$\boldsymbol{C} \begin{bmatrix} \Delta a_0 \\ \Delta \lambda_0 \\ \Delta k \end{bmatrix} = \boldsymbol{D} = -\boldsymbol{B}^{\mathrm{T}} \boldsymbol{\xi} = m \begin{bmatrix} -\dfrac{3}{2} \dfrac{n_0}{a_0} [\mathrm{Cov}(\boldsymbol{t}, \boldsymbol{\lambda}) - n_0 \mathrm{Var}(\boldsymbol{t})] \\ \dfrac{n_0}{k} [\mathrm{Cov}(\boldsymbol{t}, \boldsymbol{\lambda}) - n_0 \mathrm{Var}(\boldsymbol{t})] \end{bmatrix}$$

这里仅存在两个独立的方程, 即

$$\Delta \lambda_0 = \overline{\lambda} - \lambda_0, \frac{n_0}{2} \left[-3 \frac{\Delta a_0}{a_0} + 2 \frac{\Delta k}{k} \right] = n^* - n_0 \tag{6.5}$$

式中: n^* 为线性模型问题的解。因此存在由满足第二个方程的 Δa_0 和 Δk 的所有组合构造的无穷多组。解需要满足的条件是 $n^* = n(a_0) = k / a_0^{3/2}$; 通过展开并忽略二阶项, 可获得上面约束 Δa_0 和 Δk 的方程式 (6.5)。固定 a_0 或 k 均可解决上述问题。虽然可能导致获得近似值, 但 a_0 或 k 的任一先验观测值均可解决秩亏问题, 具体见下一节。

6.2 精确对称

定轨中的精确对称问题是拟合参数 $\boldsymbol{x}$ 空间上的一种群作用, 其中所有的残差均是不变的。假定 G 是一组 $\mathbb{R}^N$ 空间的变换群 $g[\boldsymbol{x}]$: 如果对

每个 $g \in G$, 均有

$$\boldsymbol{\xi}(\boldsymbol{x}) = \boldsymbol{\xi}(g[\boldsymbol{x}]) \tag{6.6}$$

则 G 是定轨中一组精确对称群。最简单的情况是定轨的单参数对称群: G 是 $\mathbb{R}$ 或 $\mathbb{R}/(2\pi\mathbb{Z})$, 即 $g(s) \in G$ 可被实数或角度变量参数化; G 的内部操作对应于参数的求和。此外, 假设存在可微作用, 即 $(s, \boldsymbol{x}) \mapsto g(s)[\boldsymbol{x}]$ 的映射是可微的, 且 G 无各向同性, 即除非 $s = 0$, 否则对每个 $\boldsymbol{x}$, 存在 $g(s)[\boldsymbol{x}] \neq \boldsymbol{x}$①。对于 4.1 节中讨论的其他形式的对称性, 相同的结论可用于局部单参数对称群, 且仅对 s 在 0 值邻域内时具有相同的性质。

如果存在 (局部) 单参数精确对称群, 则法化方程存在秩亏大于或等于 1。残差不随 s 改变, 即

$$0 = \frac{\partial \boldsymbol{\xi}(s)[\boldsymbol{x}]}{\partial s} = \frac{\partial \boldsymbol{\xi}}{\partial \boldsymbol{x}} \frac{\partial g(s)[\boldsymbol{x}]}{\partial s} = \boldsymbol{B} \frac{\partial g(s)[\boldsymbol{x}]}{\partial s}$$

同时, 群无各向同性的假设意味着

$$\boldsymbol{0} \neq \left. \frac{\partial g(s)[\boldsymbol{x}]}{\partial s} \right|_{s=0} = \boldsymbol{v}_1 \in \mathbb{R}^N$$

矢量 $\boldsymbol{v}_1$ 与前面章节中的 $\boldsymbol{v}_k$ 的作用相同: 它与 $\boldsymbol{B}$ 的每一行均正交, 所以它属于 $\boldsymbol{C} = \boldsymbol{B}^{\mathrm{T}}\boldsymbol{B}$ 的核。无各向同性假设可按如下所述放宽: 如果

$$\boldsymbol{0} \neq \left. \frac{\partial g(s)[\boldsymbol{x}]}{\partial s} \right|_{s=0}$$

则在标称解 $\boldsymbol{x}^*$ 处法化矩阵出现秩亏现象。

如果存在 d 个单参数对称群, 且通过每个群作用对 s 求导来定义的矢量 $\boldsymbol{v}_k$ 是线性独立的, 则秩亏数为 d。

对称性可被组织为更高维的群, 如平移群和旋转群。在这种情况下, 需要利用群的可微结构, 即它们应该是在参数空间 $\mathbb{R}^N$ 上有可微作用的李群。无各向同性条件通常情况下不能满足, 同时群的内部操作可能不可交换 (例如作用于 $\mathbb{R}^3$ 的旋转群 $SO(3)$ 就存在这两个难点)。对称李群的理论需要一些数学基础, 在此不赘述。因此本书将用其他理论代之, 例如对应围绕三个正交轴的旋转 $SO(3)$ 可用三个单参数对称群代替对称群。这一点与 4.1 节的内容相似。

如果存在一个对称群, 则也会存在相应的秩亏。如果存在秩亏, 则利用式 (6.2), 单参数平移群 $\boldsymbol{x} \mapsto \boldsymbol{x} + s\boldsymbol{v}$ 使得残差变化是 $s\boldsymbol{v}$ 变化的高

① 如果 s 是角度变量, 则除非 $s = 0$ 或模为 2π。

阶项 $O(s^2)$, 这就是 "一阶对称"。是否还存在一种可由非平移变换操作的单参数群定义的精确对称性? 在有些限制性更强的假设条件下, 这点可以得到保证。如果在拟合参数 $\boldsymbol{x}$ 每点计算的法化矩阵 $\boldsymbol{C}(\boldsymbol{x})$ 的秩总为 $N-1$, 则具有 0 特征值的特征矢量定义了一个平滑矢量场①。这一矢量场的积分流就提供了对称群。

总之, 对称即意味着秩亏, 且 (在一些附加的假设下) 秩亏意味着对称。这两种现象出现在相同的情况下。在本节和下面章节中的算例表明它们经常发生, 对其理解也很关键。

6.2.1 缩放的模型问题

具有式 (6.4) 积分流的模型问题存在对称性, 其倍数参数 $w \in \mathbb{R}^+$:

$$k \mapsto w^3 k, \quad a_0 \mapsto w^2 a_0$$

则 n 为不变量, 运动方程的通解也是不变量, 且预测函数也同样 (观测方程仅映射到状态矢量的第二个量)。这就是尺度变换 (4.1 节), 例如可以通过因子 $L = w^2$ 改变长度单位而不用改变时间单位, 则 k^2 将变化 $L^3 = w^6$。对称性可通过满足 $w = \exp(s)$ 的附加参数表现出来。对称群作用对 s 的导数为

$$\frac{\mathrm{d}a_0}{\mathrm{d}s} = 2w^2 a_0, \quad \frac{\mathrm{d}k}{\mathrm{d}s} = 3w^3 k$$

对于 $s = 0, w = 1$, 上式可得出矢量 $(2a_0, 3k)$ 正交于 $(-3/a_0, 2/k)$, 前者是约束 Δa_0 和 Δk 方程的系数矢量。

6.3 近似秩亏和对称性

d 阶近似秩亏意味着在 $\mathbb{R}^N$ 空间存在 d 维子空间 K, 且存在 $0 < \epsilon \leqslant 1$ 的常数 ϵ, 满足

$$\boldsymbol{\nu} \in K, \quad |\boldsymbol{\nu}| = 1 \Rightarrow |\boldsymbol{B\nu}| \leqslant \epsilon \tag{6.7}$$

式 (6.7) 是式 (6.1) 的推广。此外, 式 (6.7) 必须用于维数大于 d 的子空间。式 (6.7) 意味着由限制在 K 上的法化矩阵 $\boldsymbol{C}$ 定义的二次方式的单

① 具体解释细节见 10.1 节。

位矢量量级为 ϵ^2:

$$\boldsymbol{v} \in K, \quad |\boldsymbol{v}| = 1 \Rightarrow \boldsymbol{v}^{\mathrm{T}}\boldsymbol{C}\boldsymbol{v} = (\boldsymbol{B}\boldsymbol{v})^{\mathrm{T}}\boldsymbol{B}\boldsymbol{v} \leqslant \epsilon^2$$

现在研究 $\boldsymbol{C}$ 特征值的特性。设定 $\boldsymbol{\nu}_j, j=1,N$ 是法化矩阵 $\boldsymbol{C}$ 的单位特征矢量，存在非负特征值 $0 \leqslant \lambda_1 \leqslant \lambda_2 \leqslant \cdots \leqslant \lambda_N$。单位球上二次型的值由矩阵 $\boldsymbol{C}$ 谱约束为

$$\min_{|\boldsymbol{x}|=1} \boldsymbol{x}^{\mathrm{T}}\boldsymbol{C}\boldsymbol{x} = \lambda_1, \quad \max_{|\boldsymbol{x}|=1} \boldsymbol{x}^{\mathrm{T}}\boldsymbol{C}\boldsymbol{x} = \lambda_N$$

因此 $\lambda_1 \leqslant \epsilon^2$。考虑 $d=1$ 的简单情况，存在法化矩阵的一个特征值小于或等于 ϵ^2，协方差矩阵的一个特征值大于或等于 $1/\epsilon^2$，以及置信椭球 $Z_L(1)$ 的一个半轴的长度大于或等于 $1/\epsilon$。

6.3.1 $d>1$ 情况下的近似秩亏

当 $d>1$ 时，相似的结论：如果子空间 K 是 d 维，且由限制在 K 的单位矢量上 $\boldsymbol{C}$ 定义的二次型小于或等于 ϵ^2，则矩阵 $\boldsymbol{C}$ 至少存在 d 个特征值小于或等于 ϵ^2。

这可以通过 d 的递归证明，$d=1$ 的情况上面已经证明，在此假设其适用于 $d-1$ 证明任意 d 的结果。

设定 Z 是 $\mathbb{R}^N$ 空间内正交于特征矢量 $\boldsymbol{\nu}_1$ 的线性子空间，交集 $K' = K \cap Z$ 不包含 $\boldsymbol{v}_1 \in K$，且具有 $d-1$ 维。这样可对 $K' \subset Z$ 运用相同的结论：由限制在 Z 上的，$\boldsymbol{C}$ 定义的二次型在 K' 的单位矢量上的值小于或等于 ϵ^2。所以 Z 上的 $\boldsymbol{C}$ 具有 $d-1$ 个特征值小于 ϵ^2，满足 $\lambda_2 \leqslant \lambda_2 \leqslant \cdots \leqslant \lambda_N$，由此可推断 $\lambda_d \leqslant \epsilon^2$。

上述结论表明结果的不确定性：在近似秩亏数为 d 时，存在 d 个协方差矩阵 $\boldsymbol{\varGamma} = \boldsymbol{C}^{-1}$ 的特征值大于 $1/\epsilon^2$ 且置信椭球 $Z_L(1)$ 具有 d 个半轴长于 $1/\epsilon$。其逆命题也成立：如果存在 d 个半轴长于 $1/\epsilon$，则存在 d 个 $\boldsymbol{C}$ 的特征值小于 ϵ^2，且子空间 K 由相关的特征矢量 $\boldsymbol{v}_1, \boldsymbol{v}_2, \cdots, \boldsymbol{v}_d$ 构成，满足 d 阶近似秩亏数的定义，其中小参数为 ϵ。

这意味着近似秩亏可事后通过主成分分析找到，也就是说，通过计算协方差矩阵 $\boldsymbol{\varGamma}$ 和其特征值后，选择大于某个量的值或很少的几个最大值。在 16.5 节，将见到该方法的应用，如果近似秩亏能通过分析协方差矩阵的谱求解，还需要进一步分析问题的根源，明确其是固定值还是需要通过遍历式搜索获得。

6.3.2 近似对称性

近似对称性是改变残差大小为 $O(\epsilon)$ 的可微群作用, 其中 ϵ 是小参数。如果 G 是对拟合参数 $\boldsymbol{x}$ 存在可微作用的单参数群, 满足对每个 $g(s) \in G$, 有

$$\boldsymbol{\xi}(g(s)[\boldsymbol{x}]) = \boldsymbol{\xi}(\boldsymbol{x}) + \epsilon s \boldsymbol{a} + O(s^2), \quad \boldsymbol{a} \in \mathbb{R}^m; \quad |\boldsymbol{a}| = 1 \tag{6.8}$$

且满足非各向同性条件 (至少在 $\boldsymbol{x}^*$ 附近局部满足), 则

$$\epsilon \boldsymbol{a} = \left.\frac{\mathrm{d}\boldsymbol{\xi}(g(s)[\boldsymbol{x}])}{\mathrm{d}s}\right|_{s=0} = \frac{\partial \boldsymbol{\xi}}{\partial \boldsymbol{x}}(\boldsymbol{x}) \left.\frac{\partial g(s)[\boldsymbol{x}]}{\partial s}\right|_{s=0} = \boldsymbol{B}\boldsymbol{v}$$

因此, 如果对相应的单位矢量存在 $|\boldsymbol{v}| = v$, 则

$$\boldsymbol{B}\hat{\boldsymbol{v}} = \frac{\epsilon}{v}\boldsymbol{a}$$

且小参数为 ϵ/v。由此可推断存在一个协方差矩阵的特征值大于或等于 v^2/ϵ^2。

高维对称群的情况更复杂。与 6.2 节处理过程一样, 假设存在 d 个局部单参数近似对称群, 存在 d 个弱方向的 $\boldsymbol{v}_i$:

$$\boldsymbol{B}\boldsymbol{v}_i = \epsilon \boldsymbol{a}_i, \quad |\boldsymbol{a}_i| \leqslant 1$$

为简化所讨论的问题, 假设对称群可采用 $|\boldsymbol{v}_i| = v_i = 1$ 再参数化。令 K 是由 $\boldsymbol{v}_i$ 构成的 d 维子空间, 则由限制在 K 的 $\boldsymbol{C}$ 定义的二次型值为 $O(\epsilon^2)$。然而, 如果需要显式的估计, 必须寻找值 p 满足

$$\boldsymbol{x} \in K, \quad |\boldsymbol{x}| = 1 \Rightarrow \boldsymbol{x}^{\mathrm{T}}\boldsymbol{C}\boldsymbol{x} \leqslant p\epsilon^2$$

通常 $p \leqslant d^2$, 在特殊情况下可获得更佳的估计。通过运用前述递归理论, 存在 d 个 $\boldsymbol{C}$ 的特征值满足 $\leqslant p\epsilon^2$, 因此置信椭球 $Z_L(1)$ 存在 d 个长于 $1/(\epsilon\sqrt{p})$ 的半轴。

同样考虑再次参数化问题, 因为小参数不同, 上述结论与 “d 个单参数近似对称群意味着近似秩亏数为 d” 的描述相比要弱。尽管如此, 对称性即使只是近似的仍被作为寻找和解释秩亏问题的一种有效的启发式方法。

如果残差可展开为某个小参数 ϵ 的幂级数, 这种方法在对称破缺时能有效地应用, 上述展开的幂级数为

$$\boldsymbol{\xi} = \boldsymbol{\xi}_0 + \epsilon \boldsymbol{\xi}_1 + O(\epsilon^2)$$

这可以出现在不同的前提下, 例如, $\boldsymbol{\xi}_0$ 可能是无摄运动方程的残差, $\epsilon\boldsymbol{\xi}_1$ 可能是由于小摄动 ϵ 引起的一阶变换。如果群 G 是由 $\epsilon=0$ 时的无摄问题的精确对称解, 而摄动 $\epsilon\boldsymbol{\xi}_1$ 是不对称的, 则 G 是近似对称群。我们将可在 6.5 节和第 15、16 章以及第 17 章见到更多的例子。

6.4 缩比和近似秩亏

秩亏和精确对称性是一种拓扑特性, 即其定义式 (6.1) 和式 (6.6) 与 $\boldsymbol{x}$ 拟合参数空间的度量选择是无关的。近似秩亏 (和近似对称) 是度量的特性, 即式 (6.7) 和式 (6.8) 是矢量 $\boldsymbol{v}$ 和 $\boldsymbol{Bv}$ 的欧几里得范数的条件, 其中 $\boldsymbol{v}$ 在某个子空间。如果欧几里得范数 $|\boldsymbol{v}|$, $|\boldsymbol{Bv}|$ 被其他范数代替, 如 $\|\boldsymbol{v}\|_{\boldsymbol{W}}=\sqrt{\boldsymbol{v}^{\mathrm{T}}\boldsymbol{W}\boldsymbol{v}}$ ($\boldsymbol{W}$ 为对称正定权矩阵), 则对相同 ϵ 的定义会变化。

令 $\boldsymbol{P}$ 是对角阵: $\boldsymbol{P}=\mathrm{diag}[p_1,p_2,\cdots,p_N]$, 其中所有 $p_i>0$。缩放变换指的是拟合参数在 $\mathbb{R}^N$ 空间的线性转换, 即 $\boldsymbol{x}=\boldsymbol{Py}$。缩放改变了度量值, 即 $|\boldsymbol{x}|=\|\boldsymbol{y}\|_{\boldsymbol{W}}$ ($\boldsymbol{W}=\boldsymbol{P}^2$), 且法化方程具有以下的变化:

$$\boldsymbol{B}_{\boldsymbol{y}}=\frac{\partial\boldsymbol{\xi}}{\partial\boldsymbol{y}}=\boldsymbol{BP},\quad \boldsymbol{C}_{\boldsymbol{y}}=\boldsymbol{B}_{\boldsymbol{y}}^{\mathrm{T}}\boldsymbol{B}_{\boldsymbol{y}}=\boldsymbol{PCP},\quad \boldsymbol{\Gamma}_{\boldsymbol{y}}=\boldsymbol{P}^{-1}\boldsymbol{\Gamma}\boldsymbol{P}^{-1}$$

因此 $\boldsymbol{C}$、$\boldsymbol{\Gamma}$ 的特征值也因缩放发生变化。在将待定量转为拟合矢量 $\boldsymbol{x}$ 时隐含缩放变换。问题是, 用于测量不同尺度量的单位不易于比较。初始条件采用天文单位测量还是采用厘米单位, 哪种更适合和某些行星归一化[①]的重力场谐函数系数进行比较? 这个问题没有确切的答案, 而这种转换在矩阵 $\boldsymbol{W}$ 中会引入一个约为 $[1.5\times10^{13}]^2$ 的因子。

可用 $\boldsymbol{x}$ 空间的无量纲的形式来定义近似秩亏, 即任选对角权阵均不变。为此, 需要定义一个适用于所有定轨问题的标准度量, 这里有两种比较有意义的方法。

6.4.1 验后缩放

法化矩阵 $\boldsymbol{C}$ 的验后缩放可通过缩小设计矩阵 $\boldsymbol{B}$ 的列到单位长度来求得, 即

$$b_i=\left|\frac{\partial\boldsymbol{\xi}}{\partial x_i}\right|=\sqrt{c_{ii}},\quad p_i=1/b_i,\quad i-1,N \tag{6.9}$$

① 谐系数的归一化也是个缩放的例子, 可见 13.2 节。

式中: $\boldsymbol{C} = (c_{ij})$。缩放后法化矩阵 $\boldsymbol{C_y}$ 的所有主对角系数均等于 1, 其他的绝对值均小于 1。如果部分 $b_i = 0$, 则无法实现, 但此时会存在精确秩亏。

验后缩放还可以通过计算 $\boldsymbol{\Gamma_y} = \boldsymbol{C_y}^{-1}$, 再转换比例求得 $\boldsymbol{\Gamma} = \boldsymbol{P\Gamma_y P}$, 来增强矩阵求逆 $\boldsymbol{C}^{-1} = \boldsymbol{\Gamma}$ 的稳定性, 原因是 $\boldsymbol{C_y}$ 的条件数经常比 $\boldsymbol{C}$ 小得多。例如, 如果矩阵 $\boldsymbol{C}$ 是对角阵, 则 $\mathrm{cond}(\boldsymbol{C})$ 的求逆很简单, 甚至 $\boldsymbol{C_y} = \boldsymbol{I}$ 的条件数是 1。如果 $\boldsymbol{C}$ 是主对角阵①, 那么即使 $\mathrm{cond}(\boldsymbol{C})$ 非常大, $\boldsymbol{C_y}$ 也是主对角阵且其逆也是数值稳定的。缩放后 $\mathrm{cond}(\boldsymbol{C_y})$ 的大小事实上表征了求逆的难度和其结果的数值稳定性: 即使存在对非常大的 $\mathrm{cond}(\boldsymbol{C_y})$ 求逆的方法 (5.3 节讨论), 其微分修正迭代也可能发散。

分析近似秩亏可用于验后缩放矩阵。它们暗示混淆现象, 即存在一些无法准确描述的拟合参数 $\boldsymbol{x}$, 对残差 (对一阶) 有相同影响。它们还用于衡量求逆的数值难度, 甚至在改变尺度时由于 $\boldsymbol{C_y}$ 的特征值不可能非常大 (无论如何它们 $\leqslant N$), 如果存在大的 $\mathrm{cond}(\boldsymbol{C_y})$, 则需要至少一个特征值小于 $\epsilon = N/\mathrm{cond}(\boldsymbol{C_y})$, 从而 $\boldsymbol{C_y}$ 近似秩亏数 $d \geqslant 1$, 其中 ϵ 是小参数。

矩阵 $\boldsymbol{C_y}$、$\boldsymbol{\Gamma_y}$ 有明显的概率解释, 如果要缩比协方差矩阵, 使得主对角线系数为 1, 则

$$\mathrm{Corr}(\boldsymbol{x}) = (r_{ij}), \quad r_{ij} = \frac{\gamma_{ij}}{\sqrt{\gamma_{ii}\gamma_{jj}}}$$

有相关矩阵 $r_{ij}(\boldsymbol{x}) = \mathrm{Corr}(x_i, x_j)$ 用于衡量随机变量 x_i 和 x_j 的相关性; 如果仅考虑这两个变量, 可以简单地使用回归线和残差大小来描述 (5.1 节)。不幸的是, 尽管随机设计矩阵 $\boldsymbol{B}$ 的数值试验表明 $\mathrm{cond}(\mathrm{Corr}(\boldsymbol{x}))$ 和 $\mathrm{cond}(\boldsymbol{\Gamma_y})$ 具有相同的量级, 但 $\mathrm{cond}(\mathrm{Corr}(\boldsymbol{x})) \neq \mathrm{cond}(\boldsymbol{\Gamma_y})$。

6.4.2 先验缩放

通过先验对角法化矩阵 $\boldsymbol{C}_0$ 可获得法化矩阵 $\boldsymbol{C}$ 的验前缩放。这不是为了描述形式的先验信息, 后者可以通过式 (6.3) 中利用附加的先验观测量来解决。矩阵 $\boldsymbol{C}_0$ 可由理论和或弱的观测约束 (如形式为 $|x_i| \leqslant 1/\sqrt{c_{ii}}$) 推导出的上界来构建。先验缩放将由对角阵 $\boldsymbol{P}$ 给出, 使得 $\boldsymbol{PC}_0\boldsymbol{P} = \boldsymbol{I}$; 也就是说, 每个参数 x_i 可以作为上界的一部分测得。

分析近似秩亏问题可用于先验缩放矩阵 $\boldsymbol{C_y}$。它们有利于确定在当前的试验中根本不可能测得的参数或参数群, 这些参数的形式解可能很荒谬。

① 可能存在不同的定义, 如主对角系数大于同行或同列其他系数绝对值的和。

最简单的例子, 如果仅存在一个参数, 满足先验缩放设计矩阵 $\boldsymbol{B_y} = \boldsymbol{BP}$ 中对应列的范数小于 ϵ, 则沿对应轴的单位矢量 $\hat{\boldsymbol{v}}$ 满足 $\hat{\boldsymbol{v}}^{\mathrm{T}}\boldsymbol{C_y}\hat{\boldsymbol{v}} < \epsilon^2$, 且置信椭球至少有一个半轴大于 $1/\epsilon$。在这种情况下, 无论矩阵的逆是否稳定, 通常结果总是不可信的, 后续的微分修正迭代可能影响其他参数的结果。在这种情况下需要减少变量或增加约束。

总之, 无论是用于调试定轨试验的设计还是用于警示实际试验结果的不可靠性, 近似秩亏和近似对称都是非常有价值的启发工具。然而, 在大多情况下它们仅提供量级的估值, 而且需要用到一些常识。

6.5 行星系统: 太阳系以外的行星

围绕非太阳的恒星运行的行星是近年来最重要的天文发现, 大多这类太阳系以外的行星是通过测量恒星相对太阳系的视向速度发现的。在 2007 年 10 月, 在确定的 279 颗行星中有 245 颗是通过这种方法发现①。在大多情况下, 恒星的视向速度通过光谱测定法进行测量, 其精确度现在可以达到几米每秒。在少数情况下, 在脉冲星周围发现行星, 这里视向速度通过脉冲星的多普勒频移来测量。总之, 需要测得相对太阳系质心的视向速度, 因此用于观测的地球轨道也需要在质心坐标系中精确计算 (4.3 节) 且其沿视线方向的视向速度分量必须减去②。本节将概述太阳系外行星系统的定轨过程。

6.5.1 一颗行星

如果仅仅是一颗行星, 动力学模型就是与 $\boldsymbol{m}_0$ 有关的二体问题, 其中 $\boldsymbol{m}_0$ 是观测恒星的质量, 其明显大于行星的质量 $\boldsymbol{m}_1$。忽略与其他恒星的相互作用 (以及与星系的作用), 二体 (位置矢量 $\boldsymbol{r}_0$、$\boldsymbol{r}_1$) 系统的质心在任何惯性坐标系下恒速, 如常用的随太阳系质心运动的系统, 同时忽略恒星和银河对太阳系质心运动的摄动。太阳向银河中心运动的加速度仅为几米/天^2, 而且, 如果恒星比银河中心离得还近, 加速度差会更小。

① 更新的目录见 http://vo.obspm.fr/exoplanetes/encyclo/catalog.php; 掩星是目前第二有效的方法。

② 如果上述减法不够精确, 则会导致 “发现” 周期为一年整数分之一的虚假行星; 事实上这曾发生过一次。

采用二体问题的标准简化形式方程式 (4.9):

$$\boldsymbol{b}_0 = \mu_1 \boldsymbol{r}_1 + (1-\mu_1)\boldsymbol{r}_0, \quad \mu_1 = \frac{m_1}{m_0+m_1}, \quad \boldsymbol{b}_1 = \boldsymbol{r}_1 - \boldsymbol{r}_0$$

恒星在质心系统中的坐标是 $s = \boldsymbol{r}_0 - \boldsymbol{b}_0 = -\mu_1 \boldsymbol{b}_1$, 相对太阳系质心则是 $\boldsymbol{r}_0 = \boldsymbol{b}_0 + \boldsymbol{s} = \boldsymbol{b}_0 - \mu_1 \boldsymbol{b}_1$。令 (x, y, z) 是 $\boldsymbol{b}_1$ 在某参考系中的笛卡儿坐标, 其 z 轴指向地球的 $\hat{\boldsymbol{z}}$ 方向, (x_0, y_0, z_0) 是质心对应的坐标, 假定 $(a, e, I, \Omega, \omega, v)$ 是 $\boldsymbol{b}_1$ 二体轨道开普勒轨道根数; 平运动为 $n = \sqrt{GM_0/a^3}$, 其中 $M_0 = m_0 + m_1$。

在 $\boldsymbol{b}_0$ 为中心的正交参考系中, x_1 轴指向拉普拉斯 – 楞次矢量 $\boldsymbol{e}$, z_1 轴指向 $\boldsymbol{b}_1$ 的角动量方向 $\hat{\boldsymbol{c}}_1$, 则开普勒轨道的坐标为

$$\begin{bmatrix} x_1 \\ y_1 \\ z_1 \end{bmatrix} = \begin{bmatrix} r\cos v \\ r\sin v \\ 0 \end{bmatrix}, \quad r = \frac{a(1-e^2)}{1+e\cos v}$$

将该矢量绕角动量轴旋转角度 ω:

$$\begin{bmatrix} x_2 \\ y_2 \\ z_2 \end{bmatrix} = R_{\omega\hat{\boldsymbol{c}}_1} \begin{bmatrix} x_1 \\ y_1 \\ z_1 \end{bmatrix} = \begin{bmatrix} r\cos(v+\omega) \\ r\sin(v+\omega) \\ 0 \end{bmatrix}$$

则 x_2 轴指向升交点 $\hat{\boldsymbol{N}} = (\hat{\boldsymbol{z}} \times \hat{\boldsymbol{c}}_1)/\sin I$, 再绕 $\hat{\boldsymbol{N}}$ 旋转角度 I:

$$\begin{bmatrix} x_3 \\ y_3 \\ z_3 \end{bmatrix} = R_{I\hat{\boldsymbol{N}}} \begin{bmatrix} x_2 \\ y_2 \\ z_2 \end{bmatrix} = \begin{bmatrix} r\cos(v+\omega) \\ r\sin(v+\omega)\cos I \\ r\sin(v+\omega)\sin I \end{bmatrix}$$

最后, 围绕 $\hat{\boldsymbol{z}}$ 轴旋转角度 $\boldsymbol{\Omega}$, 可以获得矢量 $\boldsymbol{b}_1$, 但因为 $z = z_3$, 这一步不是必需的。总之可观测的恒星视向速度为

$$\dot{\boldsymbol{r}}_0 \cdot \hat{\boldsymbol{z}} = \dot{\boldsymbol{b}}_0 \cdot \hat{\boldsymbol{z}} - \mu_1 \dot{z} = \dot{z}_0 - \mu_1 \sin I \frac{\mathrm{d}}{\mathrm{d}t}[r\sin(v+\omega)]$$

对时间求导为

$$\frac{\mathrm{d}}{\mathrm{d}t}[r\sin(v+\omega)] = \dot{r}\sin(v+\omega) + r\dot{v}\cos(v+\omega)$$

其中 $\dot{v}$ 可通过角动量 c_1 获得

$$\dot{v} = \frac{c_1}{r^2} = \sqrt{GM_0 a(1-e^2)}\frac{(1+e\cos v)^2}{[a(1-e^2)]^2} = \frac{n}{(1-e^2)^{3/2}}(1+e\cos v)^2$$

$$r\dot{v} = \frac{na}{\sqrt{1-e^2}}(1+e\cos v)$$

而 $\dot{r}$ 可通过圆锥曲线求导获得

$$\dot{r}=\frac{a(1-e^2)}{(1+e\cos v)^2}e\sin v\dot{v}=\frac{na}{\sqrt{1-e^2}}e\sin v$$

则

$$\frac{\mathrm{d}}{\mathrm{d}t}[r\sin(v+\omega)]=\frac{na}{\sqrt{1-e^2}}[\cos(v+\omega)+e\cos\omega]$$

$$\dot{\boldsymbol{r}}\cdot\hat{\boldsymbol{z}}=\dot{z}_0-\frac{\mu_1\sin Ina}{\sqrt{1-e^2}}[\cos(v+\omega)+e\cos\omega] \tag{6.10}$$

式 (6.10) 是用轨道根数显式表达的可观测量, 仅通过真近点角 v 与时间相关。

6.5.2 近圆假设

如果假定轨道是圆轨道 ($e=0$), 则 $\dot{v}=\boldsymbol{n}$, ω 仅是一个相位, 且

$$\dot{\boldsymbol{r}}_0\cdot\hat{\boldsymbol{z}}=\hat{z}_0-K\cos(v+\omega)=\hat{z}_0+(-K\cos\omega)\cos v+(K\sin\omega)\sin v \tag{6.11}$$

式中: $K=\mu_1\sin Ina=\dfrac{G^{1/3}n^{1/3}m_1\sin I}{M_0^{2/3}}$ 为依赖于质量 m_0、m_1, 平运动 $\boldsymbol{n}$ 和倾角 I 的常量。如果测得平运动 $\boldsymbol{n}$ 是信号的主要频率, 则式 (6.11) 是线性模型 (5.1 节), 其可拟合出三个常数 $k_1=\dot{z}_0$、$k_2=-K\cos\omega$、$k_3=K\sin\omega$。

如果每个时间 t 的观测量均可用, 这就是一个最简单的傅里叶分析问题。但实际上, 给定的观测量在时间上是不均匀的 (仅在晚上可测), 且是在有限的时间范围内。假定在时间 $t=(t_i)$ 时刻获得 $\boldsymbol{m}$ 个观测量 $\dot{\boldsymbol{r}}=(\dot{r}_i)$, 并且将 $\boldsymbol{v}=\cos(v(t_i)), \sin\boldsymbol{v}=\sin(v(t_i))$, 集合为

$$\boldsymbol{\xi}=\dot{\boldsymbol{r}}-k_1\boldsymbol{1}-k_2\cos\boldsymbol{v}-k_3\sin\boldsymbol{v}$$

$$\boldsymbol{B}=\frac{\partial\boldsymbol{\xi}}{\partial(k_1,k_2,k_3)}=-[\boldsymbol{1}\quad\cos\boldsymbol{v}\quad\sin\boldsymbol{v}]$$

如果 $\cos\boldsymbol{v}\cdot\boldsymbol{1}=\sin\boldsymbol{v}\cdot\boldsymbol{1}=\cos\boldsymbol{v}\cdot\sin\boldsymbol{v}=0$, 则法化矩阵是对角阵, 且解为

$$k_1=\bar{\dot{r}}=\frac{1}{m}\sum_{i=1}^{m}\dot{r}_i,\quad k_2=\frac{\dot{\boldsymbol{r}}\cdot\cos\boldsymbol{v}}{\cos\boldsymbol{v}\cdot\cos\boldsymbol{v}},\quad k_3=\frac{\dot{\boldsymbol{r}}\cdot\sin\boldsymbol{v}}{\sin\boldsymbol{v}\cdot\sin\boldsymbol{v}}$$

此外, 如果数据点相对信号正弦项均匀分布, 则 $\cos\boldsymbol{v}\cdot\cos\boldsymbol{v}\simeq\sin\boldsymbol{v}\cdot\sin\boldsymbol{v}\simeq\boldsymbol{m}/2$ 且最小二乘解可通过经典的傅里叶分析公式给出, 其积分可用

有限数据点的求和替代。实际上, 基矢量不是正交的, 因此法化矩阵是满秩的, 肯定可逆。解可通过克莱姆 - 施密特 (Gram-Schmidt) 正交归一化三个矢量 $\mathbf{1}$、$\cos \boldsymbol{v}$、$\sin \boldsymbol{v}$ 获得 (Ferraz-Mello, 1981)。如果观测数据的时间区间不比周期 $2\pi/n$ 长很多, 则常值和正弦波的相关性较大, 其解明显不同于由傅里叶分析公式得到的解。

总之, 质心的视向速度 $\dot{z}_0$、相位 ω 和振幅 K 均能独立地确定。问题是即使 n 已知, K 仍包含三个参数 $\boldsymbol{m}_1$、$\boldsymbol{m}_0$、$\sin I$。假定恒星的质量可通过光谱独立测量, 即运用颜色和质量间的赫茨普龙 - 罗素 (Hertzsprung-Russel) 关系, 同时假定 $M_0 \simeq \boldsymbol{m}_0$①, 则仅乘积 $\boldsymbol{m}_1 \sin I$ 在信号中出现。式 (6.10) 表明该结果与圆轨道的近似无关, 而是可观测视向速度的内在特性。

6.5.3 偏心率一阶项

可应用于偏心轨道的解 (忽略偏心率的二次项) 可通过截断真近点角 v 的时间导数获得, 即

$$\frac{\left(1-e^2\right)^{3/2}}{(1+e\cos v)^2}\dot{v} = n \Rightarrow l = n(t-t_0) = \int_0^v (1-2e\cos v)\mathrm{d}v + \mathrm{O}(e^2)$$

上式给出了平近点角 l 的近似表达式:

$$v - 2e\sin v + \mathrm{O}(e^2) = l$$

反过来, 有

$$v = l + 2e\sin l + \mathrm{O}(e^2)$$

由此意味着

$$\sin v = \sin l + e\sin(2l) + \mathrm{O}(e^2), \quad \cos v = \cos l + e\cos(2l) - e + \mathrm{O}(e^2)$$

代入 $\cos(v+\omega)$ 并忽略 $\mathrm{O}(e^2)$ 项, 可得

$$\dot{\boldsymbol{r}}_0 \cdot \hat{\boldsymbol{z}} = \dot{z}_0 - \mu_1 \sin I na[\cos(l+\omega) + e\cos(2l+\omega)]$$

信号由一个常值加上两个三角函数项构成, 分别包括频率 n、$2n$ 和相位常值 $-nt_0+\omega$、$-2nt_0+\omega$。假设 n 通过频率分析已知, 由此上式可

① 更加严格的过程需确定该估值的不确定性, 并增加一个对应的先验测量量。此外, 如果行星的质量 m_0 相对于恒星是不可忽略的, 则非线性影响会更加明显。

使用五个基函数和五个系数 $k_i, i = 1 \sim 5$ 组成的线性模型表示:

$$\dot{\boldsymbol{r}}_0 \cdot \hat{\boldsymbol{z}} = k_1 + k_2 \cos(nt) + k_3 \sin(nt) + k_4 \cos(2nt) + k_5 \sin(2nt)$$

因此可以找到这些参数的线性最小二乘解, 从而确定 e、ω、$m_1 \sin I$、t_0 和 $\dot{z}_0$。a 可通过 n 确定 (再次假设 m_0 已知且近似 $M_0 \simeq m_0$)。轨道根数 Ω 完全无法确定, 质量 m_1 也无法从轨道平面参数 $\sin I$ 中剥离。所以, 如果此问题要求解八个参数 a、e、I、Ω、ω、t_0、$\dot{z}_0$、m_1, 则会存在二阶秩亏, 而且与 e 的一阶截断无关。

6.5.4 外行星问题的秩亏

即使没有 e 的幂的截断误差, 上述问题也存在精确对称性: 外行星系统围绕 z 轴的旋转 $R_{s\hat{z}}$, 对每个旋转角 s, $\dot{\boldsymbol{r}}_0$ 的 z 轴分量不变, 所以残差也相同。假设倾角的测量相对于穿过恒星的 (x, y) 平面, 轨道根数中这种旋转效果就是 $\Omega \to \Omega + s$。所以 $\partial\boldsymbol{\xi}/\partial\Omega = \boldsymbol{0}$, 也就是说, 如果 Ω 包含在待估参数列表中, 矩阵 $\boldsymbol{B}$ 存在一列参数为 0, 法化矩阵 $\boldsymbol{C} = \boldsymbol{B}^{\mathrm{T}}\boldsymbol{B}$ 存在一行和一列参数为 0。该问题通过减少待估参数可轻易解决, 即确定一个不包含 Ω 的参数列。

在 $M_0 \simeq m_0$ 下近似观测量式 (6.10) 通过乘积 m_1、$\sin I$ 包含了 m_1 和 $\sin I$:

$$m_1 \frac{\partial \boldsymbol{\xi}}{\partial m_1} = \sin I \frac{\partial \boldsymbol{\xi}}{\partial(\sin I)}$$

所以矩阵 $\boldsymbol{B}$ 的两行总是线性相关, 存在一个附加的秩亏, 满足 $\boldsymbol{B}\boldsymbol{v} = \boldsymbol{0}$ 的一个矢量 $\boldsymbol{v}$ 为

$$\boldsymbol{v} = \sin I \boldsymbol{\nabla}(m_1) + m_1 \boldsymbol{\nabla}(\sin I)$$

式中: $\boldsymbol{\nabla}(m_1)$、$\boldsymbol{\nabla}(\sin I)$ 分别为指向 m_1、$\sin I$ 变化方向的矢量。

再次, 减少待估参数是唯一的解决方法, 即要解的参数就是 $m_1 \sin I$ 的积。由于按定义太阳系外的行星不是恒星的伴星, 这就会带来一系列的影响。要证明太阳系外系统含有行星, 必须提供质量的上限 (例如,13 倍木星质量是氘聚变的质量下限, 这样的一个星体可自己辐射发光)。如果观测量仅仅约束 $m_1 \sin I$ 的组合, 经常存在无法排除很小的倾角和大质量的情况。在某些情况下, 因为可以观测到行星对恒星的部分掩星, 才可能排除小倾角的情况。

6.5.5 外行星系统

上述秩亏问题也存在于不止一颗行星的太阳系外行星系统中。假定存在一颗恒星和两颗行星, 其质量为 m_0、m_1、m_2, 而 $\boldsymbol{b}_0$、$\boldsymbol{b}_1$、$\boldsymbol{b}_2$ 为它们在质心坐标系的位置, 则观测量为

$$\dot{\boldsymbol{r}}_0 \cdot \hat{\boldsymbol{z}} = [\dot{\boldsymbol{b}}_0 + \dot{\boldsymbol{s}}] \cdot \hat{\boldsymbol{z}}$$

其中质心系恒星位置为

$$\boldsymbol{s} = -\frac{m_1}{M_0}\boldsymbol{b}_1 - \frac{m_2}{M_0}\boldsymbol{b}_2$$

式中: M_0 为总质量。围绕视线方向的旋转 $R_{s\hat{z}}$ 对运动方程是精确对称的。如果这两颗行星可以用开普勒轨道根数 $(a_j, e_j, I_j, \Omega_j, \omega_j, v_j), j = 1, 2$ 来参数化, 则 $R_{s\hat{z}}$ 影响为 $\Omega_j \to \Omega_j + s$。这样秩亏表现为

$$\frac{\partial \boldsymbol{\xi}}{\partial \Omega_1} + \frac{\partial \boldsymbol{\xi}}{\partial \Omega_2} = \boldsymbol{0}$$

解决的方法就是从参数列表中剔除 Ω_1 和 Ω_2, 而用 $\Omega_2 - \Omega_1$ 代替。然而, 即使减少了一个待估参数, 系统仍然存在近似秩亏问题, 这主要源于质量的比率 m_1/m_0、m_2/m_0 太小。如果忽略掉两颗行星的相互摄动 (包括直接的或间接的), 通过式 (6.10), 对每个行星可得

$$\dot{\boldsymbol{r}}_0 \cdot \hat{\boldsymbol{z}} = \dot{z}_0 - \sum_{j=1}^{2} \frac{m_j \sin I_j n_j a_j}{(m_0 + m_j)\sqrt{1 - e_j^2}} [\cos(v_j + \omega_j) + e_j \cos \omega_j]$$

式中: $n_j = \sqrt{Gm_0/a_j^3}$, 则两个角 Ω_j 都不出现且倾角仅出现在组合式 $m_j/(m_0 + m_j)\sin I_j$ 中。如果试图去求解 15 个参数 (2×6 个轨道根数加 m_1、m_2、$\hat{z}_0$), 此法化矩阵秩为 11。

质心坐标系统中, 三体系统的运动方程可用两个二体系统来描述, 其中摄动加速度包含行星质量 m_1、m_2。定义一个包含在所有摄动项中的无量纲小参数 $\mu = (m_1 + m_2)/m_0$, 于是两个二体子系统的短周期摄动是 $O(\mu)$, 同时由这些摄动引起的可观测的摄动为 $O(\mu^2)$。因此可观测量是 $\hat{z}_0 + O(\mu) + O(\mu^2)$, 其二阶部分仅依赖摄动项。所以两颗 (或更多) 行星的耦合是运用小参数 μ 打破对称性的一个例子, 且存在三阶近似秩亏, 其中 $\epsilon = O(\mu)$; 然而, 直接计算 ϵ 不容易。实际的经验是观测时长要达到 $1/\mu$ 行星运行周期的量级才能稳健地确定 m_1、m_2、I_1、$I_2$①。

① 当系统中两颗行星的平运动处在共振状态时, $1/\sqrt{\mu}$ 量级的时长就够了。

6.6 行星系统: 太阳系

太阳系的大行星轨道均能用作定轨。由 4.6 节的讨论发现, 至少八大行星均有明显的相互作用, 因此它们的轨道需要同时确定, 它们的质量均含在拟合参数中。一些主要的卫星 (特别是月球) 和大的小行星也必须考虑。为了控制问题的复杂性, 可以分离一些卫星和小行星定轨问题。

6.6.1 对称性

依据可用的观测序列, 此定轨问题存在对称和秩亏现象。如果观测仅是太阳系行星之间的相对测量 (例如, 如果所有观测值均来自地球), 则所有观测量, 无论是行星间的角度还是距离, 还是其导数, 均是精确对称于旋转群 $SO(3)$。所以增加三个验前约束是必要的, 也就是说, 选择一个惯性参考系 (附录 C)。

如果观测量是与太阳系外的惯性参考系统相连的绝对量, 例如, 与“固定恒星” (实际中即无旋转的恒星星表) 的夹角, 这样 $SO(3)$ 的对称性就消失了。如果仅存在角度测量量, 由 4.1 节定义的尺度变换就是一个精确对称, 同时一阶秩亏就会出现, 所以行星定轨的经典结果仅用单位长度表示 (天文单位 (AU)), 其值利用地面的单位是不能准确确定的①。

当前有更加复杂的先进手段, 行星的绝对角度测量 (相对于恒星星表) 和相对距离、距离变化率测量均是可行的, 后者可通过行星雷达、月球激光测距、跟踪其他行星的登陆车、其他行星的人造卫星定轨获得。通常, 距离观测量比角度观测量更精确, 虽然角度观测也已经改进。例如, 在第 17 章的算例中, 一个天文单位距离上的测距精度可望达到 10 cm 误差, 相对精度小于 10^{-12}。由于角度观测量到目前为止远不及该精度, 因此存在一个近似的 $SO(3)$ 对称。

质心 $\boldsymbol{b}_0$ 的平移 (4.3 节) 不影响太阳系天体间的观测量。为了消除相应的秩亏, 可使用式 (4.16) 的质心坐标系的运动方程, 其中, 先验约束 $\boldsymbol{b}_0 = \dot{\boldsymbol{b}}_0 = \boldsymbol{0}$。由于太阳的坐标可通过式 (4.15) 计算, 所以不再出现。

6.6.2 相对论效应

关于行星历表这个复杂问题的完整讨论超出了本书的范围, 本节将只提及一个关键特征, 以便在第 17 章中应用。考虑到当前的观测精度,

① 1898 年, AU 的第一个精确值在小行星 “爱神” 的视差测量中获得。

用于定轨行星的运动方程不仅是 N 体问题, 而且完全服从于广义相对论效应。同样, 考虑到弯曲时空上光传播的非牛顿属性, 测量函数也必然是完全符合相对论特性, 且其时空坐标必须仔细选择并由精确转换方程计算。我们对水星探测器进行了两类定轨仿真实验, 其一是对行星轨道用纯牛顿 N 体模型, 其二为完全相对论模型。图 6.1 中的差异表明, 对于先进的跟踪系统, 相对论效应中存在非常大的信噪比。

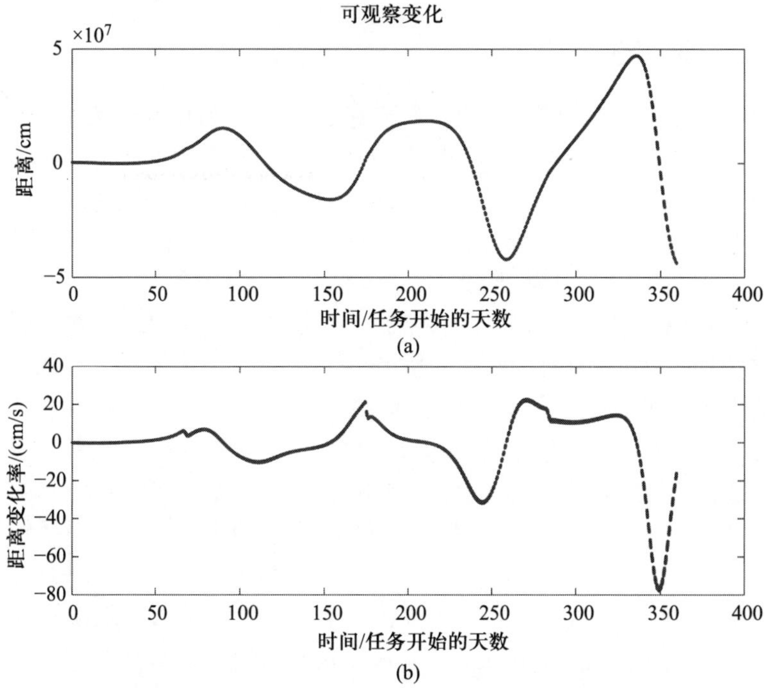

图 6.1 水星探测器为期一年的任务中, 测距上的相对论信号 (包括动力学和 Shapiro 效应) 峰值振幅约为 900 km, 信噪比为 $S/N \simeq 9 \times 10^6$ (实验的精度在第 17 章有描述)。距离变化率的峰值信号约为 1 m/s, 信噪比为 $S/N \simeq 3 \times 10^5$

目前没有简单的办法可以真正地解释广义相对论。本书将通过运用参数化的后牛顿方法给出运动方程: 相对论的运动方程是基于小参数 v_i^2/c^2 和 Gm_i/r_{ik} 线性化的, 其中 v_i 是每个质量为 m_i 目标的质心速度, c 是光速, 且 r_{ik} 是弯曲时空中的相互距离, 因此也出现在测地线运动方程中。这个方程可以通过在 N 体问题的拉格朗日函数 L_{NEW} (式 (4.2)) 上加入后牛顿效应的某些一阶改正项 (用小参数表示) 得到, 即

$$L = L_{\mathrm{NEW}} + L_{\mathrm{GR}} \tag{6.12}$$

通过使用符号 (Moyer, 2003):

$$\boldsymbol{r}_{ij} = \boldsymbol{r}_j - \boldsymbol{r}_i, \quad r_{ij} = |\boldsymbol{r}_{ij}|$$
$$\boldsymbol{v}_{ij} = \dot{\boldsymbol{r}_j} - \dot{\boldsymbol{r}_i} = \boldsymbol{v}_j - \boldsymbol{v}_i, \quad v_{ij} = |\boldsymbol{v}_{ij}|$$

L_{GR} 综合起来可写作

$$\begin{aligned} L_{\text{GR}} = & \frac{1}{8c^2}\sum_i m_i v_i^4 - \frac{1}{2c^2}\sum_i\sum_{j\neq i}\sum_{k\neq i}\frac{G^2 m_i m_j m_k}{r_{ij}r_{ik}} \\ & + \frac{1}{2c^2}\sum_i\sum_{j\neq i}\frac{G m_i m_j}{r_{ij}} \\ & \times\left[\frac{3}{2}(v_i^2+v_j^2) - \frac{7}{2}(\boldsymbol{v}_i\cdot\boldsymbol{v}_j) - \frac{1}{2r_{ij}^2}(\boldsymbol{r}_{ij}\cdot\boldsymbol{v}_i)(\boldsymbol{r}_{ij}\cdot\boldsymbol{v}_j)\right] \end{aligned} \tag{6.13}$$

如果是太阳系天体间 (包括空间探测器) 的观测量, 太阳的位置和速度需受质心积分的约束, 以避免六阶秩亏。然而, 由 L 定义的拉格朗日系统的积分与由 L_{NEW} 定义的不同: 通过使用对称平移群和诺特 (Noether) 定理, 可获得相对的总线动量 $\boldsymbol{P}$:

$$\boldsymbol{P} = \sum_i \frac{\partial L}{\partial \boldsymbol{v}_i} = \sum_i m_i\boldsymbol{v}_i\left[1+\frac{v_i^2}{2c^2}-\frac{U_i}{2c^2}\right] - \frac{1}{2c^2}\sum_i\sum_{j\neq i}\frac{G m_i m_j}{r_{ij}^3}(\boldsymbol{r}_{ij}\cdot\boldsymbol{v}_j)\boldsymbol{r}_{ij} \tag{6.14}$$

式中: $U_i = \sum_{k\neq i} G m_k/r_{ik}$ 为第 i 个天体处的势能, 忽略 N 体问题的二阶项。由于 $\dot{\boldsymbol{p}} = \boldsymbol{0}$, 因此 $\boldsymbol{p}$ 是一个矢量积分。其中矢量

$$\boldsymbol{P} = \sum_i m_i\boldsymbol{r}_i\left[1+\frac{v_i^2}{2c^2}-\frac{U_i}{2c^2}\right] \tag{6.15}$$

在忽略 $O(v^4/c^4)$ 时满足 $\dot{\boldsymbol{P}} = \boldsymbol{p}$ 的性质。因此它像牛顿理论下的质心一样线性匀速运动。相对论质心可定义为

$$\boldsymbol{b}_0 = \frac{\sum_i m_i\boldsymbol{r}_i\left[1+\dfrac{v_i^2}{2c^2}-\dfrac{U_i}{2c^2}\right]}{\sum_i m_i\left[1+\dfrac{v_i^2}{2c^2}-\dfrac{U_i}{2c^2}\right]} \tag{6.16}$$

忽略 N 体问题的二次项, 分母是 $\sum_i m_i + H/c^2$, 其中 H 是哈密尔顿函数, 也是一个积分。所以能使用约束 $\boldsymbol{b}_0 = \dot{\boldsymbol{b}}_0 = \boldsymbol{0}$ 去降低求解参数矢量的维数: 太阳的位置和速度可以从运动方程中消除, 并通过其他天

体求得, 即

$$\boldsymbol{r}_0 = \frac{-\sum_{i\neq 0} m_i \boldsymbol{r}_i \left[1 + \frac{v_i^2}{2c^2} - \frac{U_i}{2c^2}\right]}{m_0 \left(1 + \frac{v_0^2}{2c^2} - \frac{U_0}{2c^2}\right)} \tag{6.17}$$

采用此拉格朗日形式, 一阶后牛顿的相对论运动方程可以很好地定义, 能用于行星定轨, 也适用于行星际空间探测器。此外, 依据先进的行星际跟踪数据, 假设如图 6.1 所示, 相对论效应信噪比非常大, 可以用来高精度地检验广义相对论效应。同样的形式使我们能够用爱因斯坦理论中的固定常数来参数化运动方程 (和其他相对论效应), 并将这些量同初始条件以及设备参数一起, 在定轨过程中解出。一个这样的后牛顿参数 γ (在广义相对论中值为 1), 控制着在引力势能下的时空曲率。广义相对论效应的偏差可由包含速度的项给出:

$$L_{\bar{\gamma}} = \frac{\bar{\gamma}}{2c^2} \sum_i \sum_{j\neq i} \frac{G m_i m_j}{r_{ij}} v_{ij}^2$$

式中: $\bar{\gamma} = \gamma - 1$。在广义相对论中等于 1 的爱丁顿参数 β 出现在三体相互作用中, 则偏离可表示为

$$L_{\bar{\beta}} = -\frac{\bar{\beta}}{c^2} \sum_i \sum_{j\neq i} \sum_{k\neq i} \frac{G^2 m_i m_j m_k}{r_{ij} r_{ik}}$$

式中: $\bar{\beta} = \beta - 1$。在爱因斯坦广义相对论中唯一的自由参数是 G, 它是一个常数 ($\dot{G} = 0$); 不过, 由于辐射和带电粒子导致太阳质量流失, 乘积 Gm_0 也在变化, 见 4.6 节。通过拉格朗日项, 该影响可包含在动力学模型中, 即

$$L_{\varsigma} = (t - t_0)\varsigma \sum_{i\neq 0} \frac{G m_0 m_i}{r_{i0}}, \quad \varsigma = \frac{\mathrm{d}(Gm_0)/\mathrm{d}t}{Gm_0}$$

式中: t_0 为 m_0 的参考历元。对水星的精密定轨中, 因为 $r_{10}/R_{\odot} \simeq 900$, 太阳旋转产生的非球形很重要: 相应的拉格朗日项 $L_{J2\odot}$ 是太阳的二阶带谐项 (相对太阳旋转轴), 具体见 13.2 节, 所以运动方程可由下面的拉格朗日函数推导:

$$L = L_{\mathrm{NEW}} + L_{\mathrm{GR}} + L_{\bar{\gamma}} + L_{\bar{\beta}} + L_{\varsigma} + L_{J2\odot} \tag{6.18}$$

附加项不会改变式 (6.14) 的总线动量, 因为 $\partial L_{\gamma}/\partial \boldsymbol{v}_i$ 在和 $\left(\sum_i \partial L_{\gamma}/\partial \boldsymbol{v}_i = \boldsymbol{0}\right)$ 中可以消掉, 其他三项不依赖于速度, 因此相对太阳式 (6.17) 是不变的。

拉格朗日项可描述其他偏离, 如强等效原理和首选框架影响 (17.5 节) 的偏离。等效原理的偏离是通过假设牛顿理论下的拉格朗日函数 L_{NEW} 中引力质量 m_i、m_j (出现在引力势能 Gm_im_j/r_{ij} 中), 与惯性质量 m_j^I (出现在动能项 $m_j^I v_j^2/2$ 中) 不同来获得的。两者不相同可能与质量 m_j 的组成有关, 例如, 质量中的静止质量、原子核结合能和引力的固有能量等部分。虽然与原子核结合能相关的可能性已通过实验室精确测量 (优于 10^{-12}) 排除, 与引力固有能量的相关很难检测, 因为对所有可用的天体这部分都非常小。即使是太阳, 这部分也仅为 $\Omega_0 \simeq -3.52 \times 10^{-6}$。如果假设 $m_0^I = m_0[1-\eta\Omega_0]$, 参数 η 可通过定轨进行检验, 然而在行星的质心坐标系运动方程中, 太阳惯性质量 m_0^I 不直接出现。变化出现在质心积分中, 其中 m_0^I 代替 m_0 将导致太阳坐标的方程变成下面的形式:

$$\boldsymbol{r}_0 = \frac{-\sum_{i\neq 0} m_i \boldsymbol{r}_i \left[1+\dfrac{v_i^2}{2c^2}-\dfrac{U_i}{2c^2}\right]}{m_0\left[1-\eta\Omega_0\right]\left(1+\dfrac{v_0^2}{2c^2}-\dfrac{U_0}{2c^2}\right)}$$

来自太阳位移的间接摄动会影响其他天体的轨道。对每个 $k \neq 0$, $\partial\ddot{\boldsymbol{r}}_i/\partial\eta \neq \boldsymbol{0}$ 中包含 $\Omega_0 m_k$, 木星的贡献与所有其他行星相加的贡献大小相当。

特定框架模型的影响需要在拉格朗日函数中添加:

$$\begin{aligned} L_\alpha = & \frac{\alpha_2-\alpha_1}{4c^2}\sum_j\sum_{i\neq j}\frac{Gm_im_j}{r_{ij}}(\boldsymbol{v}_i+\boldsymbol{w})\cdot(\boldsymbol{v}_j+\boldsymbol{w}) \\ & -\frac{\alpha_2}{4c^2}\sum_j\sum_{i\neq j}\left[\boldsymbol{r}_{ij}\cdot(\boldsymbol{v}_j+\boldsymbol{w})\right]\left[\boldsymbol{r}_{ji}\cdot(\boldsymbol{v}_i+\boldsymbol{w})\right]\frac{Gm_im_j}{r_{ij}^3} \end{aligned}$$

式中: α_1、α_2 为两个附加的后牛顿参数; $\boldsymbol{w}$ 为太阳系质心相对特定框架的建模, 通常假设相对宇宙微波背景, 即在方向 $(\alpha,\delta)=(168°,7°)$ 上速度 $|\boldsymbol{w}| = (370 \pm 10)$ km/s。

由于总线动量积分 $\boldsymbol{p}$ 中存在附加项, 这导致了如下的问题: 拉格朗日项 $L+L_\alpha$ 平移后保持不变 (L 见方程式 (6.18))。诺特定理的积分为

$$\sum_i \frac{\partial(L+L_\alpha)}{\partial \boldsymbol{v}_i} = \boldsymbol{p} + \sum_i \frac{\partial L_\alpha}{\partial \boldsymbol{v}_i}$$

其中 $\boldsymbol{p}$ 见方程式 (6.14)。这个积分不是 $\boldsymbol{p}$ 的导数且不能通过改变定义来固定, 也就是说, 质心积分不存在 (Will, 1981)。要用相同的方法列出

具有特定框架效应的运动方程, 一种可能的解法还是使用中心为 $\boldsymbol{b}_0$ (定义可见方程式 (6.15)) 的参考系, 然而其加速度为

$$\ddot{\boldsymbol{b}}_0=-\frac{\dfrac{\mathrm{d}}{\mathrm{d}t}\sum_i\dfrac{\partial L_\alpha}{\partial \boldsymbol{v}_i}}{\sum_i m_i\left[1+\dfrac{v_i^2}{2c^2}-\dfrac{U_i}{2c^2}\right]}$$

运动方程是拉格朗日方程, 其拉格朗日函数为 $L+L_\alpha$, 附加 “视加速度” $-\ddot{\boldsymbol{b}}_0$。

还可能存在许多其他与引力和惯性基础定理不符的偏离, 包括总线动量守恒、总角动量守恒和总能量守恒的偏离扰动, 以及违反作用 — 反作用力定律的偏离扰动, 但是绝大部分不可能出现。所以包括 γ、β、ς、$J_{2\odot}$、η、α_1、α_2 的待估参数列表可适用于基于太阳系轨道确定的引力理论试验。有关这个主题的更多内容可见第 17 章。

第三部分　群目标轨道确定

第 7 章

数据 — 目标关联问题

识别问题试图解决在各次独立探测中，哪些探测属于同一天体。随着探测目标数量的增长 (第 11 章) 该问题也变得越来越困难。本章主要基于 Milani (Milani, 1999; Milani et al., 2000a; Milani et al., 2001a) 正在进行的研究，其中一个主要的例子是太阳系中的小天体群。这些探测到的目标中尽管包含了一小部分的彗星及其他目标，但大部分为小行星，因此，接下来的讨论中将使用 "小行星" 一词代指所研究的对象。

小行星的典型可探测时间为几小时至几周，至多在几个月的 "可见期" 内其亮度满足可视条件。如果该可见期未被充分利用，仅根据单次可见期的观测进行轨道确定要么不可能要么定出的轨道的预报误差会快速增大。这也就意味着下次可见时，小行星出现的空域可能超出找回行星的望远镜视场。这样就会导致该小行星目标的丢失，也就是说，小行星更可能是偶然间被重新发现，而不是在预报处被捕获。已探测到的太阳系目标数据库中有很多单个可见期观测弧段。我们的目的是将属于同一目标的这些单次可见期弧段关联起来，以便实现精密定轨。

7.1 问题的分类

识别问题主要处理一个个分离的观测数据组，这些数据组可能来自不同的目标。作为该问题的基本形式，假设这些观测数据划分为两个弧段且同一类弧段的观测数据来自同一目标①。

① 实际上这个假设可能不成立，见第 11 章中的讨论。

7.1.1 轨道识别

当分属于两个弧段的观测数据均可求出最小二乘轨道时, 该问题可归为轨道识别。此时该问题的输入是带有协方差矩阵及残差的两组轨道根数。当来自这两个弧段的观测数据可拟合至同一轨道时, 则该识别问题得以解决。

由于定轨的强非线性特点, 对两个轨道进行身份一致性检验并不简单, 它需要一个初始的假想轨道以便进行微分改进。然而, 该基本问题远比全局性问题简单: 给定一个包含 N 个短弧的目录, 需知道 $N(N-1)/2$ 个短弧对中哪些属于同一目标, 以及对于从物理意义来说的不同目标, 怎么计算出其对应的轨道目录。现代轨道目录包含数十万条轨道, 而下一代巡天预期将发现数以千万的目标, 除非有一种智能算法来解决, 否则将导致不可接受的计算复杂度。因此, 轨道识别问题分三个步骤:

(1) 选择短弧对的一个子集;

(2) 计算一条初轨作为 (1) 中每个短弧对的初始假想轨道;

(3) 对每个短弧对中的弧段进行迭代微分修正, 在可接受的残差下对轨道进行收敛性检验。

7.1.2 归属问题

当弧段组的数据量不足以计算出唯一轨道 (例如, 2 个二维观测量, 也即 $m=4$) 时, 识别问题可划分为归属问题。由于轨道空间的可用信息不够, 需要比较观测空间中的数据, 即比较轨道的预报值和观测值。

假设有 N 个轨道和 M 个观测弧段, 且每个观测弧段太短不能独立定轨。与轨道识别类似, 解决此类问题也可分解为三步。在步骤 (1) 中提出的归属数量必须远小于 $M\times N$。由较高质量弧段定出的轨道可作为初始轨道时, 步骤 (2) 可比较容易, 但事实并非总是如此。步骤 (3) 与上述相同, 但对残差的品质控制须考虑两组弧段间的不对称性。

7.1.3 重现与复原

此过程旨在查找属于同一天体的其他观测资料, 并且假设这些观测资料并非在过去的观测数据库中。可采用两种形式: 一是通过将望远镜指向某已知目标的一个或多个预测位置, 在未来的天空中重现; 二是通过过去的天空图像档案还原, 从中提取那些未测量或未纳入数据库的观测数据。

重现与复原面临的主要问题是所需资源 (望远镜工作时间、人力或计算资源) 依赖于预测的不确定性。重现观测时, 时常有入侵的小行星与所想要的目标同时被发现或仅前者被发现, 复原时也有这样的问题。因此, 获取观测数据后需要解决归属问题。

7.1.4 关联

识别过程中最难的是关联。当两个观测弧段的长度均不足以单独定轨时, 可联合成一条足够好的弧段来计算轨道。这种情况下, 没有办法直接比较同一属性的量, 如轨道与轨道、观测资料与观测资料。因为轨道不可用, 且不同时刻的观测资料也不能直接比较 (除非时间差很短), 所以计算步骤有所不同:

(1) 计算一个或多个假设轨道, 使之与首个弧段的观测资料吻合; 接着改变其协方差矩阵元素, 评估其不确定性。

(2) 根据假设的轨道预测观测弧段, 与其他弧段相比, 挑选出待识别的弧段对。

(3) 计算与两个弧段匹配的初轨。

(4) 利用两个弧段的数据和残差, 检验微分修正的收敛性。

即使已经有一些已关联的观测弧段, 关联可能仍是一个困难的问题。因此, 当处理由无法单独定轨的短弧组成的大数据库时, 因为关联相比其他类型的识别而言更加困难, 所以尤其注意要将全局关联的计算复杂度保持在可控水平下。这将在第 8 章详细讨论。

7.2 线性轨道识别

轨道识别的出发点是基于收敛的微分改正而得到的两个标称轨道, 如第 5 章所述, 初始条件为唯一的拟合参数。设 $\boldsymbol{x}_1, \boldsymbol{x}_2 \in \mathbb{R}^6$ 是初始条件中两个独立的确定矢量, $\boldsymbol{C}_1$、$\boldsymbol{C}_2$、$\boldsymbol{\Gamma}_1$、$\boldsymbol{\Gamma}_2$ 是收敛时在 $\boldsymbol{x}_1$、$\boldsymbol{x}_2$ 处计算的法化和协方差矩阵。假定这些初始条件是在同一历元, 如果不是这样, 轨道和矩阵需换算至同一历元 (5.5 节)。

要确定 $\boldsymbol{x}_1$、$\boldsymbol{x}_2$, 需使用两组独立的观测:

$$(t_i, r_i), \quad i = 1 \sim m_1, \quad (t_i, r_i), \quad i = m_1 + 1 \sim m_1 + m_2$$

有 m_1 个观测在第一弧段, m_2 个观测在第二弧段, 它们相对标称解产生

的残差为

$$\boldsymbol{\xi}_1=(\xi_i),\quad i=1\sim m_1,\quad \boldsymbol{\xi}_2=(\xi_i),\quad i=m_1+1\sim m_1+m_2$$

对于 $i=1,2$, 可计算出两个独立的目标函数:

$$Q_i(\boldsymbol{x})=\frac{1}{m_i}\boldsymbol{\xi}_i\cdot\boldsymbol{\xi}_i=Q_i(\boldsymbol{x}_i)+\Delta Q_i(\boldsymbol{x})=Q_i(\boldsymbol{x}_i)+\frac{1}{m_i}(\boldsymbol{x}-\boldsymbol{x}_i)\cdot\boldsymbol{C}_i(\boldsymbol{x}-\boldsymbol{x}_i)+\cdots$$

省略项中包含了 $(\boldsymbol{x}-\boldsymbol{x}_i)$ 的三次项以及包含残差的二次项, 见 5.2 节。如果标称轨道可以设定, 两个 ΔQ_i 将为 0。但如果只有一个目标被发现, 则将有唯一的轨道对两组数据进行拟合, 且不能假定 $\boldsymbol{x}=\boldsymbol{x}_1$ 或 $\boldsymbol{x}=\boldsymbol{x}_2$。假设两个是同一个目标, 则 $m=m_1+m_2$, 联合目标函数 Q 包含了两个独立的 $Q_1(\boldsymbol{x}_1)$、$Q_2(\boldsymbol{x}_2)$ 线性组合和表示目标函数增量的 ΔQ。

$$\begin{aligned}
mQ(\boldsymbol{x})&=\boldsymbol{\xi}_1\cdot\boldsymbol{\xi}_1+\boldsymbol{\xi}_2\cdot\boldsymbol{\xi}_2=m_1Q_1(\boldsymbol{x})+m_2Q_2(\boldsymbol{x})=mQ_0+m\Delta Q(\boldsymbol{x})\\
mQ_0&=[m_1Q_1(\boldsymbol{x}_1)+m_2Q_2(\boldsymbol{x}_2)]\\
m\Delta Q(\boldsymbol{x})&=m_1\Delta Q_1(\boldsymbol{x})+m_2\Delta Q_2(\boldsymbol{x})\\
&=(\boldsymbol{x}-\boldsymbol{x}_1)\cdot C_1(\boldsymbol{x}-\boldsymbol{x}_1)+(\boldsymbol{x}-\boldsymbol{x}_2)\cdot C_2(\boldsymbol{x}-\boldsymbol{x}_2)+\cdots
\end{aligned}$$

7.2.1 线性理论

如果将线性近似用于两个独立解 $\boldsymbol{x}_1$ 和 $\boldsymbol{x}_2$ 附近的邻域, 甚至用于联合解的全局范围内, 就获得了求解该问题的线性算法。这是一个很强的假设, 因为不能想当然地认为两个解在彼此附近。然而, 如果假设是正确的, 对两个罚函数 ΔQ_i, 可以使用二次逼近, 获得有关识别问题解的一个显式公式。忽略所有高阶项 (前面公式中忽略的项), 则有

$$\begin{aligned}
m\Delta Q(\boldsymbol{x})&\simeq(\boldsymbol{x}-\boldsymbol{x}_1)\cdot C_1(\boldsymbol{x}-\boldsymbol{x}_1)+(\boldsymbol{x}-\boldsymbol{x}_2)\cdot C_2(\boldsymbol{x}-\boldsymbol{x}_2)\\
&=\boldsymbol{x}\cdot(\boldsymbol{C}_1+\boldsymbol{C}_2)\boldsymbol{x}-2\boldsymbol{x}\cdot(\boldsymbol{C}_1\boldsymbol{x}_1+\boldsymbol{C}_2\boldsymbol{x}_2)+\boldsymbol{x}_1\cdot\boldsymbol{C}_1\boldsymbol{x}_1+\boldsymbol{x}_2\cdot\boldsymbol{C}_2\boldsymbol{x}_2
\end{aligned}$$

ΔQ 的最小值可以通过求上述非齐次二次型的最小值得到。如果新的联合最小值为 $\boldsymbol{x}_0$, 通过在 $\boldsymbol{x}_0$ 处展开, 得

$$m\Delta Q(\boldsymbol{x})\simeq(\boldsymbol{x}-\boldsymbol{x}_0)\cdot\boldsymbol{C}_0(\boldsymbol{x}-\boldsymbol{x}_0)+K$$

通过比较上面两个式子, 得

$$\begin{aligned}
&\boldsymbol{C}_0=\boldsymbol{C}_1+\boldsymbol{C}_2\\
&\boldsymbol{C}_0\boldsymbol{x}_0=\boldsymbol{C}_1\boldsymbol{x}_1+\boldsymbol{C}_2\boldsymbol{x}_2\\
&K=\boldsymbol{x}_1\cdot\boldsymbol{C}_1\boldsymbol{x}_1+\boldsymbol{x}_2\cdot\boldsymbol{C}_2\boldsymbol{x}_2-\boldsymbol{x}_0\cdot\boldsymbol{C}_0\boldsymbol{x}_0
\end{aligned}$$

如果矩阵 C_0 (两个独立法化矩阵 C_1 和 C_2 的总和) 是正定的, 则它是可逆的, 可以通过使用协方差矩阵 $\boldsymbol{\Gamma}_0 = \boldsymbol{C}_0^{-1}$ 来解新的最小值:

$$\boldsymbol{x}_0 = \boldsymbol{\Gamma}_0(\boldsymbol{C}_1\boldsymbol{x}_1 + \boldsymbol{C}_2\boldsymbol{x}_2) \tag{7.1}$$

这可用微分修正的思想来解释: 两个迭代计算收敛时, $\boldsymbol{x} \to \boldsymbol{x}_i$ 及 $\boldsymbol{C}_i = \boldsymbol{C}_i(\boldsymbol{x}_i)$, 且法化方程的右侧 $\boldsymbol{D}_i = \boldsymbol{D}_i(\boldsymbol{x}_i) = \boldsymbol{C}_i\Delta\boldsymbol{x}_i$ 等于 $\boldsymbol{0}$, 因此

$$\boldsymbol{C}_1(\boldsymbol{x} - \boldsymbol{x}_1) = \boldsymbol{0} \quad 和 \quad \boldsymbol{C}_2(\boldsymbol{x} - \boldsymbol{x}_2) = \boldsymbol{0} \Rightarrow (\boldsymbol{C}_1 + \boldsymbol{C}_2)\boldsymbol{x} = \boldsymbol{C}_1\boldsymbol{x}_1 + \boldsymbol{C}_2\boldsymbol{x}_2$$

由线性假设 $\boldsymbol{C}_1$、$\boldsymbol{C}_2$ 在 $\boldsymbol{x}_1$、$\boldsymbol{x}_2$ 和 $\boldsymbol{x}_0$ 具有相同的值, 在这些条件下, $\boldsymbol{x} = \boldsymbol{x}_0$ 是联合问题第一个微分改正的结果。辨识罚函数 K/m 近似等于罚函数 $\Delta Q(\boldsymbol{x})$ 的最小值。用观测量个数进行归一化, 在线性近似下 $K/m = \Delta Q(x_0)$, 根据观测量进行归一化。由于 K 是平移不变量, 因此

$$\boldsymbol{x}_0 \to \boldsymbol{x}_0 + \boldsymbol{v}, \boldsymbol{x}_1 \to \boldsymbol{x}_1 + \boldsymbol{v}, \boldsymbol{x}_2 \to \boldsymbol{x}_2 + \boldsymbol{v}$$

$$K \to K + 2\boldsymbol{v} \cdot (\boldsymbol{C}_1\boldsymbol{x}_1 + \boldsymbol{C}_2\boldsymbol{x}_2 - \boldsymbol{C}_0\boldsymbol{x}_0) + \boldsymbol{v} \cdot (\boldsymbol{C}_1 + \boldsymbol{C}_2 - \boldsymbol{C}_0)\boldsymbol{v} = K$$

可在平移 $-\boldsymbol{x}_1$ 后计算 K 值, 也即假设 $\boldsymbol{x}_1 \to \boldsymbol{0}$, $\boldsymbol{x}_2 \to \boldsymbol{x}_2 - \boldsymbol{x}_1 = \Delta\boldsymbol{x}$, 且 $\boldsymbol{x}_0 \to \boldsymbol{\Gamma}_0\boldsymbol{C}\Delta\boldsymbol{x}$:

$$K = \Delta\boldsymbol{x} \cdot \boldsymbol{C}_2\Delta\boldsymbol{x} - (\boldsymbol{x}_0 - \boldsymbol{x}_1) \cdot \boldsymbol{C}_0(\boldsymbol{x}_0 - \boldsymbol{x}_1) = \Delta\boldsymbol{x} \cdot \boldsymbol{C}\Delta\boldsymbol{x} \tag{7.2}$$

式中: $\boldsymbol{C} = \boldsymbol{C}_2 - \boldsymbol{C}_2\boldsymbol{\Gamma}_0\boldsymbol{C}_2$。同样地, 平移 $-\boldsymbol{x}_2$, 也即 $\boldsymbol{x}_2 \to \boldsymbol{0}, \boldsymbol{x}_1 \to -\Delta\boldsymbol{x}$, 且 $\boldsymbol{x}_0 \to \boldsymbol{\Gamma}_0\boldsymbol{C}_1(-\Delta\boldsymbol{x})$:

$$K = \Delta\boldsymbol{x} \cdot \boldsymbol{C}_1\Delta\boldsymbol{x} - (\boldsymbol{x}_0 - \boldsymbol{x}_2) \cdot \boldsymbol{C}_0(\boldsymbol{x}_0 - \boldsymbol{x}_2) = \Delta\boldsymbol{x} \cdot (\boldsymbol{C}_1 - \boldsymbol{C}_1\boldsymbol{\Gamma}_0\boldsymbol{C}_1)\Delta\boldsymbol{x}$$

矩阵 $\boldsymbol{C}$ 可定义为另一形式 $\boldsymbol{C} = \boldsymbol{C}_1 - \boldsymbol{C}_1\boldsymbol{\Gamma}_0\boldsymbol{C}_1$。这两种表达形式仅需假设 $\boldsymbol{\Gamma}_0 = \boldsymbol{C}_0^{-1}$ 存在, 此时

$$\boldsymbol{C} = \boldsymbol{C}_2 - \boldsymbol{C}_2\boldsymbol{\Gamma}_0\boldsymbol{C}_2 = \boldsymbol{C}_1 - \boldsymbol{C}_1\boldsymbol{\Gamma}_0\boldsymbol{C}_1 \tag{7.3}$$

上述等式严格成立, 但在 $\boldsymbol{C}_0$ 严重病态时, 进行数值计算时会被破坏。可以通过以下公式总结结论:

$$\Delta Q(\boldsymbol{x}) \approx Q_0 + 1/m \cdot \Delta\boldsymbol{x} \cdot \boldsymbol{C}\Delta\boldsymbol{x} + 1/m \cdot (\boldsymbol{x} - \boldsymbol{x}_0) \cdot \boldsymbol{C}_0(\boldsymbol{x} - \boldsymbol{x}_0)$$

通过定义置信椭球与 $\boldsymbol{C}_0$ 矩阵也可评估所识别解的不确定性。

该算法可以在几何上用两组置信椭球相交来解释。为了得到较小的罚函数, 也即 $m\Delta Q < \varepsilon$, 一个折中的解 $\boldsymbol{x}_0$ 是两个置信椭球 $m_1\Delta Q_1 < \varepsilon$ 和 $m_2\Delta Q_2 < \varepsilon$ 的交集。

7.2.2 概率解释

若 $\boldsymbol{x}_i^*$ 是微分修正的标称解, 其正态矩阵为 $\boldsymbol{C}_1$, 协方差矩阵为 $\boldsymbol{\Gamma}_i = \boldsymbol{C}_i^{-1}$, 根据高斯模型 (7.5 节), 初始条件下 $\boldsymbol{x}_i$ 的概率密度为

$$\boldsymbol{p}\boldsymbol{x}_i(\boldsymbol{x}_i) = N(\boldsymbol{x}_i, \boldsymbol{\Gamma}_i) = \frac{\sqrt{\det \boldsymbol{C}_i}}{(2\pi)^{N/2}} \exp\left(-\frac{1}{2}(\boldsymbol{x}_i - \boldsymbol{x}_i^*) \cdot \boldsymbol{C}_i(\boldsymbol{x}_i - \boldsymbol{x}_i^*)\right)$$

假设 $\boldsymbol{X}_1$ 和 $\boldsymbol{X}_2$ 是独立随机变量, 其联合概率密度函数 $\boldsymbol{p}\boldsymbol{x}_1\boldsymbol{x}_2(\boldsymbol{x}_1, \boldsymbol{x}_2) = \boldsymbol{p}\boldsymbol{x}_1(\boldsymbol{x}_1) \cdot \boldsymbol{p}\boldsymbol{x}_2(\boldsymbol{x}_2)$。这个假设是合理的, 因为这两次独立发现的观测集合是不相交的。识别概率 $P_I = P(\boldsymbol{X}_1 = \boldsymbol{X}_2)$ 可表示为

$$P_I = \int_{\mathbb{R}^6} \boldsymbol{p}\boldsymbol{x}_1, \boldsymbol{x}_2(\boldsymbol{x}, \boldsymbol{x})\mathrm{d}\boldsymbol{x} = \int_{\mathbb{R}^6} \boldsymbol{P}\boldsymbol{x}_1(\boldsymbol{x}) \cdot \boldsymbol{P}\boldsymbol{x}_2(x)\mathrm{d}\boldsymbol{x}$$

$\boldsymbol{p}\boldsymbol{x}_1(\boldsymbol{x}) \cdot \boldsymbol{p}\boldsymbol{x}_2(\boldsymbol{x})$ 不是识别轨道的概率密度, 因为初始条件空间下的积分值并不等于 1。事实上, 在假设 $\boldsymbol{x}_1 = \boldsymbol{x}_2$ 时, 为获得判别轨道的条件概率密度函数, 此乘积需通过除以识别概率 P_I 进行归一化。

则概率 P_I 和识别轨道的条件概率密度的计算可由下式开始:

$$\begin{aligned}&\boldsymbol{p}\boldsymbol{x}_1(\boldsymbol{x}) \cdot \boldsymbol{p}\boldsymbol{x}_2(\boldsymbol{x}) \\ =& \frac{\sqrt{\det(\boldsymbol{C}_1\boldsymbol{C}_2)}}{(2\pi)^N} \exp\left\{-\frac{1}{2}\left[(\boldsymbol{x} - \boldsymbol{x}_1) \cdot \boldsymbol{C}_1\left(\boldsymbol{x} - \boldsymbol{x}_1\right) + (\boldsymbol{x} - \boldsymbol{x}_2) \cdot \boldsymbol{C}_2\left(\boldsymbol{x} - \boldsymbol{x}_2\right)\right]\right\}\end{aligned}$$

将指数项中的两个二次型和用以 $\boldsymbol{x}_0$ 为中心、法化矩阵为 $\boldsymbol{C}_0$ 的单二次型代替, 则

$$\begin{aligned}\boldsymbol{p}\boldsymbol{x}_1(\boldsymbol{x}) \cdot \boldsymbol{p}\boldsymbol{x}_2(\boldsymbol{x}) &= \frac{\sqrt{\det(\boldsymbol{C}_1\boldsymbol{C}_2)}}{(2\pi)^N} \exp\left\{-\frac{1}{2}\left[(\boldsymbol{x} - \boldsymbol{x}_0) \cdot \boldsymbol{C}_0\left(\boldsymbol{x} - \boldsymbol{x}_0\right) + K\right]\right\} \\ &= N\left(\boldsymbol{x}_0, \boldsymbol{\Gamma}_0\right)(\boldsymbol{x}) \cdot \frac{\sqrt{\det\left(\boldsymbol{C}_1\boldsymbol{C}_2\right)}}{(2\pi)^{N/2}\sqrt{\det \boldsymbol{C}_0}} \exp\left(-\frac{K}{2}\right)\end{aligned}$$

为简化该表达式, 假设 $\boldsymbol{C}_1$ 和 $\boldsymbol{C}_2$ 是正定的, 均可同时对角化, 也即有一正交矩阵 $\boldsymbol{S}$, 使得

$$\begin{aligned}&\boldsymbol{S}\boldsymbol{C}_1\boldsymbol{S}^{\mathrm{T}} = \mathrm{diag}\left[\lambda_{1j}\right], \boldsymbol{S}\boldsymbol{C}_2\boldsymbol{S}^{\mathrm{T}} = \mathrm{diag}\left[\lambda_{2j}\right], \boldsymbol{S}\boldsymbol{C}_0\boldsymbol{S}^{\mathrm{T}} = \mathrm{diag}\left[\lambda_{1j} + \lambda_{2j}\right] \\ &\boldsymbol{S}\boldsymbol{C}\boldsymbol{S}^{\mathrm{T}} = \boldsymbol{S}\boldsymbol{C}_2\boldsymbol{S}^{\mathrm{T}} - \boldsymbol{S}\boldsymbol{C}_2\boldsymbol{S}^{\mathrm{T}}\boldsymbol{S}\boldsymbol{C}_0^{-1}\boldsymbol{S}^{\mathrm{T}}\boldsymbol{S}\boldsymbol{C}_2\boldsymbol{S}^{\mathrm{T}} = \mathrm{diag}\left[\frac{\lambda_{1j}\lambda_{2j}}{\lambda_{2j} + \lambda_{2j}}\right]\end{aligned}$$

由此, 可计算行列式:

$$\frac{\det(\boldsymbol{C}_1\boldsymbol{C}_2)}{\det(\boldsymbol{C}_1 + \boldsymbol{C}_2)} = \det(\boldsymbol{S})^{-2} \frac{\prod_{j=1}^N \lambda_{1j} \prod_{j=1}^N \lambda_{2j}}{\prod_{j=1}^N (\lambda_{1j} + \lambda_{2j})} = \det(\boldsymbol{C})$$

可以看出, 与 $N(\boldsymbol{x}_0, \boldsymbol{\Gamma}_0)$ 相乘的项具有更简单的表示:

$$\begin{aligned}\boldsymbol{px}_1(\boldsymbol{x}) \cdot \boldsymbol{px}_2(\boldsymbol{x}) &= N(\boldsymbol{x}_0, \boldsymbol{\Gamma}_0)(\boldsymbol{x}) \cdot \frac{\sqrt{\det \boldsymbol{C}}}{(2\pi)^{N/2}} \exp\left[-\frac{1}{2}K\right] \\ &= N(\boldsymbol{x}_0, \boldsymbol{\Gamma}_0)(\boldsymbol{x}) \cdot N(0, \boldsymbol{C}^{-1})(\Delta \boldsymbol{x})\end{aligned}$$

上述公式的概率解释为

$$\frac{\boldsymbol{px}_1(\boldsymbol{x}) \cdot \boldsymbol{px}_2(\boldsymbol{x})}{P_I} = N(\boldsymbol{x}_0, \boldsymbol{\Gamma}_0)$$

其中识别概率估计为 $P_I = N(0, \boldsymbol{C}^{-1})(\Delta \boldsymbol{x})$。

总之, 识别正确的概率是用法化矩阵 $\boldsymbol{C}$ (与计算识别罚函数 K 的相同) 计算的高斯分布 $N(\boldsymbol{x}_1, \boldsymbol{C}^{-1})(\boldsymbol{x}_2) = N(\boldsymbol{x}_2, \boldsymbol{C}^{-1})(\boldsymbol{x}_1)$。假设识别是正确的, 判别轨道呈现正态分布 $N(\boldsymbol{x}_0, \boldsymbol{\Gamma}_0)$。如同线性定轨理论, 在线性识别理论中概率解释与最优解释的对应关系是成立的。

7.3 半线性轨道识别

线性识别算法的适用性依赖于非线性, 即依赖于置信区域和两个独立解 $\boldsymbol{x}_1$ 和 $\boldsymbol{x}_2$ 的置信椭球之间的差距。

7.3.1 非线性

根据 5.5 节中的讨论, 置信区域存在两个主要的非线性来源。首先, 解 $\boldsymbol{x}_1$ 和 $\boldsymbol{x}_2$ 的两个独立置信区域中, 每一个都已经呈强烈的非线性。其次, 即使假设这两个独立的置信区域可被置信椭球很好地近似, 初始条件也必须分别在时间 t_1 (接近第一组 m_1 观测量) 和 t_2 (接近最后的 m_2 观测量) 时确定①。当分别在 t_1 和 t_2 所确定的轨道朝一个时间 (如 $t_0 = (t_1 + t_2)/2$) 传递时, 被传递的法化矩阵的条件数将至少随着时间跨度 $|t_0 - t_i|$ 的二次方增加。因此, 当两个弧段之间的时间跨度增加时, 在时间 t_0 时的置信椭球越来越拉长, 它们作为置信区域将越来越差, 并且置信区域的交集也将与置信椭球的交集无关。

非线性的第三个来源仅针对表示轨道初始条件的坐标 (见 10.3 节关于不同坐标的讨论)。在开普勒轨道根数 $(a, e, I, \Omega, \omega, \ell)$ 中的 $e = 0$ 和

---

① 5.1 节和 5.6 节的模型问题已经指出获得好的法化和协方差矩阵的最佳时间是观测时间的平均值。

$I=0$ 对应奇点, 此时一些角变量 (Ω,ω,ℓ) 没有明确定义。如果 $e=0$ 和/或 $I=0$ 是在置信椭球内部, 那么即使置信区域很小, 线性也不成立。鉴于此, 像春分点根数 (a,h,k,p,q,λ) 这样的非单一元素被采纳 (Broucke and Cefola, 1972):

$$h=e\sin(\Omega+\omega),k=e\cos(\Omega+\omega)$$

$$p=\tan(I/2)\sin\Omega,q=\tan(I/2)\cos\Omega,\lambda=l+\Omega+\omega$$

当 $e=0$ 和/或 $I=0$ (对 $e=0$、$h=k=0$; 对 $I=0$、$p=q=0$) 时, 变量 (h,k,p,q,λ) 有定义, 并且它们是直角坐标初始条件的平滑函数。

7.3.2 限制性轨道识别

为了从一个轨道编目中找到轨道识别方法, 有必要从 7.1 节所列步骤的第 (1) 步开始, 使用一个简单的算法 (不包括任何轨道外推), 去选择轨道对的一个小子集。由此要比较在二体近似中守恒的轨道根数 (例如, 春分点根数中 λ 除外)。这里也移除了 λ 传递中的非线性 (如 5.6 节中的模型问题中已经出现的那样, λ 传递中的非线性甚至存在于二体问题中) 的影响。也可以利用这样一个事实, 即某些根数通常比其他根数确定的更好, 即使对于一个短的观测弧来说: 轨道平面的变量就是这种情况, 包括 Keplerian 轨道中的 (I,Ω) 或春分点根数中的 (p,q)。

因此需要进行一个限制性识别, 即从一个二维空间 (p,q) 中计算罚值 K_2 或从一个五维空间 (a,h,k,p,q) 中计算罚值 K_5。通常把估计参数的矢量 $\boldsymbol{x}$ 分解为 $\boldsymbol{h}$ 和 $\boldsymbol{g}$ 两部分, 并使 $\boldsymbol{g}$ 包含受限的根数。

法化矩阵 $\boldsymbol{C}$ 和协方差矩阵 $\boldsymbol{\Gamma}$ 按 5.4 节一样分解。那么边缘不确定性 $\boldsymbol{g}$ (对任意的 $\boldsymbol{h}$) 可用罚函数 (对应于最小点 $\boldsymbol{g}^*$) 以及边缘协方差矩阵 $\boldsymbol{\Gamma}_{\boldsymbol{gg}}=(\boldsymbol{C}^{\boldsymbol{gg}})^{-1}$ 描述:

$$m\Delta Q\simeq(\boldsymbol{g}-\boldsymbol{g}^*)\cdot\boldsymbol{C}^{\boldsymbol{gg}}(\boldsymbol{g}-\boldsymbol{g}^*),\quad \boldsymbol{C}^{\boldsymbol{gg}}=\boldsymbol{C}_{\boldsymbol{gg}}-\boldsymbol{C}_{\boldsymbol{gh}}\boldsymbol{C}_{\boldsymbol{hh}}^{-1}\boldsymbol{C}_{\boldsymbol{hg}}$$

注意这个关于函数 $\boldsymbol{g}$ 的罚值已通过把 $\boldsymbol{h}$ 从标称 $\boldsymbol{h}^*$ 换算成一个回归子空间中合适的点而获取。

对限制性辨识问题, 可以使用这个限制性罚公式: 令 $\boldsymbol{x}_1=(\boldsymbol{h}_1,\boldsymbol{g}_1)$ 和 $\boldsymbol{x}_2=(\boldsymbol{h}_2,\boldsymbol{g}_2)$ 为两个弧段的独立标称解, $\boldsymbol{C}^{\boldsymbol{gg}}(\boldsymbol{x}_1)$ 和 $\boldsymbol{C}^{\boldsymbol{gg}}(\boldsymbol{x}_2)$ 为对应的边缘法化矩阵。变量 $\boldsymbol{h}$ 可用 $\boldsymbol{g}$ 的函数表示:

$$\begin{cases}\boldsymbol{h}_1(\boldsymbol{g})=\boldsymbol{h}_1-\boldsymbol{C}_{\boldsymbol{h}}^{-1}(\boldsymbol{x}_1)\boldsymbol{C}_{\boldsymbol{hg}}(\boldsymbol{x}_1)(\boldsymbol{g}-\boldsymbol{g}_1)\\ \boldsymbol{h}_2(\boldsymbol{g})=\boldsymbol{h}_2-\boldsymbol{C}_{\boldsymbol{h}}^{-1}(\boldsymbol{x}_2)\boldsymbol{C}_{\boldsymbol{hg}}(\boldsymbol{x}_2)(\boldsymbol{g}-\boldsymbol{g}_2)\end{cases}\tag{7.4}$$

由前面章节相同的公式, 得

$$
\begin{aligned}
\frac{m}{2}\Delta Q &\approx (\boldsymbol{g}-\boldsymbol{g}_0)\cdot \boldsymbol{C}_0^{\boldsymbol{gg}}(\boldsymbol{g}-\boldsymbol{g}_0)+K_{\boldsymbol{g}}\\
\boldsymbol{C}_0^{\boldsymbol{gg}} &= \boldsymbol{C}_1^{\boldsymbol{gg}}(\boldsymbol{x}_1)+\boldsymbol{C}_2^{\boldsymbol{gg}}(\boldsymbol{x}_2)\\
\boldsymbol{g}_0 &= (\boldsymbol{C}_0^{\boldsymbol{gg}})^{-1}(\boldsymbol{C}_1^{\boldsymbol{gg}}(\boldsymbol{x}_1)\boldsymbol{g}_1+\boldsymbol{C}_2^{\boldsymbol{gg}}(\boldsymbol{x}_2)\boldsymbol{g}_2)\\
\boldsymbol{C}^{\boldsymbol{g}} &= \boldsymbol{C}_2^{\boldsymbol{gg}}(\boldsymbol{x}_2)-\boldsymbol{C}_2^{\boldsymbol{gg}}(\boldsymbol{x}_2)(\boldsymbol{C}_0^{\boldsymbol{gg}})^{-1}\boldsymbol{C}_2^{\boldsymbol{gg}}(\boldsymbol{x}_2)\\
&= \boldsymbol{C}_1^{\boldsymbol{gg}}(\boldsymbol{x}_1)-\boldsymbol{C}_1^{\boldsymbol{gg}}(\boldsymbol{x}_1)(\boldsymbol{C}_0^{\boldsymbol{gg}})^{-1}\boldsymbol{C}_1^{\boldsymbol{gg}}(\boldsymbol{x}_1)\\
K_{\boldsymbol{g}} &= (\boldsymbol{g}_2-\boldsymbol{g}_1)\cdot \boldsymbol{C}^{\boldsymbol{g}}(\boldsymbol{g}_2-\boldsymbol{g}_1)
\end{aligned}
$$

$K_{\boldsymbol{g}}$ 与上节中的完全最小罚值 K 不同, 但是它是在计算 ΔQ_1 时假设 $\boldsymbol{x}_1=(\boldsymbol{h}_1(\boldsymbol{g}_0),\boldsymbol{g}_0)$, 计算 ΔQ_2 时假设 $\boldsymbol{x}_2=(\boldsymbol{h}_2(\boldsymbol{g}_0),\boldsymbol{g}_0)$ 得到的 (其中 $\boldsymbol{g}_0$ 为所提出的限制性辨识结果)。因此 $K_{\boldsymbol{g}}\leqslant K$, $K_{\boldsymbol{g}}$ 是变量 $(\boldsymbol{g},\boldsymbol{h}_1,\boldsymbol{h}_2)$ 空间中的最小罚值, 而 K 是在 $\boldsymbol{h}_1=\boldsymbol{h}_2$ 的额外限制条件下的最小值, 而一个函数的最小值只可能变大。

罚值 $K_{\boldsymbol{g}}$ 能够当作一个初步的控制量, 即当 $K_{\boldsymbol{g}}>\Sigma$ (其中 Σ 为一个正的参数), 那么 $K>\Sigma$, 并且很多弧段对无须用更大的矩阵计算即可排除。因此可以选择一个备选弧段的子集通过线性的辨识算法进行识别。

7.3.3 多步骤辨识过程

一个轨道识别的有效步骤能从一系列滤波中获得:

(1) 仅比较 $\boldsymbol{g}=(p,q)$ 的限制性识别, 选择那些二维罚值 K_2 符合控制条件为 $\Sigma_2>0$ 的弧段;

(2) 仅比较 $\boldsymbol{g}=(a,h,k,p,q)$ 的限制性辨识, 选择那些五维罚值 K_5 符合控制条件为 $\Sigma_5>0$ 的弧段;

(3) 在被传递至同一个时间 t_0 的轨道 $\boldsymbol{x}_1$ 和 $\boldsymbol{x}_2$ 之间的全面识别, 选择那些全局罚值 K 低于某些控制条件 $\Sigma>0$ 的弧段。

上述的三个过滤步骤依次使用, 即每个滤波仅用于通过前一个滤波弧段对。当通过所有三个过滤步骤后, 该辨识需用式 (7.1) 的最初猜测 $\boldsymbol{x}_0$ 和质量控制以微分改正方法加以确认。

为了控制计算的复杂性, 最关键的是过滤步骤 (1), 因为它必须用于包含 N 条轨道的所有 $\simeq N^2/2$ 个弧段对。如果 N 非常大, 必须使用计算复杂度为 $O(N\log N)$ 的算法, 该算法与 11.3 节中讨论的非常相似。为更好地确定轨道平面变量, 控制量 Σ_2 可以非常严格 (Milani et al., 2000)。这有助于减少用于过滤步骤 (2) 弧段对的数量。在 Milani et al

(2000) 报道的一个测试中, 当 $\Sigma_2 = 30$ 时仅有一部分 ($\simeq 0.006$) 弧段对通过过滤步骤 (1)。第二个过滤步骤在 $\Sigma_5 = 5000$ 时那些通过第 (1) 步的通过率为 0.07。选择 Σ_5 和 Σ 的值并不容易, 具体最优选择方法可参见 (Milani et al., 2005)。

最棘手的是步骤 (3), 因为首先, 对于每个通过第 (2) 步过滤的弧段对, 将 $\boldsymbol{x}_1$ 和 $\boldsymbol{x}_2$ 的协方差矩阵和法化矩阵传递至共同时刻 $t_0 = (t_1 + t_2)/2$ 将会在计算上很耗时。一种可能的解决途径是在合适的选定时间点预先准备大量预报编目轨道, 按照这个方法, 过滤步骤 (3) 就能用于对应给定弧段对最适合的时间的编目。一个完整的 N 体模型的轨道传递问题在计算上耗时, 传递整个目录的复杂度为 $O(N)$。

其次, 包含变量 λ 的传递问题无论如何总是非线性的。如果时间跨度 $|t_0 - t_i|$ 很长, 置信区域的形状就会与由被传递的法化矩阵计算得出的椭球不同 (图 5.2), 而且置信椭球的交集与置信区域的交集有很大不同。如果两个独立观察到的弧段的时间间隔不是太长, 且非线性效应不是太显著, 那么就可通过选择一个远大于线性辨识算法所给的 Σ 的数值来补偿。例如, 通过采用标准 χ^2 表, 这种辨识的成功率可能极小。因为正态概率密度的指数式衰减, 根据线性高斯公式所作的基于概率的解释与非线性效应是不相容的, 即使它们不太严重 (第 12 章)。把这个算法称为 "半线性辨识"。Milani et al (2000) 的测试中采用了 $\Sigma = 1\,000\,000$, 大大增加了计算量, 因为所尝试的微分改正仅有 0.01 是收敛的 (低准确度), 计算负荷大大增加。成功辨识的数量非常令人鼓舞, 尽管这个数字是所收录的单一可见轨道的一小部分, 而剩下的问题是可能会有更多数量被发现。更多大量辨识方法, 请参看 10.2 节。

7.4 非线性轨道识别

需要寻找能允许处理完全非线性识别问题的算法, 例如, 两个观测到的短弧, 在时间上会分隔几年, 轨道定得很差。这是一个很难的问题, 且尚未被完全解决。为了寻找这样一个算法, 需要对识别问题中提出的非线性有更好的理解, 为此需要从模型问题重新开始。

7.4.1 模式识别问题

非线性的主要效应可在模型问题中演示。在本小节所有图中使用的例子为相隔 20 个轨道周期的两个弧段, 每个弧段有四个相隔约 0.005 周期的观测量。观测 RMS 误差为 0.001 rad。真实轨道中 $a = 1$ (采取的单位可保证 $n = 1$)。

如果尝试解决在 (n, λ) 坐标空间中两个弧段的辨识问题, 考虑 λ 为实数 (倘若能观察公转次数), 问题就为线性 (图 7.1) 且上述讨论的线性算法可为辨识轨道提供一个很好的最初猜想。事实上, 从微分校正中得到的 $\boldsymbol{x}_0$ 和最后的标称解非常接近。

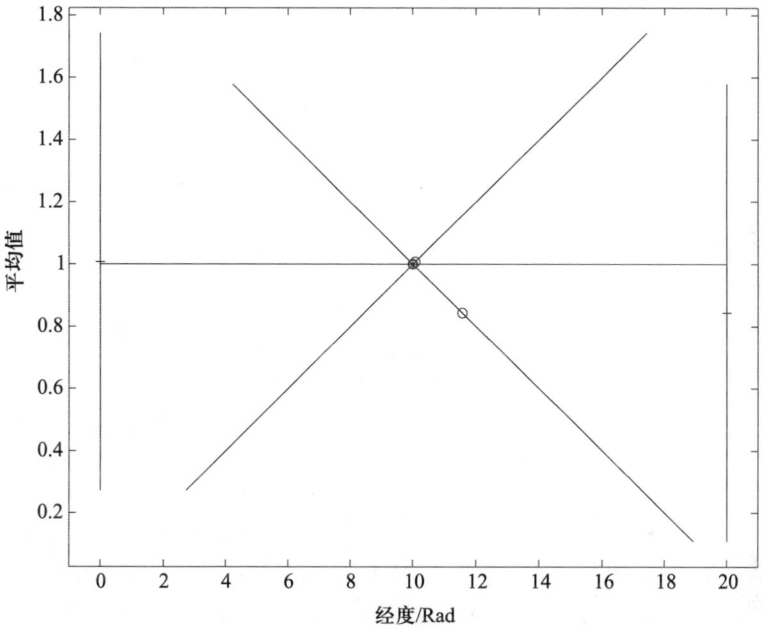

图 7.1 坐标 $((n, \lambda)$ 中的识别, 其中 λ 是实数。$X \simeq 0$ 和 $\lambda \simeq 20$ 的两个垂直部分实际上是很细的置信椭圆, 代表在两个弧段中心时刻的不确定性 (置信参数 $\sigma = 3$)。斜线也是细椭圆, 即传递至中心时刻 $t_0 \simeq 10$ 置信椭圆。它们的交点包括真实的辨识轨道, 其在两个数值解 (以小圆圈标注) 开始的线性辨识公式中可以容易找到

如果在 (a, λ) 坐标空间 (仍然考虑 $\lambda \in \mathbb{R}$) 中使用相同算法, 问题就变为了非线性。图 7.2 显示了通过将法化矩阵传递至时间 t_0 (根据 5.5 节的公式) 得到的两条轨道的置信椭圆, 该曲线也是分别将时间 t_1 和 t_2 时置信椭圆逐点传递至时间 t_0 (即半线性近似, 这将在 7.5 节中进一步讨论) 得到的。非线性置信区域有一个相互连接的交集, 尽管线性置信椭圆的交集是不相交的。无论如何, 从线性辨识公式计算得到的初次猜测量 $\boldsymbol{x}_0$ (属于线性置信椭圆的交点) 足够好, 以允许微分改正收敛至真

实的辨识轨道 (属于非线性置信区域的交点)。

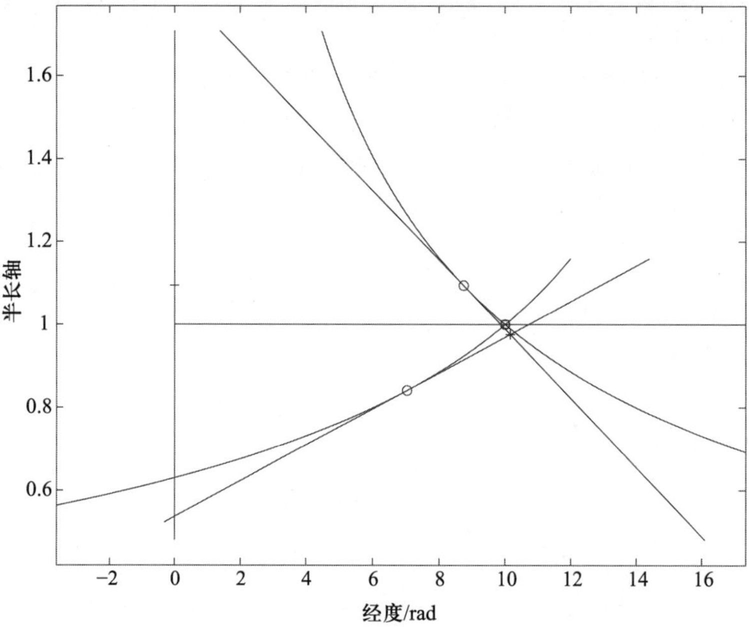

图 7.2 坐标 (a,λ) 中的辨识, 其中是实数。斜线实际上是当两个轨道传递至时间 t_0 时的细置信椭圆, 而两个曲线 (和标称解相切) 是细的半线性置信区域

如果考虑到 λ 是一个角度, 那么问题就变得更加复杂。当很多年以后一个小行星被再次发现, 那么不可能预先知道在两次发现之间已经完成了多少公转。图 7.3 显示即使在 (n,λ) 坐标中, 问题也不再为线性。事实上, 线性地传递至一个时间 t_0 并被卷绕到圆柱 (由 $\lambda=+\pi$ 识别 $\lambda=-\pi$ 得到) 的置信椭圆有一个包含由四个相连部分的交集 (在本例中)。线性辨识公式得出的对辨识轨道 $\boldsymbol{x}_0$ 的最初猜测在这个情况中属于与包括真实解的部分不同的另一相连部分。因此从 $\boldsymbol{x}_0$ 开始的微分改正收敛至一个接近 $\boldsymbol{x}_0$ 的赝解。

当然, 在 (a,λ) 坐标中两个非线性效应 (来自积分流的非线性和在圆柱体上的卷绕) 相互交联并导致几何上的复杂情形。如图 7.4 所示, 线性和非线性置信区域的交集可拥有 12 个相互连接的部分, 而相连部分的数目并不一定相同。

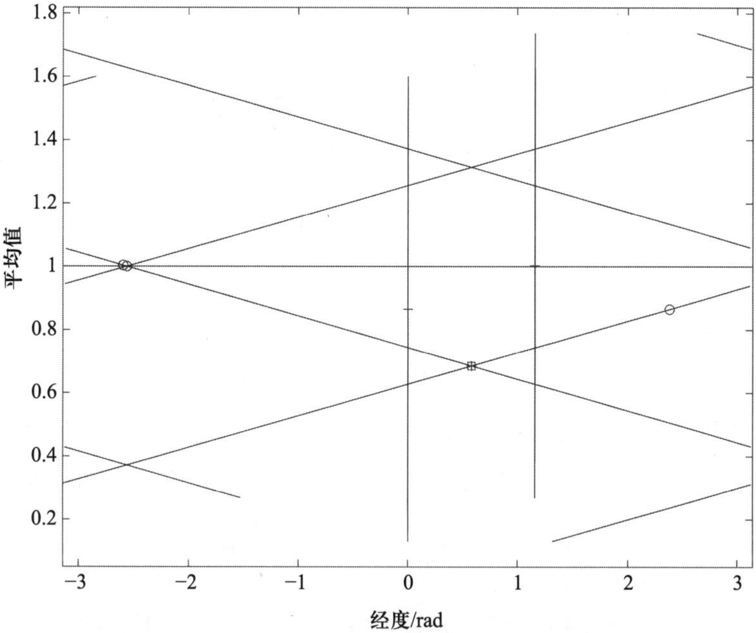

图 7.3 坐标 (n, λ) 中的辨识问题, 后者 (λ) 是一个角度量。赝解 $n \simeq 0.69$ 与卷绕的置信椭圆的四个交点之一靠近, 这个交点也是由线性辨识公式给出的

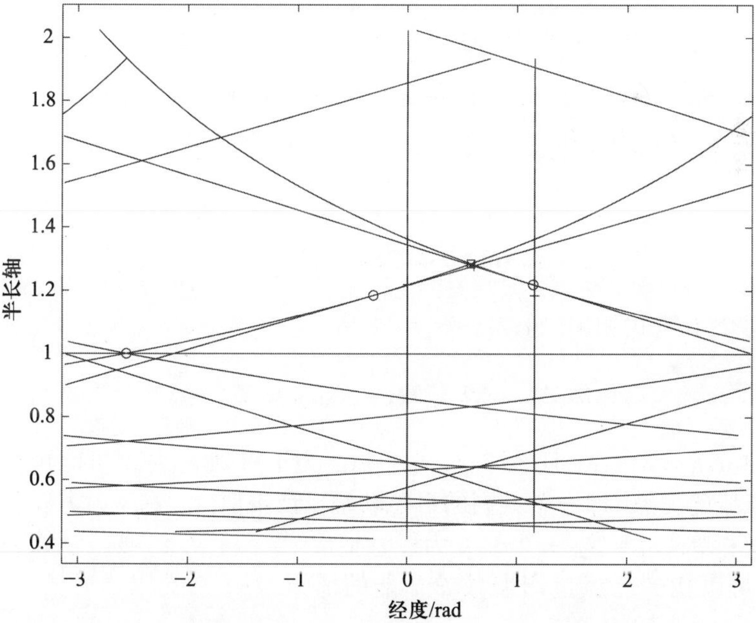

图 7.4 坐标 (n, λ) 中的辨识问题, 后者 (λ) 是一个角度量。赝解 $a \simeq 1.29$ 对应在其他坐标中找到的解。非线性置信区域有比线性置信区域包含更多相连部分的一个交集

7.4.2 周跳估计

在此提出如上模型非线性问题的一种解决方法。将轨道根数拆分为对应于模型问题的部分以及对应于包含与偏心率和倾角相连的变量部分 (春分点根数中用 a 替代平均运动 n):

$$\boldsymbol{x} = \begin{bmatrix} \boldsymbol{g} \\ \boldsymbol{h} \end{bmatrix}, \quad \boldsymbol{g} = \begin{bmatrix} e\sin\varpi \\ e\cos\varpi \\ \tan(I/2)\sin\Omega \\ \tan(I/2)\cos\Omega \end{bmatrix}, \quad \boldsymbol{h} = \begin{bmatrix} n \\ \lambda \end{bmatrix}$$

设两个分隔的观测弧段的中间时刻为 t_1 和 $t_2(t_1 < t_2)$, 且 x_i、C_i、$\boldsymbol{\Gamma}_i(i = 1, 2)$ 分别为对应每个弧段的标称轨道根数、法化矩阵, 以及协方差矩阵。要找到一个仅仅基于 $\boldsymbol{h}_1 = (n_1, \lambda_1)$ 和 $\boldsymbol{h}_2 = (n_2, \lambda_2)$ 的部分辨识方法。从每个弧段中可以得到一个对平均运动的边缘置信间隔:

$$n_i^- = n_i - \sigma\cdot\mathrm{RMS}(n_i) \leqslant n \leqslant n_i^+ = n_i + \sigma\cdot\mathrm{RMS}(n_i)$$

这样 n 的平均范围则为

$$n^- = \max(n_1^-, n_2^-, 0) \leqslant n \leqslant n^+ = \min(n_1^+, n_2^+)$$

如果间隔 $[n^-, n^+]$ 不空, 可以选择一个满足 $t_1 < t_0 < t_2$ 的时间 t_0, 则对 $\lambda(t_0)$ 的二体预报为

$$\lambda_1 + n^-(t_0 - t_1) \leqslant \lambda_{10} \leqslant \lambda_1 + n^+(t_0 - t_1)$$
$$\lambda_2 + n^+(t_0 - t_2) \leqslant \lambda_{20} \leqslant \lambda_2 + n^-(t_0 - t_2)$$

将两个不等式相减, 得

$$n^-\Delta t - \Delta\lambda \leqslant \lambda_{10} - \lambda_{20} \leqslant n^+\Delta t - \Delta\lambda$$

式中: $\Delta\lambda = \lambda_2 - \lambda_1$ 且 $\Delta t = t_2 - t_1 > 0$。为了得到 t_0 时刻可能预报值的两条线的交点 (即一个共同的可能轨道), 预报值 λ_{10} 和 λ_{20} 需要与角度变量相等: $\lambda_{10} - \lambda_{20} = 2\pi k$, k 为任意整数 (事实上 $k \geqslant -1$)。从该公式可知, 可以找到已经过周期数 k 可能的值:

$$\frac{n^-\Delta t - \Delta\lambda}{2\pi} \leqslant k \leqslant \frac{n^+\Delta t - \Delta\lambda}{2\pi}$$

这意味着 $k^- \leqslant k \leqslant k^+$, 其中

$$k^- = \text{Ceiling}\left(\frac{n^-\Delta t - \Delta\lambda}{2\pi}\right), \quad k^+ = \text{Floor}\left(\frac{n^+\Delta t - \Delta\lambda}{2\pi}\right)$$

在这个范围选择一个周跳数 k 的值意味着给 t_0 时刻的初轨选择了坐标 $\boldsymbol{h}_0$:

$$n_k = \frac{2\pi k + \Delta\lambda}{\Delta t}$$

$$\lambda_{0k} \equiv n_k(t_0 - t_1) + \lambda_1(\text{mod}2\pi) \equiv n_k(t_0 - t_2) + \lambda_2(\text{mod}2\pi)$$

该算法可用仅包含变量 $\boldsymbol{h}$ 的模型问题说明。图 7.5 显示一个有 5 个置信椭圆体交集的情形。通过测试 5 个不同最初猜测轨道 (对应于 $k = 4, 5, 6, 7, 8$), 微分改正收敛至 5 个不同的解。真实解对应于 $k = 5$ 且归一化的残差 RMS $\simeq 1.01$。没有周跳的线性算法将给出一个接近于 $n \simeq 1.21$ 处交点 (对应于 $k = 6$) 的 $\boldsymbol{h}_0$; 由该值, 微分改正至一个赝解 (其归一化的 RMS $\simeq 0.91$)。这个例子表明, 在多个群中选择辨识轨道是很困难的, 尤其当数据质量差时 (如本例的情况)。

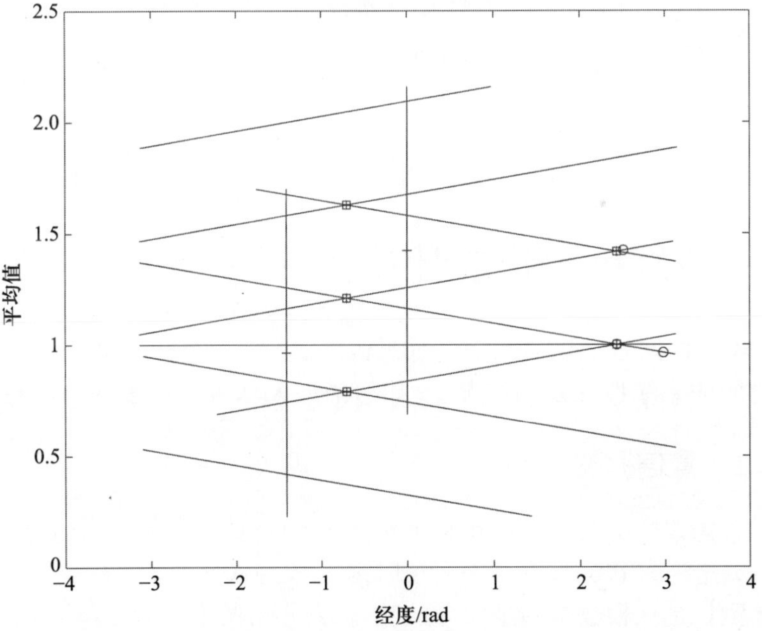

图 7.5 坐标 (n, λ) 中的辨识问题, 后者 (λ) 是一个角度量。对置信椭圆体的每个交集, 周跳算法计算了一个独立的最初猜测; 这 5 个交点导致微分改正以不同拟合质量收敛。

7.4.3 限制性轨道辨识

如果辨识轨道 $\boldsymbol{h}_0$ 部分已经选好, 那么其他部分 $\boldsymbol{g}_0$ 应以一致的方式选定。在二体近似中, $\boldsymbol{g}$ 的值是不依赖于时间的, 因此 $\boldsymbol{g}_i$ 是从 t_i 时刻预报的 t_0 时刻的值 $(i=1,2)$。对于给定的值 $\boldsymbol{h}=\boldsymbol{h}_0$, 这些预测的不确定性可从 5.4 节条件情形的公式计算: 标称条件值为

$$\boldsymbol{g}_{0i}=\boldsymbol{g}_i-\boldsymbol{C}_{\boldsymbol{gg}}^{-1}(\boldsymbol{x}_i)\boldsymbol{C}_{\boldsymbol{gh}}(\boldsymbol{x}_i)(\boldsymbol{h}_0-\boldsymbol{h}_i),\ \text{对于}\ i=1,2$$

且法化矩阵同样为 $\boldsymbol{C}_{\boldsymbol{gg}}(\boldsymbol{x}_i)$。条件辨识惩罚 K_c 包含三项, 一项来自强迫 $\boldsymbol{h}_1(t_0)$ 至 $\boldsymbol{h}_0$, 一项来自强迫 $\boldsymbol{h}_2(t_0)$ 至 $\boldsymbol{h}_0$, 第三项来自 $\boldsymbol{g}_{01}$ 和 $\boldsymbol{g}_{02}$ 之间的折中:

$$\begin{aligned}
K_C &= K_{\boldsymbol{h}}^1+K_{\boldsymbol{h}}^2+K_{\boldsymbol{g}}\\
K_{\boldsymbol{h}}^1 &= (\boldsymbol{h}_0-\boldsymbol{h}_1(t_0))\cdot\boldsymbol{C}^{\boldsymbol{hh}}(\boldsymbol{x}_1)(\boldsymbol{h}_0-\boldsymbol{h}_1(t_0))\\
K_{\boldsymbol{h}}^2 &= (\boldsymbol{h}_0-\boldsymbol{h}_2(t_0))\cdot\boldsymbol{C}^{\boldsymbol{hh}}(\boldsymbol{x}_2)(\boldsymbol{h}_0-\boldsymbol{h}_2(t_0))\\
K_{\boldsymbol{g}} &= (\boldsymbol{g}_{02}-\boldsymbol{g}_{01})\cdot\boldsymbol{C}^{\boldsymbol{g}}(\boldsymbol{g}_{02}-\boldsymbol{g}_{01})\\
\boldsymbol{C}^{\boldsymbol{g}} &= \boldsymbol{C}_{\boldsymbol{gg}}(\boldsymbol{x}_1)-\boldsymbol{C}_{\boldsymbol{gg}}(\boldsymbol{x}_1)\left[\boldsymbol{C}_{\boldsymbol{gg}}(\boldsymbol{x}_1)+\boldsymbol{C}_{\boldsymbol{gg}}(\boldsymbol{x}_2)\right]^{-1}\boldsymbol{C}_{\boldsymbol{gg}}(\boldsymbol{x}_1)
\end{aligned}$$

最小罚值为

$$\boldsymbol{g}_0=[\boldsymbol{C}_{\boldsymbol{gg}}(\boldsymbol{x}_1)+\boldsymbol{C}_{\boldsymbol{gg}}(\boldsymbol{x}_2)]^{-1}(\boldsymbol{C}_{\boldsymbol{gg}}(\boldsymbol{x}_1)\boldsymbol{g}_{01}+\boldsymbol{C}_{\boldsymbol{gg}}(\boldsymbol{x}_2)\boldsymbol{g}_{02})$$

7.5 恢复和“预发现恢复”

本节的问题是在考虑某一时刻轨道根数和在另一时刻观测量预报值之间的非线性关系的情况下, 如何描述天球天体位置的不确定性。

7.5.1 置信椭圆

令某条最小二乘轨道在某个历元 t_0 的初始条件为 $\boldsymbol{x}$, 且其法化和协方差矩阵为 $\boldsymbol{C}$、$\boldsymbol{\Gamma}$。在某一后续时刻 t_1 实施或计划了一次观测。一次天体测量是从根数空间至天球的映射 G, 并用两个坐标 $\boldsymbol{y}=(\alpha,\delta)$ 参数化 (常常是赤经或赤纬), 其中 W 为一个子集①

$$\boldsymbol{y}(t_1)=G(\boldsymbol{x}(t_1)),\quad G:W\rightarrow\mathbb{R}^2,\quad W\subset\mathbb{R}^6$$

① 例如, W 可为负能量轨道的庞加莱截面。

$\boldsymbol{x}(t_1)$ 是 t_1 时刻的状态矢量, 是初始条件 $\boldsymbol{x}=\boldsymbol{x}(t_0)$ 满足积分流 $\boldsymbol{x}(t_1)=\varPhi_{t_0}^{t_1}(\boldsymbol{x}(t_0))$ 的函数。观测函数与积分流有如下关系:

$$\boldsymbol{y}=\boldsymbol{F}(\boldsymbol{x})=G(\varPhi_{t_0}^{t_1}(\boldsymbol{x})),\quad \boldsymbol{F}:W\to\mathbb{R}^2$$

这是天体测量预测函数。其雅可比矩阵可由状态转移矩阵 $\boldsymbol{D}\varPhi_{t_0}^{t_1}$ 计算: $\boldsymbol{DF}=\boldsymbol{DGD}\varPhi_{t_0}^{t_1}$。

天体测量预测函数 $\boldsymbol{F}$ 将轨道根数空间映射到观测空间上, 将置信区域 $\Delta Q\leqslant\sigma^2$ 映射到观测空间的置信预测区域。线性化的函数 $\boldsymbol{DF}$ 把在轨道根数空间里的位移 (距最小二乘解 $\boldsymbol{x}^*$) $\Delta\boldsymbol{x}=\boldsymbol{x}-\boldsymbol{x}^*$ 映射成与预测量 $\boldsymbol{y}^*=\boldsymbol{F}(\boldsymbol{x}^*)$ 之间的线性偏差:

$$\Delta\boldsymbol{y}=\boldsymbol{y}-\boldsymbol{y}^*=\boldsymbol{DF}(\boldsymbol{x}^*)\Delta\boldsymbol{x}$$

并由此把置信椭球体 $\Delta\boldsymbol{x}\cdot\boldsymbol{C}\Delta\boldsymbol{x}\leqslant\sigma^2$ 映射至一个观测坐标平面里的置信椭圆: $\Delta\boldsymbol{y}\cdot\boldsymbol{C_y}\Delta\boldsymbol{y}\leqslant\sigma^2$。矩阵 $\boldsymbol{C_y}$ 是观测量 $\boldsymbol{y}$ 的法化矩阵 (在给定时间 t_1 时), 其逆矩阵 $\boldsymbol{\varGamma_y}=\boldsymbol{C_y}^{-1}$ 对应于协方差矩阵。在概率解释中, 使用多变量高斯分布理论得到的标准结果 (3.3 节), 协方差矩阵由 $\boldsymbol{\varGamma_y}=\boldsymbol{DF\varGamma DF}^{\mathrm{T}}$ 转换得到, 而法化矩阵则可由 $\boldsymbol{C_y}=\boldsymbol{\varGamma_y}^{-1}$ 计算得到。

为在最优化解释中获得相同的结果, 并从几何角度进行解释, 可在 $\boldsymbol{x}$ 空间考虑 $\boldsymbol{DF}$ 的行, 即可观测角度的梯度。如果观察到的两个角度变量是独立的①, 则由 $\boldsymbol{DF}$ 行张成的子空间有二维度。因此 $\boldsymbol{x}\in\mathbb{R}^6$ 可分解为该子空间中的一个分量 $\boldsymbol{g}$, 以及一个在四维正交子空间里的分量 $\boldsymbol{h}$。也即, $\mathbb{R}^6$ 中有旋转矩阵 $\boldsymbol{R}$ 使得

$$\boldsymbol{Rx}=\begin{bmatrix}\boldsymbol{g}\\ \boldsymbol{h}\end{bmatrix},\quad \boldsymbol{g}\in\mathbb{R}^2,\quad \boldsymbol{h}\in\mathbb{R}^4$$

且 $\boldsymbol{g}$ 和 $\boldsymbol{y}$ 之间的映射 $\boldsymbol{DF}$ 是同构的:

$$\boldsymbol{DF}=\boldsymbol{A}\circ\boldsymbol{\varPi_g}\circ\boldsymbol{R}\tag{7.5}$$

式中: $\boldsymbol{\varPi_g}$ 为投影到二维子空间的 2×6 矩阵; $\boldsymbol{A}$ 为一个可逆的 2×2 矩阵。法化和协方差矩阵可经由 $\boldsymbol{R}$、$\boldsymbol{R}^{\mathrm{T}}$ 转换至新坐标系; 接着可使用 5.4 节的公式计算 $\boldsymbol{g}$ 的边缘协方差:

$$\boldsymbol{\varGamma_{gg}}^{-1}=\boldsymbol{C^{gg}}=\boldsymbol{C_{gg}}-\boldsymbol{C_{gh}C_{hh}^{-1}C_{hg}}$$

① 这个条件仅在 (α,δ) 为天球上的奇异坐标时不成立, 即 $\delta=\pm\pi/2$。

由于 $\boldsymbol{A}$ 可逆,5.5 节协方差传播公式仍适用:

$$\boldsymbol{C_y} = (\boldsymbol{A}^{-1})^{\mathrm{T}}\boldsymbol{C_{gg}}\boldsymbol{A}^{-1}, \quad \boldsymbol{\Gamma_y} = \boldsymbol{A}\boldsymbol{\Gamma_{gg}}\boldsymbol{A}^{\mathrm{T}}$$

通过方程式 (7.5) 组合所有的协方差转换公式:

$$\boldsymbol{\Gamma_y} = \boldsymbol{A}\boldsymbol{\Pi_g}\boldsymbol{R}\boldsymbol{\Gamma}\boldsymbol{R}^{\mathrm{T}}\boldsymbol{\Pi_g}^{\mathrm{T}}\boldsymbol{A}^{\mathrm{T}} = \boldsymbol{DF}\boldsymbol{\Gamma}\boldsymbol{DF}^{\mathrm{T}}$$

此公式即为与概率解释相同的公式。

这个线性预测公式已成为合作目标情形下的常规应用, 且它已被建议用于小行星测量。然而, 天体测量函数 $\boldsymbol{F}$ 是非线性的, 也无法保证置信椭圆能够对置信预测区域近似得很好: 例如一个未被很好确定的轨道, 如果预测的时刻距定轨的最后观测量很远, 上述公式不成立。

7.5.2 半线性预报

需要一个算法去计算完全非线性置信预测区域的近似, 该近似比线性近似更好, 并且可以显式地计算。天体测量预测函数包括积分流, 因此在现实情况中为了准确计算, 仅能将轨道由 t_0 数值传递至 t_1。

半线性置信边界的几何思想来源于给定 $\boldsymbol{g}$ 时的回归子空间 $\boldsymbol{h}$, 也即它的二维线性子空间:

$$\boldsymbol{h} - \boldsymbol{h}^* = -\boldsymbol{C_{hh}^{-1}}\boldsymbol{C_{hg}}(\boldsymbol{g} - \boldsymbol{g}^*)$$

式中: $\boldsymbol{h}^*$、$\boldsymbol{g}^*$ 为标称值:

$$\begin{bmatrix} \boldsymbol{g}^* \\ \boldsymbol{h}^* \end{bmatrix} = \boldsymbol{Rx}^*, \quad \boldsymbol{g}^* \in \mathbb{R}^2, \quad \boldsymbol{h}^* \in \mathbb{R}^4$$

从上述公式得到的 $\boldsymbol{h}$ 值有这样的性质: 对于给定的 $\boldsymbol{g}$ 也即一个给定的线性化预报 $\Delta\boldsymbol{y} = \boldsymbol{DF}\Delta\boldsymbol{x}$, 其二次罚值 $\Delta_{\boldsymbol{h}}Q = \Delta\boldsymbol{x}^{\mathrm{T}}\boldsymbol{C}\Delta_{\boldsymbol{x}}/m$ 最小。特别地, 回归子空间 $\boldsymbol{h}$ 与置信椭球 $\Delta\boldsymbol{x}^{\mathrm{T}}\boldsymbol{C}\Delta\boldsymbol{x} = \sigma^2$ 外表面的交集是在 $\boldsymbol{x}$ 空间的一个椭圆 γ, 它 (通过 $\boldsymbol{\Pi}_g \circ \boldsymbol{R}$) 映射至 $\boldsymbol{g}$ 空间的边缘置信椭圆上, 因此也 (通过 $\boldsymbol{DF}$) 映射至 $\boldsymbol{y}$ 空间的置信椭圆上。

定义半线性置信边界是非线性天体测量预测函数 $\boldsymbol{F}$。将上述定义的椭圆 $\boldsymbol{\gamma}$ 在天体测量 $\boldsymbol{y}$ 空间映射的像。在实际情形中, 当两个图像面积很大时 (如几度), 半线性边界与线性椭圆差别很大。这种情况出现在短弧定轨的情况下, 且预报时刻距观测很远时。图 7.6 展示一个相当极端的例子: 该小行星仅在 1960 年的一次巡天时被观察到后即失踪, 并在 31 年后被重新发现。该情形下预测时刻的平经度有很大的不确定性, 因此半线性边界沿着春分点根数空间中 λ 坐标轴呈现长条状的曲率。

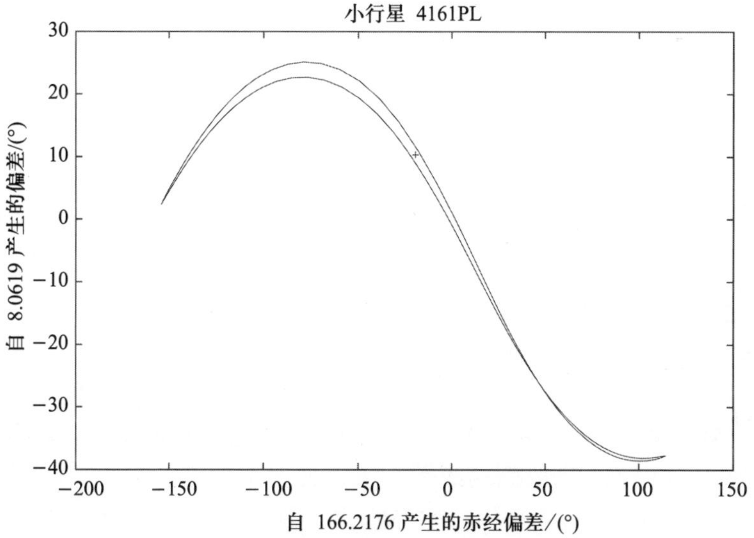

图 7.6 小行星 4161 PLS 的模拟重现。该小行星在 1960 年 9 月失踪, 而小行星 1992 BU 被发现是在 31 年后。恢复观测 (图中十字标示) 很好地处于半线性置信边界 (对应于 $\sigma = 3$ 的水平) 里面 (摘自 Milani 1999 (经 Elsevier 允许))

7.6 归属

关于归属, 问题是如何定义用于比较预报值和可用观测数据的空间。假定由第一套观测值 m_1 拟合得到轨道 $\boldsymbol{x}_1$, 对应历元 t_1 且不确定性可由协方差和法化矩阵 $\boldsymbol{\Gamma}_1$、$\boldsymbol{C}_1$ 描述。第二个弧段包括 m_2 个标量观测值。

可以计算出 m_2 中每个观测量的预报值 (包括不确定性), 并检验每个归一化残差的大小。但是这样做效率低下, 其原因有两个: 首先, 时间相近的观测量的预报是相关的, 因此每个观测量的边缘不确定性相对使用 $\mathbb{R}^{2m_2}$ 中矢量预报的完整法化矩阵对所有观测量进行一次测试更不严格。其次, 为了计算一系列时间的预报值, 需要把轨道传递到第二弧段的每一个不同时间 t_i。m_2 个数可能相对很大, 然而, 当大量观测值在很短时间内被采集时, 该弧段仍可能太短, 无法拟合出一条轨道。因此把第二弧段里包含的信息合成到单一时间 t_2 的一个观测矢量里, 即为属性。

7.6.1 属性

令 $(\rho,\alpha,\delta)\in\mathbb{R}^+\times[-\pi,\pi)\times(-\pi/2,\pi/2)$ 为天体的站心球坐标, 角度坐标 (α,δ) 由选定的站心参考系定义。通常在实际应用中, α 代表赤经, δ 表示相对赤道参考系的赤纬 (如 J2000 坐标系)。

称矢量 $\boldsymbol{A}$ 为属性

$$\boldsymbol{A}=(\alpha,\delta,\dot{\alpha},\dot{\delta})\in[-\pi,\pi)\times(-\pi/2,\pi/2)\times\mathbb{R}^2$$

表示选定参考框架下某一时刻 t 的天体角度位置和速度。一个很自然的操作是把 $\boldsymbol{A}$ 的数据归属给一个已存在的轨道。

目前对动目标的探测是通过比较在较短时间间隔获取的同一区域中两个或两个以上的图像实现的。因此属性可以从天体的短弧观测中计算。利用观测量 $(t_i,\alpha_i,\delta_i)(i=1,m,m\geqslant 2)$, 能够计算出一个具有某种不确定性的属性。用时间的线性函数拟合两个角度坐标, 如 5.1 节中模型问题同样的拟合方式。更确切地, 设 $\bar{t}$ 为 t_i 的平均, 且设在时间 $\bar{t}$ 时的拟合解为 $(\alpha,\dot{\alpha},\delta,\dot{\delta})$。该拟合解从回归公式得到, 同时可得 2×2 的法化矩阵 $\boldsymbol{C}_{(\alpha,\dot{\alpha})}$、$\boldsymbol{C}_{(\delta,\dot{\delta})}$ 以及协方差矩阵 $\boldsymbol{\Gamma}_{(\alpha,\dot{\alpha})}$、$\boldsymbol{\Gamma}_{(\delta,\dot{\delta})}$。$\boldsymbol{A}$ 的法化矩阵 $\boldsymbol{C_A}$ 由两个法化矩阵组成, 且在观测量个数大于等于 2 时非奇异。它的逆矩阵 $\boldsymbol{\Gamma_A}$ 也是由两个 2×2 的协方差矩阵组成的。

另一方面, 如果有 $m\geqslant 3$ 个观测量, 且时间跨度不是太短, 那么对属性 $\boldsymbol{A}$ 更加准确的估计是由二次模型拟合两个以时间为函数的角度坐标得到的。拟合解 $(\alpha,\dot{\alpha},\ddot{\alpha},\delta,\dot{\delta},\ddot{\delta},)$ 由最小二乘问题的标准公式得到, 同时可得两个 3×3 的协方差矩阵 $\boldsymbol{\Gamma}_{(\alpha,\dot{\alpha},\ddot{\alpha})}$、$\boldsymbol{\Gamma}_{(\delta,\dot{\delta},\ddot{\delta})}$。$\boldsymbol{A}$ 的临界协方差矩阵 $\boldsymbol{\Gamma_A}$, 无论 $(\ddot{\alpha},\ddot{\delta})$ 的值如何, 都是从相关的 4×4 子矩阵中提取, 而法化矩阵是由公式 $\boldsymbol{C_A}=\boldsymbol{\Gamma_A}^{-1}$ 计算得到。

观测量是可以加权的。如果只有两个具有相同权重 $1/\sigma^2$ 的观测量, 观测时间间隔 $2\Delta t$, 那么相关系数 $\mathrm{Corr}(\alpha,\dot{\alpha})$ 和 $\mathrm{Corr}(\delta,\dot{\delta})$ 为 0, 则 $\boldsymbol{C_A}$ 和 $\boldsymbol{\Gamma_A}$ 呈对角关系①, 即两个角度的标准差都是 $\sigma/\sqrt{2}$ 且角度速率的标准差是 $\sqrt{2}\sigma/\Delta t$。

① 假设一个天体测量 α 和 δ 的误差分量是不相关的, 否则所有变量的 4×4 的正态和协方差矩阵将会满秩。如果时间是一个很严重的误差来源, 这个假定可能会不成立。

7.6.2 属性的预报

预报属性 $\boldsymbol{A}(t)$ 是 7.5 节讨论的标准星历 $(\alpha(t),\delta(t))$ 的直接推广。假定预报函数 G 把一套初始的状态空间映射成了一个四维空间, 那么可观测量的向量就是

$$\boldsymbol{y}(\bar{t})=(\alpha(\bar{t}),\delta(\bar{t}),\dot{\alpha}(\bar{t}),\dot{\delta}(\bar{t}))=G(\boldsymbol{x}(\bar{t}))$$

给定时间 t_0 的初始状态 $\boldsymbol{x}$ 及协方差 $\boldsymbol{\Gamma}$, 预测函数 $\boldsymbol{F}=G\circ\Phi_{t_0}$ 也是四维的, 且它的偏导数组成了一个 4×6 的 $\boldsymbol{DF}$ 矩阵。采用 7.5 节的分析, 协方差和法化矩阵是由 $\boldsymbol{\Gamma}$ 获得的 4×4 的矩阵:

$$\boldsymbol{\Gamma}_{\boldsymbol{y}}=(\boldsymbol{DF})\boldsymbol{\Gamma}(\boldsymbol{DF})^{\mathrm{T}},\quad \boldsymbol{C}_{\boldsymbol{y}}=\boldsymbol{\Gamma}_{\boldsymbol{y}}^{-1}$$

矩阵 $\boldsymbol{\Gamma}_{\boldsymbol{y}}$ 用于评价所有可归属性分量的不确定性, 例如, 角度 (α,δ) (图 8.4) 以及角速度 $(\dot{\alpha},\dot{\delta})$ 的 RMS 不确定性。法化矩阵 $\boldsymbol{C}_{\boldsymbol{y}}$ 能用于定义属性算法的度量。

7.6.3 属性的罚值

定义 $\boldsymbol{x}_1$ 为属性, 即代表观测量的一个四维矢量, $\boldsymbol{C}_1$ 是用于计算其拟合的 4×4 法化矩阵。定义 $\boldsymbol{x}_2$ 为从已知的最小二乘轨道计算得到的属性预报值, $\boldsymbol{\Gamma}_2$ 为从轨道根数 (如上述讨论) 协方差的传递获得的这个四维预报的协方差矩阵。这样, $\boldsymbol{C}_2=\boldsymbol{\Gamma}_2^{-1}$ 就是相应的法化矩阵。根据这种新的对 $\boldsymbol{x}_1$、$\boldsymbol{x}_2$、$\boldsymbol{C}_1$、$\boldsymbol{C}_2$ 的解释, 线性属性的算法采用了与 7.2 节四维属性空间相同的公式:

$$\begin{aligned}&\boldsymbol{C}_0=\boldsymbol{C}_1+\boldsymbol{C}_2,\boldsymbol{\Gamma}_0=\boldsymbol{C}_0^{-1}\\&\boldsymbol{K}_4=(\boldsymbol{x}_2-\boldsymbol{x}_1)\cdot[\boldsymbol{C}_1-\boldsymbol{C}_1\boldsymbol{\Gamma}_0\boldsymbol{C}_1](\boldsymbol{x}_2-\boldsymbol{x}_1)\\&\boldsymbol{x}_0=\boldsymbol{\Gamma}_0\left[\boldsymbol{C}_1\boldsymbol{x}_1+\boldsymbol{C}_2\boldsymbol{x}_2\right]\end{aligned}\tag{7.6}$$

式中: 属性罚值 $\boldsymbol{K}_4/m$ ($m=8$, 两个属性的标量分量个数) 用于控制过滤那些无法归属到同一目标的轨道属性对 (除非这些可观测量非常少)。对于那些 $\boldsymbol{K}_4$ 低于某个控制值的轨道属性对, 接下来的步骤是选择一个初轨并实施微分修正。

对于一个轨道属性对, 如果轨道足够好, 那么它可以用作一个无须改动的初轨。那样, 由第一个弧段的数据计算得到的轨道就可用作微动

改正迭代的最初估计, 并可用于拟合两个弧段的可观测量。在更复杂的情况下, 例如当第一个弧段的轨道没有用最小二乘拟合时, 而它本身就是一个初轨, 那么一个更好的初轨就可从四维妥协属性 $\boldsymbol{x}_0$ 中估算得到。这将在 8.5 节中讨论。

7.6.4 归属程序

正如在轨道识别情况中那样, 尝试把大量属性归结为一个大的轨道目录需要使用一系列的过滤操作。已经过试验的过滤步骤如下:

(1) 比较轨道二维预测量 (α, δ) 和属性角度值;

(2) 从属性和轨道预报属性计算属性罚值 $\boldsymbol{K}_4$;

(3) 从微分改正和质量控制进行确认。

从每步过滤中选择用于筛选的控制量是一个非常复杂的过程, 由于缺少可用的分析估计, 因此大部分情况都需要经验。Milani et al. (2001a) 的大量试验产生了数以千计的识别。额外的更大量的试验也已经在基于未来太阳系巡天的模拟中开展了 (见 Milani et al., 2005a; Milani et al., 2008, 以及本书第 8 章和第 11 章内容)。

还有一种目前仍然未全面研究的情况是使用两套非常不同的数据, 例如, 分别来自目前的一个巡天和历史数据轨道目录的属性。如果已编目的轨道是基于更长的观测弧段 (可能是更低准确度的观测量), 需要采用特别的基于属性而增加质量控制参数 (而不是控制绝对数值) 的质量控制过程。

第 8 章

关联

第 7 章中解释了在某一特定时间 $\bar{t}$, 对给定天体有不小于 2 次观测时, 如何计算属性:

$$\boldsymbol{A} = (\alpha, \delta, \dot{\alpha}, \dot{\delta}) \in [-\pi, \pi] \times (-\pi/2, \pi/2) \times \mathbb{R}^2 \tag{8.1}$$

本章将基于 Milani、Tommei (Milani et al., 2001a; Milani et al., 2004; Milani et al., 2005a; Tommei et al., 2007; Gronchi et al., 2008) 的研究对仅使用包含于属性 $\boldsymbol{A}$ 中的信息去实现识别及轨道确定。

8.1 容许区域

令 A 为天体 B (例如一个小行星) 在时间 t 的 "属性"。以 $\boldsymbol{r}$ 和 $\boldsymbol{q}$ 分别表示天体及地球上观测者在 t 的日心位置矢量。令 $r = \|\boldsymbol{r}\|$, $q = \|\boldsymbol{q}\|$ 为矢量的欧几里得范数。天体站心位置 $\boldsymbol{\rho} = \boldsymbol{r} - \boldsymbol{q}$ 的球坐标系表示为 (ρ, α, δ)。A 并未包含 B 的站心距离 ρ 及径向速度的信息。本节的目的是在假设观测对象是太阳系天体下, 约束站心距离 ρ 及径向速度可能的取值。

8.1.1 星际轨道区域

引入下面的符号: 令

$$\varepsilon_{\odot}(\rho, \dot{\rho}) = \frac{1}{2}\|\dot{\boldsymbol{r}}(\rho, \dot{\rho})\|^2 - k^2 \frac{1}{r(\rho)} \tag{8.2}$$

其中高斯常数 $k = 0.017\,202\,098\,95$。该式表示 B 的日心轨道的二体能量, 近似忽略了 B 的质量。注意, 使用 1 AU 作为长度单位, 1 个星历日作为时间单位, 式中无须规定质量单位, 因为 $\varepsilon_{\odot}(\rho,\dot{\rho})$ 即是 B 每单位质量的二体能量。描述不包含星际轨道的区域, 也即满足

$$\varepsilon_{\odot}(\rho,\dot{\rho}) \leqslant 0 \tag{8.3}$$

特别地, 下面将表明该区域可以有一个或两个连接要素。B 的日心位置为

$$\boldsymbol{r} = \boldsymbol{q} + \rho\hat{\boldsymbol{\rho}} \tag{8.4}$$

式中: $\widehat{\boldsymbol{\rho}}$ 为观测方向的单位矢量。使用球坐标 (ρ,α,δ), B 的日心速度 $\dot{\boldsymbol{r}}$ 为

$$\dot{\boldsymbol{r}} = \dot{\boldsymbol{q}} + \dot{\rho}\hat{\boldsymbol{\rho}} + \rho\dot{\alpha}\hat{\boldsymbol{\rho}}_{\alpha} + \rho\dot{\delta}\hat{\boldsymbol{\rho}}_{\delta} \tag{8.5}$$

式中: $\widehat{\boldsymbol{\rho}}_{\alpha} = \partial\widehat{\boldsymbol{\rho}}/\partial\alpha$; $\widehat{\boldsymbol{\rho}}_{\delta} = \partial\widehat{\boldsymbol{\rho}}/\partial\delta$; $\dot{\boldsymbol{q}}$ 为观测者的日心速度。

$$\begin{aligned}
&\hat{\boldsymbol{\rho}} = (\cos\alpha\cos\delta, \sin\alpha\cos\delta, \sin\delta)\\
&\hat{\boldsymbol{\rho}}_{\alpha} = (-\sin\alpha\cos\delta, \cos\alpha\cos\delta, 0)\\
&\hat{\boldsymbol{\rho}}_{\delta} = (-\cos\alpha\sin\delta, \sin\alpha\sin\delta, \cos\delta)\\
&\hat{\boldsymbol{\rho}}\cdot\hat{\boldsymbol{\rho}}_{\alpha} = \hat{\boldsymbol{\rho}}\cdot\hat{\boldsymbol{\rho}}_{\delta} = \hat{\boldsymbol{\rho}}_{\alpha}\cdot\hat{\boldsymbol{\rho}}_{\delta} = 0, \|\hat{\boldsymbol{\rho}}\| = \|\hat{\boldsymbol{\rho}}_{\delta}\| = 1, \|\hat{\boldsymbol{\rho}}_{\alpha}\| = \cos\delta
\end{aligned}$$

因此日心位置和速度的平方范数为

$$r^2(e) = \rho^2 + 2\rho\boldsymbol{q}\cdot\hat{\boldsymbol{\rho}} + \|\boldsymbol{q}\|^2 \tag{8.6}$$

$$\begin{aligned}
\|\dot{\boldsymbol{r}}(\rho,\dot{\rho})\| = {}& \dot{\rho}^2 + 2\dot{\rho}\dot{\boldsymbol{q}}\cdot\hat{\boldsymbol{\rho}} + \rho^2(\dot{\alpha}^2\cos^2\delta + \dot{\delta}^2)\\
&+2\rho(\dot{\alpha}\dot{\boldsymbol{q}}\cdot\hat{\rho}_{\alpha} + \dot{\alpha}\dot{\boldsymbol{q}}\cdot\hat{\boldsymbol{\rho}}_{\delta}) + \|\dot{\boldsymbol{q}}\|^2
\end{aligned} \tag{8.7}$$

使用如下系数及多项式表达式①:

$$\begin{aligned}
&c_0 = \|\boldsymbol{q}\|^2, \quad c_1 = 2\dot{\boldsymbol{q}}\cdot\hat{\boldsymbol{\rho}}, \quad c_2 = \dot{\alpha}^2\cos^2\delta + \dot{\delta}^2 = \eta^2,\\
&c_3 = 2\dot{\alpha}\dot{\boldsymbol{q}}\cdot\hat{\boldsymbol{\rho}}_{\alpha} + 2\dot{\delta}\dot{\boldsymbol{q}}\cdot\hat{\boldsymbol{\rho}}_{\delta}, \quad c_4 = \|\dot{\boldsymbol{q}}\|^2, \quad c_5 = 2\boldsymbol{q}\cdot\hat{\boldsymbol{\rho}}\\
&\|\dot{\boldsymbol{r}}(\rho)\cdot\dot{\rho}\|^2 = 2T_{\odot}(\rho\cdot\dot{\rho}) = \dot{\rho}^2 + c_1\dot{\rho} + c_2\rho + c_3\rho + c_4 \qquad (8.8)\\
&r^2 = S(p) = \rho^2 + c_5\rho + c_0, \quad W(\rho) = c_2\rho^2 + c_3\rho + c_4
\end{aligned}$$

将最后一个表达式代入式 (8.2), 条件式 (8.3) 为

$$2\varepsilon_{\odot}(\rho,\dot{\rho}) = \dot{\rho}^2 + c_1\dot{\rho} + W(\rho) - 2k^2/\sqrt{S(\rho)} \leqslant 0$$

① 如果需要获取精度更高的解, 则需采用庞加莱观测插值法计算差值函数 $\hat{\boldsymbol{\rho}}(\bar{t})$, 并联合计算位置函数 $\boldsymbol{q}(\bar{t})$ 和速度函数 $\dot{\boldsymbol{q}}(\bar{t})$。

为获得 $\dot{\rho}$ 的解, $\varepsilon_{\odot}$ 的二次项判别式非负, 也即

$$c_1^2/4 - W(\rho) + 2k^2/\sqrt{S(\rho)} \geqslant 0 \tag{8.9}$$

设 $\gamma = c_4 - c_1^2/4\ (\gamma \geqslant 0)$, 定义 $P(\rho) = c_2\rho^2 + c_3\rho + \gamma$, 条件式 (8.3) 意味着

$$2k^2/\sqrt{S(\rho)} \geqslant P(\rho) \tag{8.10}$$

对于每一个 ρ, 多项式 $P(\rho)$ 非负: 与 $T_{\odot}(\rho\cdot\dot{\rho})$ 的判别式符号相反, $T_{\odot}(\rho\cdot\dot{\rho})$ 可看作变量为 $\dot{\rho}$ 的多项式。$T_{\odot}$ 是动能且非负, 因此其判别式非正。$S(\rho)$ 也是非负的, 因此, 可以对式 (8.10) 两边同时平方, 得到一个六次的不等式:

$$4k^4 \geqslant V(\rho) = P^2(\rho)S(\rho) = \sum_{i=0}^{6} A_i\rho^i \tag{8.11}$$

系数为

$$\begin{aligned}
&A_0 = c_0\gamma^2, A_1 = c_5\gamma^2 + 2c_0c_3\gamma, A_2 = \gamma^2 + 2c_3c_5\gamma = c_0(c_3^2 + 2c_2\gamma)\\
&A_3 = 2c_3\gamma + c_5(c_3^2 + 2c_2\gamma) + 2c_0c_2c_3\\
&A_4 = c_3^2 + 2c_2\gamma + 2c_2c_3c_5 + c_0c_2^2, A_5 = c_2(2c_3 + c_2c_5), A_6 = c_2^2
\end{aligned}$$

由式 (8.3) 所定义区域的最重要的属性是, 它具有最多两个连通区域。证明见 (Milani et al., 2004)。

如果观察者的运动近似为圆形的日心轨道, 当观测者位于方照 (与太阳方向正交) 时, 太阳系轨道区域是相连的。位于冲时 (观测方向与太阳相反), 仅当天体 B 在天球上的路径是逆行时, 可有两个连通区域, 如下例所示 (图 8.1)。在此使用了 “归属”: $(\alpha, \delta, \dot{\alpha}, \dot{\delta}) = (0, 0, -0.09, 0.01)$, 其中 $\dot{\alpha}, \dot{\delta}$ 以度/天表示 (假设地球在赤道坐标系的位置为 $(x, y, z) = (1, 0, 0)$, 长度以 AU 为单位)。此外, 已绘制了 $\varepsilon_{\odot}$ 小的正值和负值的曲线, 显示了定性的变化。

为得到式 (8.3) 定义的区域的个数, 需计算 6 次多项式 $V(\rho) - 4k^4$ 的解。数值分析文献提供了快速和可靠的算法去解多项式的根 (作为复矢量), 且有包括舍入误差的严格误差上界。计算中使用的是 bini (1997) 提出的算法和相应的公共软件①。

① Fortan 77 版可参见以下网址: http://www.nethib.org/numeralgo/nalo; Fortran 90 版可参见以下网址: http://users.bigpond.net.an/amiller/pzeros.+90s。

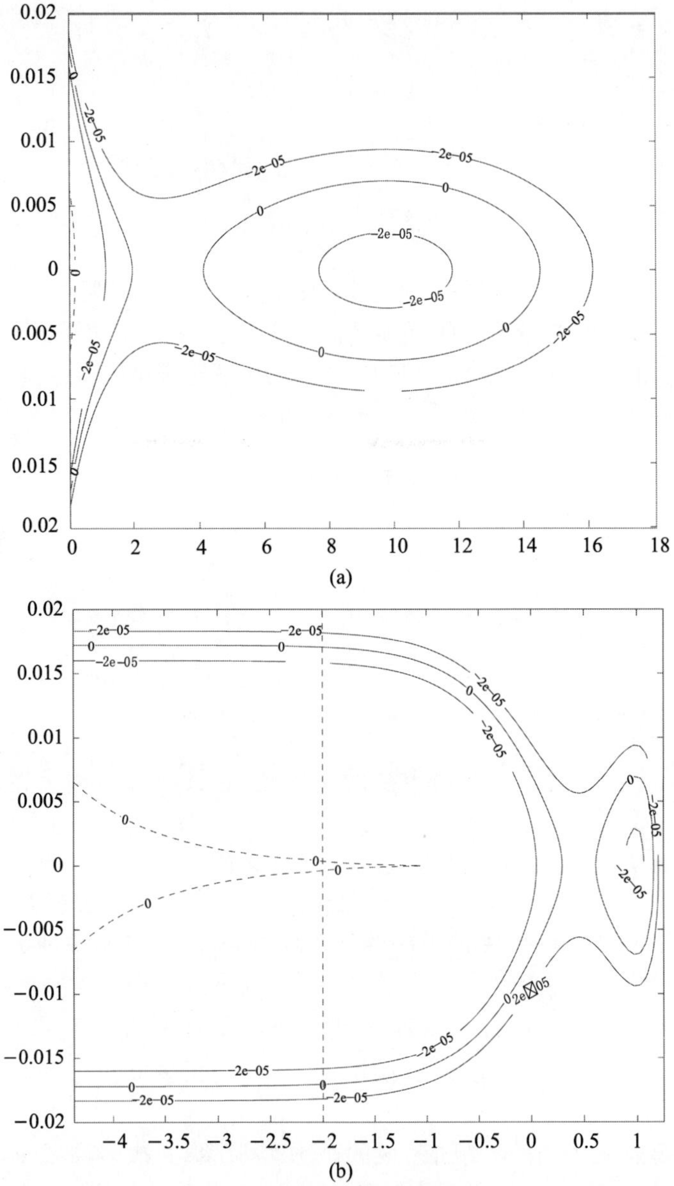

图 8.1 具有两个连通组分的例子

(a) $(\rho, \dot{\rho})$ 平面中三条曲线 $\varepsilon_{\odot}$ (包括零值曲线) 以及 $\varepsilon_{\odot}=0$ (虚线);
(b) 同样的线表示于 $(\lg_{10}(\rho), \dot{\rho})$。(经 springer 允许进行重新绘制)

8.1.2 内边界

条件式 (8.3) 所定义的区域作为一种用于识别问题的工具, 在实际使用中的困难是, 它不是一个紧集, 也即, 所观察到的对象距离观察者可任意小。这使得不可能用有限点数采样的轨道表示星历距离的不确定性 (见 8.4 节的讨论)。根据不同的实际条件, 有几种方法指定 B 的内部边界:

(1) 内部边界的条件可以是 B 不是地球卫星, 也即对地心能量 $\varepsilon_\oplus(\rho,\dot\rho)$ 进行条件设置;

(2) 最小距离可以取决于物理条件限制, 例如以地心粗略估计的地球大气层或地球半径 $R_\oplus$;

(3) 如果光度测量与天体测量一起用于计算 "属性", 最小距离可以通过要求 B 不能太小来确定。

8.1.3 地球卫星的排除

为满足条件 $\varepsilon_\oplus(\rho\cdot\dot\rho)\geqslant 0$ 的区域寻找一种简单的描述。通过假设是地心观测获取一个简化的近似: $\boldsymbol{q}_\oplus$ 为地心的日心距, 假设 $\boldsymbol{r}=\boldsymbol{\rho}+\boldsymbol{q}_\oplus$, 地心能量为

$$\varepsilon_\oplus(\rho\cdot\dot\rho)=\frac{1}{2}\|\dot{\boldsymbol{\rho}}\|^2-k^2\mu_\oplus\frac{1}{\rho}\geqslant 0 \tag{8.12}$$

式中: $\mu_\oplus$ 为地球与太阳的质量比。通过 $\|\dot{\boldsymbol{\rho}}(\rho,\dot\rho)\|^2=\dot\rho^2+\rho^2\eta^2$, 其中 $\eta=\sqrt{\dot\alpha^2\cos^2\delta+\dot\delta^2}$ 为自行, 式 (8.12) 变为

$$\dot\rho^2+\rho^2\eta^2-2k^2\mu_\oplus\frac{1}{\rho}\geqslant 0$$

也即

$$\dot\rho^2\geqslant G(\rho),\quad G(\rho)=\frac{2k^2\mu_\oplus}{\rho}-\eta^2\rho^2 \tag{8.13}$$

式中: $G(\rho)>0$; $0<\rho<\rho_0=\sqrt[3]{(2k^2\mu_\oplus)/\eta^2}$。然而, 条件式 (8.12) 仅在地球影响球内部有意义, 否则 B 的动力学特性主要取决于太阳, 而不是地球。因此, 需引入如下条件:

$$\rho\geqslant R_{\mathrm{SI}}=a_\oplus\sqrt[3]{\mu_\oplus/3} \tag{8.14}$$

式中: R_{SI} 为影响球的半径; $a_\oplus$ 为地球半长轴。为排除地球卫星, 需假设式 (8.12) 或式 (8.14) 成立。如果 $\rho_0\leqslant R_{\mathrm{SI}}$, 排除的卫星区域仅由式 (8.13) 定义, 这种情况产生于:

$$\rho_0^3=2k^2\mu_\oplus/\eta^2\leqslant R_{\mathrm{SI}}^3=a_\oplus^3\mu_\oplus/3$$

因此, 考虑到开普勒第三定律 $a_{\oplus}^3 n_{\oplus}^2 \simeq k^2$ ($n_{\oplus}$ 为地球平运动), 当且仅当 $\eta \geqslant \sqrt{6} n_{\oplus}$ 时, 有 $\rho_0 \leqslant R_{\mathrm{SI}}$。否则, 若 $\rho_0 > R_{\mathrm{SI}}$, 含有地球卫星的区域边界由直线 $\rho_0 = R_{\mathrm{SI}}$ 和 $\dot{\rho}^2 = G(\rho)$ 曲线中 $0 < \rho < R_{\mathrm{SI}}$ 的两个弧段组成, 如图 8.1 和图 8.2 所示。

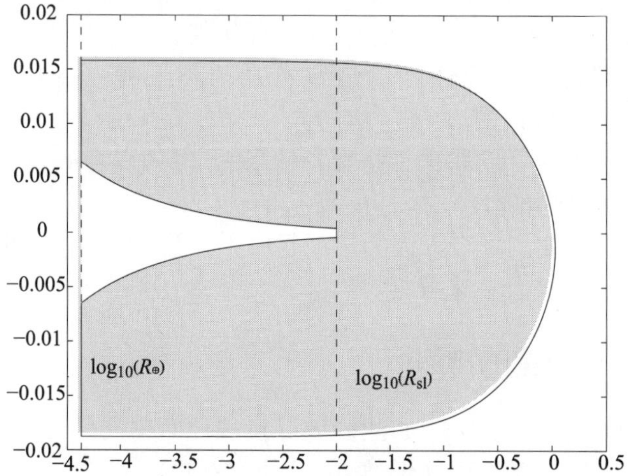

图 8.2　$(\rho, \dot{\rho})$ 平面中日心轨道区域的定性特征: 通过联合条件式 (8.3)、式 (8.12) 式 (8.14) 和 $\rho \geqslant R_{\oplus}$, 得到图中勾画出的区域。本图涉及只有一个连通部分的情况, 该图表示于 $(\lg(\rho), \dot{\rho})$ 平面内

8.1.4　内边界的形状

为了解地球卫星区域边界的形状, 需找到曲线 $\varepsilon_{\oplus} = 0$ 和 $\varepsilon_{\odot} = 0$ 可能的交集。但是, 如果 $\varepsilon_{\oplus}$ 在地心近似下进行计算, 这些交集仅在 $R_{\oplus} < \rho < R_{\mathrm{SI}}$ 时有物理意义, 也即, 处于与地球接近过程中, 但在地表之上。在 (Milani et al., 2004) 中已证明, $R_{\oplus} \leqslant \rho \leqslant R_{\mathrm{SI}}$ 时, 条件 $\varepsilon_{\oplus}(\rho, \dot{\rho}) \leqslant 0$ 意味着 $\varepsilon_{\oplus}(\rho, \dot{\rho}) \leqslant 0$。

这一结果表明, 两个零能量曲线的交集仅发生在它们都不彼此影响的地方, 同样意味着不包含地球轨道的太阳系轨道区域并不比仅满足条件式 (8.3) 区域有更多的连通部分。这仅适用于观测者所处行星具有特定的半径、质量以及轨道根数。这是地球的物理特性, 而非任何行星的共性。像木星这样更大的星球, 其卫星的速度可产生一个相对太阳的双曲线轨道, 而地球则不能有这样的卫星。

8.1.5 微小物体边界

另一种为距离下限赋值的方法是强加一个目标不是“流星”(非常小,非常接近地球) 的条件: 假设尺寸由设定绝对星等 H 的最大值来控制, 即

$$H(\rho) \leqslant H_{\max} \tag{8.15}$$

如果视星等的值可用, 绝对星等 H 可通过 h, 即测得的视星等的均值计算得到, 使用如下关系:

$$H = h - 5\lg\rho - x(\rho) \tag{8.16}$$

修正量 $x(\rho)$ 考虑了太阳距离及相位影响①。对于小的 ρ (如 $\rho < 0.01$ AU), 修正量 $x(\rho)$ 随 ρ 的变化可忽略不计。因为与太阳的距离约 1 AU, 相位与 $\hat{\boldsymbol{\rho}}$ 及相反方向的夹角近似一致。因此, 可用独立于 ρ 的 x_0 来代替 $x(\rho)$。对于较大的 ρ, 这也是一个可接受的近似。而且, 使用 ρ (在参考时刻 t 的距离) 对应于包括光度在内的观测量的所有时刻。这是一个合理的近似, 除非某观测弧段在对应的观测时间内的相对距离变化是有关系的, 这仅发生在距离很小的情况下。在这样的假设下, 条件式 (8.15) 变为

$$H_{\max} \geqslant H = h - 5\lg\rho - x_0 \Rightarrow \lg\rho \geqslant \frac{h - H_{\max} - x_0}{5} \stackrel{\text{def}}{=} \lg\rho_H$$

也即, 给定视星等 h, 有一个最小距离 $\rho_H = \rho(H_{max})$ 对应于目标一个有显著的尺寸。如果使用 $H_{max} = 30$ (几米的直径) 和 $x_0 = 0$, 例如:

$$h = 20 \Rightarrow \rho \geqslant 0.01 \text{ AU}, \quad h = 15 \Rightarrow \rho \geqslant 0.001 \text{ AU}$$

在任何情况下, 物体的绝对星等不是 $\dot{\rho}$ 的函数, 满足条件式 (8.15) 的区域只是一个半平面 $\rho \geqslant \rho_H$。将直线 $\rho = \rho_H$ 称为微小物体边界。

设 $\rho_h \geqslant R_{\oplus}$ ($H_{\max} = 30, h \geqslant 8.1$), 可使用与能量曲线交集定理同样的讨论, 以表明相对于不包括地球卫星的区域, 条件式 (8.15) 不增加连通区域的数目。相反, 区域几何非常有可能变得更简单。如果 $H_{\max} = 30$ 和 $h > 20$, 地球影响球全部被条件式 (8.15) 排除在外, 因此式 (8.15) 隐含了式 (8.14), 且条件式 (8.12) 变得不相关。

① 可参见 Bowell et al (1989) 对 IAU 绝对量的定义。

8.1.6 容许区域的定义

在此希望确定一个区域, 该区域是 $\rho > 0$ 半平面的子集, 正在寻找的目标 B 恰在此区域内。因此, 根据当前进行的群轨道确定的目标来调整该定义。例如, 该定义对于在日心轨道下的目标 (小行星、彗星、海王星外天体)、非常接近地球通过的目标 (流星体)、地心轨道下的目标 (人造卫星、空间碎片) 应该有所不同。

作为一个例子, 针对搜寻日心轨道下具有显著尺寸的目标给出一个适当的定义, 因此可假设 $\rho(H_{\max}) > R_{\mathrm{SI}}$。给定一个 "属性" A, 选择一最大的绝对星等 $H_{\max}$, 定义容许区域集合为

$$D(A) = \{(\rho, \dot{\rho}) : \rho \geqslant \rho_H, \varepsilon_{\odot}(\rho \cdot \dot{\rho}) \leqslant 0\} \tag{8.17}$$

该定义未使用任何地心近似, 避开了在 8.7 节和 9.4 节中讨论的问题。对于更小的目标, 条件式 (8.12) 和式 (8.14) 应该加以考虑。

8.2 容许区间的采样

容许区间最多有两个紧致的连通部分。它的外边界由 $(\rho, \dot{\rho}) = 0$ 的弧段组成, 关于直线 $\dot{\rho} = c_1/2$ 对称。内边界由直线 $\rho = \rho(H_{\max})$ 的一部分组成 (最简单的情况); 对于满足 $\rho(H_{\max}) < R_{\mathrm{SI}}$ 的更小目标, 内边界具有如图 8.2 所示的更复杂的形状。

首先由其边界开始对容许区域进行采样。首选边界上的等间距点, 也即如果边界由其弧长 s 参数化, 每对连续点间的距离对应于一个固定量 s。为了避免弧长参数的计算, 采用以下方法: 选择大量的点, 其中一个坐标等间隔, 使用一种剔除规则进行迭代, 直到留下了所需数量的点。Milani et al (2004) 研究表明, 剩下的点是接近理想的分布、间距相等的弧长。

8.2.1 德洛内三角剖分

考虑由连接容许区域 $\tilde{D}$ 边界采样点组成的多边形区域 D, 将定义一种方法三角剖分 $\tilde{D}$。$\tilde{D}$ 的三角剖分表示为满足如下条件的一对参数 (Π, τ), 其中 $\Pi = \{P_1, P_2, \cdots, P_N\}$ 是区域的一个点集 (节点), $\tau = \{T_1, T_2, \cdots, T_k\}$ 是一组以 Π 为顶点的三角形。

(1) $\cup_{i=1,k} T_i = \tilde{D}$;

(2) 对任一 $i \neq j$, 集合 $T_i \cap T_j$ 是空集或是三角形的顶点或一条边。

对每一个三角剖分 (Π, τ), 可以关联最小的角度, 是所有的三角形中的最小角 T_i。对于一个凸区域的所有可能的三角剖分, 德洛内 (Delaunay) 三角部分具有以下特性 (Bern and Eppstein, 1992):

(1) 使最小角最大化;

(2) 使最大外接圆最小化;

(3) 对每个三角形 T_i, 其外接圆的内部不包含任何三角剖分的节点 (Risler, 1991)。

这些属性对于所有凸多边形是等价的。如果该域是一个顶点不在同一个圆上的凸四边形, 则存在两个可能的三角剖分 (Π, τ_1)、(Π, τ_2): 根据属性 (3), 仅有一个是德洛内三角剖分 (图 8.3)。在这种情况下, 德洛内三角剖分可由另一个经过边缘翻转技术得到, 这包括由对应于公共边界的对角线 P_2P_4 (德洛内边界) 取代四边形的对角线 P_1P_3 (非德洛内边界)。边界翻转也导致最小角度增大。

除了点集 Π, 如果也有一些边界 P_iP_j 作为输入, 例如处理 $\tilde{D}$ 时的边界, 可使相应的三角剖分包含指定的边界, 作为一种约束的三角剖分。

区域 $\tilde{D}$ 一般并不是凸多边形, 在这种情况下, 需要输入沿区域边界的边。这时仍存在一个使最小角度最大化的受约束三角剖分 (同样, 最大限度地减少了最大外接圆, 也即属性 (1)、(2) 成立), 称为受约束的德洛内三角剖分 (Bern and Eppstein, 1992), 但性质 (3) 不能保证。图 8.3 展示了如何将 $\tilde{D}$ 任一三角剖分转换为受约束的德洛内剖分: 对每一个

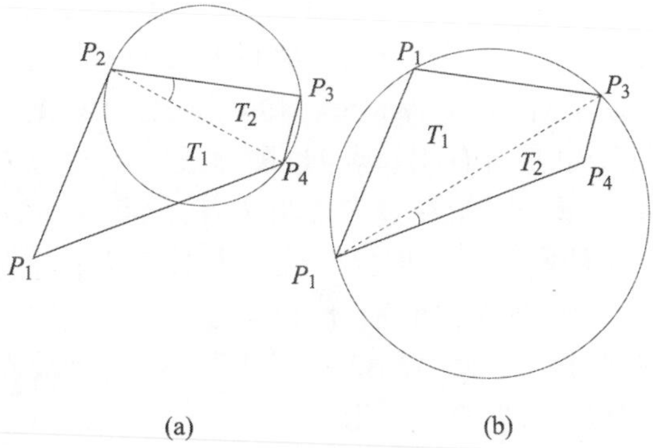

图 8.3 四边形 $P_1P_2P_3P_4$ 可能的三角剖分: (a) 中是一个德洛内三角剖分。两种情况中均标注出最小的角, 画出对应于 $P_2P_3P_4$ (左侧) 和 $P_1P_2P_3$ (右侧) 的外接圆 (经 Springer 授权进行了重新绘制)

三角形 T_i, 在相邻三角形间进行迭代处理, 如果与相邻三角形的公共边不是德洛内型的, 则使用边缘翻转技术。重复此过程, 直到此三角剖分的所有边界都是德洛内型或区域 $\tilde{D}$ 的边界, 每一步处理后, 最小角度的值均增加, 最后可获得最大化最小角度的三角剖分 (Delaunay, 1934)。

三角剖分时使用边界采样点及这些边界点组成的多边形作为输入。第一阶段, 由这些边缘点及边缘边生成一个受约束的德洛内三角剖分 (Π_0, τ_0)。一旦初始的三角剖分形成, 通过向区域内部增加新的点来完善此剖分, 且每一次插入新点时保持德洛内特性。每一步添加一个点延伸到内部域, 边界点的离散密度由 $\rho(P_j) = \min_{l \neq j} d(P_l - P_j)$ 定义, 其中 d 是某个距离①。令 G_i 为三角形 T_i 的重心, 定义对应的密度为

$$\tilde{\rho}(G_i) = \frac{1}{3}\sum_{m=1}^{3} \rho(P_{im})$$

$(P_{im}, m = 1, 2, 3,$ 属于同一三角形 $T_i)$, 添加重心 $G_{\bar{k}}$ 作为一个新的点, 使得距离三角剖分各节点的最小距离最大化。之后, 去掉对应的三角形 $T_{\bar{k}}$, 通过 $T_{\bar{k}}$ 与新加入点的联合获得 τ, 将 τ 加入到三角形中 (每次插入时通过边界翻转技术保持德洛内特性)。对插入处理进行迭代, 直到如下条件满足

$$\max_{G_i}\left(\min_{j}\left\{\frac{d(G_i, P_j)}{\tilde{\rho}(G_i)}\right\}\right) > \sigma \tag{8.18}$$

式中: σ 为一个固定的小参数。de' Michieli Vitturi (2004) 证明, 该算法收敛, 三角形的最终数量小于 $\mu(\partial\tilde{D})n_0/\sqrt{3}\sigma$, 其中 n_0 是长度为 $\mu(\partial\tilde{D})$ 边界的点数。

当不需要加入新的点时, 要么是因为某个最大数值已达到, 要么是因为收敛要求式 (8.18) 已经满足。可将网格改进技术运用于上述三角剖分, 将拉普拉斯平滑推广 (Winslow, 1964; Field, 1988)。对于三角形内部的每一个点 P_j, 由其所有相邻点 (也即通过一条边与 P_j 相连的那些点) 构成一个多边形, 若 P_j 在该多边形内部, 则将 P_j 移向该多边形的质心 (以上述定义的密度进行加权)。该技术对三角剖分进行了改进, 但它却可产生一个非德洛内型的剖分, 以至于在平滑定理的后期还需再一次运用边缘翻转技术。最终的结果从性质 (1) 看是最优的剖分, 也即尽可能避免了 "扁平化" 的三角形。

德洛内三角剖分的定义使用了距离和角度, 因此这取决于针对 $(\rho, \dot{\rho})$ 空间所选的度量空间, 其实它特有的定义是基于距离和角度的计

① (ρ_j) 实际上是密度函数求逆的近似值。

算。特别是, 可以选择一个严格递增函数 $f(\rho)$, 进行容许区域的三角剖分时使用 $\mathrm{d}s^2 = \mathrm{d}f(\rho)^2 + \mathrm{d}\dot{\rho}^2$, 也即可以在赋予欧几里得度量的平面 $(f(\rho), \dot{\rho})$ 内开展工作。在作者的研究工作中, 选择了一个自适应的度量, 由下述函数定义:

$$f(\rho) = 1 - \exp\left(-\frac{\rho^2}{2s^2}\right) \tag{8.19}$$

因为, $f'(\rho)$ 在 $\rho = s$ 时最大, 通过选择参数 s, 所选取的那一部分容许区域应该更密集采样。例如, 可令 $s = \rho_{\max}$, 即式 (8.11) 取等号时可获得多项式方程的最大根, 这种选择下, 加强了空间 $(\rho, \dot{\rho})$ 中距离观测者最远的部分。如果目标是寻找空间 $(\rho, \dot{\rho})$ 某特定区域的目标, 可以特别选用一个度量。例如, 为提高近地区域, 可使用一个较小的 s 或如图 8.1 所示的 $f(\rho) = \lg(\rho)$。

8.3 可归属的轨道根数

给定一短弧段观测量, 计算 “属性” 后, 仅剩平面 $(\rho, \dot{\rho})$ 上完全不确定的点。继 8.1 节, 可以假设, 这些点属于太阳系轨道的容许区域, 可以通过有限的德洛内三角剖分对该客许区域进行采样。每个节点定义了一个虚拟的小行星, 也即一种可能, 但没有办法确定如下六个量①:

$$X = \left[\alpha, \delta, \dot{\alpha}, \dot{\delta}, \rho, \dot{\rho}\right]$$

即站心球极坐标系下不同顺序的变量。一组 6 个初始条件可唯一确定小行星的轨道, 因此时它是一组轨道根数, 只是一个新的类型 (不同于传统坐标系, 例如开普勒根数、春分点根数、彗星、笛卡儿坐标等), 称之为可归属的轨道根数。

8.3.1 距离相关修正

在此需将一组轨道根数换算至一历元时刻 t_0。如果天体测量同时有光度测量, 也可获得绝对星等 H 的值。这些量的值不等于平均观测时间 $\bar{t}$ 和平均视星等 h, 但需要距离相关修正。在 $\bar{t}$ 时刻对小行星的观测需要进行光行差校正。光线耗时 $\delta t = \rho/c$, 以光速 c, 从 B 到达观测

① 当 x 为 2π 范围内的某个角度时, 其余 5 个量可由实数表示。当需要计算两个矢量的差值时, 上述表示尤为重要。

者, 这意味着观测时刻为 $\bar{t}$, 而其位置对应的时刻为 $\bar{t}-\delta t=t_0$, 也即轨道根数的历元时刻, 该历元时刻是 ρ 的函数。

式 (8.16) 描述了视星等 h 和绝对星等 H 的关系, $H=h+Z(\rho)$, 因此 $H=H(\rho)$。由此, t_0 和 H 随着具有相同 "属性" 的不同虚拟小行星而改变。

上述定义中使用了两个近似。角度 (α,δ) 的值进行近似的 δt 低阶光行差校正①, 单独的 $\delta_t(\rho)$ 和 $Z(\rho)$ 应用于所有观测, 而 ρ 的值随时间并不是常量: 在弧长时间内若距离变化显著, 则此近似将失效, 也即如果 $\dot{\rho}\delta t$ 与 ρ 同阶, 在实际中仅当 ρ 很小时会发生这种情况。

使用式 (8.4) 和式 (8.5) 将可归属的轨道根数转换至笛卡儿坐标系下, 因此 $(\boldsymbol{r},\dot{\boldsymbol{r}})$ 是 $(\rho,\dot{\rho})$ 的函数, 并且存在 $\hat{\rho}=\hat{\rho}(\alpha,\delta)$, 其他量取决于其 "归属"。尽管如此, 它们仍然含有代表 $\bar{t}=t_0+\delta t$ 时刻的观测者的位置和速度 $\boldsymbol{q}$ 和 $\dot{\boldsymbol{q}}$。同时, 观测者位置与地心位置接近: $\boldsymbol{P}=\boldsymbol{q}-\boldsymbol{q}_\oplus, |\boldsymbol{P}|\simeq R_\oplus\simeq 4\times 10^{-5}|\boldsymbol{q}_\oplus|$, 但观察者的地心速度会给日心速度带来显著影响:

$$|\dot{\boldsymbol{P}}|=\Omega_\oplus R_\oplus\cos\theta\simeq 0.5\cos\theta\ \mathrm{km/s}\leqslant|\dot{\boldsymbol{q}}_\oplus|/60$$

式中: $\Omega_\oplus$ 为地球自转角速度; θ 为观测者的纬度。

问题是地心运动的主频为 $\Omega_\oplus$, 比地球和小行星的公转快两个量级。因此, 用来计算属性的二次插值不能正确表示观测者的运动 (图 9.1), 除非观测时间远小于 1 天。在 (Poincar, 1906) 中, 为解决类似问题 (9.4 节), 建议在个别观测时刻对地心位置矢量采用二次插值来估计 $\boldsymbol{P}(\bar{t})$ 和 $\dot{\boldsymbol{P}}(\bar{t})$。当用来计算 "属性" 的观测时间长于一天时, 式 (8.4) 和式 (8.5) 中必须使用这些值, 即使对于短弧也可改进结果。

8.3.2 置信区间的结构

由给定的 "属性" 得到可归属的轨道根数后, 问题是如何表示这一组可归属的轨道根数的不确定性。这与通常的做法很不同, 轨道根数的不确定性由一个正定 6×6 的协方差矩阵表示, 此协方差通过微分改正计算而得, 需要对大于或等于 3 个在时间和方向上分布较好的观测值进行拟合, 见 10.5 节。

可归属的轨道根数中, 前四个元素为 "属性" $\boldsymbol{A}$, 通过最小二乘拟

① 对于更高阶的误差修正可参见第 17 章。

合, 协方差为 4×4 阶的正定矩阵 $\boldsymbol{\Gamma_A}$。最后两个元素为容许区域内的点 $\boldsymbol{B}=(\rho,\dot{\rho})$。为描述可归属的轨道根数 $\boldsymbol{X}=[\boldsymbol{A},\boldsymbol{B}]$ 的不确定性, 需将归属 $\boldsymbol{A}$ 是测量值和点 $\boldsymbol{B}$ 是猜想值的直观表述转换成数学公式。

最小二乘拟合中用来计算 $\boldsymbol{A}$ 的协方差矩阵 $\boldsymbol{\Gamma_A}$ 的逆是 4×4 阶的法化矩阵 $\boldsymbol{C_A}$, 假设 $\boldsymbol{B}$ 已有给定的值时 (也即假设为选定的虚拟小行星), $\boldsymbol{C_A}$ 出现在高斯概率密度分布中。给定观测量 (α_i,δ_i) 时 $\boldsymbol{A}$ 四个坐标的偏导数, $\boldsymbol{C_A}$ 可通过设计矩阵来建立。同样, $\boldsymbol{\Gamma_A}$ 为 “属性” 因子的条件协方差矩阵①。可以在形式上定义条件协方差矩阵为 6×6 的对称矩阵:

$$\boldsymbol{\Gamma_X}=\begin{bmatrix}\boldsymbol{\Gamma_A} & \boldsymbol{0}\\ \boldsymbol{0} & \boldsymbol{0}\end{bmatrix}$$

式中: $\boldsymbol{0}$ 为合适的零矩阵。$\boldsymbol{\Gamma_X}$ 显然是非正定的: 子空间以 $\boldsymbol{B}$ 为核心 (零空间)。右下角的 2×2 子矩阵是 $\boldsymbol{\Gamma_B}=\boldsymbol{0}$, 因为已经假定 B 是某个确切的值, 没有不确定性。伴随矩阵是六维空间中的法化矩阵。$\boldsymbol{C_X}$ 和 $\boldsymbol{\Gamma_X}$ 并不互逆, 但却是准互逆的, 也即, 当 B 约束为一固定值时, $\boldsymbol{\Gamma_X}$ 真正表达了对 $\boldsymbol{X}$ 的最小二乘微分改正, 见式 (10.9)。

$$\boldsymbol{C_X}=\begin{bmatrix}\boldsymbol{C_A} & \boldsymbol{0}\\ \boldsymbol{0} & \boldsymbol{0}\end{bmatrix}$$

若协方差是非正定的, 例如 $\boldsymbol{\Gamma_X}$, 也可与传统协方差一样去计算预测值的不确定性 (但需要注意), 例如对未来的观测值。协方差 $\boldsymbol{\Gamma_X}$ 可以传递和/或转化为其他坐标系下的协方差矩阵, 例如, 笛卡儿坐标系 $\boldsymbol{Y}$。给定雅可比矩阵 $\partial\boldsymbol{Y}/\partial\boldsymbol{X}$:

$$\boldsymbol{\Gamma_Y}=\frac{\partial\boldsymbol{Y}}{\partial\boldsymbol{X}}\boldsymbol{\Gamma_X}\frac{\partial\boldsymbol{Y}}{\partial\boldsymbol{X}}^{\mathrm{T}} \tag{8.20}$$

也是非正定的, 有一个二维的零空间, 包含径向上的位置和速度。通过雅可比矩阵 $\partial\boldsymbol{X}/\partial\boldsymbol{Y}$ 的逆进行法化矩阵的传递也是可行的。$\boldsymbol{C_y}$ 也具有一个二维的零空间, $\boldsymbol{C_Y}$ 和 $\boldsymbol{\Gamma_Y}$ 是准互逆的。

$$\boldsymbol{C_Y}=\frac{\partial\boldsymbol{X}}{\partial\boldsymbol{Y}}C_X\frac{\partial\boldsymbol{X}}{\partial\boldsymbol{Y}}$$

到目前为止, 本节的使用公式均是标准的符号, 从现在开始, 将面临以下歧义: 法化矩阵和协方差矩阵是它们所要计算变量值的函数。微分改正过程产生的矩阵是收敛条件下的矩阵, 例如, 如果矢量 $\boldsymbol{A}$ 被确

① 条件协方差矩阵是条件法化矩阵的逆矩阵, 见 3.3 节和 5.4 节

定, 且其标称最小二乘的解是 $\boldsymbol{A}_1$, 法化矩阵 $\boldsymbol{C_A}$ 必须通过使用 $\boldsymbol{A}_1$ 计算的设计矩阵来计算, 则应表示为

$$\boldsymbol{C_A}\big|_{\boldsymbol{A}=\boldsymbol{A}_1},\quad \boldsymbol{\Gamma_A}\big|_{\boldsymbol{A}=\boldsymbol{A}_1}$$

但是, 下文也将用缩写形式 $\boldsymbol{C}_{\boldsymbol{A}_1}$、$\boldsymbol{\Gamma}_{\boldsymbol{A}_1}$。求函数 $F(\boldsymbol{A})$ 的偏导数时会出现相似的问题: 求偏导数的变量与赋予相应参数值的变量之间的有可能产生混淆。为此使用如下符号表示:

$$\left.\frac{\partial F}{\partial \boldsymbol{A}}\right|_{\boldsymbol{A}_1} = \left.\frac{\partial F}{\partial \boldsymbol{A}}\right|_{\boldsymbol{A}=\boldsymbol{A}_1}$$

8.3.3 准乘积结构

如 8.1 节中讨论的, 对于属性的每一个值 $\boldsymbol{A}$, 可定义平面 $\boldsymbol{B} = (\rho, \dot{\rho})$ 中的一个容许区间 $D(\boldsymbol{A})$, 使得对于 $\boldsymbol{B} \in D(\boldsymbol{A})$, 可归属的轨道根数 $\boldsymbol{X} = [\boldsymbol{A}, \boldsymbol{B}]$ 属于太阳系物体。紧集 $D(\boldsymbol{A})$ 最多由两个连通区域组成, 且其边界可以精确计算。

即使不能从观测值中确定 $\boldsymbol{B}$ 值 (没有显著曲率信息, 见 9.1 节), 可假设, 如果属性的精确值是 $\boldsymbol{A}, \boldsymbol{B}$ 的值包含于 $D(\boldsymbol{A})$。$D(\boldsymbol{A})$ 外存在具有 $\boldsymbol{B}$ 属性的可观测实体并非是不可能的, 但几乎不可能 (观察到双曲线的彗星是罕见的) 在研究范围之外 (人造地球卫星确实存在, 但必须要分开处理, 参见 8.7 节)。

因此, 用以描述可归属的轨道根数 $\boldsymbol{X} = [\boldsymbol{A}, \boldsymbol{B}]$ 不确定性的置信区域定义为

$$Z_X(\sigma) = \left\{[A, B]\big|(A - A_1)^{\mathrm{T}}\boldsymbol{C}_{A_1}(A - A_1) \leqslant \sigma^2, B \in D(A)\right\} \tag{8.21}$$

式中: σ 为一大于 0 的参数; A_1 为时间 $\bar{t}_1$ 四个属性的标称 (最小二乘) 值; $\boldsymbol{C}_{A_1}$ 为对应的法化矩阵。此集合不是笛卡儿积, 虽然在许多情况下, 它可近似为 A 空间中置信椭球与由标称属性值 A 计算的容许区域乘积, 即

$$Z_X^1(\sigma) = \left\{A\big|(A - A_1)^{\mathrm{T}}\boldsymbol{C}_{A_1}(A - A_1) \leqslant \sigma^2\right\} \times D(A_1) \tag{8.22}$$

式 (8.21) 的准乘积结构和它的近似形式 (式 (8.22)) 将在接下来的内容中扮演重要角色。

8.3.4 置信区间采样

实际的问题是如何用有限数量的虚拟小行星对置信区域 $Z_X(\sigma)$ 进行采样。本书的做法是使用置信区域 $D(A_1)$ 的德洛内三角剖分的节点 $\{B=(\rho_i,\dot{\rho}_i)\}\ i=1,k$; 之后, 虚拟小行星的轨道由可归属的轨道根数确定, 即

$$\left\{X^i=\left[A_1,B_1^i\right]\right\}i=1,k$$

历元时刻为 $t_1^i=\bar{t}_1-\rho_i/c$。满足下列条件时采样合适:

(1) 根据节点 $\left\{B_1^i\right\}$ 对 $D(A_1)$ 的采样足够密集;

(2) A 子空间的不确定性不是太大, 且可由协方差矩阵 $\boldsymbol{\Gamma}_{A_1}$ 考虑;

(3) 对于与标称值相差甚远但包含其置信椭球的 A 来说, $D(A)$ 与 $D(A_1)$ 相差不大。

以上所有的假设有待在具体案例中进行验证。一些参数, 例如德洛内三角剖分的点数, 可调整以满足条件 (1)。条件 (2) 涉及了天体测量误差模型的可靠性 (5.8 节), 条件 (3) 还有待进一步研究。

8.4 根据“归属”因子进行预测

现在讨论如何根据一组虚拟的小行星来计算预测值, 也即根据一组包含不确定性的可归属的轨道根数:

$$X^i,t_1^i,H;\quad \boldsymbol{\Gamma}_{X^i}$$

$X^i=[A_1,B_1^i]$ 由上一节所述方法得到。预测过程有两步: 第一步是轨道传递 Φ, 由 t_1^i 时刻的 X^i 传递至 $\bar{t}_2$ 时刻, 以产生一组新的具有不确定性的轨道根数:

$$Y^i,\bar{t}_2,H;\quad \boldsymbol{\Gamma}_{Y^i}$$

新的协方差矩阵 $\boldsymbol{\Gamma}_{Y^i}$ 由与式 (8.20) 相似的等式给出。正如已经提到的, 可以在不同的坐标系给出元素 Y_i, 例如, 笛卡儿坐标系。再次从式 (8.20) 得出, 条件协方差矩阵 $\boldsymbol{\Gamma}_{Y_i}$ 的秩为 4, 即它是一个具有二维零空间的非正定矩阵。

第 2 步是计算观测函数 $\mathcal{A}:Y^i\mapsto A^i$, A^i 为预测的新观测时刻 $\bar{t}_2$ 时的属性。由于光离开被观测物体的时间早于 $\bar{t}_2$, 需再次进行光行差校

正。预测函数 F 的偏导数雅克比矩阵是 4×6 阶。

$$\left.\frac{\partial \boldsymbol{A}}{\partial \boldsymbol{Y}}\right|_{Y^i}$$

一般地[①], 这个矩阵的秩为 4。协方差传播公式类似于式 (8.20), 用于不同维度空间之间的映射, 保证了雅克比矩阵的秩最大, 见式 (3.10)。

$$\boldsymbol{\Gamma}_{A^i} = \left.\frac{\partial \boldsymbol{A}}{\partial \boldsymbol{Y}}\right|_{Y^i} \boldsymbol{\Gamma}_{Y^i} \left[\left.\frac{\partial \boldsymbol{A}}{\partial \boldsymbol{Y}}\right|_{Y^i}\right]^{\mathrm{T}}$$

根据式 (8.20), 考虑 $\boldsymbol{\Gamma}_{X^i}$ 的零值, 此公式表明:

$$\boldsymbol{\Gamma}_{A^i} = \left.\frac{\partial \boldsymbol{A}'}{\partial \boldsymbol{X}}\right|_{X^i} \boldsymbol{\Gamma}_{X^i} \left[\left.\frac{\partial \boldsymbol{A}'}{\partial \boldsymbol{X}}\right|_{X^i}\right]^{\mathrm{T}} = \left.\frac{\partial \boldsymbol{A}'}{\partial \boldsymbol{A}}\right|_{X^i} \boldsymbol{\Gamma}_{A_1} \left[\left.\frac{\partial \boldsymbol{A}'}{\partial \boldsymbol{A}}\right|_{X^i}\right]^{\mathrm{T}} \tag{8.23}$$

式中: $\boldsymbol{A}' = \boldsymbol{A} \circ \boldsymbol{\Phi}$, 且是 $\bar{t}_1$ 时刻 "属性" $\boldsymbol{A}$ 的偏导数。4×4 阶矩阵 $\boldsymbol{\Gamma}_{A^i}$ 的秩是多少? 下面的两句话给出了部分答案: 首先, 对于 $\bar{t}_2 \to \bar{t}_1$, $\boldsymbol{A}_i$ 的极限为 $\boldsymbol{A}_1$, 两个 "属性" 因子之间的变换接近单位阵, $\boldsymbol{\Gamma}_{A^i} \to \boldsymbol{\Gamma}_{A_1}$, $\boldsymbol{\Gamma}_{A_1}$ 的秩为 4。因此, 对于足够小的 $\bar{t}_2 - \bar{t}_1$, $\boldsymbol{\Gamma}_{A_1}$ 的秩也为 4。但是, 并不确知结论成立时 $\bar{t}_2 - \bar{t}_1$ 究竟需要多小。

第二, 一般地, $\partial \boldsymbol{A}'/\partial \boldsymbol{X}$ 的行是线性独立的, 且它们不属于 $\boldsymbol{\Gamma}_{X^i}$ 的零空间。因此, 一般来讲 $\boldsymbol{\Gamma}_{A^i}$ 的秩是 4。尽管如此, 一个矩阵可以是最大秩, 但如果条件数大于计算机精度的倒数, 会产生数值退化。在这种情况下, 精确计算时矩阵的逆存在, 但计算矩阵的逆是数值不稳定的, 需要极为谨慎。

因此, 期望在几乎所有的情况下, 矩阵 $\boldsymbol{\Gamma}_{A^i}$ 是可逆的。可以认为 $\boldsymbol{\Gamma}_{A^i}$ 是与可归属轨道根数 $\boldsymbol{Y}^i = [\boldsymbol{A}^i, \boldsymbol{B}_2^i]$ 中的 $\boldsymbol{A}^i$ 相关联的边缘协方差矩阵。事实上, 在计算属性 A^i 的不确定性时, 没有对非测量值 $\boldsymbol{B}_2^i = (\rho_2^i, \dot{\rho}_2^i)$ 做任何假设。根据同样用于条件矩阵的规则, 边缘法化矩阵 $\boldsymbol{C}_A^i = \boldsymbol{\Gamma}_{A_i}^{-1}$ 一般都存在, 但是难以计算[②]。如果逆矩阵存在, 则 $\boldsymbol{C}_i$ 可由式 (8.23) 推导的公式计算出来, 即

$$\boldsymbol{M} = \left[\left.\frac{\partial \boldsymbol{A}'}{\partial \boldsymbol{A}}\right|_{X^i}\right]^{-1} \tag{8.24}$$

$$\boldsymbol{C}_{A^i} = \boldsymbol{M}^{\mathrm{T}} \boldsymbol{C}_{A1} \boldsymbol{M} \tag{8.25}$$

① 属性的准确数学定义比较困难, 只能对绝大多数情况进行描述。

② 边缘法化矩阵是边缘协方差矩阵的逆矩阵, 可参见 3.3 节和 5.4 节。

因此, 在大多数 (可能不是全部) 情况下, 在 $\bar{t}_2$ 时刻属性 $\boldsymbol{A}$, 所在的四维空间里, 根据 $\boldsymbol{B}_1^i$ 的假设, 预测 $\boldsymbol{A}_i$ 的置信椭球是可能的。

$$Z_{A^i}(\sigma) = \left\{A' \middle| (A' - A^i)^{\mathrm{T}} \boldsymbol{C}_{A^i} (A' - A^i) \leqslant \sigma^2 \right\} \tag{8.26}$$

这实际上是属性的四维空间中一个三维椭球的内部, 其置信水平由参数 σ 描述。但是, 置信参数 σ 不能解释为 χ。实际上, 不可能提供概率的预测模型, 除非有一种方法去确定容许区域中的点的概率①。

8.4.1 三角星历

通过本节的讨论, 可以得出结论, 当唯一可用的信息是属性时, 可以给出预测 A_i 的置信区域的定义。

由归属因子 A_1 得到的可归属的轨道根数的置信区域 $Z_X(\sigma)$ 由式 (8.21) 来定义, 假设可由式 (8.22) 定义的乘积 $Z_X^1(\sigma)$ 近似。归属空间中, $\bar{t}_1$ 时刻容许区域 $D(A_1)$ 的图像是一个二维的紧致流形, 其边界 $V = \mathcal{A}(\Phi(D(A_1)))$。目前没有办法由函数 $B = (\rho, \dot{\rho})$ 显式计算该流形, 因为, 映射 $\boldsymbol{X} \to \mathcal{A}'(\boldsymbol{X})$ 并没有解析表达式 (($\mathcal{A}'(\boldsymbol{X})$ 是在第二个时刻的预测属性)。通过已经计算出的 $D(A_1)$ 的三角剖分 $\{B_1^i\}, i = 1, k$ 的像, 可以计算该流形三角剖分。在 $\bar{t}_2$ 时四维观测空间中, 根据 VA_sX^i 预测而来的三角剖分 $A_i = \mathcal{A}(\Phi(X_i))$ 的节点, 依次由节点 B_1^i 定义。

尽管一些二维投影有助于对属性不确定性的认识及对计划复原的困难性进行有效估计 (图 8.4), 但三角星历需在四维预测空间计算, 将三角星历的每一个节点与其协方差相关联。在此需认为每一个节点被由式 (8.26) 定义的置信椭球 Z_A^Y 包围, 因此, 投影也将被置信椭圆包围, 见图 8.4。这是两个二维流形 V 的管状邻域 $T(V)$ 的近似。由流形 v 上每一点为中心的置信椭球的并集获得。

这种管状区域虽然难以计算, 但它在各种识别中起到重现、复原和关联等至关重要的作用。对于重现及复原, 给定天空或历史数据中的某一候选属性, 为判别是否为同一目标, 不仅需要评估每一个观测量与预测值的接近程度, 还需要评估预测的不确定性是否可以引起这种差别。

当规划要扫描的区域时 (空域或者历史图像), 需要覆盖的区域应包括 $T(V)$ 在天球上的投影。这可通过每一个椭球 (每个 Z_A^i 在天球上的

① 总体模型可以提供在 $(\rho, \dot{\rho})$ 平面内的先验概率密度信息, 但是我们还没有对此类方法进行测试。

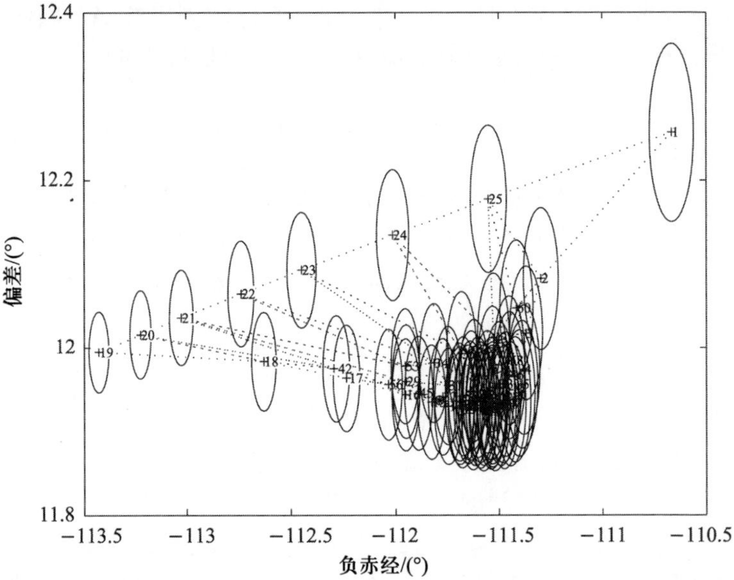

图 8.4 对于小行星 2003BH$_{84}$, 仅利用发现当夜观测值的计算属性, 以三角剖分形式预测发现后 12 天的观测预报。这些椭圆表示了属性拟合中投影的不确定性。恢复的属性, 以稍后夜晚的实际观测数据计算得到, 位于 $-\alpha = -111.8°$, $\delta = 11.9°$ 正好位于椭圆束内 (经 elserver 授权进行重新绘制)

投影) 的并集近似得到。由于没有计算概率密度, 因此椭圆重叠个数无关紧要。图 8.4 表明, 若充分考虑沿微小物体边界的低密度预报观测, 可很好地估计复原/预复原目标要扫描的区域。

8.5 通过采样容许区域进行关联

假设对于一给定的目标 B, 唯一可用的观测信息包含于两组属性: $\bar{t}_1$ 时刻的 A_1 和 $\bar{t}_2$ 时刻的 A_2。此时不能根据 A_1 或 A_2 计算一条轨道, 因此, 面临一个关联问题。

按照前一节描述的采样方法, 对两组属性之一 (设为 A_1) 的置信区域进行采样, 产生虚拟的小行星群 X^i。由每一个 X^i 进行计算历元 $\bar{t}_2$ 的预测值 A^i, 且其协方差矩阵为 $\boldsymbol{\Gamma}_{A^i}$。一般地, 这些协方差矩阵是可逆的, 并从方程式 (8.25) 计算相应的法化矩阵 $\boldsymbol{C}_{A^i}$。同时已知属性 A_2 的法化矩阵 $\boldsymbol{C}_2$。因此, 对每个虚拟小行星 X^i, 根据方程式 (7.6), 可以计算属性

的罚, 且使用这个值作为准则选择一些虚拟的小行星进行轨道计算:

$$K_4^i = (\boldsymbol{A}_2 - \boldsymbol{A}^i) \cdot [\boldsymbol{C}_2 - \boldsymbol{C}_2 \boldsymbol{\Gamma}_0 \boldsymbol{C}_2] (\boldsymbol{A}_2 - \boldsymbol{A}^i), \quad \boldsymbol{\Gamma}_0 = [\boldsymbol{C}_2 + \boldsymbol{C}_{\boldsymbol{A}^i}]^{-1}$$

根据三角剖分 $D(\boldsymbol{A}_1)$ 的节点 B_1^i 计算得到的识别罚值 K_4^i 不需要太小。首先, 无法预知在 $\bar{t}_1$ 和 $\bar{t}_2$ 时刻观察的两个对象是否确实相同。其次, 即使它们是同一个, 相对于 $\bar{t}_1$ 时刻和距离导数的真值, B_1^i 的值可能是完全错误的。在这两种情况下, 两个属性并不相符, 这将由一个较大的 K_4^i 值体现出来。

因此, 处理过程如下: 如果对于所有的节点 i, 罚值较大, 假设 $K_4^i > K_{\max}$, 舍弃不太可能属于同一目标的组合 (A_1, A_2)。如果有节点 B_1^i 使得 $K_4^i \leqslant K_{\max}$, 进行到下一个步骤。

因为缺乏理论分析, $K_{\max}$ 的值难以预先设定。不能使用八维 χ^2 表, 因为采样置信区域使用有限的 B_1^i 点, 所以不能设定 K_4^i 中的最小值是能获取的绝对最小值:

$$\min_{i=1\sim k} K_4^i \geqslant \min_{B_1 \in D(A_1)} K_4(A_1, B_1) \tag{8.27}$$

对此不能解析计算出考虑到这种差异的安全误差。由此可得: 被用在大量关联中的 $K_{\max}$ 的最大值只能取决于对大规模测试结果的分析, 如在第 11 章中列举的那些。

根据式 (7.6) 中的第三个等式, 上面描述的步骤也提供了一些最佳拟合校正的属性 $\boldsymbol{A}_2^i = \boldsymbol{\Gamma}_0 \left[C_{A^i} A^i + C_2 A_2\right]$。每个 $\boldsymbol{A}_2^i$ 对应一个不太大的罚值 K_4^i, 也即, 以 B_1^i 为 t_1^i 时刻的距离和径向速度, 且给定 $\bar{t}_2$ 时刻属性 A_2^i 的轨道可在残差不太大的情况下很好地拟合 A_1 和 A_2, 两个属性的残差将在八维空间中进行拟合。

为进行微分修正, 需先估计一组在同一历元时刻下的 6 个轨道根数, 称之为初轨。不要求初轨很精确: 只希望它处于微分改正的收敛域内。要做到这一点, 有许多方法, 简单的办法是使用根据历元 t_1^i 时刻轨道 $\overline{\boldsymbol{X}}^i = [\boldsymbol{A}_1, \boldsymbol{B}_1^i]$ 计算而得的 $\boldsymbol{A}_1^i$ 和 $\boldsymbol{B}_1^i = (\rho_2^i, \dot{\rho}_2^i)$。该初始条件的历元为 $\bar{t}_2 - \rho_2^i / c$。另一种可能性是使用属性向后推导 (线性) 到时刻 $\bar{t}_1$ (起始于 A_2^i, 已知由式 (8.24) 得到的 $\boldsymbol{M}$ 及节点 B_1^i 的在 t_1^i 的值):

$$\boldsymbol{A}_1^i = \boldsymbol{A}_1 + \boldsymbol{M}(\boldsymbol{A}_2^i - \boldsymbol{A}^i)$$

在这两种情况下, 找到一条轨道, 如果式 (7.6) 的二次近似足够好, 此轨道可同时满足两个属性。在图 8.5 中, 展示了小行星 2003 BH_{84} 的关联过程。分别使用发现当晚的属性和五天以后根据观测值计算的属性。三角剖分容许区域的节点 (识别罚值 $K_4^i < (0.6)^2$) 被环绕, 连接它们的边缘用实线增强。根据每一个被包围节点的受约束微分改正过程, 如在第 10 章中解释的, 可以获得一些与观测值更拟合的轨道。在这里后者用与环绕节点标识相同的点来标识, 线性拟合表明它们非常一致。

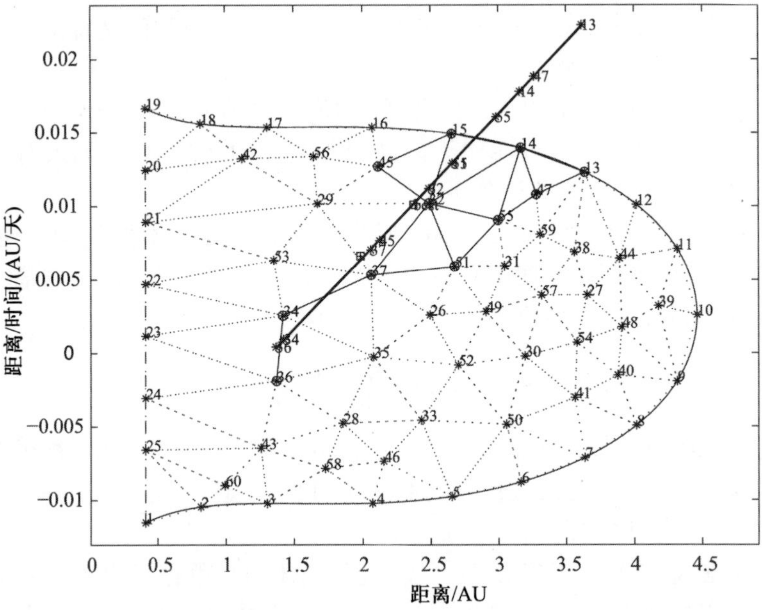

图 8.5 2003 BH_{84} 发现夜的属性根据 5 天后属性确定。图中实线连接了罚 $K_4^i < (0.6)^2$ 的节点, 用来计算初始轨道: 从当中任意一个进行一次约束的微分改正过程, 找到变量线的解 (第 10 章) (经授权进行了重新绘制)

8.6 根据二体积分常数关联

在此将介绍一种由同一个太阳系物体在 $\bar{t}_1$、$\bar{t}_2$ 时刻的属性 A_1、A_2 产生初轨的新方法 (Gronchi et al., 2008)。它以使用二体积分为基础, 在 (Taff and Hall, 1977) 中也提到过。

8.6.1 角动量和能量

对给定的属性 A, 每单位质量的角动量矢量可以用径向距离和速度

$(\rho, \dot{\rho})$ 的多项式表示, 即

$$\boldsymbol{c}(\rho, \dot{\rho}) = \boldsymbol{r} \times \dot{\boldsymbol{r}} = \boldsymbol{D}\dot{\boldsymbol{\rho}} + \boldsymbol{E}\rho^2 + \boldsymbol{F}\rho + \boldsymbol{G} \tag{8.28}$$

其中

$$\begin{cases} \boldsymbol{D} = \boldsymbol{q} \times \hat{\boldsymbol{\rho}} \\ \boldsymbol{E} = \dot{\alpha}\hat{\boldsymbol{\rho}} \times \hat{\boldsymbol{\rho}}_\alpha + \dot{\delta}\hat{\boldsymbol{\rho}} \times \hat{\boldsymbol{\rho}}_\delta = \eta\hat{\boldsymbol{n}} \\ \boldsymbol{F} = \dot{\alpha}\hat{\boldsymbol{q}} \times \hat{\boldsymbol{\rho}}_\alpha + \dot{\delta}\hat{\boldsymbol{q}} \times \hat{\boldsymbol{\rho}}_\delta + \hat{\boldsymbol{\rho}} \times \dot{\boldsymbol{q}} \\ \boldsymbol{G} = \boldsymbol{q} \times \dot{\boldsymbol{q}} \end{cases} \tag{8.29}$$

只依赖于属性 A 和时刻 $\bar{t}$ 观测者的运动参数 $q, \dot{q}$。矢量 $\hat{\boldsymbol{\rho}}$、$\hat{\boldsymbol{\rho}}_\alpha$、$\hat{\boldsymbol{\rho}}_\delta$ 已在 8.1 节中定义。

对于给定的 A, 以 ρ、$\dot{\rho}$ 为变量的二体能量函数通过式 (8.8) 中的系数 c_j 而取决于 A、$\boldsymbol{q}$、$\dot{\boldsymbol{q}}$。

$$2\varepsilon(\rho, \dot{\rho}) = \dot{\rho}^2 + c_1\dot{\rho} + c_2\rho^2 + c_3\rho + c_4 - \frac{2k^2}{\sqrt{\rho^2 + c_5\rho + c_0}} \tag{8.30}$$

8.6.2 等价积分常数

现在取历元 $\bar{t}_1$、$\bar{t}_2$ 的属性 $A_1 = (\alpha_1, \delta_1, \dot{\alpha}_1, \dot{\delta}_1)$、$A_2 = (\alpha_2, \delta_2, \dot{\alpha}_2, \dot{\delta}_2)$, 以标识 1、标识 2 代表不同的历元。如果 A_1、A_2 对应同一个目标, 两个历元下的角动量矢量必须吻合, 也即

$$\boldsymbol{D}_{1\dot{\rho}_1} - \boldsymbol{D}_{2\dot{\rho}_2} = \boldsymbol{J}(\rho_1, \rho_2) \tag{8.31}$$

式中: $\boldsymbol{J}(\rho_1, \rho_2) = \boldsymbol{E}_2\rho_2^2 - \boldsymbol{E}\rho_1^2 + \boldsymbol{F}_2\rho_2 - \boldsymbol{F}_1\rho_1 + \boldsymbol{G}_2 - \boldsymbol{G}_1$。关系式 (8.31) 是未知量 ρ_1、$\dot{\rho}_1$、ρ_2、$\dot{\rho}_2$ 的三个方程组, 且约束条件为

$$\rho_1 > 0, \quad \rho_2 > 0$$

式 (8.31) 按标量乘以 $\boldsymbol{D}_1 \times \boldsymbol{D}_2$, 消除变量 $\dot{\rho}_1$、$\dot{\rho}_2$ 后得到标量方程

$$\boldsymbol{D}_1 \times \boldsymbol{D}_2 \cdot J(\rho_1, \rho_2) = 0 \tag{8.32}$$

式 (8.32) 的左手侧是关于变量 ρ_1、ρ_2 的二次型, 表示如下:

$$q(\rho_1, \rho_2) = q_{20}\rho_1^2 + q_{10}\rho_1 + q_{02}\rho_2^2 + q_{01}\rho_2 + q_{00}$$

$$\begin{aligned} & q_{20} = -\boldsymbol{E}_1 \cdot \boldsymbol{D}_1 \times \boldsymbol{D}_2 && q_{02} = \boldsymbol{E}_2 \cdot \boldsymbol{D}_1 \times \boldsymbol{D}_2 \\ & q_{10} = -\boldsymbol{F}_1 \cdot \boldsymbol{D}_1 \times \boldsymbol{D}_2 && q_{01} = \boldsymbol{F}_2 \cdot \boldsymbol{D}_1 \times \boldsymbol{D}_2 \\ & q_{00} = (\boldsymbol{G}_2 - \boldsymbol{G}_1) \cdot \boldsymbol{D}_1 \times \boldsymbol{D}_2 \end{aligned} \tag{8.33}$$

假设观察值是地心的, $\boldsymbol{G}_i$ 是地球在历元 $\bar{t}_i, i=1,2$ 下的角动量, 这样, $\boldsymbol{G}_1=\boldsymbol{G}_2$ 且 $\boldsymbol{q}_{00}=0$。在这种情况下, 有一个虚解 $\rho_1=\rho_2=0$。

将角动量积分常数用于太阳系物体的定轨已在 Mossotti, 1816 中阐述。最近, Kristensen (1995) 提出从两个观测短弧来计算初轨的方法, 其基本思想是两个平均观测历元时刻的角动量矢量相等。

对于给定的 A_1、A_2, 让对应的二体能量 E_1、E_2 相等。式 (8.31) 与矢量 $\boldsymbol{D}_1$ 与 $\boldsymbol{D}_2$ 相乘, 在方向 $\boldsymbol{D}_1\times\boldsymbol{D}_2$ 上投影, 得

$$\dot{\rho}_1(\rho_1,\rho_2)=\frac{(\boldsymbol{J}\times\boldsymbol{D}_2)\cdot(\boldsymbol{D}_1\times\boldsymbol{D}_2)}{|\boldsymbol{D}_1\times\boldsymbol{D}_2|^2},\dot{\rho}_2(\rho_1,\rho_2)=\frac{(\boldsymbol{J}\times\boldsymbol{D}_1)\cdot(\boldsymbol{D}_1\times\boldsymbol{D}_2)}{|\boldsymbol{D}_1\times\boldsymbol{D}_2|^2} \tag{8.34}$$

代入 $\varepsilon_1=\varepsilon_2$, 则

$$F_1(\rho_1,\rho_2)-\frac{2k^2}{\sqrt{\mathcal{G}_1(\rho_1)}}=F_2(\rho_1,\rho_2)-\frac{2k_2}{\sqrt{\mathcal{G}_2(\rho_1)}} \tag{8.35}$$

多项式函数 $F_1(\rho_1,\rho_2)$、$F_2(\rho_1,\rho_2)$、$G_1(\rho_1)$、$G_2(\rho_2)$ 的阶次分别为 $\deg(F_1)=\deg(F_2)=4$ 和 $\deg(g_1)=\deg(g_2)=2$。通过平方两次取得多项式方程:

$$p(\rho_1,\rho_2)=\left[(F_1-F_2)^2\mathcal{G}_1\mathcal{G}_2-4k^4(\mathcal{G}_1\mathcal{G}_2)\right]^2-64k^8\mathcal{G}_1\mathcal{G}_2=0 \tag{8.36}$$

总的阶次为 24。此过程可能加入了一些虚解。

8.6.3 曲线之间的交点

用经典的代数几何方法研究半代数的相交问题, 即

$$\begin{cases} p(\rho_1,\rho_2)=0 \\ q(\rho_1,\rho_2)=0, \end{cases} \quad \rho_1,\rho_2>0 \tag{8.37}$$

见 (Cox et al., 1996)。写作

$$p(\rho_1,\rho_2)=\sum_{j=0}^{20}a_j(\rho_2)\rho_1^j \tag{8.38}$$

其中

$$\deg(a_j)=\begin{cases} 20, & j=0\cdots 4 \\ 24-(j+1) & j=2k-1,\quad k\geqslant 3 \\ 24-j, & j=2k,\quad k\geqslant 3 \end{cases}$$

且

$$q(\rho_1, \rho_2) = b_2\rho_1^2 + b_1\rho_1 + b_0(\rho_2) \tag{8.39}$$

一元多项式系数 a_i、b_j, 取决于 ρ_2。

考虑 p、q 关于 ρ_1 的解 $\mathrm{Res}(\rho_2)$: 它是阶次小于等于 48 的多项式, 定义为西尔威斯特矩阵 (the Sylvester Matrix) 的行列式值:

$$\mathrm{Sylv}(\rho_2) = \begin{pmatrix} a_{20} & 0 & b_2 & 0 & \cdots & & 0 \\ a_{19} & a_{20} & b_1 & b_2 & 0 & \cdots & 0 \\ & & b_0 & b_1 & b_2 & & \\ \vdots & \vdots & 0 & b_0 & b_1 & & \vdots \\ a_0 & a_1 & \vdots & \vdots & \vdots & b_0 & b_1 \\ 0 & a_0 & 0 & 0 & 0 & 0 & b_0 \end{pmatrix} \tag{8.40}$$

$\mathrm{Res}(\rho_2)$ 的正实根只可能是式 (8.37) 的解 (ρ_1, ρ_2) 中的 ρ_2。因此, 可使用以下步骤计算式 (8.37) 的解:

(1) 利用全局解方法 (如 Bini, 1997) 找到 $\mathrm{Res}(\rho_2)$ 的正根 $\rho_2(k)$;

(2) 对于每一个 k, 解 $q(\rho_1, \rho_2(k)) = 0$, 计算两个可能的值 $\rho_1(k,1)$、$\rho_1(k,2)$, 舍弃负解;

(3) 计算 $p(\rho_1(k,1), \rho_2(k))$、$p(\rho_1(k,2), \rho_2(k))$, 从零值对中选择 $\rho_1(k)$ (至少在精确计算时, 在实践中, 可选择一组绝对值较小者)。

(4) 舍弃式 (8.36) 平方产生的虚解。

(5) 对于得到的 ρ_1、ρ_2 值, 通过式 (8.34) 计算 $\dot{\rho}_1(k)$、$\dot{\rho}_2(k)$ 的值;

(6) 将坐标系转换至在时间 $t_1(k)$、$t_2(k)$ 下的日心笛卡儿坐标, 由于光速有限, 使用 Poincare' 观察者插值法进行像差纠正;

(7) 将坐标转换至历元 $t_1(k)$、$t_2(k)$ 下的开普勒根数。

给定时刻的角动量和能量值确定了开普勒根数 a、e、I、Ω。历元 $\bar{t}_1$、$\bar{t}_2$ 的属性 A_1、A_2 给出八个标量数据, 所以, 此问题是超定的。从一个非虚对 $(\tilde{\rho}_1, \tilde{\rho}_2)$ (式 (8.37) 的解), 可得到 $\tilde{t}_i = \bar{t}_i - \tilde{\rho}_i/c, i = 1, 2$ 时刻下同样地经过光行差修正的 a、e、I、Ω 值, 但必须检查兼容性条件:

$$\omega_1 = \omega_2, \quad \ell_1 = \ell_2 + n(\tilde{t}_1 - \tilde{t}_2) \tag{8.41}$$

ω_1、ω_2 和 ℓ_1、ℓ_2 是目标在历元 $\tilde{t}_1$、$\tilde{t}_2$ 下的近日点幅角和平近点角, $n = ka^{-3/2}$ 是天体的平运动。条件式 (8.41) 中的第一个对应开普勒问题的第五个积分常数 (拉普拉斯 - 楞次矢量积分式 (4.11)), 第二条件涉及了二体传递问题 (例如, 通过开普勒方程)。

图 8.6 画出了从两个属性得到的代数曲线 $p(\rho_1,\rho_2)=0$ 与圆锥 $q(\rho_1,\rho_2)=0$ 的交点。属性是在假设地心观测值的历元跨度大于 38 天下, 从小行星 (243) Ida 的轨道得来。

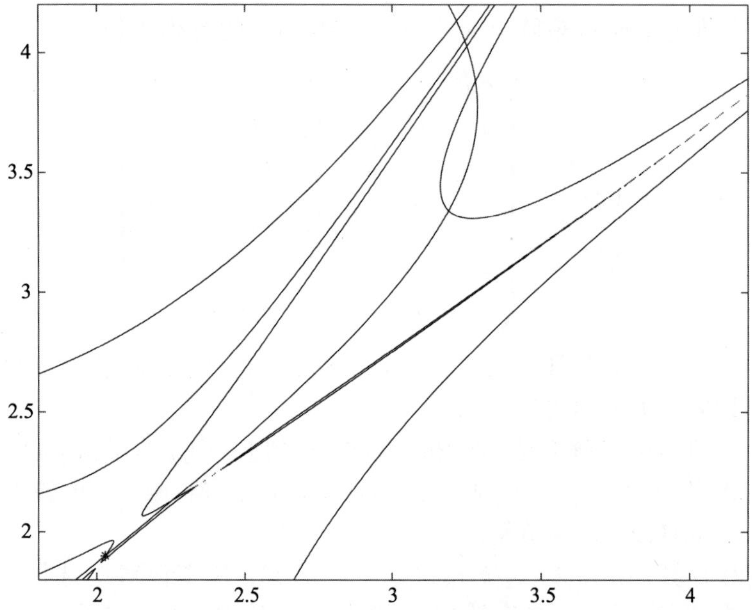

图 8.6 平面 ρ_1、ρ_2 中曲线 $p=0, q=0$ 的交点。此例是关于小行星 (243) Ida, 对应于真实目标的交点以星号标记

这种方法最近刚被研究出来 (Gronchi et al., 2008), 还没有经过大型测试。从几个例子中, 它为难以关联的短弧提供初轨时显示出良好的潜力, 这些短弧除了各自的属性以外, 没有任何其他的信息可提供, 且短弧相隔的时间间隔远远大于弧长。

8.7 空间碎片问题

近地空间充斥着 300000 多个直径大于 1 cm 的人造碎片 (Rossi, 2005)。这个数目与小行星相似, 因为它的长期演化受高速相互碰撞影响。另一个相似之处是存在碰撞风险, 也即空间资产 (如国际空间站) 可能因与某些碎片的碰撞而导致严重损伤 (第 12 章)。碎片所在的空域可分为三大块: 低地球轨道 (LEO), 低于 2000 km; 中地球轨道 (MEO), 轨道高度为 2000~36000 km; 地球同步轨道 (GEO), 轨道高度约为 36000 km。

本节概述了对空间碎片定轨算法的基础理论。计算所观测空间碎片的主要问题是对两个或两个以上的观测数据集的识别①。正如小行星, 单次过站的观测数据不足以支持通过最小二乘拟合进行轨道确定。例如, 如果图像与固定的恒星一起移动, 碎片将在测量图像中产生一条轨迹。这些数据中包含的信息正是平均角位置及一阶导数, 也即像小行星那样由式 (8.1) 定义的属性。

8.7.1 地球轨道的容许区域

根据 Tommei et al. (2007) 的研究, 用碎片地心位置 $\boldsymbol{r}$, 观测者的地心位置 $\boldsymbol{q}$ 和碎片站心位置 $\boldsymbol{r}$ 对式 (8.4) 进行新的解释: $\boldsymbol{r} = \boldsymbol{\rho} + \boldsymbol{q}$ 仍然成立, 式 (8.2) 由下式代替:

$$\varepsilon_{\oplus}(\rho, \dot{\rho}) = \frac{1}{2}\|\dot{\boldsymbol{r}}(\rho, \dot{\rho})\|^2 - \frac{Gm_{\oplus}}{r(\rho)} \tag{8.42}$$

仅含有地球卫星的容许区域的定义应包含以下条件:

$$\varepsilon_{\oplus}(\rho, \dot{\rho}) \leqslant 0 \tag{8.43}$$

根据观测值给出时刻 t 对应的属性 A, 式 (8.5)、式 (8.6)、式 (8.7) 和式 (8.8) 是一样的, 且通过求导得到六阶的不等式 (8.11)。因此, 相同的结论成立, 即 $(\rho, \dot{\rho})\rho > 0$ 半面内且满足式 (8.43) 的区域最多有两个连通区域。其中一个具有开放的内边界 $\rho > 0$, 如果存在第二个, 则它是紧致的。

小行星的例子解释了容许区域需密闭的原因, 因此需增加定义内边界的条件。内边界的选择取决于特定的轨道确定: 一个简单的方法是添加约束条件 $\rho_{\min} \leqslant \rho \leqslant \rho_{\max}$, 以便集中在 LEO、MEO、GEO 三类进行判别搜寻, 如 (Tommei et al., 2007) 提到的 。内边界的另一种自然选择是采取 $\rho \geqslant h_{\text{atm}}$, 其中 h_{atm} 是地球大气层的厚度, 在此大气层内, 卫星轨道会很快衰落①。相应地, 可将卫星半长轴设置得更大, 即 $R_{\oplus} + h_{\text{atm}} = \bar{R}$, 获得方程:

$$\varepsilon_{\oplus}(\rho, \dot{\rho}) \geqslant -\frac{Gm_{\oplus}}{2\bar{R}} \tag{8.44}$$

---

① 在本书中, 识别又可称为并联性。但是为了避免出现与现有的定义出现混淆, 没有采用这种名称。详见 3.1 节。实际上, hatm 只有大气标准高度 $\mathcal{H}$ 的几倍。详见 14.4 节。

式 (8.44) 定义了六阶不等式, 其系数与式 (8.11) 一样, 但常数项不同。图 8.7 显示了内部边界不同的定义间的相互关系。

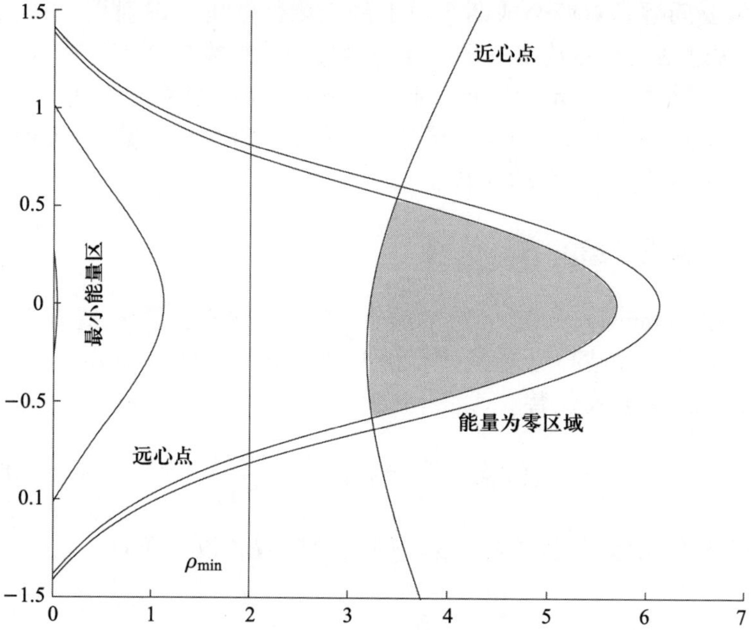

图 8.7 地球卫星的容许区域必定是具有负地心能量区域的子集。附加的约束可通过由大气定义的物理边界 $\bar{R} = R_\oplus + h_{\mathrm{atm}}$ 和由影响球 $r < R_{\mathrm{SI}}$: $a \geqslant R$、$q \geqslant R$ 和 $Q \leqslant R_{\mathrm{SI}}$ 定义的动力学边界来确定

寻找内部边界的另一个可能的方法是去掉在小于一个周期内撞击地球的轨道, 也即使用近地点 q 的一个不等式 (Farnocchia, 2008):

$$q = a(1-e) \geqslant \bar{R} \tag{8.45}$$

代入 4.2 节中的二体公式, 得

$$\sqrt{1 + \frac{2\varepsilon_\oplus \|\boldsymbol{c}\|^2}{G^2 m_\oplus^2}} \leqslant 1 + \frac{2\varepsilon_\oplus \bar{R}}{G m_\oplus} \tag{8.46}$$

因为左手边 $e \geqslant 0$, 对右手边使用条件:

$$1 + \frac{2\varepsilon_\oplus \bar{R}}{G m_\oplus} \geqslant 0$$

通过对式 (8.46) 平方, 得

$$\|\boldsymbol{c}\|^2 \geqslant 2\bar{R}(G m_\oplus + \varepsilon_\oplus \bar{R}) \tag{8.47}$$

式 (8.28) 和式 (8.42) 分别给出 $\boldsymbol{c}$ 和 $E_{\oplus}$ 的表达式, 上述条件是变量 $(\rho,\dot{\rho})$ 的代数不等式; 通过平方, 将它转换成 10 次的 ρ 和 4 次 $\dot{\rho}$ 的多项式方程。图 8.7 同样展示了此内部边界, 以及远心点 Q 取较大值约束下的外边界 (这些等式是类似的)。这种方法的主要局限是, 它并不能严格证明由式 (8.45) 和式 (8.43) 定义的区域最多有两个连通区域。

8.7.2 采样

空间碎片的容许区域与小行星的情况类似, 可由一群虚拟的碎片进行采样, 这类似于虚拟小行星群。这种方式下, 关联问题转化为多个假想的归属, 与 8.4 节和 8.5 节中的理论类似。

如果使用 8.2 节中的德洛内三角剖分方法, 出发点是对容许区域的边界进行采样。对于外边界, 与小行星情况类似; 对于内边界, 可使用最小的 ρ 或最小的近地点 q, 也即式 (8.45)。第一个选择相对简单且更容易使算法可靠, 因为在式 (8.45) 条件下, 不能确定连通部分的数量。一个合理的做法是用最简单的内边界进行三角划分, 然后舍弃具有 $q < \bar{R}$ 弹道特性的节点。

8.7.3 光学测量的二体积分常数法

空间碎片属性之间的关联可通过积分常数法进行。与 8.6 节中的所有公式一样, 包括 $\boldsymbol{r}$ 和 $\boldsymbol{q}$ 的地心解释及 $Gm_{\oplus}$ 代替 k^2。主要区别是在此可进行简化。观察者 $\boldsymbol{q}$ 的地心运动频率 $\Omega_{\oplus}$ 不可能远远超过卫星的平运动, 在大多数情况下, 要慢于卫星的平运动。因此, 此定理的步骤 (6) 简化了, 无须 Poincaré 观测插值方法。

例如, 此方法可适用于 GEO 碎片: 两次观测分属连续的夜晚, 间隔大约一个轨道周期, 它可提供精确的初始轨道。在此仅存在一个陷阱, 即由同一测站测得的时间间隔为 1 天的两个属性, 会导致式 (8.32) 的近似秩亏, 因此 $\boldsymbol{D}_1$ 和 $\boldsymbol{D}_2$ 接近相等 (Gronchi et al., 2008)。这样, GEO 带的相同区域的图像必须在不同时段采集。

这个方法尚未进行大规模试验, 可是, 已有一个程序正在进行测试及比较 GEO 区域碎片的主要积分常数及递推归属方法。

8.7.4 雷达归属及容许区域

人造地球卫星和空间碎片可被雷达探测到: 由于雷达探测信噪比与探测距离 $1/\rho^4$ 的反比关系, 仅可对 LEO 碎片进行距离及距离率的测量。当获得回波信号时, 天线指向角同样可用。鉴于现代雷达能力可非常迅速扫描整个可见空域①, 当天线或天线系统可见时, 雷达可用于发现所有大于最小可见尺寸的碎片 (Mehrholz et al., 2002)。

当雷达进行探测时, 假设测量值为距离、距离变化率及天线的指向, 也即碎片在天球上的视位置, 由两个角坐标如赤经 α 和赤纬 δ 表示。这些角度的时间导数 $\dot{\alpha}$ 和 $\dot{\delta}$ 未被测量: 因此, 属性的概念需重新修正, 重新定义 $(\dot{\alpha},\dot{\delta})$ 平面内的容许区域。

定义雷达属性为矢量:

$$\boldsymbol{A}_{\text{rad}} = (\alpha,\delta,\rho,\dot{\rho}) \in [-\pi,\pi) \times (-\pi/2,\pi/2) \times \mathbb{R}^+ \times \mathbb{R} \tag{8.48}$$

包含了雷达在时刻 t 的测量信息。注意, 与其他情况类似, 假设 t 是接收时间。给定雷达因子 $\boldsymbol{A}_{\text{rad}}$, 定义空间碎片的雷达容许区域:

$$\varepsilon_{\oplus}(\dot{\alpha},\dot{\delta}) \leqslant 0 \tag{8.49}$$

为计算容许区域, 使用地心能量, 有下列公式, 与式 (8.30) 相似, 是未知量 $\dot{\alpha}$ 和 $\dot{\delta}$ 的函数:

$$2\varepsilon_{\oplus} = \dot{\rho}^2 + c_1\dot{\rho} + c_2\rho^2 + c_3\rho + c_4 - \frac{2Gm_{\oplus}}{\sqrt{\rho^2 + c_5\rho + c_0}} \tag{8.50}$$

式 (8.8) 的系数中, 只有 $c_2 = \eta^2$, 而 c_3 取决于 $\dot{\alpha}$ 和 $\dot{\delta}$, 因此, 根据式 (8.30) 可得到依赖于 $\dot{\alpha}$ 和 $\dot{\delta}$ 的二次多项式:

$$2\varepsilon_{\oplus} = z_{11}\dot{\alpha}^2 + 2z_{12}\dot{\alpha}\dot{\delta} + z_{22}\dot{\delta}^2 + 2z_{13}\dot{\alpha} + 2z_{23}\dot{\delta} + z_{33} \tag{8.51}$$

$$\begin{aligned} z_{11} &= \rho^2\cos^2\delta & z_{13} &= \rho\dot{\boldsymbol{q}}\cdot\boldsymbol{\rho}_{\alpha} \\ z_{12} &= 0 & z_{23} &= \rho\dot{\boldsymbol{q}}\cdot\boldsymbol{\rho}_{\delta} \\ z_{22} &= \rho^2 & z_{33} &= \dot{\rho}^2 + c_1\dot{\rho} + c_4 - 2Gm_{\oplus}/\sqrt{S(\rho)} \end{aligned}$$

其中 $S(\rho)$ 与式 (8.9) 中的定义相同。位于 $(\dot{\alpha},\dot{\delta})$ 平面的容许区域边界由下式给出:

$$\varepsilon_{\oplus}(\dot{\alpha},\dot{\delta}) = 0 \tag{8.52}$$

① 雷达指向也可以通过相控阵技术进行控制, 而不一定需要通过天线的物理转动实现。

对于每一个 $\boldsymbol{A}_{\text{rad}}$ 值, 此方程代表 $(\dot{\alpha},\dot{\delta})$ 平面中的一个二次曲线, 更准确来说, 因为 $z_{11}, z_{22} > 0$ 和 $z_{12} = 0$, 它是轴线位于坐标轴的椭圆。实际上, 在平面 $(\dot{\alpha}\cos\delta,\dot{\delta})$ 中, 轴线根据天球切面的量度重新量化后, 曲线 $\varepsilon_{\oplus}(\dot{\alpha},\dot{\delta}) = 0$ 是圆形。

由负地心能量 $\varepsilon_{\oplus}(\dot{\alpha},\dot{\delta}) \leqslant 0$ 定义的区域位于一椭圆 (或重新量化坐标系下的圆) 内部。因此, 它是一个紧集, 定义容许区域内边界面临的问题相比光学属性情况下并不重要。尽管如此, 可通过约束半长轴 $a > \bar{R}$ (根据式 (8.44)) 来定义内部边界, 生成一个同心的内部椭圆, 因此, 容许区域形成了椭圆形的环面。

定义 $q > \bar{R}$, 通过不等式 (8.47) 可排除弹道轨迹, 式 (8.47) 中的 $\dot{\alpha},\dot{\delta}$ 被看作变量。地心能量由式 (8.51) 给出, 角动量为

$$\boldsymbol{c} = \boldsymbol{r} \times \dot{\boldsymbol{r}} = \boldsymbol{E} + \boldsymbol{F}\dot{\alpha} + \boldsymbol{G}\dot{\delta} \tag{8.53}$$

其中

$$\begin{cases} \boldsymbol{E} = \boldsymbol{r} \times \dot{\boldsymbol{q}} + \dot{\rho}\boldsymbol{q} \times \hat{\boldsymbol{\rho}} \\ \boldsymbol{F} = \boldsymbol{r} \times \rho\hat{\boldsymbol{\rho}}_{\alpha} \\ \boldsymbol{G} = \boldsymbol{r} \times \rho\hat{\boldsymbol{\rho}}_{\delta} \end{cases} \tag{8.54}$$

地心矢量 $\boldsymbol{r} = \boldsymbol{q} + \rho\hat{\boldsymbol{\rho}}$ 由雷达属性确定, 并不包含未知量。经过一系列简单的代数转换, 与光学情况类似, 得到如下结论: 由 $\varepsilon_{\oplus} \leqslant 0$ 和 $q \geqslant \bar{R}$ 定义的容许区域是如下三个不等式组的解集:

$$\varepsilon_{\oplus} \leqslant 0, \quad \varepsilon_{\oplus} \geqslant -Gm_{\oplus}/2\bar{R}, \quad \|\boldsymbol{c}\|^2 \geqslant 2\bar{R}(Gm_{\oplus} + \varepsilon_{\oplus}\bar{R})$$

这三个二次方程均以 $(\dot{\alpha},\dot{\delta})$ 为变量。因此容许区域可描述为三个二次曲线: 前两个是同轴椭圆 (重新量化坐标系下的圆), 第三个可能是对称中心和对称轴均不同的椭圆或双曲线。图 8.8 定性地显示了各种可能的情况。

对雷达容许区域的采样可通过德洛内剖分获得, 但由于需区分是否地心测量, 此定理使用起来很复杂。将使用一个简单的网格采样方法, 也即, 在重新量化坐标 $(\dot{\alpha}\cos\delta,\dot{\delta})$ 平面内, 选择中心设在两圆形共同中心的极坐标系, 在此极坐标系下使用矩形网格。以这种方式得到虚拟碎片后, 以条件 $q > \bar{R}$ 进行检验, 去掉不满足此条件的虚拟碎片 (如果弹道轨迹不在观测的目标之中, 例如最近的发射)。

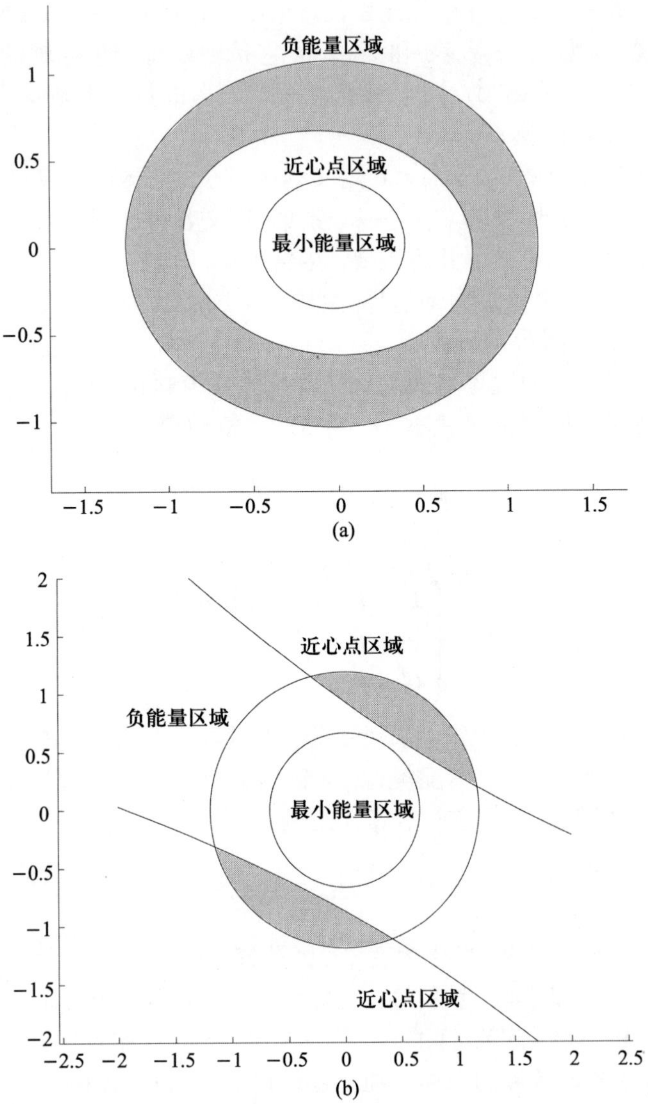

图 8.8 雷达容许区域的可能形状, 包括负能量条件 (外部椭圆) 和近心点条件 ((a) 中间椭圆和 (b) 双曲线), 针对半长轴的更低范围 (内部椭圆) 已被近心点条件约束

8.7.5 雷达测量的二体积分常数法

前一部分中用于关联的二体积分常数法可同样用于接收时间 t_1、t_2 下属性 A_1、A_2 的情况。地心能量和角动量的公式由式 (8.51) 和式

(8.53) 给出, 未知量 $(\dot{\alpha},\dot{\delta})$ 的多项式阶次分别是 2 和 1。因此, 根据两个能量和两个角动量等式, 得到三个线性方程和一个二次方程, 总的代数阶次为 2。此方程组可通过初等代数求解。

使用 t_1、t_2 表示不同的历元时间: 角动量方程为

$$\boldsymbol{E}_1+\boldsymbol{F}_1\dot{\alpha}_1+\boldsymbol{G}_1\dot{\delta}_1=\boldsymbol{E}_2+\boldsymbol{F}_2\dot{\alpha}_2+\boldsymbol{G}_2\dot{\delta}_2 \tag{8.55}$$

式中: $\boldsymbol{E}_i$、$\boldsymbol{F}_i$、$\boldsymbol{G}_i(i=1,2)$ 为式 (8.54) 中针对每一个雷达属性定义的变量。上述等式包含了三个线性方程, 未知变量为 $(\dot{\alpha}_1,\dot{\delta}_1,\dot{\alpha}_2,\dot{\delta}_2)$, 可解出任意三个未知量, 该三个未知量以剩余的未知量表示。通过标量乘法 $G_1\times F_2$, 得到以 $\dot{\delta}_2$ 为变量的函数 $\dot{\alpha}_1$, 如此继续下去。此处理过程仅在四个矢量 $\boldsymbol{F}_1$、$\boldsymbol{F}_2$、$\boldsymbol{G}_1$、$\boldsymbol{G}_2$ 不能产生三维线性空间的情况下会失败。排除坐标奇点外, 此种情况仅在 $\boldsymbol{r}_1$ 平行于 $\boldsymbol{r}_2$ 时发生, 例如, 当时间间隔等于轨道周期时。

将等式 ($\dot{\alpha}_1$、$\dot{\delta}_1$、$\dot{\alpha}_2$ 是 $\dot{\delta}_2$ 的函数) 代入能量方程:

$$\varepsilon_{\oplus,1}(\dot{\alpha}_1,\dot{\delta}_1)=\varepsilon_{\oplus,2}(\dot{\alpha}_2,\dot{\delta}_2)$$

得到关于 $\dot{\delta}_2$ 的二次方程, 可通过初等代数求解, 最多给出两个解。地心测量时, 角动量方程式 (8.55) 可描述为平面 (如平面 $(\dot{\alpha}_2,\dot{\delta}_2)$) 中的一条直线, 该平面内能量方程定义为一个锥形。

本方法针对一个或多个雷达碎片观测的实际应用要求一些有意义的额外步骤。特别地, 需检查假设的二体模型在 $t_1\sim t_2$ 时间区间内有很好的轨道近似。因为雷达观测仅限于 LEO, 碎片运行周期在每天 12~16 圈, 这意味着一天内取决于地球的非球形引力摄动是显著的, 特别是对升交点经度 $\varOmega$ 的影响。对 $\varOmega$ 的最大改变在于长周期摄动:

$$\varOmega(t_2)-\varOmega(t_1)\simeq-(t_2-t_1)\frac{3}{2}n\left(\frac{R_\oplus}{a}\right)^2\frac{J_2}{(1-e^2)^2}\cos I$$

式中: $J_2=-C_{20}$ 为地球引力场的二次球谐项系数 (13.2 节)。在二体积分常数法 (Farnocchia, 2008) 的改进模型中考虑升交点的进动, 得到四个代数方程, 总的阶次为 112。这样的一个方程组可通过前一节和 (Gronchi et al., 2008) 中描述的方法求解, 但尚不清楚此方法是否有效率。

如果雷达系统具备从同一观测或至少连续两个观测 (小于 2 h) 的大部分碎片中获取两个雷达属性的能力, 可应用一个通过初等代数得到明确解的更简单的办法。如果可行, 将为如何将轨道确定难题转换至具有初等解的情况提供一个很好的例证。

第 9 章

拉普拉斯和高斯法

本章讨论用传统的拉普拉斯 - 高斯法来求解二体问题, 也即利用天球坐标系下的至少三组观测角度 (α, δ) 定出初始轨道。研究表明, 该处理过程受控于曲率, 也即受属性之外的信息控制。同时, 本章也将讨论非唯一解的可能性。本章内容均基于作者的研究成果 (Milani et al., 2008; Gronchi, 2009)。

9.1 属性及曲率

如果太阳系物体 B (例如一个流星) 在不同的时刻 $t_i(i = 1, 2, \cdots, m, m \geqslant 3)$ 有 m 个观测值 (α_i, δ_i), 用以时间 t 为函数的多项式模型拟合角度测量值计算出属性 A。大部分情况下, 平均时间 $\bar{t}$ 附近的二阶模型可满足要求:

$$\alpha(t) = \alpha(\bar{t}) + \dot{\alpha}(\bar{t})(t - \bar{t}) + \frac{1}{2}\ddot{\alpha}(\bar{t})(t - \bar{t})^2$$

$$\delta(t) = \delta(\bar{t}) + \dot{\delta}(\bar{t})(t - \bar{t}) + \frac{1}{2}\ddot{\delta}(\bar{t})(t - \bar{t})^2$$

作为 5.1 节所描述问题的解, 矢量 $(\alpha, \dot{\alpha}, \ddot{\alpha}, \delta, \dot{\delta}, \ddot{\delta})$ 与 2 个 3×3 阶的协方差矩阵 $\boldsymbol{\Gamma}_\alpha$、$\boldsymbol{\Gamma}_\delta$ 通过上述方法得到。假设 α 和 δ 的误差分量并不相关, 否则 6× 6 的协方差矩阵将满秩。

9.1.1 计算曲率

若观测目标 B 的日心位置是矢量 $\boldsymbol{r} \in \mathbb{R}^3$, 其站心位置为

$$\boldsymbol{\rho} = \rho\hat{\boldsymbol{\rho}} = \boldsymbol{r} - \boldsymbol{q}$$

式中: $\boldsymbol{q}$ 为观测者的日心位置; $\hat{\boldsymbol{\rho}}$ 为指向观测者的单位矢量; $\boldsymbol{\rho}$ 为 B 的站心距离。

使用与 B 在天球上的视线路径相匹配的一组标准正交基, 也即 $\hat{\boldsymbol{\rho}}(t)$ 的映像。根据 Danby (1988), 注意到

$$\boldsymbol{v} = \frac{\mathrm{d}\hat{\boldsymbol{\rho}}}{\mathrm{d}t} = \eta\hat{\boldsymbol{v}}, \quad \hat{\boldsymbol{v}}\cdot\hat{\boldsymbol{\rho}} = 0$$

式中: $\eta = \boldsymbol{v}$ 为合适的运动。使用弧长参数 s, 定义 $\mathrm{d}s/\mathrm{d}t = \eta$, 有 $\mathrm{d}\hat{\boldsymbol{\rho}}/\mathrm{d}s = \hat{\boldsymbol{v}}$。求关于 s 的导数, $\hat{\boldsymbol{v}}$ 的导数有如下性质:

$$\hat{\boldsymbol{v}}'\cdot\hat{\boldsymbol{\rho}} = \frac{\mathrm{d}}{\mathrm{d}s}[\hat{\boldsymbol{v}}\cdot\hat{\boldsymbol{\rho}}] - \hat{\boldsymbol{v}}\cdot\hat{\boldsymbol{\rho}}' = -1$$

$$\hat{\boldsymbol{v}}'\cdot\hat{\boldsymbol{v}} = \frac{1}{2}\frac{\mathrm{d}}{\mathrm{d}s}\|\hat{\boldsymbol{v}}\|^2 = 0$$

在正交基 $\{\hat{\boldsymbol{\rho}}, \hat{\boldsymbol{v}}, \hat{\boldsymbol{n}}\}$ 中, 有 $\hat{\boldsymbol{n}} = \hat{\boldsymbol{\rho}}\times\hat{\boldsymbol{v}}$, $\hat{\boldsymbol{v}}$ 可表示为

$$\hat{\boldsymbol{v}}' = -\hat{\boldsymbol{\rho}} = \kappa\hat{\boldsymbol{n}}$$

标量函数 κ 为路径的测地曲率。它测量了路径与一个大圆的偏差 (球体上的大圆)。根据 $\hat{\boldsymbol{v}}$ 计算路径 $\hat{\boldsymbol{\rho}}(t)$ 关于 t 的二阶导数:

$$\frac{\mathrm{d}^2\hat{\boldsymbol{\rho}}}{\mathrm{d}t^2} = -\eta^2\hat{\boldsymbol{\rho}} + \dot{\eta}\hat{\boldsymbol{v}} + \kappa\eta^2\hat{\boldsymbol{n}} \tag{9.1}$$

$\mathrm{d}^2\hat{\boldsymbol{\rho}}/\mathrm{d}t^2$ 的三个分量给出路径曲率的信息: $\hat{\boldsymbol{n}}$ 方向的分量直接与测地曲率有关, $\hat{\boldsymbol{v}}$ 方向分量称为沿迹加速度, $\hat{\boldsymbol{\rho}}$ 方向分量简单地表示路径是在一球面上。

根据观测量进行多项式拟合形成 $(\alpha, \delta, \dot{\alpha}, \dot{\delta}, \ddot{\alpha}, \ddot{\delta})$, 由此开始计算曲率的两个分量 $\kappa\eta^2$、$\dot{\eta}$, 使用标准正交基 $\{\hat{\boldsymbol{\rho}}, \hat{\boldsymbol{\rho}}_\alpha, \hat{\boldsymbol{\rho}}_\delta\}$, 其中

$$\hat{\boldsymbol{\rho}} = (\cos\delta\cos\alpha, \cos\delta\sin\alpha, \sin\delta)$$

$$\hat{\boldsymbol{\rho}}_\alpha = \frac{\partial\hat{\boldsymbol{\rho}}}{\partial\alpha} = (-\cos\delta\sin\alpha, \cos\delta\cos\alpha, 0)$$

$$\hat{\boldsymbol{\rho}}_\delta = \frac{\partial\hat{\boldsymbol{\rho}}}{\partial\delta} = (-\sin\delta\cos\alpha, -\sin\delta\sin\delta, \cos\delta)$$

其中 $\|\hat{\boldsymbol{\rho}}\| = \|\hat{\boldsymbol{\rho}}_\delta\| = 1, \|\hat{\boldsymbol{\rho}}_\alpha\| = \cos\delta$, 得

$$\hat{\boldsymbol{v}} = \hat{\boldsymbol{\rho}}' = \alpha' + \hat{\boldsymbol{\rho}}_\alpha + \delta'\hat{\boldsymbol{\rho}}_\delta$$

$$\hat{\boldsymbol{n}} = \hat{\boldsymbol{\rho}}\times(\alpha'\hat{\boldsymbol{\rho}}_\alpha + \delta'\hat{\boldsymbol{\rho}}_\delta) = -\frac{\delta'}{\cos\delta}\hat{\boldsymbol{\rho}}_\alpha + \alpha'\cos\delta\hat{\boldsymbol{\rho}}_\delta$$

$$\hat{\boldsymbol{v}}' = (\alpha''\hat{\boldsymbol{\rho}}_\alpha + \delta''\hat{\boldsymbol{\rho}}_\delta) + (\alpha'^2\hat{\boldsymbol{\rho}}_{\alpha\alpha} + 2\alpha'\delta'\hat{\boldsymbol{\rho}}_{\alpha\delta} + \delta'^2\hat{\boldsymbol{\rho}}_{\delta\delta})$$

二阶导矢量为

$$\hat{\boldsymbol{\rho}}_{\alpha\alpha} = \frac{\partial^2 \hat{\boldsymbol{\rho}}}{\partial \alpha^2}(-\cos\delta\cos\alpha, -\cos\delta\sin\alpha, 0)$$

$$\hat{\boldsymbol{\rho}}_{\alpha\delta} = \frac{\partial^2 \hat{\boldsymbol{\rho}}}{\partial \alpha \partial \delta} = (\sin\delta\sin\alpha, -\sin\delta\cos\alpha, 0)$$

$$\hat{\boldsymbol{\rho}}_{\delta\delta} = \frac{\partial^2 \hat{\boldsymbol{\rho}}}{\partial \delta^2} = (-\cos\delta\cos\alpha, -\cos\delta\sin\delta, -\sin\delta)$$

同样需要标量乘积①

$$\begin{aligned}
&\hat{\boldsymbol{\rho}}_{\alpha\alpha} \cdot \hat{\boldsymbol{\rho}}_{\alpha} = 0 = \boldsymbol{\Gamma}_{\alpha\alpha,\alpha}, && \hat{\boldsymbol{\rho}}_{\alpha\alpha} \cdot \hat{\boldsymbol{\rho}}_{\delta} = \sin\delta\cos\delta = \boldsymbol{\Gamma}_{\alpha\alpha,\delta} \\
&\hat{\boldsymbol{\rho}}_{\alpha\delta} \cdot \hat{\boldsymbol{\rho}}_{\alpha} = -\sin\delta\cos\delta = \boldsymbol{\Gamma}_{\alpha\delta,\alpha}, && \hat{\boldsymbol{\rho}}_{\alpha\delta} \cdot \hat{\boldsymbol{\rho}}_{\delta} = 0 = \boldsymbol{\Gamma}_{\alpha\delta,\delta} \\
&\hat{\boldsymbol{\rho}}_{\delta\delta} \cdot \hat{\boldsymbol{\rho}}_{\alpha} = 0 = \boldsymbol{\Gamma}_{\delta\delta,\alpha}, && \hat{\boldsymbol{\rho}}_{\delta\delta} \cdot \hat{\boldsymbol{\rho}}_{\delta} = 0 = \boldsymbol{\Gamma}_{\delta\delta,\delta}
\end{aligned}$$

将测地曲率, 表示为弧长导数的函数:

$$\kappa = \hat{\boldsymbol{v}}' \cdot \hat{\boldsymbol{n}} = (\delta''\alpha' - \alpha''\delta)\cos\delta + \alpha'(1 + \delta'^2)\sin\delta$$

为获得含有时间导数的表达式, 需使用

$$\alpha'' = \frac{1}{\eta}\frac{\mathrm{d}}{\mathrm{d}t}\left(\frac{\dot{\alpha}}{\eta}\right) = \frac{\eta\ddot{\alpha} - \dot{\eta}\dot{\alpha}}{\eta^3}$$

同样的对 δ 求导, 去掉包含 $\dot{\eta}$ 的项, 得

$$\kappa\eta^2 = \frac{1}{\eta}\left[\left(\ddot{\delta}\dot{\alpha} - \ddot{\alpha}\dot{\delta}\right)\cos\delta + \dot{\alpha}(\eta^2 + \dot{\delta}^2)\sin\delta\right] \tag{9.2}$$

为计算沿迹加速度, 考虑二阶导数:

$$\frac{\mathrm{d}^2\hat{\boldsymbol{\rho}}}{\mathrm{d}t^2} = (\ddot{\alpha}\hat{\boldsymbol{\rho}}_{\alpha} + \ddot{\delta}\hat{\boldsymbol{\rho}}_{\delta}) + (\dot{\alpha}^2\boldsymbol{\rho}_{\alpha\alpha} + 2\dot{\alpha}\dot{\delta}\hat{\boldsymbol{\rho}}_{\alpha\delta} + \dot{\delta}^2\hat{\boldsymbol{\rho}}_{\delta\delta})$$

得

$$\dot{\eta} = \frac{\mathrm{d}^2\hat{\boldsymbol{\rho}}}{\mathrm{d}t^2} \cdot \hat{\boldsymbol{v}} = \frac{\ddot{\alpha}\dot{\alpha}\cos^2\delta + \ddot{\delta}\dot{\delta} - \dot{\alpha}^2\dot{\delta}\cos\delta\sin\delta}{\eta} \tag{9.3}$$

9.2 拉普拉斯方法

正交归一基 $\{\hat{\boldsymbol{\rho}}, \hat{\boldsymbol{v}}, \hat{\boldsymbol{n}}\}$ 中, 站心矢量 $\boldsymbol{\rho}$ 的一阶和二阶时间导数表示如下:

$$\dot{\boldsymbol{\rho}} = \dot{\rho}\hat{\boldsymbol{\rho}} + \rho\eta\hat{\boldsymbol{v}}$$

$$\ddot{\boldsymbol{\rho}} = (\rho\dot{\eta} + 2\dot{\rho}\eta)\hat{\boldsymbol{v}} + \rho\eta^2\kappa\hat{\boldsymbol{n}} + \ddot{\rho} - \rho\eta^2\hat{\boldsymbol{\rho}}$$

① 即球体的黎曼几何连接以克里斯托弗尔符号表示。

拉普拉斯方法用了如下近似: $\boldsymbol{q}$ 为地心位置矢量 (地心近似) 且所有行星的质量是零。二体公式可用于加速度 $\ddot{\boldsymbol{\rho}}$ 和 $\ddot{\boldsymbol{q}}$:

$$\ddot{\boldsymbol{\rho}} = \frac{-\mu \boldsymbol{r}}{r^3} + \frac{\mu \boldsymbol{q}}{q^3}$$

式中: r 为小行星的日心距离; q 为地球的日心距离; μ 为太阳的质量乘以引力常数; $r_3 = S(\rho)^{3/2}$ 而

$$S(\rho) = \rho^2 + 2q\rho\cos\epsilon + q^2 \tag{9.4}$$

$S(\rho)$ 与 8.1 节中出现的多项式相同, 有 $\boldsymbol{q} = q\hat{\boldsymbol{q}}$ 和 $\cos\epsilon = \hat{\boldsymbol{q}}\hat{\boldsymbol{\rho}}$。式 (9.4) 是一个 Q、R 和 ρ 之间的几何关系, 它在定轨领域中通常称为几何方程。

计算 $\hat{\boldsymbol{n}}$ 和 $\hat{\boldsymbol{v}}$ 方向的 $\ddot{\boldsymbol{\rho}}$ 分量, 根据 $\hat{\boldsymbol{\rho}} \cdot \hat{\boldsymbol{n}} = 0$, 得

$$\ddot{\boldsymbol{\rho}} \cdot \hat{\boldsymbol{n}} = \frac{-\mu \boldsymbol{q} \cdot \hat{\boldsymbol{n}}}{r^3} + \frac{\mu \boldsymbol{q} \cdot \hat{\boldsymbol{n}}}{q^3} = \rho\eta^2\kappa \tag{9.5}$$

$$\ddot{\boldsymbol{\rho}} \cdot \hat{\boldsymbol{v}} = \frac{-\mu \boldsymbol{q} \cdot \hat{\boldsymbol{v}}}{r^3} + \frac{\mu \boldsymbol{q} \cdot \hat{\boldsymbol{v}}}{n^3} = \rho\dot{\eta} + 2\dot{\rho}\eta \tag{9.6}$$

定义

$$C = \frac{\eta^2\kappa q^3}{\mu \hat{\boldsymbol{q}} \cdot \hat{\boldsymbol{n}}} \tag{9.7}$$

在二体近似中, 式 (9.5) 形式如下:

$$1 - C\frac{\rho}{q} = \frac{q^3}{S(\rho)^{3/2}} \tag{9.8}$$

式 (9.8) 常被称为动力学方程, 实际上, 它仅表示 $\hat{\boldsymbol{n}}$ 方向的分量。

将由式 (9.4) 得到的 ρ 值代入式 (9.8) 后, 两边平方, 得到关于 r 的八阶多项式:

$$p(r) = C^2r^8 - q^2(C^2 + 2C\cos\in +1)r^6 + 2q^5(C\cos\in +1)r^3 - q^8 = 0 \tag{9.9}$$

若式 (9.8) 左手边为正, 则式 (9.9) 与式 (9.8) 等价, 也即, 仅 $q/\rho > C$ 情况下两式等价。通过求解式 (9.5), 可根据 ρ 计算 $\dot{\rho}$ 的值, 之后以归属轨道根数定义一个轨道。

9.3 高斯方法

对于时刻 $t_i, i = 1, 2, 3$, 令 $\boldsymbol{r}_i$、$\boldsymbol{\rho}_i$ 分别表示物体的日心和站心位置, $\boldsymbol{q}_i$ 是观测者的日心位置。高斯法使用三个观测值, 对应的位置为

$$\boldsymbol{r}_i = \boldsymbol{\rho}_i + \boldsymbol{q}_i, \quad i = 1, 2, 3 \tag{9.10}$$

对应时刻有 $t_1 < t_2 < t_3$。假设 $t_i - t_j, 1 \leqslant i, j \leqslant 3$ 远小于轨道周期, 以 $O(\Delta t)$ 表示时间差的等量级值。$\boldsymbol{r}_i$ 共面, 意味着存在 $\lambda_1, \lambda_3 \in \mathbb{R}$, 满足

$$\lambda_1 \boldsymbol{r}_1 - \boldsymbol{r}_2 + \lambda_3 \boldsymbol{r}_3 = 0 \tag{9.11}$$

式 (9.11) 两边分别与 $\boldsymbol{r}_1$ 和 $\boldsymbol{r}_3$ 进行矢量相乘, 矢量 $\boldsymbol{r}_i \times \boldsymbol{r}_j$ (对于 $i = j$) 具有与 $\boldsymbol{c} = \boldsymbol{r}_h \times \dot{\boldsymbol{r}}_h (h = 1, 2, 3)$ 相同的指向, 也即在任一时刻单位质量的角动量积分常数相同。可表示为

$$\lambda_1 = \frac{\boldsymbol{r}_2 \times \boldsymbol{r}_3 \cdot \hat{\boldsymbol{c}}}{\boldsymbol{r}_1 \times \boldsymbol{r}_3 \cdot \hat{\boldsymbol{c}}}, \quad \lambda_3 = \frac{\boldsymbol{r}_1 \times \boldsymbol{r}_2 \cdot \hat{\boldsymbol{c}}}{\boldsymbol{r}_1 \times \boldsymbol{r}_3 \cdot \hat{\boldsymbol{c}}}$$

根据式 (9.10) 以及式 (9.11) 的标量积 $\hat{\boldsymbol{\rho}}_1 \times \hat{\boldsymbol{\rho}}_3$, 得

$$\rho_2 [\hat{\boldsymbol{\rho}}_1 \times \hat{\boldsymbol{\rho}}_2 \cdot \hat{\boldsymbol{\rho}}_3] = \hat{\boldsymbol{\rho}}_1 \times \hat{\boldsymbol{\rho}}_3 \cdot [\lambda_1 \boldsymbol{q}_1 - \boldsymbol{q}_2 + \lambda_3 \boldsymbol{q}_3] \tag{9.12}$$

$\boldsymbol{r}_i - \boldsymbol{r}_2 (i = 1, 3)$ 的差可扩展为 $t_{ij} = t_i - t_j = O(\Delta t)$ 的幂级形式, 例如, 使用 f 和 g 级数 (Herrick, 1971; Everhart and Pitkin, 1983); 因此 $\boldsymbol{r}_i = f_i \boldsymbol{r}_2 + g_i \dot{\boldsymbol{r}}_2$, 其中

$$f_i = 1 - \frac{\mu}{2} \frac{t_{i2}^2}{r_2^3} + O(\Delta t^3), \quad g_i = t_{i2} \left(1 - \frac{\mu}{6} \frac{t_{i2}^2}{r_2^3}\right) + O(\Delta t^4) \tag{9.13}$$

然后 $\boldsymbol{r}_i \times \boldsymbol{r}_2 = -g_i \boldsymbol{c}$, $\boldsymbol{r}_1 \times \boldsymbol{r}_3 = (f_1 g_3 - f_3 g_1) \boldsymbol{c}$ 且

$$\lambda_1 = \frac{g_3}{f_1 g_1 - f_3 g_1}, \quad \lambda_3 = \frac{-g_1}{f_1 g_3 - f_3 g_1} \tag{9.14}$$

$$f_1 g_3 - f_3 g_1 = t_{31} \left(1 - \frac{\mu}{6} \frac{t_{31}^2}{r_2^3}\right) + O(\Delta t^4) \tag{9.15}$$

在式 (9.14) 中使用式 (9.13) 和式 (9.15), 得

$$\lambda_1 = \frac{t_{32}}{t_{31}} \left[1 + \frac{\mu}{6 r_2^3} (t_{31} - t_{32})\right] + O(\Delta t^3) \tag{9.16}$$

$$\lambda_3 = \frac{t_{21}}{t_{31}} \left[1 + \frac{\mu}{6 r_2^3} (t_{31} - t_{32})\right] + O(\Delta t^3) \tag{9.17}$$

令 $V = \hat{\boldsymbol{\rho}}_1 \times \hat{\boldsymbol{\rho}}_2 \cdot \hat{\boldsymbol{\rho}}_3$。将式 (9.16)、式 (9.17) 代入式 (9.12), 使用关系式 $t_{31}^2 - t_{32}^2 = t_{21}(t_{31} + t_{32})$ 和 $t_{31}^2 - t_{21}^2 = t_{32}(t_{31} + t_{21})$, 可写为

$$\begin{aligned} -V \rho_2 t_{31} = {} & \hat{\boldsymbol{\rho}}_1 \times \hat{\boldsymbol{\rho}}_3 \cdot (t_{32} \boldsymbol{q}_1 - t_{31} \boldsymbol{q}_2 + t_{21} \boldsymbol{q}_3) \\ & + \hat{\boldsymbol{\rho}}_1 \times \hat{\boldsymbol{\rho}}_3 \cdot \left[\frac{\mu}{6 r_2^3} [t_{32} t_{31} (t_{31} + t_{32}) \boldsymbol{q}_1 + t_{32} t_{31} (t_{31} + t_{21}) \boldsymbol{q}_3]\right] \\ & + O(\Delta t^4) \end{aligned} \tag{9.18}$$

如果忽略 $O(\Delta t^4)$ 项, $1/r_2^3$ 的系数为

$$B(\boldsymbol{q}_1,\boldsymbol{q}_3)=\frac{\mu}{6}t_{32}t_{31}\hat{\boldsymbol{\rho}}_1\times\hat{\boldsymbol{\rho}}_3\cdot[(t_{31}+t_{32})\,\boldsymbol{q}_1+(t_{31}+t_{21})\boldsymbol{q}_3] \tag{9.19}$$

式 (9.19) 乘以 $q_2^3/B(\boldsymbol{q}_1,\boldsymbol{q}_3)$, 得

$$-\frac{V\rho_2 t_{31}}{B(\boldsymbol{q}_1,\boldsymbol{q}_3)}q_2^3=\frac{q_2^3}{r_2^3}+\frac{A(\boldsymbol{q}_1,\boldsymbol{q}_2,\boldsymbol{q}_3)}{B(\boldsymbol{q}_1,\boldsymbol{q}_3)}$$

其中

$$A(\boldsymbol{q}_1,\boldsymbol{q}_2,\boldsymbol{q}_3)=q_2^3\hat{\boldsymbol{\rho}}_1\times\hat{\boldsymbol{\rho}}_3\cdot[t_{32}\boldsymbol{q}_1-t_{31}\boldsymbol{q}_2+t_{21}\boldsymbol{q}_3]$$

令

$$C_2=\frac{Vt_{31}q_2^4}{B(\boldsymbol{q}_1,\boldsymbol{q}_2)},\quad \gamma_2=-\frac{A(\boldsymbol{q}_1,\boldsymbol{q}_2,\boldsymbol{q}_3)}{B(\boldsymbol{q}_1,\boldsymbol{q}_3)} \tag{9.20}$$

得

$$C_2\frac{\rho_2}{q_2}=\gamma_2-\frac{q_2^3}{r_2^3} \tag{9.21}$$

是高斯法的动力学方程。

根据式 (9.21) 找到 r^2 的可能取值及几何方程 $r_2^2=\rho_2^2+q_2^2+2\rho_2q_2\cos\epsilon_2$ 后, 速度矢量 $\dot{\boldsymbol{r}}_2$ 可根据不同的方法计算, 例如, 根据吉布斯公式 (Herrick, 1971), 给定 λ_1、λ_3 的值后, 根据式 (9.11) 与 $\hat{\boldsymbol{\rho}}_1\times\hat{\boldsymbol{\rho}}_2$ 的标量积, 得到 ρ_3 的线性方程, 根据与 $\hat{\boldsymbol{\rho}}_2\times\hat{\boldsymbol{\rho}}_3$ 的标量积, 得到 ρ_1 的线性方程, 据此计算 $\boldsymbol{r}_1$ 和 $\boldsymbol{r}_3$。吉布斯方法给出 $\dot{\boldsymbol{r}}_2$ 的表达式 (Herrick, 1971):

$$\dot{\boldsymbol{r}}_2=-d_1\boldsymbol{r}_1+d_2\boldsymbol{r}_2+d_3\boldsymbol{r}_3 \tag{9.22}$$

其中

$$\begin{aligned}
&d_i=G_i+H_ir_i^{-3},\quad i=1,2,3\\
&G_1=\frac{t_{32}^2}{t_{21}t_{32}t_{31}},\qquad G_3=\frac{t_{21}^2}{t_{21}t_{32}t_{31}},\quad G_2=G_1-G_3\\
&H_1=\mu t_{32}/12,\qquad H_3=\mu t_{21}/12,\quad H_2=H_1-H_3
\end{aligned}$$

$\boldsymbol{r}_2$ 和 $\dot{\boldsymbol{r}}_2$ 可用时, 它们提供了一组初始条件 (历元为 $t_2-\rho_2/c$), 据此, 可计算 $t_1-\rho_1/c$、$t_3-\rho_3/c$ 时刻二体问题的解 $\boldsymbol{r}_1$ 和 $\boldsymbol{r}_3$ (使用二体传递, 见附录 A)。由式 (9.11) 得到的系数 λ_1、λ_3 是可用的, 式 (9.12) 对 ρ_2 进行了改进, 由改进的 ρ_2 可开始一轮新的迭代。这仅仅是用于改进初始轨道的众多迭代方法中的一个, 目的是使得初轨关于三个观测量的残差更小。

Celletti and Pinzari (2005) 证明, 在二体运动方程精确解的近似过程中, 改进初始轨道过程中的每一步 (称为高斯图①) 都提高了 Δt 的阶次。他们还证实, 当八阶方程的解在收敛域外与精确解差别很大时, 高斯图的迭代是发散的。因此, 高斯图应谨慎使用, 例如, 发散情况下应加入重现过程。

9.4 站心高斯 – 拉普拉斯法

高斯法和拉普拉斯法之间的重要差异如下: 高斯法在小行星运动 $\boldsymbol{r}(t)$ 中使用 $O(\Delta t^2)$ 量级的截断误差, 但观测者位置 (与地心重合或者不重合) 使用精确值。拉普拉斯中的截断误差与相关运动 $\boldsymbol{\rho}(t)$ 同一量级 (见 9.1 节中的式 (9.2)), 隐含了对观测者运动的近似。本节中, 考察两种技术差异带来的影响。

9.4.1 高斯 – 拉普拉斯等价

为直接比较这两种方法, 假设地心运动与观测者一致, 介绍高斯法对地心运动采用的阶次为 $O(\Delta t^2)$ 的同一逼近。利用地球的 f、g 级数, 得

$$\boldsymbol{q}_i = \left(1 - \frac{\mu}{2}\frac{t_{i2}^2}{q_2^3}\right)\boldsymbol{q}_2 + t_{i2}\dot{\boldsymbol{q}}_2 + \frac{\mu}{6}\frac{t_{i2}^3}{q_2^3}\left[\frac{3(\boldsymbol{q}_2\cdot\dot{\boldsymbol{q}}_2)\boldsymbol{q}_2}{q_2^2} - \boldsymbol{q}_2\right] + O(\Delta t^4) \quad (9.23)$$

将式 (9.23) 代入式 (9.19) 中, 发现

$$B(\boldsymbol{q}_1, \boldsymbol{q}_3) = \frac{\mu}{6}t_{32}t_{31}\hat{\boldsymbol{\rho}}_1 \times \hat{\boldsymbol{\rho}}_3 \cdot \left[3t_{31}\boldsymbol{q}_2 + t_{31}(t_{32} - t_{21})\dot{\boldsymbol{q}}_2 + O(\Delta t^3)\right]$$

如果 $t_{32} - t_{21} = t_3 + t_1 - 2t_2 = 0$, 也即, 对 $\mathrm{d}^2/\mathrm{d}t^2$ 在中值 t_2 处进行插值, 则

$$B(\boldsymbol{q}_1, \boldsymbol{q}_3) = \frac{\mu}{2}t_{21}t_{32}t_{31}\hat{\boldsymbol{\rho}}_1 \times \hat{\boldsymbol{\rho}}_3 \cdot \boldsymbol{q}_2(1 + O(\Delta t^2))$$

否则, 如果 $t_2 = (t_1 + t_3)/2$, 最后一项仅为 $(1 + O(\Delta t))$。将式 (9.23) 代入式 (9.24), 得

$$\begin{aligned} A(\boldsymbol{q}_1, \boldsymbol{q}_2, \boldsymbol{q}_3) = &-\frac{\mu}{2}t_{21}t_{32}t_{31}\hat{\boldsymbol{\rho}}_1 \times \hat{\boldsymbol{\rho}}_3 \\ &\cdot\left\{\boldsymbol{q}_2 + \frac{1}{3}(t_{21} - t_{32})\left[\frac{3(\boldsymbol{q}_2\cdot\dot{\boldsymbol{q}}_2)\boldsymbol{q}_2}{q_2^2} - \dot{\boldsymbol{q}}_2\right]\right\} + O(\Delta t^5) \quad (9.24) \end{aligned}$$

---

① 经典论文中, 如 Crawford et al. (1930) 的论文, 使用差分修正项表示 Celletti and Pinzari (2005) 论文中同级别的高斯地图运算。我们沿用近期论文中使用的术语, 因为现代应用中, 差分修正涉及使用迭代方法求解最小二乘问题。

如上所示, 如果 $t_{32}-t_{21}=t_3+t_1-2t_2=0$, 则

$$A(\boldsymbol{q}_1,\boldsymbol{q}_2,\boldsymbol{q}_3)=-\frac{\mu}{2}t_{21}t_{32}t_{31}\hat{\boldsymbol{\rho}}_1\times\hat{\boldsymbol{\rho}}_3\cdot\boldsymbol{q}_2(1+O(\Delta t^2))$$

可从式 (9.20) 得

$$\gamma_2=-\frac{A}{B}=1+O(\Delta t^2)$$

否则, 如果 $t_2\neq(t_1+t_3)/2$, 最后一项仅为 $(1+O(\Delta t))$。对于 V, 利用式 (9.1) 对 $\hat{\boldsymbol{\rho}}_i$ 在 t_2 进行泰勒展开:

$$\hat{\boldsymbol{\rho}}_i=\hat{\boldsymbol{\rho}}_2+t_{i2}\eta\hat{\boldsymbol{v}}_2+\frac{t_{i2}^2}{2}(-\eta^2\hat{\boldsymbol{\rho}}_2+\dot{\eta}\hat{\boldsymbol{v}}_2+\kappa\eta^2\hat{\boldsymbol{n}}_2)+O(\Delta t^3)$$

这表明

$$\hat{\boldsymbol{\rho}}_1\times\hat{\boldsymbol{\rho}}_3\cdot\hat{\boldsymbol{\rho}}_2=\frac{1}{2}\left[t_{12}\eta\hat{\boldsymbol{v}}_2\times t_{32}^2\kappa\eta^2\hat{\boldsymbol{n}}_2-t_{32}\eta\hat{\boldsymbol{v}}_2\times t_{12}^2\kappa\eta^2\hat{\boldsymbol{n}}_2\right]\cdot\hat{\boldsymbol{\rho}}_2+O(\Delta t^4)$$

如果 $t_2=(t_1+t_3)/2, O(\Delta t^4)$ 项消失, 余项是 $O(\Delta t^5)$, 则

$$V=-\frac{\kappa\eta^3}{2}(t_{12}t_{32}^2-t_{32}t_{12}^2)(1+O(\Delta t^2))=\frac{k\eta^3}{2}t_{21}t_{32}t_{31}(1+O(\Delta t^2))$$

$$C_2=\frac{Vt_{31}q_2^4}{B}=\frac{k\eta^3t_{31}q_2^4+O(\Delta t^3)}{\mu\hat{\boldsymbol{\rho}}_1\times\hat{\boldsymbol{\rho}}_3\cdot\boldsymbol{q}_2(1+(\Delta t))}$$

分母中, $\hat{\boldsymbol{\rho}}_1\times\hat{\boldsymbol{\rho}}_3$ 中 Δt^2 阶的部分为

$$\hat{\boldsymbol{\rho}}_1\times\hat{\boldsymbol{\rho}}_3=t_{31}\eta\hat{\boldsymbol{n}}_2+\frac{t_{32}^2-t_{12}^2}{2}(\dot{\eta}\hat{\boldsymbol{n}}_2-\kappa\eta^2\hat{\boldsymbol{v}}_2)+O(\Delta t^3) \tag{9.25}$$

因此, 如果 $t_{32}-t_{21}=t_3+t_1-2t_2=0$, 则

$$C_2=\frac{\kappa\eta^3t_{31}q_2^4+O(\Delta t^3)}{\mu t_{31}\eta q_2\hat{\boldsymbol{q}}_2\cdot\hat{\boldsymbol{n}}_2+O(\Delta t^3)}=\frac{\kappa\eta^2q_2^3}{\mu\hat{\boldsymbol{q}}_2\cdot\hat{\boldsymbol{n}}_2}(1+O(\Delta t^2))$$

否则, 最后一项为 $(1+O(\Delta t))$。

因此, 忽略站心和地心观测之间的差异, 动力学方程式 (9.8) 和式 (9.21) 的系数在 Δt 的零阶是相同的, 如果 t_2 是平均时间, 则在 Δt 的一阶也相同。

9.4.2 站心拉普拉斯法

现在, 去掉观测者位于地心的假设, 将站心观测引入拉普拉斯方法中。地球质心位于 $\boldsymbol{q}_\oplus$, 而观测者位于 $\boldsymbol{q}=\boldsymbol{q}_\oplus+\boldsymbol{P}$。通过考虑观测者地心位置 $\boldsymbol{P}$ 包含的加速度, 得到动力学方程:

$$\frac{\mathrm{d}^2\boldsymbol{\rho}}{\mathrm{d}t^2}=-\frac{\mu\boldsymbol{r}}{r^3}+\frac{\mu\boldsymbol{q}_\oplus}{q_\oplus^3}-\ddot{\boldsymbol{P}}$$

通过与 $\hat{\boldsymbol{n}}$ 进行标量相乘, 使用式 (9.1), 得

$$\frac{\mathrm{d}^2\boldsymbol{\rho}}{\mathrm{d}t^2}\cdot\hat{\boldsymbol{n}}=\rho\eta^2\kappa=\mu\left[q_\oplus\frac{\boldsymbol{q}_\oplus\cdot\hat{\boldsymbol{n}}}{q_\oplus^3}-q_\oplus\frac{\boldsymbol{q}_\oplus\cdot\hat{\boldsymbol{n}}}{r^3}-P\frac{\hat{\boldsymbol{P}}\cdot\hat{\boldsymbol{n}}}{r^3}\right]-\ddot{\boldsymbol{P}}\cdot\hat{\boldsymbol{n}}$$

$P\hat{\boldsymbol{P}}\cdot\hat{\boldsymbol{n}}/r^3$ 项可忽略。这种近似是合理的, 因为 $P/q_\oplus\leqslant 4.3\times 10^{-5}$, 且忽略项小于行星摄动。得到动力学方程:

$$C\frac{\rho}{q_\oplus}=(1-\Lambda_n)-\frac{q_\oplus^3}{r^3} \tag{9.26}$$

$$C=\frac{\eta^2\kappa q_\oplus^3}{\mu\boldsymbol{q}_\oplus\cdot\hat{\boldsymbol{n}}},\quad \Lambda_n=\frac{q_\oplus^2\ddot{\boldsymbol{P}}\cdot\hat{\boldsymbol{n}}}{\mu\hat{\boldsymbol{q}}_\oplus\cdot\hat{\boldsymbol{n}}}=\frac{\ddot{\boldsymbol{P}}\cdot\hat{\boldsymbol{n}}}{(\mu/q_\oplus^2)\hat{\boldsymbol{q}}_\oplus\cdot\hat{\boldsymbol{n}}} \tag{9.27}$$

注意: 仅当 C 奇异时, $\hat{\boldsymbol{n}}$ 也是奇异的。式 (9.6) 的近似表达式同样忽略了 $O(p/q_\oplus)$, 表示为

$$\rho\dot{\eta}+2\dot{\rho}\eta=\frac{\mu\hat{\boldsymbol{q}}_\oplus\cdot\hat{\boldsymbol{v}}}{q_\oplus^2}\left(1-\Lambda_v-\frac{q_\oplus^3}{r^3}\right),\quad \Lambda_v=\frac{q_\oplus^2\ddot{\boldsymbol{P}}\cdot\hat{\boldsymbol{v}}}{\mu\hat{\boldsymbol{q}}_\oplus\cdot\hat{\boldsymbol{v}}} \tag{9.28}$$

实际上 Λ_n 和 Λ_v 绝不是小量。观测者的向心加速度 (朝向地球自转轴) 的大小为 $|\ddot{\boldsymbol{P}}|=\Omega_\oplus^2R_\oplus\cos\theta$, 其中 $\Omega_\oplus$ 为地球自转角速度, $R_\oplus$ 为地球半径, θ 是纬度, $|\ddot{\boldsymbol{P}}|$ 的最大值为 3.4 cm·s^{-2}, 位于赤道时取得此最大值。Λ_n 分母中的 $\mu/q_\oplus^2$ 大小是地球日心加速度 0.6 cm·s^{-2}。因此, $|\Lambda_n|$ 可大于 1, 系数 $1-|\Lambda_n|$ 可与 1 差别很大 (甚至可能为负)。不考虑观测者地心加速度的情况下, 传统的拉普拉斯法不是一个好的近似, 除非不同夜晚的观测值是取自同一测站在同一恒星时的观测, 这种情况使得观测者加速度相互抵消。

拉普拉斯法的一般处理程序: 通过站心修正, 回到地心观测的情况, 使得这些观测被位于地心的观测者观测到。为 ρ 赋初值, 例如 ρ=1 AU (Leuschner, 1913)。如果此值近似正确, 通过迭代 (站心校正 — 拉普拉斯确定 ρ) 实现收敛。如果初始值确实错误, 例如, 如果目标正在接近地球, 此过程将发散。当处理较大数据集时, 包括发现不同轨道类型及涉及大取值范围的距离时, 这些可靠性问题阻碍了传统拉普拉斯方法的使用。

同样的道理也适用于改进拉普拉斯初始轨道的定理, 例如 Leuschner, 1913 和 Crawford et al., 1930。与高斯图的不同之处是在拉普拉斯方法中观测值的第一个近似是以地球为中心的 (或通过一个假设距离的校正), 而在高斯方法中, 第一个近似已经合理地处理了站心观测问题。

9.4.3 站心高斯 – 拉普拉斯等价

当考虑位移 $\boldsymbol{P}$ 时, 式 (9.23) 中 $\boldsymbol{q}_i(t)$ 的泰勒展开式并不适用, 需使用下式:

$$\boldsymbol{q}_i = \boldsymbol{q}_2 + t_{i2}\dot{\boldsymbol{q}}_2 + \frac{t_{i2}^2}{2}\ddot{\boldsymbol{q}}_2 + O(\Delta t^3)$$

其中 $\boldsymbol{q}_2(t)$ 及其导数同时包含 $\boldsymbol{P}(t)$。使用式 (9.25), 假设 $t_{21} = t_{32}$, 式 (9.19) 及式 (9.24) 可表示为

$$B(\boldsymbol{q}_1, \boldsymbol{q}_3) = \frac{\mu\eta}{2} t_{21} t_{32} t_{31}^2 \hat{\boldsymbol{n}}_2 \cdot \boldsymbol{q}_2 + O(\Delta t^6)$$
$$A(\boldsymbol{q}_1, \boldsymbol{q}_2, \boldsymbol{q}_3) = \frac{\boldsymbol{q}_2^3\eta}{2} t_{21} t_{32} t_{31}^2 \hat{\boldsymbol{n}}_2 \cdot \ddot{\boldsymbol{q}}_2 + O(\Delta t^6)$$

在这种近似水平下 $\dot{\boldsymbol{q}}_2$ 并未出现, 因此

$$h_0 = -\frac{A}{B} = -\frac{\boldsymbol{q}_2^3 \hat{\boldsymbol{n}}_2 \cdot \ddot{\boldsymbol{q}}_2 + O(\Delta t^2)}{\mu \hat{\boldsymbol{n}}_2 \cdot \boldsymbol{q}_2 + O(\Delta t^2)}$$

再次忽略 $\boldsymbol{P}/\boldsymbol{q}_\oplus$ 项, 则

$$\begin{aligned} h_0 &= -\frac{q_2^3 \hat{\boldsymbol{n}}_2 \cdot \ddot{\boldsymbol{q}}_{\oplus 2}}{\mu \hat{\boldsymbol{n}}_2 \cdot \boldsymbol{q}_2} - \frac{\boldsymbol{q}_2^3 \hat{\boldsymbol{n}}_2 \cdot \ddot{\boldsymbol{P}}_2}{\mu \hat{\boldsymbol{n}}_2 \cdot \boldsymbol{q}_2} + O(\Delta t^2) \\ &= \frac{q_2^3}{q_{\oplus 2}^3} - \frac{q_2^3 \hat{\boldsymbol{n}}_2 \cdot \ddot{\boldsymbol{P}}_2}{\mu \hat{\boldsymbol{n}}_2 \cdot \boldsymbol{q}_2} + O(\Delta t^2) \end{aligned}$$

最后

$$\hat{\boldsymbol{n}}_2 \cdot \boldsymbol{q}_2 = \boldsymbol{q}_2 \hat{\boldsymbol{n}}_2 \cdot \left(\frac{\boldsymbol{q}_{\oplus 2}}{q_2} + \frac{\boldsymbol{P}_2}{q_2} \right) = q_2 \left(\hat{\boldsymbol{n}}_2 \hat{\boldsymbol{q}}_{\oplus 2} + O\left(\frac{P_2}{q_2} \right) \right)$$

得

$$\gamma_2 = 1 - \frac{q_{\oplus 2}^3 \hat{\boldsymbol{n}}_2 \cdot \ddot{\boldsymbol{P}}_2}{\mu \hat{\boldsymbol{n}}_2 \cdot \boldsymbol{q}_2} + O(\Delta t^2) + O\left(\frac{P_2}{q_2}\right) = 1 - \Lambda_{n2} + O(\Delta t^2) + O\left(\frac{P_2}{q_2}\right)$$

Λ_{n2} 的值与式 (9.27) 在 $t = t_2$ 计算的 Λ_n 值一样。结论是, 使用观测者日心位置 $\boldsymbol{q}_i = \boldsymbol{q}_{\oplus i} + \boldsymbol{P}_i$ 的高斯法与忽略极小项 $O(P_2/q_2)$ 的站心拉普拉斯法等价。

9.4.4 站心拉普拉斯法的问题

使用了地心近似的拉普拉斯法, 实际上并非与高斯法等价。使用式 (9.19) 和式 (9.24) 中的观测者位置, 高斯法自然地考虑了站心观测。在

拉普拉斯法 (没有迭代) 中, 能否通过增加式 (9.27) 中 Λ_n 项来考虑站心观测呢? Poincaré (1906) 给出了答案。为总结 Poincaré 的观点, 以时间为函数的站心修正的形状可用图表示出来。

图 9.1 显示了从观测站看小行星接近过程的模拟路径。曲线较暗的部分表示实际可能的观测, 虚线是纬度小于 15° 的实际上不可能的观测。小行星连续几个晚上的视运动并不能通过拟合单个夜间运动的抛物线段来近似。对于地心路径 (连续曲线), 使用拉普拉斯法抛物线近似为 $\hat{\rho}(t)$ 是可用的。站心观测包含除属性之外更多的信息, 因此, 通过站心修正将观测降至地心观测不是一个好的策略。

Poincaré 建议在计算 Λ_n、Λ_v 时, 以对 t_i 时刻的位置观测值 $\boldsymbol{P}(t_i)$ 进行插值获取值代替 $\ddot{\boldsymbol{P}}(\bar{t})$① (不仅限于 3, 拉普拉斯法的优点之一)。Poincaré 没有给任何例子, 但本书作者已经实现了该处理方法, 且发现这种方法可行 (见 8.3 节和 8.6 节, 使用过同样的方法)。此方法并未经过大规模测试, 因此, 实际的优势尚未评估。

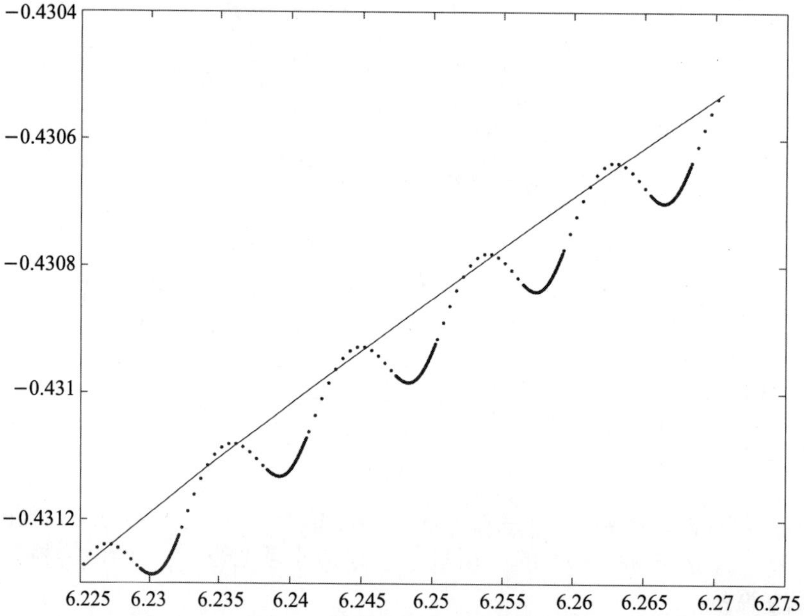

图 9.1 如果 Mnuna Kea 的天文台可持续观测, 近地小行星 (101955) 1999 RQ36 将在 2005 年 7 月在天空中观测到 (曲线中的实线部分是可能的观测, 虚线部分是不可能的观测。连续的曲线表明是地心观测。坐标分别是 RA 和 DEC, 以弧度表示)

① 我们对 Poincaré 的转换: 需避免由地球自转定律开始计算这些量。

当在人造卫星上进行观测时 (如哈勃太空望远镜, 或未来的 Gaia), 加速度 $\ddot{\boldsymbol{P}} \simeq 900\ \mathrm{cm \cdot s^{-2}}$, Λ_n 和 Λ_v 系数可高达约 1500。延伸到多个轨道的几小时的观测将产生包含重要的轨道信息 (Marchi et al., 2004)。

9.5 解的个数

Charlier 对拉普拉斯法初始轨道的替换解做出了几何解释 (Charlier, 1910; Charlier, 1911)。他意识到, 忽略测量和模型的误差时, 仅依赖于在一个给定时刻下 B 在参考平面内的位置, 此平面由太阳, 地球和物体 B 的位置确定。他能够将该平面通过两个代数曲线划分为四个连接的区域, 分离出仅有唯一解的区域。

本节将表明高斯法允许以一种自然的方式考虑站心观测, 同样地, 可通过修正拉普拉斯法来考虑这种影响。两种情况下, 根据二体动力学得到如式 (9.30), 与地心拉普拉斯法得到的式 (9.8) 的代数结构相同, 但它取决于附加参数 γ_2, 仅当 $\gamma_2 = 1$ 时可简化为式 (9.8)。因此, Charlier 理论一般不能适用。在此引入一个推广的 Charlier 理论, 为更实际情况下的地心观测替代解提供一个定性理论。

9.5.1 交点问题

假设有天体的三个观测值, 该天体运动主要是由太阳引力引起的。记平均时间 $\bar{t}$ 下 r、ρ、q、ϵ 对应的值为 r_i、ρ_i、q_i、ϵ_i。q 和 $\boldsymbol{q}_i, i = 1, 2, 3$, 可从行星的星历和地球自转模型得到, ϵ 可通过对 ϵ_i 插值计算得到 (由 α_i、δ_i、$\boldsymbol{q}_i$ 计算得到), 而 r、ρ 是未知的 (因为 r_i、ρ_i 未知)。

其实该结果并不依赖于 q 值。不失一般性, 选择不同的单位长度, 可令 $q = 1$。针对特定问题, 该理论应用时可选择不同的长度单位, 因此, 更希望 q 存在于所有公式中。三个观测的几何结构给出如下关系:

$$r^2 = q^2 + \rho^2 + 2q\rho\cos\epsilon \tag{9.29}$$

根据二体动力方程, 得

$$C\frac{\rho}{q} = \gamma - \frac{q^3}{r^3} \tag{9.30}$$

式中: $\gamma, C \in \mathbb{R}$ 为根据观测值计算得到的常数, 对应高斯法中的 γ_2, C_2, 见式 (9.20) 及拉普拉斯法中的 $1 - \Lambda_n, C$, 见式 (9.26) 和式 (9.7), 在地心近似中, 简化为 1,C, 见式 (9.8)。

式 (9.29) 和式 (9.30) 定义了绕轴 $\hat{\boldsymbol{q}}$ 公转形成的曲面，该轴通过日心和观测者。如果日心、观测者和被观测目标在 $\bar{t}$ 时刻不共线，观察线 (也称为视线: 从观察者位置开始的半条线) 和轴 $\hat{\boldsymbol{q}}$ 定义了意义明确的参考平面，下面将用来研究这些曲面的交点。

引入交点问题:

$$\begin{cases} D(r,p) = (qr - C\rho)r^3 - q^4 = 0 \\ G(r,p) = r^2 - q^2 - \rho^2 - 2q\rho\cos\epsilon = 0 \\ r, \rho > 0 \end{cases} \tag{9.31}$$

也即，给定 $(\gamma, C, \epsilon) \in \mathbb{R}^2 \times [0, \pi]$，寻找严格的正实数对 (r, ρ) 作为式 (9.30) 和式 (9.29) 的解。对于给定的值 (γ, C, ϵ)，式 (9.31) 的解对应于观测直线与在参照平面中由式 (9.30) 定义的平面代数曲线的交点 (图 9.2)。

可以使用合力论 (Cox et al., 1996) 进行变量 ρ 的消除，从而根据式 (9.31)，得到简化的问题:

$$\begin{cases} P(r) = \text{res}(D, G, \rho) = 0 \\ r > 0 \end{cases} \tag{9.32}$$

式中: $\text{res}(D, G, \rho)$ 为多项式 $D(r, \rho)$ 和 $G(r, \rho)$ 关于变量 ρ 的残差。计算结果为

$$P(r) = C^2r^8 - q^2(C^2 + 2C\gamma\cos\epsilon + \gamma^2)r^6 + 2q^5(C\cos\epsilon + \gamma)r^3 - q^8 \tag{9.33}$$

简化的式 (9.32) 适合得到最多个解。实际上，$P(r)$ 仅有四个单项式，因此由笛卡儿符号规则，最多有三个正根。需要注意的是，如果 $r = \bar{r}$ 是式 (9.31) 解的一部分，从式 (9.30) 可为另一部分解得到唯一的 $\bar{\rho}$ 值，相反地，根据 ρ 的一个 $\bar{\rho}$ 值可得到唯一的 $\bar{r}$。有不超过三个的 ρ 值是式 (9.31) 解的组成部分。

定义 $P(r)$ 的正根 $\bar{r}$ 为式 (9.32) 的一个虚解，对于任意 $\bar{\rho} > 0$，此虚解不是式 (9.31) 解 $(\bar{r}, \bar{\rho})$ 的分量，也即，通过动力学方程式 (9.30)，给出了一个非正 ρ 值。

当前面临的是交点问题可能有多少个解，因此同样也是初始轨道问题。根据式 (9.31) 的每一个解，可确定一组轨道根数，实际上站心的距离 ρ 允许计算对应的 $\dot{\rho}$ 值。在替代解的情况下，所有解都应该用来作为微分改正的第一猜测，以免错过正确解。

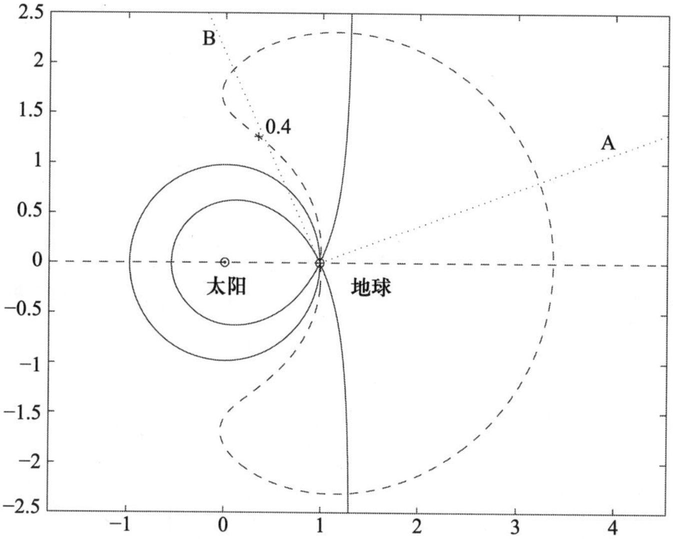

图 9.2 交点问题的几何观测: 给定一个观测方向, 解是与水平曲线 C 的交点

9.6 Charlier 理论

Charlier 理论描述了在地心观测条件下式 (9.8) 和式 (9.4) 定义问题的解。不过, 如果将 ρ 和 q 理解为被观测天体的地心距离和地心的日心距离, 则 $\gamma=1$ 时式 (9.30) 对应于式 (9.8), 式 (9.29) 对应于式 (9.4)。因此, 将通过研究 $\gamma=1$ 时式 (9.31) 的解来讨论 Charlier 理论, 将看到这种情况下式 (9.31) 的解最多有两个。本节讨论的内容以 Plummer (1918) 的研究为基础。

Charlier 第一个认识到另一个解的出现仅取决于所观测天体的位置。需强调, 假设观测目标轨道的二体模型是精确的, 且忽略了参数 $\mathcal{C},\epsilon$ 中的观测和插值误差。由前面的假设可得

$$\text{在参数 } \mathcal{C},\epsilon \text{ 条件下, 对应的 } \gamma=1 \text{ 交点问题的解至少有一个} \tag{9.34}$$

在实际的天文应用中, 式 (9.34) 可能并不满足, 交点问题并没有解。其中一个原因就是观测误差的存在, 误差很大程度上会影响 C 的计算。然而, 考虑到这些误差时条件式 (9.34) 也可能成立, 因此对于应用来讲更有意义。

对于每一组 $\mathcal{C},\epsilon$, 式 (9.32) 中的多项式 $P(r)$ 系数符号依序变化; r^3

的系数是正的, 因为从式 (9.30) 和式 (9.29), 有

$$C\cos\epsilon + 1 = \frac{1}{2\rho^2 r^3}\left[(r^3 - q^3)(r^2 - q^2) + \rho^2(r^3 + q^3)\right] > 0$$

因此, $P(r)$ 的正根可达三个。因为 $P(q) = 0$, 总会存在对应于地心的无物理意义的解, 实际上, 根据动力学方程, $r = q$ 对应于 $\rho = 0$。

由式 (9.34), 笛卡儿符号法则以及关系式 $P(0) = -q^8 < 0$; $\lim\limits_{r\to+\infty} P(r) = +\infty$ 可得出结论, $P(r)$ 总有三个正根。根据式 (9.34), 另外两个正根中至少有一个是非虚的; 如果 r_1 或 r_2 是虚根, 式 (9.31) 的解是唯一的, 否则, 将得到两个非虚解。

为检验有两个解的情况, 令 $P(r) = (r - q)P_1(r)$, 且

$$P_1(r) = C^2 r^6 (r + q) + (r^2 + qr + q^2)[q^5 - (2C\cos\epsilon + 1)q^2 r^3]$$
$$P_1(q) = 2q^7 C(C - 3\cos\epsilon)$$

根据 $P_1(0) = q^7 > 0$ 和 $\lim\limits_{r\to+\infty} P_1(r) = +\infty$, 如果 $P_1(q) < 0$, 则 $r_1 < q < r_2$, 因此 $P_1(r)$ 的一个根为虚。否则, 如果 $P_1(q) > 0$, $r_1, r_2 < q$ 或 $r_1, r_2 > q$, 根据式 (9.34), 式 (9.31) 的两个解均有意义。如果 $P_1(q) = 0$, $P(r)$ 仅有一个非虚解。动力学方程以代数函数的形式在双极坐标系下 $C(r, \rho)$ 或地心极坐标系下 $C(\rho, \epsilon)$ 下给出了 C 的表达式, 可画一个全平面的图,$-\pi < \epsilon \leqslant \pi$, 但此情况是关于 $\hat{\boldsymbol{q}}$ 的轴对称的。因此, 在此平面中可定义两个曲线,$C(\rho, \epsilon) = 0$ 的圆和 $C(\rho, \epsilon) - 3\cos\epsilon = 0$ 的限制曲线, 其中

$$C(\rho, \psi) = \frac{q}{\rho}\left[1 - \frac{q^3}{r^3}\right], \quad r = \sqrt{\rho^2 + q^2 + 2q\rho\cos\psi}$$

限制曲线在零值圆内有一个环和两个 $r > q$ 的不受限分支。根据前面的讨论, 限制曲线及零值圆将包含时刻 $\bar{t}$ 的日心、观测者、被观测天体的参考平面划分为四个连接的部分 (图 9.3), 分离区域的轨道确定问题具有不同数目的解。更精确地, 给定 $\bar{t}$ 时刻天体在参考平面的位置 (ρ, ϵ), $\gamma = 1$ 时式 (9.30) 定义了 C 的值, 由 C、ϵ 和 $\gamma = 1$ 定义的交点问题有解 $(r, \rho) = (\sqrt{\rho^2 + q^2 + 2q\rho\cos\epsilon}, \rho)$, 如果天体所在区域有两个解, 可找到同一区域的第二个解作为第一个。使用日心极坐标系 (r, ϕ), 且 $\rho^2 = r^2 + q^2 - 2qr\cos\epsilon$, 限制曲线由下式给出

$$4 - 3\frac{r}{q}\cos\epsilon = \frac{q^3}{r^3} \tag{9.35}$$

在日心直角坐标系 $(x, y) = (r\cos\phi, r\sin\phi)$ 中, 有

$$4 - 3\frac{x}{q} = \frac{q^3}{(x^2 + y^2)^{3/2}}$$

图 9.3 表明, 当被观测天体向相反观测方向移动时, 使用拉普拉斯法进行初轨确定的解是唯一的。限制曲线的两个正切值为 $\tan\epsilon_0 = 2$, 因此仅当 $|\epsilon| \geqslant\simeq 63.43^\circ$ 时有两个解。

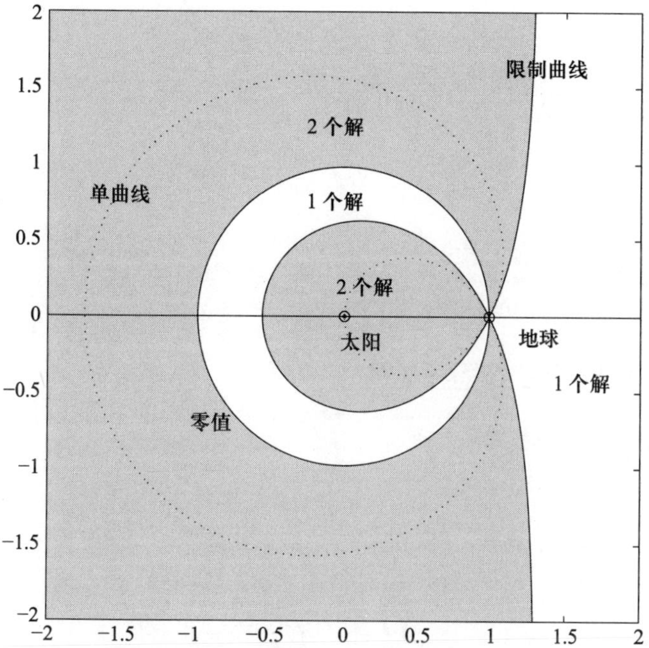

图 9.3 限制曲线和零值圆将参考平面划分为四个连通区域, 两个具有唯一解, 两个具有两个解 (图中灰色)。单一的 (虚) 曲线将具有两个解的区域划分为两部分, 每部分具有一个解。太阳和地球分别以 S 和 E 表示。使用日心直角坐标系和天文单位 (AU)

9.7 Charlier 理论推广

本节中, 对任一 $\gamma \in \mathbb{R}$, 考虑式 (9.31) 的交点问题。给定 γ 的值及观测物体在参考平面内站心极坐标系下的位置 (ρ, ϵ), 式 (9.30) 定义了 C 的值, 使得由 (γ, C, ϵ) 定义的交点问题具有解 $(r, \rho) = (\sqrt{\rho^2 + q^2 + 2q\rho\cos\epsilon}, \rho)$。因此, 接下来将讨论与参考平面内某一点和固定的 $\gamma \in \mathbb{R}$ 对应或者相关

的交点问题。引入如下的假设, 对式 (9.34) 进行推广:

$$\text{假设参数 } \gamma, C, \epsilon \text{ 条件下的交点问题至少有一个解} \tag{9.36}$$

一般地, $r = q$ 不是 $P(r)$ 的根, 实际上:

$$P(q) = q^8(1-\gamma)(2C\cos\epsilon - (1-\gamma))$$

因此不能按照 9.6 节的步骤去定义限制曲线。

根据动力学方程, 定义函数:

$$C^{(\gamma)}(x,y) = \frac{q}{\rho}\left[\gamma - \frac{q^3}{r^3}\right] \tag{9.37}$$

式中: $\rho = \sqrt{(q-x)^2 + y^2}$; $r = \sqrt{x^2 + y^2}$。如果 $\gamma > 0$, 同样可定义零值圆作为满足 $C^{\gamma}(x,y)$ 的点集, 也即 $r = r_0 = q/\sqrt[3]{\gamma}$。

9.7.1 水平曲线的拓扑结构

对于每一个 $\gamma \in \mathbb{R}$

$$\lim_{\|(x,y)\|\to+\infty} C^{(\gamma)}(x,y) = 0, \qquad \lim_{(x,y)\to(0,0)} C^{(\gamma)}(x,y) = -\infty$$

$$\lim_{(x,y)\to(q,0)} C^{(\gamma)}(x,y) \begin{cases} = -\infty, & \gamma < 1 \\ \text{不存在}, & \gamma = 1 \\ = +\infty, & \gamma > 1 \end{cases}$$

$C^{(\gamma)}(x,y)$ 的驻点满足 $y = 0$, 对 γ 的依赖表示如下:

(1) $\gamma \leqslant 0$ 时只有一个鞍点, 此时 $x \in (0, 34/q]$;

(2) $0 < \gamma < 1$ 时有三个点: 零值圆内的一个鞍点、零值圆外的一个鞍点及一个最大值点;

(3) $\gamma \geqslant 1$ 时有一个特定鞍点 $x < -r_0 = -q/\sqrt[3]{\gamma}$。

此结果在理解 $C^{(\gamma)}(x,y)$ 水平曲线的拓扑结构变化时是有意义的, 请参阅图 9.4 所示的不同情况, 也即 $\gamma \leqslant 0$, $0 < \gamma < 1$, $\gamma = 1$, $\gamma > 1$。

表 9.1 中, 对每一个 γ 值, 以解的数量 C 来描述变化。$C_{\max}$ 是 $C^{(\gamma)}(x,y)$ 的最大值。

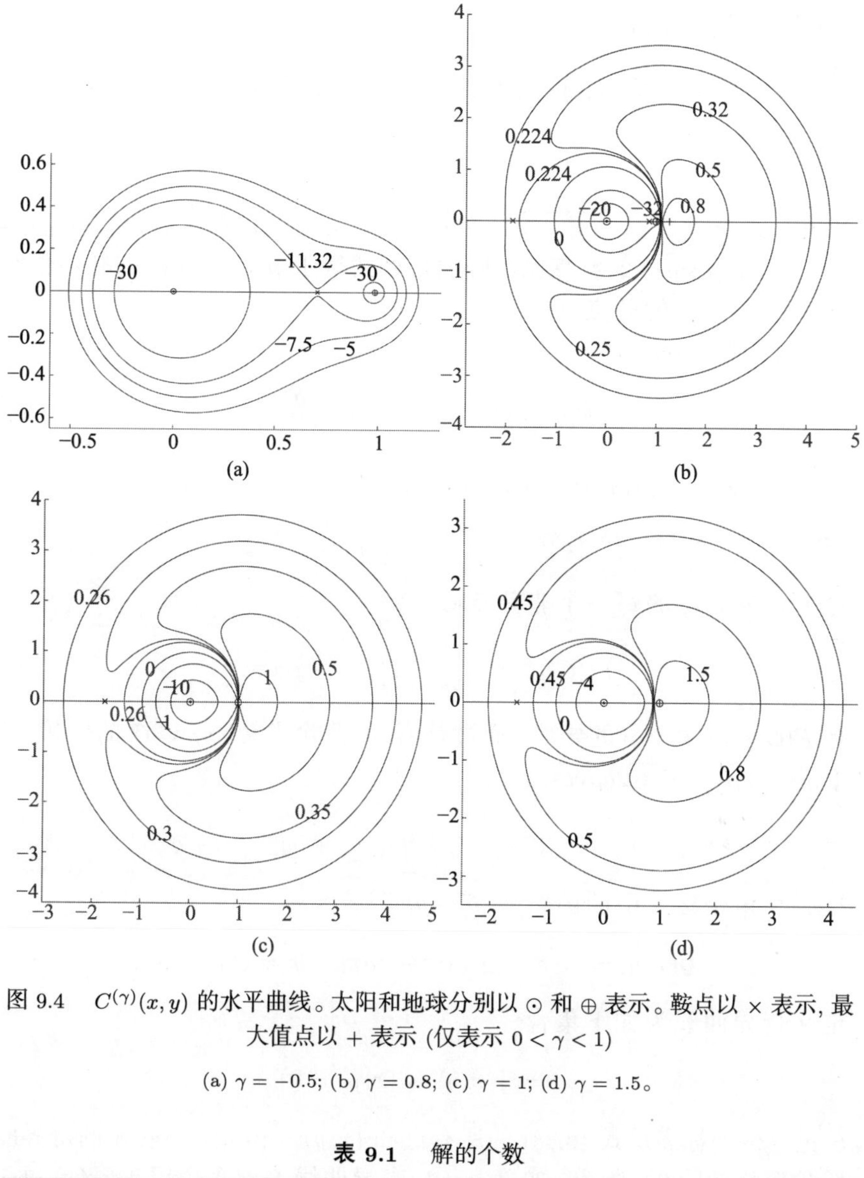

图 9.4 $C^{(\gamma)}(x,y)$ 的水平曲线。太阳和地球分别以 $\odot$ 和 $\oplus$ 表示。鞍点以 $\times$ 表示，最大值点以 $+$ 表示 (仅表示 $0<\gamma<1$)

(a) $\gamma=-0.5$; (b) $\gamma=0.8$; (c) $\gamma=1$; (d) $\gamma=1.5$。

表 9.1 解的个数

# 解	0	1	2	3
$\gamma\leqslant 0$	$C\geqslant 0$	$C<0$	—	—
$0<\gamma<1$	$C>C_{\max}$	$C\leqslant 0$	$0<C\leqslant C_{\max}$	—
$\gamma=1$	$C\leqslant 0$ 或 $C\geqslant 3$	$0<C<3$	—	—
$\gamma>1$	$C\leqslant 0$	$C>0$	—	—

9.7.2 奇异曲线

站心极坐标系 (ρ,ϵ) 下的 $C^{(\gamma)}(x,y)$ 可表示为

$$C(\gamma)(\rho,\epsilon)=\frac{q}{\rho}\left[\gamma-\frac{q^3}{r^3}\right],$$

其中 $r=r(\rho,\epsilon)=\sqrt{\rho^2+q^2+2q\rho\cos\epsilon}$。由于, 变换 $(\rho,\epsilon)\mapsto(x,y)=(q+\rho\cos\epsilon,\rho,\sin\epsilon)$ 的雅克比矩阵的行列式等于 ρ, $C^{(\gamma)}(\rho,\epsilon)$ 的驻点仅对应于 $C^{(\gamma)}(x,y)$ 的驻点。

对于给定的 $\gamma\in\mathbb{R}$, 定义

$$F(C,\rho,\epsilon)=C\frac{\rho}{q}-\gamma+\frac{q^3}{r^3(\rho,\epsilon)} \tag{9.38}$$

$C^{(\gamma)}(\rho,\epsilon)$ 水平线与视线之间的切点满足

$$F(C,\rho,\epsilon)=F_p(C,\rho,\epsilon)=0$$

对于 $C^{(\gamma)}(\rho,\epsilon)$ 的每一个非驻点 C, 有

$$F_\rho(C,\rho,\epsilon)=\frac{C}{q}-3\frac{q^3}{r^5}(\rho+q\cos\epsilon)$$

是 $F(C,\rho,\epsilon)$ 关于 ρ 的导数。通过差值, 可消除式 (9.38) 对 C 的依赖, 其中 $r=\sqrt{\rho^2+q^2+2q\rho\cos\epsilon}$。

$$F(C,\rho,\epsilon)-\rho F_\rho(C,\rho,\epsilon)=-\gamma+\frac{q^3}{r^3}+3q^3\frac{\rho}{r^5}(\rho+q\cos\epsilon)$$

日心直角坐标系中的函数 $r^5(F-\rho F_\rho)$ 变为

$$\mathcal{G}(x,y)=-\gamma r^5+q^3(4r^2-3qx),\quad r=\sqrt{x^2+y^2}$$

定义奇异曲线为如下集合:

$$S=\{(x,y):\mathcal{G}(x,y)=0\}$$

S 包含极坐标满足式 (9.38) 的所有点和 $(x,y)=(0,0)$。不同 γ 的奇异曲线的形状如图 9.5 所示。如果 $\gamma\neq1$, 奇异曲线 S 有多个组成部分, 每一个均是普通的闭环曲线。

(1) 如果 $\gamma\leqslant0$, 它具有唯一的部分, 该部分为凸;

(2) 如果 $0<\gamma<1$, 它有零值圆内外的两个部分;

(3) 如果 $\gamma>1$, 它有唯一的非凸部分, 且与零值圆相交;

(4) 如果 $\gamma=1$, 它有一个在观测者位置 $(q,0)$ 的自相交点。

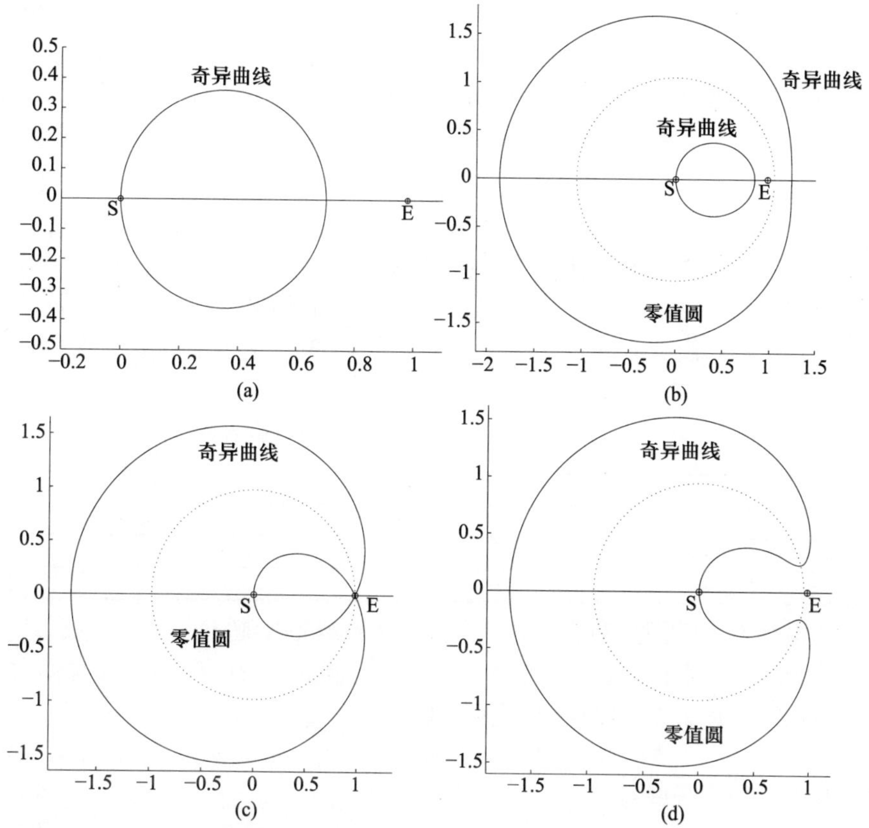

图 9.5 奇异曲线 (连续的线) 和零值圆 (虚线) 注意到零值圆并不存在 $\gamma \leqslant 0$ 的情况 (a) $\gamma=-0.5$; (b) $\gamma=0.8$; (c) $\gamma=1$; (d) $\gamma=1.1$。

9.7.3 奇数或偶数解

对于 $\gamma \leqslant 0$, 如果 $C \geqslant 0$, 式 (9.30) 没有实数解。考虑式 (9.33) 中定义的多项式 $P(r)$。如果 $C<0$, 由 $P(0)<0$ 和 $\lim\limits_{r\to+\infty} P(r)=+\infty$, $P(r)$ 在区间 $(0,+\infty)$ 内的解的个数是奇数, 所有根均是非虚根。

假设 $\gamma>0$, 令 $r_0=q/\sqrt[3]{\gamma}$ 为零值圆的半径, 得

$$P(r_0)=\frac{C^2q^8}{\gamma^{8/3}}(1-\gamma^{2/3}) \tag{9.39}$$

如果 $0<\gamma<1$ 和 $C\neq 0$, 由 $P(0)<0<P(r_0)$ 和 $\lim\limits_{r\to+\infty} P(r)=+\infty$ 得到, 在区间 $(0,r_0)$ 中, $P(r)$ 的解的个数为奇, 而在区间 $(r_0,+\infty)$, 其值

为偶。根据关系式 (9.30), 当且仅当 $C>0$ 时, $P(r)$ 在 $(0,r_0)$ 的根是虚根, 当且仅当 $C<0$ 时, $P(r)$ 在 $(r_0,+\infty)$ 的根是虚根。对于 $C=0$, 式 (9.31) 交点问题可简化为 $r=r_0$, ρ 由几何方程推导出, 这个解是非虚的。

如果 $\gamma>1$ 和 $C\neq 0$, 由 $P(0)$、$P(r_0)<0$ 和 $\lim\limits_{r\to+\infty}P(r)=+\infty$ 得到, 在区间 $(0,r_0)$ 中, $P(r)$ 的解的个数为偶数, 而在区间 $(0,r_0)$, 其值为奇数。与之前的情况类似, 当且仅当 $C>0$ 时, $P(r)$ 在 $(0,r_0)$ 的根是虚根, 当且仅当 $C<0$ 时, $P(r)$ 在 $(r_0,+\infty)$ 的根是虚根。对于 $\gamma>1$, 有 $r_0<q$, 因此, 如果 $\cos\epsilon<\sqrt{q^2-r_0^2}/q$, $C=0$ 时无解, 而如果 $\cos\epsilon\geqslant\sqrt{q^2-r_0^2}/q$, 解为 $(r,\rho)=(r_0,-q\cos\epsilon\pm\sqrt{q^2\cos^2\epsilon-(q^2-r_0^2)})$。表 9.2 给出本次讨论的概要。

表 9.2 对每个 $\gamma\neq 1$ 的值, 式 (9.31) 在奇数和偶数解的情况下, c 的值

	偶数	奇数
$\gamma\leqslant 0$	$C\geqslant 0$	$C<0$
$0<\gamma<1$	$C>0$	$C\leqslant 0$
$\gamma>1$	$C\leqslant 0$	$C>0$

由简化问题的解可看出, 交点问题的解不能超过三个。特别地, $\gamma=1$ 情况下对于满足式 (9.36) 的 (γ,C,ϵ), 当式 (9.31) 解的个数是偶数时, 此偶数为 2, 当为奇数时, 值为 1 或 3。

9.7.4 限制曲线

事实上, Charlier 关于替代解的出现仅取决于被观测物体位置的主张, 对于初轨确定的高斯法或站心观测的修正拉普拉斯法并不能一概而论, 事实上, 对于不同 $\gamma\in\mathbb{R}$, 物体位置定义了不同的交点问题。对于每一个固定的 $\gamma\in\mathbb{R}$, 将参考平面划分为几个连通的区域, 使得: 如果一个交点问题的解位于其中之一的区域内, 可知此问题有多少个解, 且所有的解均在同一区域内。

此理论应用时, 参数 γ、C、ϵ 由三个观测值计算而来, 因此不能保证式 (9.36) 的假设成立。此假设不成立的原因有多个: 大部分是由于不可避免的观测量误差及将不同物体的观测值当作同一物体时产生的误差。

对于 $\gamma\neq 1$, 令 $r=\sqrt{x^2+y^2}$, 定义集合

$$D_2(\gamma)=\begin{cases}\varnothing, & \gamma\leqslant 0\\ \{(x,y):r>r0\}, & 0<\gamma<1\\ \{(x,y):r\leqslant r0\}, & \gamma>1\end{cases}$$

且 $D(\gamma)=\mathbb{R}^2\backslash(D_2(\gamma)\cup\{(q,0)\})$。

为更简单地表示, 应抑制 $D(\gamma)$、$D_2(\gamma)$ 对于 γ 的依赖。对于固定的 $\gamma \neq 1$, 如果考虑 D_2 的一个点, 且如果式 (9.36) 关于对应交点问题的参数 (γ, C, ϵ) 成立, 则式 (9.31) 有两个解, 且均位于 D_2。同样也可以说 D_2 是满足式 (9.31) 有两个解的一个区域。目的是将 D 的补集划分为两个连通的区域, 每一个区域均有与式 (9.31) 解相同的个数。设 $\mathcal{G} = S \cap D$ 是 D 中包含的奇异曲线 S 的部分。

$\mathcal{G}$ 是相连的。D 中, 式 (9.31) 的解有一个或三个, 位于奇异曲线上的解有交点 ($\geqslant 2$), 因此, 对于每一个点 $P \in \mathcal{G}$, 相关的交点问题必有三个解。

图 9.6 以标志 (a) (b) 勾勒出两种情况。情况 (a) 是通常的情况: 此时 $F_{\rho\rho}(C, \bar{\rho}, \bar{\psi}) \neq 0$, 其中 $(\bar{\rho}, \bar{\psi})$ 对应使得 $F(C, \bar{\rho}, \bar{\psi}) = 0$ 的 P 和 C, 因此, P 对应于式 (9.31) 的一个二重根, 另外一个点 $P' \neq P$ 对应式 (9.31) 的第三个解。情况 (b) 中, 有 $F_{\rho\rho}(C, \bar{\rho}, \bar{\psi}) = 0$, 使得在 P 中视线是奇异曲线和水平曲线 $C^{(\gamma)}(x, y) = C$ 的切线, 对应的解是相关交点问题的三重根。对于 $\gamma \neq 1$, 仅有参考平面的两个点在 x 轴外, 对应的解为三重根 (Gronchi, 2009)。

设 $\gamma \neq 1$, 令 $(\bar{\rho}, \bar{\psi})$ 对应点 $P \in \mathcal{G}$。如果 $F_{\rho\rho}(C, \rho, \bar{\psi}) \neq 0$, 位于 $C^{(\gamma)}(x, y)$ 的同一视线和同一水平线上且 $P' \neq P$ 的点称为 P 的剩余点 (图 9.6(a))。如果 $F_{\rho\rho}(C, \bar{\rho}, \bar{\psi}) = 0$, 称 P 为自留点, 也即, P 可看作关于自己的剩余点。对应于观测者位置的点 $(x, y) = (q, 0)$ 是关于点 $(x, y) = (0, 0)$ 的剩余点 (当后者属于 $\mathcal{G}$ 时)。$\gamma = 1$ 时, 奇异曲线的每个点都有观测者的位置作为剩余点。

令 $\gamma \neq 1$ 限制曲线 $\mathcal{L}$ 是 $\mathcal{G}$ 中点的剩余点集。由 $\mathcal{G}$ 和 $C^{(\gamma)}(x, y)$ 水平曲线的对称性, 限制曲线关于 x 轴也是对称性。如果点 $(q, 0)$ 在 $\mathcal{L}$ 上,

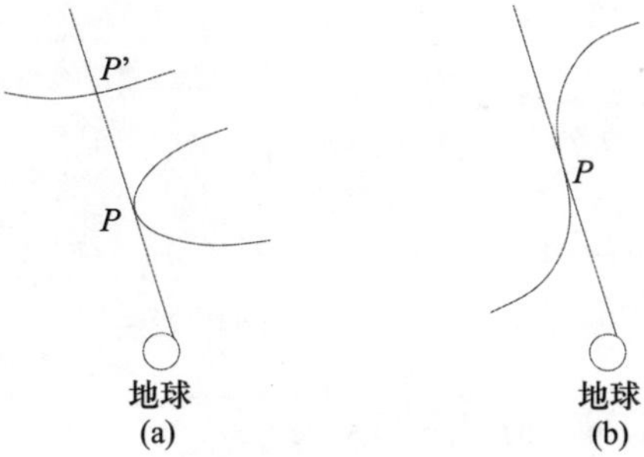

图 9.6　画出观测线和 $C^{(\gamma)}(x, y)$ 水平曲线的切线相交, 使得具有奇数解的区域 D 中有一个余点

(a) 一般情况, P 对应一个复解, P' 对应第三个解 (余点); (b) 非一般情况, P 是一个自留点, 交点的重复解等于 3。

它不是孤立的。它有如下特性:

(1) 分离性: 对于 $\gamma \neq 1$, 限制曲线 $\mathcal{L}$ 是一条连接的简单连续曲线, 将 D 分割成两个连接的区域 D_1、D_3; D_3 包含了奇异曲线的整个 $\mathcal{G}$ 部分。如果 $\gamma < 1$, $\mathcal{L}$ 是一个闭合的曲线, 如果 $\gamma > 1$, $\mathcal{L}$ 是无边界的。

(2) 横截性: $C^{(\gamma)}(x, y)$ 的水平曲线横跨 $\mathcal{L}$, 除了两个自留点和 L 与 x 轴的交点以外。

(3) 受限性: 对于 $\gamma \neq 1$, 限制曲线 $\mathcal{L}$ 将 D 集划分为两个连接的区域 D_1、D_3; D_3 中的点是对应交点问题的唯一解, 是具有三个解的交点问题的解, 且解均位于 D_3 内。图 9.7 总结了所有不同的情况。

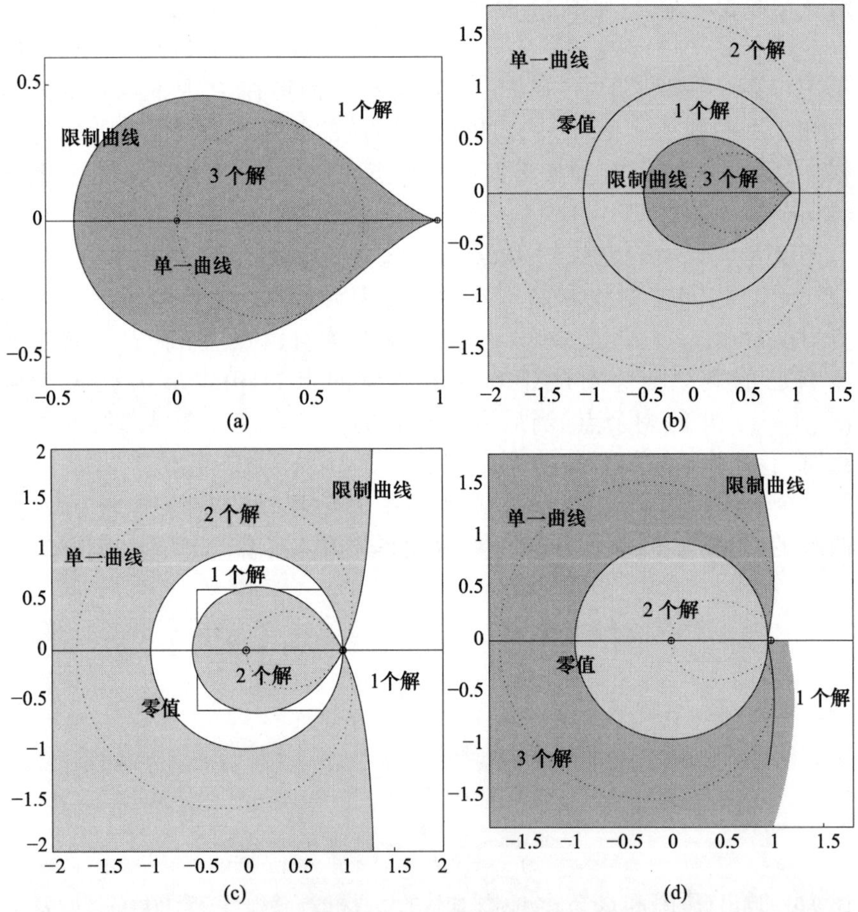

图 9.7 不同情况下替代解的结果总结 (阴影部分具有不同解的个数的区域: 以亮灰色代表两个解, 深灰色代表三个解)

(a) $\gamma = -0.5$; (b) $\gamma = 0.8$; (c) $\gamma = 1$; (d) $\gamma = 1.1$。

式 (9.31) 中具有唯一解的区域为白色区分, 两个解的区域为浅灰色区分, 三个解的区域为深灰色区分。对于 $\gamma=-0.5$ (图 9.7(a)), 只有两个区域, 有一个或三个解。对于 $\gamma=0.8$ (图 9.7(b)) 的位于零值圆外的区域, 有两个解, 零值圆内部的区域被限制曲线划分为两部分, 有一个或三个解。在图 9.7(c) 中, 有 9.6 节中讨论的 Charlier 情况 ($\gamma=1$)。对 $\gamma=1.1$ (图 9.7(d)) 的零值圆内部, 有两个解; 零值圆外可有一个或三个解。每一种情况中, 奇异曲线将具有重复解的区域划分为仅有一个解的部分。

解的个数一般与 Charlier 不同: 解的个数最大为三, 接近方向相反时最多两个解。

有三个解的样例并不容易找到: 很多情况下, 与观测者距离最近的解, 其距离 ρ 太小而不能应用日心二体近似。$\rho=0.01$ AU 大约对应于地球影响的范围, 也即, 此区域内, 地球引起的摄动比太阳引力更重要。如此小的 ρ 解可认为是虚解, 因为高斯和拉普拉斯法中使用的近似是很差的。

基于实测数据的当 $\gamma_2\neq 1$ 时的质变案例由小行星 2002 AA29 的首个三夜观测给出: $\epsilon\approx 79^\circ$, 仅有一个解的 $\rho=0.045$ (图 9.8(a)), 最终的最小二乘解的 $\rho=0.044$。尽管 γ_2 与 1 相差不大, 而解是否存在严格取决于 $\gamma_2\neq 1$, 对于 $\gamma_2=1$, 无解 (图 9.8(b))。

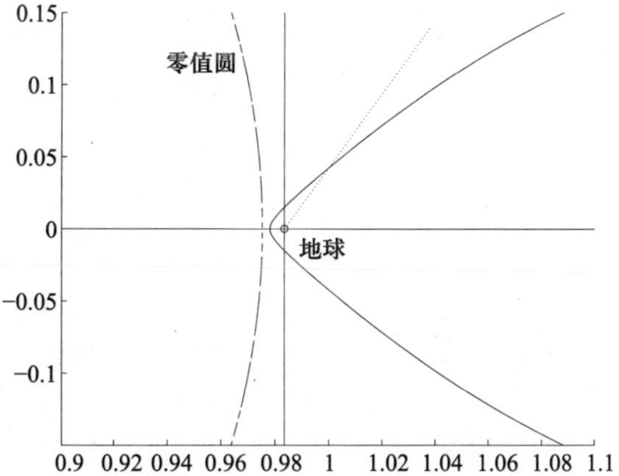

(a)

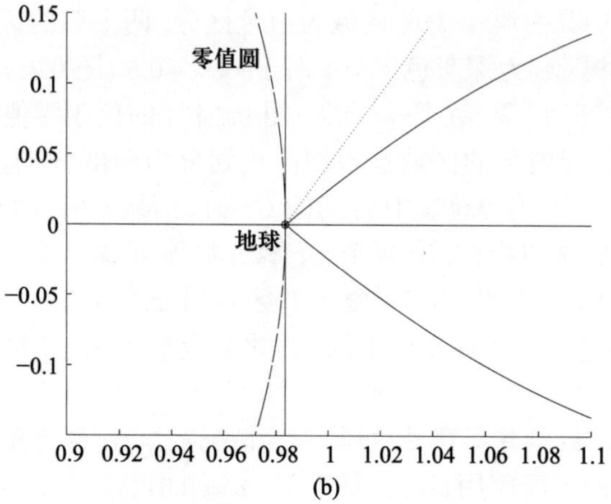

图 9.8 对于 2002AA29 的初始轨道, 我们展示了对应的水平曲线 ($C_2 = 1.653$) 和零值圆 (观测方向为虚线)

(a) 使用实际值 $\gamma_2 = 1.025$; (b) $\gamma_2 = 1$, 没考虑站心观测。

第 10 章

弱轨道确定

群体轨道确定的大部分情况下, 拟合参数 $\boldsymbol{x}$ 仅是一条轨道的初始值, 因此 $\boldsymbol{x} \in \mathbb{R}^6$。假设有足够的观测数据来计算属性; 如果是短弧, 会产生秩亏, 阶次为 1 或最多 2。本章中将讨论典型的时间跨度太短的观测下, 可以用来处理这种弱轨道确定的特殊技术, 如何选定高置信区域, 这种弱点的起源 (特别是极短观测弧长), 及其对轨道解的质量的影响。本章主要基于本书作者的一些文献来介绍 (Milani, 2005; Milani et al., 2007; Milani et al., 2008)。

10.1 变化线

给定初始条件下空间中的任意一点, 可计算 6×6 阶的法化矩阵 $C(\boldsymbol{x})$。即使逆矩阵 $\Gamma(\boldsymbol{x})$ 因为一个大的条件数而难以计算或数值不稳定, 仍可定义

$$Z_L(\sigma) = \{\boldsymbol{y} | (\boldsymbol{y} - \boldsymbol{x}) \cdot \boldsymbol{C}(\boldsymbol{x})(\boldsymbol{y} - \boldsymbol{x}) \leqslant \sigma^2\}$$

如果 $C(\boldsymbol{x})$ 是正定的, 则上式为一个椭圆。本章的主要假设是观测信息高于计算属性的最低要求①, 矩阵 $C(\boldsymbol{x})$ 的秩大于 4。它的秩仍然可以是 5, 其中一个零特征值或秩为 6, 但有一个非常小的特征值。

① 这表明观测因子数量大于 4。

10.1.1 椭球的长轴和弱方向

令 $\boldsymbol{v}_1(\boldsymbol{x})$ 是 $C(\boldsymbol{x})$ 的特征矢量, 具有最小特征值 $\lambda_1(\boldsymbol{x}) \geqslant 0$:

$$C(\boldsymbol{x})\boldsymbol{v}_1(\boldsymbol{x}) = \lambda_1(\boldsymbol{x})\boldsymbol{v}_1(\boldsymbol{x})$$

假设其他特征值 $\lambda_j(\boldsymbol{x}), j = 2, 6$ 严格大于 $\lambda_1(\boldsymbol{x})$。极端情况下 $\lambda_1(\boldsymbol{x}) = 0, Z_L(\sigma)$ 是一个圆柱体, 其轴线平行于 $\boldsymbol{v}_1(\boldsymbol{x})$。如果 $\lambda_1(\boldsymbol{x}) > 0$, 置信椭球的最长半轴与 $\boldsymbol{v}_1(\boldsymbol{x})$ 同向, $\sigma = 1$ 时长度 $k_1(\boldsymbol{x}) = 1/\sqrt{\lambda_1(\boldsymbol{x})}$。$\boldsymbol{v}_1(\boldsymbol{x})$ 也是 $\Gamma(\boldsymbol{x}) = C^{-1}(\boldsymbol{x})$ 的一个特征矢量, 具有最大特征值 $1/\lambda_1(\boldsymbol{x}) = k_1^2(\boldsymbol{x})$, 因此, 它定义了最小二乘拟合的弱方向。

如果拟合是线性的, 标称解 $\boldsymbol{x}^*$ 可从 $C\boldsymbol{x}^* = D$ 找到 (5.2 节), 无须迭代, 且目标函数可表示为

$$mQ(\boldsymbol{y}) = (\boldsymbol{y} - \boldsymbol{x}^*) \cdot C(\boldsymbol{y} - \boldsymbol{x}^*) + mQ^*$$

设 H 是由其他特征矢量 $\boldsymbol{v}_j(x), j = 2, \cdots, 6$ 张成的超平面。置信椭球长轴的顶点 $\boldsymbol{x}_1 = \boldsymbol{x}^* + k_1\boldsymbol{v}_1$ 是受限于仿射超平面 $|y - x^*| = k_1|v_1|$ 的目标函数的最小点。这些性质在线性意义下等价, 而一般情况下是不等价的。

10.1.2 弱方向矢量场

对于每一个 $\boldsymbol{x}$, 选择特征矢量 $\boldsymbol{v}_1(\boldsymbol{x})$ 为单位矢量, 则

$$\boldsymbol{F}(\boldsymbol{x}) = k_1(\boldsymbol{x})\boldsymbol{v}_1(\boldsymbol{x}) \tag{10.1}$$

式 (10.1) 为一个矢量场, 其中 $k_1(\boldsymbol{x}) = 1/\sqrt{\lambda_1(\boldsymbol{x})}$。单位特征矢量 $\boldsymbol{v}_1$ 并非唯一, $-\boldsymbol{v}_1$ 同样也是单位特征矢量。因此 $k_1(\boldsymbol{x})\boldsymbol{v}_1(\boldsymbol{x})$ 即轴矢量, 具有定义的长度和方向, 但符号任意。尽管如此, 针对一个简单的连通集, 给定其轴向矢量场, 总有一种方法来定义一个真正的矢量场 $\boldsymbol{F}(\boldsymbol{x})$ 使得函数 $\boldsymbol{x} \mapsto \boldsymbol{F}(\boldsymbol{x})$ 是连续的。在初始点, 可以根据一定的规则选择符号, 例如, 半长轴 a 的方向导数在 $\boldsymbol{v}_1(\boldsymbol{x})$ 方向上是正的。之后通过假设 $\boldsymbol{v}_1(\boldsymbol{x})$ 是连续的来维持方向。

对于 $\boldsymbol{x}$ 的一些值, 如果 $\lambda_1(\boldsymbol{x}) = 0$ 或法化矩阵 $C(\boldsymbol{x})$ 最小的特征值有两个重复解, 可能会出现问题。如果法化矩阵是退化的, 请参见 6.1 节的讨论。两个特征值精确相等的情况一般不会发生。从一大组的例子可以看出, 即使是近似相等在应用中也是罕见的。这将在 10.3 节讨

论, 无论如何, 当两个最小特征值具有相同的数量级时, 这种方法具有很大的局限性。

给定上述定义的矢量场 $\boldsymbol{F}(\boldsymbol{x})$, 微分方程为

$$\frac{\mathrm{d}x}{\mathrm{d}\sigma} = \boldsymbol{F}(\boldsymbol{x}) \tag{10.2}$$

对于每一个初始条件, 因为矢量场是光滑的, 微分方程具有特定的解。如果得到一个标称解 $\boldsymbol{x}^*$, 可选择初始条件 $\boldsymbol{x}(0) = \boldsymbol{x}^*$, 也即 $\sigma = 0$ 对应于标称解, 以 $\boldsymbol{x}(\sigma)$ 表示此初始条件下的特定解。线性近似下, 解 $\boldsymbol{x}(\sigma)$ 是置信椭球 $Z_L(\sigma)$ 主轴的一个顶点。若无近似, $\boldsymbol{x}(\sigma)$ 实际是弯曲的, 并且可以通过微分方程的数值积分计算得出。

此方法可用于定义初始条件空间中的特殊曲线。尽管如此, 该定义可能并不理想, 主要有两个问题: 第一, 在标称解 $\boldsymbol{x}^*$ 未知的情况下此定义不能使用; 第二, 计算时具有数值不稳定性。作一个直观的比喻, 弱轨道确定的目标函数的图形, 就像是一个非常陡峭的山谷, 其底部是几乎平坦的河床。河谷比在地球上可以找到的任何大峡谷都陡峭, 以至于流线的一个非常小的偏差都将使人位于山谷斜坡上的很高位置。此问题不能通过增加阶次或降低步长等微分方程数值积分的简单直接的方法进行有效解决, 唯一方法是滑下陡峭的斜坡, 直到再次达到河床, 这是对下面的定义的直观比喻。

10.1.3 约束的微分改正

矢量场 $\boldsymbol{v}_1(\boldsymbol{x})$ 定义所在的正交超平面 $H(\boldsymbol{x})$ 为

$$H(x) = \{\boldsymbol{y} | (\boldsymbol{y} - \boldsymbol{x}) \cdot \boldsymbol{v}_1(\boldsymbol{x}) = 0\}$$

给定 $\boldsymbol{x}$ 的初始假设, 通过约束 $H(\boldsymbol{x})$, 定义残差关于矢量 $H(\boldsymbol{x})$ 各变量的偏导数 $5 \times m$ 的矩阵 $\boldsymbol{B}_h(\boldsymbol{x})$, 可计算一步受约束的微分改正。约束的正规方程通过约束的法化矩阵 $\boldsymbol{C}_h$ 和 $\boldsymbol{D}_h$ 来定义, $\boldsymbol{C}_h$ 通过 C 给出了到超平面 $H(\boldsymbol{x})$ 的严格线性映射, $\boldsymbol{D}_h$ 是在超平面上的投影矢量 $\boldsymbol{D}$:

$$\boldsymbol{C}_h = \boldsymbol{B}_h^{\mathrm{T}} \boldsymbol{B}_h, \quad \boldsymbol{D}_h = -\boldsymbol{B}_h^{\mathrm{T}} \boldsymbol{\xi}, \quad \boldsymbol{C}_h \Delta h = \boldsymbol{D}_h$$

具有解

$$\Delta h = \boldsymbol{\Gamma}_h \boldsymbol{D}_h, \quad \boldsymbol{\Gamma}_h = \boldsymbol{C}_h^{-1}$$

约束的协方差矩阵 $\boldsymbol{\Gamma}_h$ 不是 $\boldsymbol{\Gamma}$ 关于超平面的受限协方差 (5.4 节)。$\boldsymbol{C}_h$、$\boldsymbol{D}_h$ 可通过旋转至以 $\boldsymbol{V}_1(\boldsymbol{x})$ 作为首个矢量的基来计算, $\boldsymbol{C}_h$ 通过移除 $\boldsymbol{C}$ 的首行和首列得到, $\boldsymbol{D}_h$ 通过移除 $\boldsymbol{D}$ 的首个坐标得到。

受限的微分改正过程给出了修正后的 $\boldsymbol{x}' = \boldsymbol{x} + \Delta\boldsymbol{x}$, 其中 $\Delta\boldsymbol{x}$ 与 ΔH 沿 $H(\boldsymbol{x})$ 重合, 沿 $\boldsymbol{v}_1(\boldsymbol{x})$ 的分量为 0。弱方向 $\boldsymbol{v}_1(\boldsymbol{x}')$ 和超平面 $H(\boldsymbol{x}')$ 被重新计算, 下一次的改正受 $H(\boldsymbol{x}')$ 约束。此处理过程迭代至收敛①。收敛值 $\boldsymbol{x}$ 处, $\boldsymbol{D}_h(\bar{\boldsymbol{x}}) = \boldsymbol{0}$, 也即非受约束法化方程的右手项 $\boldsymbol{D}(\bar{\boldsymbol{x}})$ 与弱方向 $\boldsymbol{v}_1(\bar{\boldsymbol{x}})$ 平行。此方程等价于以下性质: 目标函数关于超平面 $H(\bar{\boldsymbol{x}})$ 的约束, 在 $\bar{\boldsymbol{x}}$ 处有一不动点。约束的修正对应于 "落入河床" 的直观想法。

因此, 可将变化线 (LOV) 定义为如下集合:

$$\{\boldsymbol{x}|\boldsymbol{D}(\boldsymbol{x}) = s\boldsymbol{v}_1(\boldsymbol{x}) \text{ 对某些 } s \in \mathbb{R}\} \tag{10.3}$$

目标函数的梯度与弱方向一致, 如果有一个标称解 $\boldsymbol{x}^*$, 且 $\boldsymbol{D}(\boldsymbol{x}^*) = \boldsymbol{0}$, 它也属于 LOV。尽管如此, LOV 的定义与目标函数的局部最小值是否存在是无关的。除非该问题是线性的, 式 (10.3) 给出的定义与式 (10.2) 的解所产生的曲线并不相同。关于 LOV 不同可能定义的讨论, 详见 (Milani, 2005)。

10.1.4 LOV 的参数化和采样

方程 $\boldsymbol{D}(\boldsymbol{x}) = s\boldsymbol{v}_1(\boldsymbol{x})$ 对应于含有六个未知量的五个标量方程, 因此, 它具有一组平滑的单参数解集, 也即, 一条可微分的曲线。但是, 可以有一个解析表达式, 该表达式既不是曲线上点的, 也不是它的参数化表示 (如根据弧长)。

下面给出一种通过延续其中的一个点来计算 LOV 的算法。由弱矢量场 $\boldsymbol{v}_1(\boldsymbol{x})$ 推导出来的矢量场 $\boldsymbol{F}(\boldsymbol{x})$ 与 $\boldsymbol{H}(\boldsymbol{x})$ 正交。$\boldsymbol{F}(\boldsymbol{x})$ 方向的一步并不能给出 LOV 上的另一个点, 如微分方程 $\mathrm{d}\boldsymbol{x}/\mathrm{d}\sigma = \boldsymbol{F}(\boldsymbol{x})$ 求解的欧拉步长 ($\boldsymbol{x}' = \boldsymbol{x} + \delta\sigma\boldsymbol{F}(\boldsymbol{x})$), 除非 LOV 本身是一条直线; 这不依赖于为找到微分方程一个数值解所采用的方法 (通常使用一个二阶隐式 Runge-Kutta-Gauss)。然而, $\boldsymbol{x}'$ 将与 LOV 上另一点 $\boldsymbol{x}''$ 比较接近, 这可以通过应用约束微分校正算法得到, 从 $\boldsymbol{x}'$ 开始, 迭代直到收敛, 如图 10.1 所示。

① 数值计算中, 收敛是指在最后一次迭代结束后误差足够小。本书中, 对应的收敛属性只是近似满足。

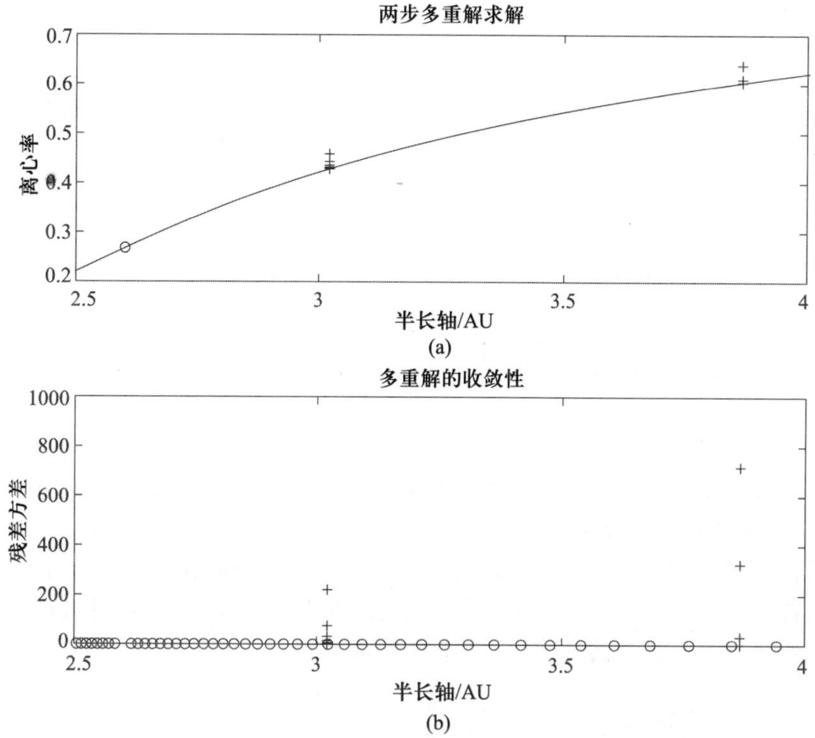

图 10.1 获得多个解的处理过程; 仅表示了投影至平面 (a, e)。(图 (a): 由 x^* (图中的圆) 开始, 通过对式 (10.2) 进行受约束的差分修正 (每次迭代对应一个 "+" 字) 运算得到每一个 LOV 解; 收敛成一条连续的 "河" 线, 线上的点由更小的步长计算而来。图 (b): 均方差在每次受约束的差分修正的起始点很大, 且沿 "河" 线快速收敛。摘自 Milani (1999), 且被 Elsevier 授权。)

如果起始点 $\boldsymbol{x}$ 的 LOV 参数为 σ_0, 可近似设 $\boldsymbol{x}'' = \boldsymbol{x}(\sigma_0 + \delta\sigma)$, $\sigma_0 + \delta\sigma$ 的值实际上与 $\boldsymbol{x}'$ 有关。换一种方式, 如果已经知道目标函数 $Q(\boldsymbol{x}^*)$ 的标称解 $\boldsymbol{x}^*$ 和局部极小值, 则可将参数 χ 作为目标函数在 $\boldsymbol{x}$ 值的函数 $\chi = \sqrt{m \cdot [Q(\boldsymbol{x}'') - Q(\boldsymbol{x}^*)]}$。在线性意义下, 这两个定义通过 $\sigma = \pm\chi$ 相关, 但是这绝不是强非线性条件的情况。因此, 可采用定义 $\sigma_Q = \pm\chi$ 作为 LOV 的一种备选的参数化, 其符号与 σ 一致。如果假设在初始条件 $\boldsymbol{x}$ 下的概率密度是关于 χ 的指数递减函数, 如第 3 章中描述的高斯分布, 则在某个值 χ 处终止对 LOV 的采样是合理的, 也即, 使用 LOV 与非线性置信区间 $Z(b)$ 的交点, 其中 b 是 χ 的最大值。

在标称解 $\boldsymbol{x}^*$ 已知或未知时 (甚至是不存在) 均可使用计算 LOV 的

算法。如果 $\boldsymbol{x}^*$ 已知, 设 $\boldsymbol{x}^* = \boldsymbol{x}(0)$ 作为参数化的起始, 继续使用 σ 或 σ_Q 作为其他点的参数, 其他点通过交替使用数值积分和约束微分修正得到。否则, 当标称解不可用时, 从初始条件 (初始轨道) 进行约束微分修正, 首先必须达到 LOV 上的某些点。一旦找到 LOV 上的点, 可与标称解类似, 沿此点开始。在此情况下, 设置 LOV 的原点 $\boldsymbol{x}(0)$ 为首先发现的 LOV 上任何点 $\bar{\boldsymbol{x}}$。然后计算其他点, 使用以任意起源点的参数 σ。参数 σ_Q 不能逐点计算, 可通过后验得到。

10.2 约束解的应用

约束解有两类应用: 第一, 单一的 LOV 解可以用于进一步的轨道确定 (或识别)。这将获得稳定的定轨或识别过程, 从而提高效率。第二, 采样 LOV 的多个解可用来计算某个置信区间内所有可能的解。例如, 可计算 $2p+1$ 个 LOV 解 $\boldsymbol{x}_k, -p \leqslant k \leqslant p$, 如果标称解可用, 则 $\boldsymbol{x}_0$ 是标称解, 在 σ LOV 参数中, 两个连续解之间的步长固定为 $\Delta\sigma$。沿 LOV 方向的置信区间采样最重要的应用是碰撞监测, 这将在第 12 章中讨论。

10.2.1 轨道确定

利用本章和前面章节提到的方法, 根据所选择的质量控制参数 $\varSigma$, 可将从天体测量数据计算轨道程序的步骤描述如下:

(1) 如果没有现成的轨道可用, 使用高斯法或第 8 章中的方法计算一个初始轨道 $\boldsymbol{x}$;

(2) 以 $\boldsymbol{x}$ 作为首个猜想值, 计算约束的微分改正;

(3) 如果受限的微分改正关于 LOV 的解 $\boldsymbol{x}$ 是收敛的 (残差的 RMS$\leqslant w\Sigma$, 其中 $w>1$), 则使用 $\bar{\boldsymbol{x}}$ 作为初始值开始尝试微分改正;

(4) 如果全微分改正收敛到标称解 $\boldsymbol{x}^*$ (残差 RMS$\leqslant \Sigma$)[①], 则采用此轨道, 其不确定性由他协方差描述;

(5) 如果全微分改正失败, 则在 RMS$\leqslant \varSigma$ 情况下采用 $\bar{\boldsymbol{x}}$ 作为轨道;

(6) 如果约束的微分改正不收敛, 尝试以初始轨道 $\boldsymbol{x}$ 作为首个猜想值作全微分改正。

① 该情况下, 协方差提供了不确定性信息, 但未定义置信区间, 因为目标函数的最小值未知 (可能不存在)。对于具有不同数目自由参数的轨道而言, 使用同一控制参数 Σ 存在相同的问题, 见 11.5 节。

获得最小二乘轨道后, 作为一个标称解或普通 LOV 解, 可对多重 LOV 解应用前一节中描述的连续算法。由该程序, 它有可能获得一组大数量的轨道, 可作为接下来所述应用的起点:

(1) LOV 的标称解不可用的情况;

(2) 当从初轨开始的迭代发散时, 从 LOV 轨道开始的标称解;

(3) 由标称解计算 LOV 的多重解;

(4) 没有标称解时, 由其中之一计算多重 LOV 的解。

10.2.2 多重星历和复原

当预测值具有很大的不确定性且非线性时, 沿 LOV 进行采样是一个很有用工具。这种情况仅在置信区域非常大时发生, 无论是在起始历元 (由于非常有限的观测数据), 还是在一些后续的时间, 经过传递, 置信区域优先在沿迹方向扩展。5.6 节中的模型已非常清晰地描述了此问题。

多重解的一个典型应用是计算观测预报, 也即星历。对每一个观测历元 t, 可计算天球上的 $2p+1$ 个点 $\boldsymbol{y}_k = \boldsymbol{F}(\boldsymbol{x}_k(t))$, 画出连接这些点的线, 如图 10.2 所示。当在接近观测的历元定轨是准线性时, 此方法 (Mlani, 1999) 与半线性置信边界的情况相当, 但在所有时刻的定轨都很差时也可使用。该方法在历史数据中寻找预复原是有用的 (Boattini et al., 2001)。

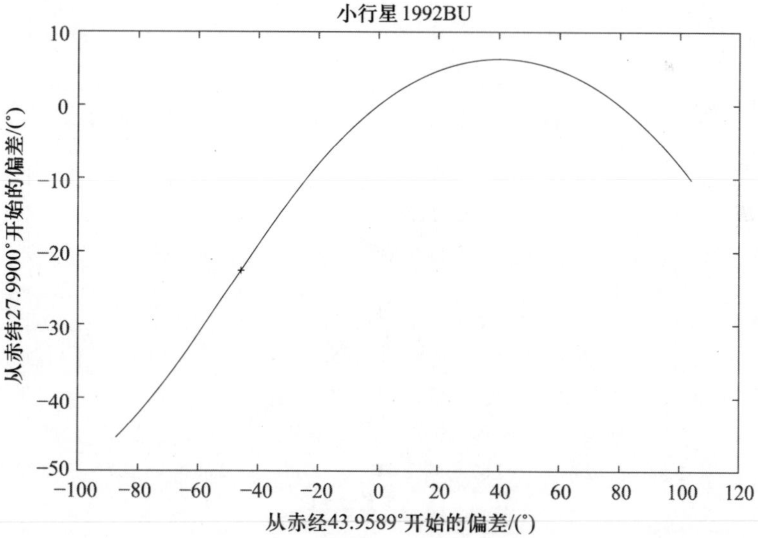

图 10.2 小行星 1992BU 的多个解给出 31 年前 4161PLS 被发现时的多个星历 (4161PLS 的实际观测以十字形表示) (Milani, 1999)

10.2.3 多轨道识别

对于两个有短弧且分得很开的短弧观测数据小行星而言，可通过比对它们的解来实现识别。例如，图 10.3 中展示了以这种方法进行识别的 4161 PLS=1992 BU 例子。在 (a, e) 平面 (倾角和升交点通常会更好地确定) 内画出的两条曲线，是两条单向逆行轨道的多重解 (缺口处对应标称解)。两条线只有一个交叉点，在计算的多个解中，选择离此交点最近的两个解。据此，通过线性识别式 (7.1)，计算出用以对两个弧段的观测值进行最小二乘拟合的首个猜想值，微分改正收敛于一条轨道，以十字形表示。

为每一对重复解由式 (7.2) 计算轨道识别罚值的更好方法，对给定的一对目标，会找到 $(2p+1)2$ 个罚值的最小值，如果这个值低于一定的控制值，建议将该对目标作为最终的识别。一种有效的方法一般要求将 N 个目标的计算复杂度降低至 $O(N^2(2p+1)^2)$。Milani et al. (2005c) 讨论了这一类方法在处理小行星轨道的大型数据集时的系统应用，且具有相当大的成功率 (在单次运行中确认识别 1500 例)。

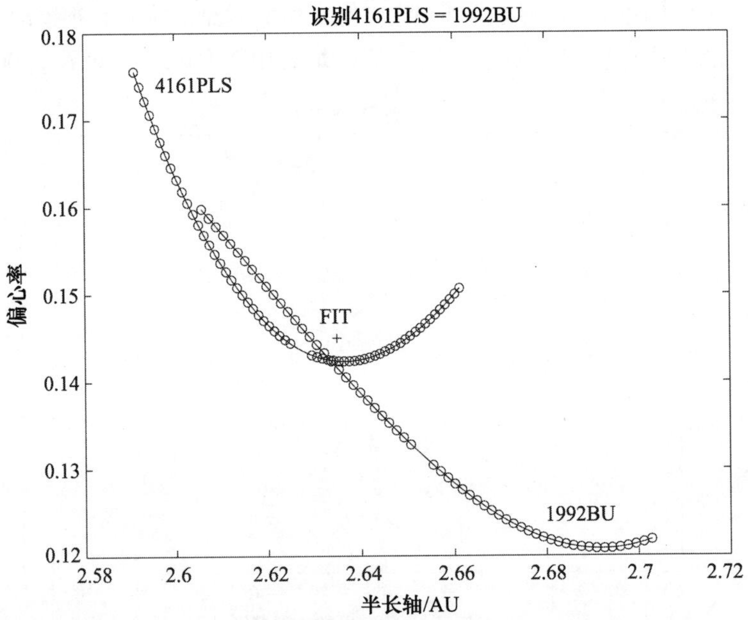

图 10.3 小行星 4161PLS 和 1992BU 的多个解

10.2.4 递归属性

在关联问题中, 应用 8.5 节或 8.6 节中介绍的方法计算初始轨道后, 下一步是由初轨计算最小二乘解。然而, 在大多数情况下, 即使在识别后, 可用的观测数据仍是非常有限的。因此, 需将约束的微分改正作为第一步。在大部分情况下, LOV 解是唯一可以实现的。

图 10.4 总结了对 Centaur (31824) Elatus 进行关联时的假设过程。该目标于 1999 年 10 月被发现, 指定编号为 1999 UG5, 对其进行持续跟踪然后跟进, 直到可以计算一个很好的轨道, 并能够将它与从 1998 年 10 月的发现前观测相关联。该测试包括由 8.5 节的方法将发现之夜的数据与一年前观测数据的关联过程。该图显示了根据 1999 年 10 月的属性计算的容许区域和创建虚拟小行星群的 Delaunay 三角网, 与图 8.5 相同。属性罚值低于某控制值时对应的节点已用来计算初始轨道, 反过来作为微分改正的第一猜想值: $(\rho, \dot{\rho})$ 平面内对应于 LOV 解的点可很好地拟合成一条直线。LOV 中还包含一个双曲线的标称解, 可通过笛卡儿坐标系计算, 该解不会存在于开普勒/春分点根数中。之后, LOV 的解用来对 1999 年 9 月 14 日的一段夜间弧段进行归属判别, 可提供三个

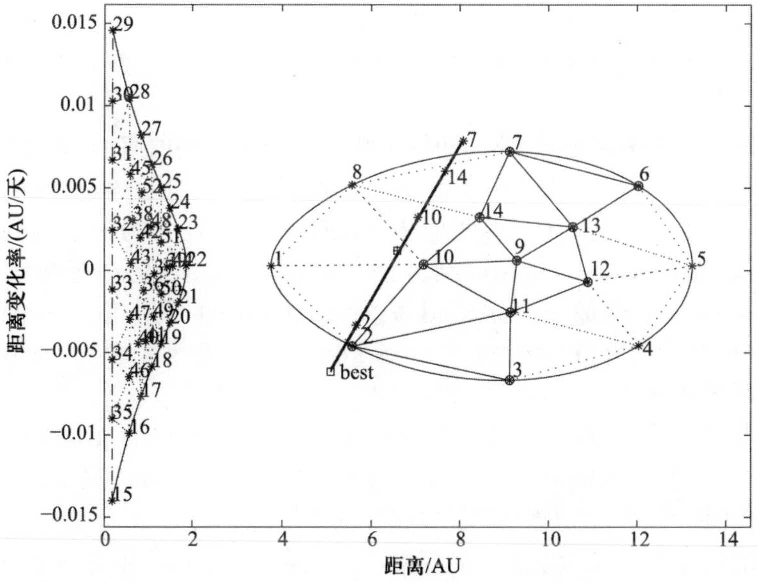

图 10.4 (31824) 对于 1999UG5, 一年前的四次发现观测的关联情况

夜间弧段的全最小二乘解, 在图中以十字方格来标识, 该解与线性拟合的 LOV 十分接近, 与两个夜间弧段的标称解并不接近。

以上例子是比较极端的情况, 两个属性之间的时间区间十分长。因此, 它是递归属性可行性的一个有力印证, 借此, 提供属性的单夜数据被逐个相加。该流程开始于关联, 实际上, 用虚拟的小行星方法, 这也是一个属性问题。

10.2.5 定性分析

沿 LOV 的采样可用来理解极端非线性的定轨情况。轨道确定中的非线性问题是一个很复杂的问题, 不能在这里作一般性的讨论。在此将展示用 LOV 采样作为一个工具去理解在单一的个案研究中非线性置信区间的几何, 在该案例中, 目标函数有多个局部极小值。

小行星 1998 XB 被发现于 1998 年 12 月, 与太阳的角距为 93°。小行星中心发布的第一个轨道, 观测时间跨度 $\Delta t \simeq 10$ 天, $a = 1.021$ AU。接下来几天该轨道被小行星中心重复修正, 半长轴逐渐降低至 0.989 AU, $\Delta t \simeq 13$ 天。随着观测扩展 $\Delta t = 16$ 天, 半长轴跳至 0.906 AU。

为了理解这一点, 对不同的数据集计算 LOV, 对应的 $\Delta t = 9, 10, 11, 13, 14, 16$ 天。图 10.5 显示了 LOV 一个双最小值的残差 RMS; 随着数据的增加, 第二个最小值向 a 降低的方向移动, 但与另一个最小值的位置并不一致。在 16 天的数据中, 第二个最小值消失了, 之后, 微分改正产生另一个解。

如第 9 章中讨论, 经典的初轨方法可有两种不同的解, 尤其是当角距在 116.5° 以下时。当应用在更短的时间跨度中选择的三个观测时, 它可以提供接近于主要和次要两个最小值的初步轨道。作为一个例子, 使用超过 10 天的数据, 可用高斯方法计算出 $a = 0.900$ 的一个初轨, 据此可得到一个全最小二乘轨道解, 是目标函数的最小值, $a = 0.901$, RMS=$0.47''$。也有另一个初始解: $a = 1.046$, 据此, 可计算另一个标称解, 是局部最小值, $a = 1.032$, RMS=$0.58''$。

事实上, 如果有三个观测值, 两个初始轨道解对应的 RMS 残差非常低 (由于行星的摄动残差不可能为零); 两个目标函数的局部极小值大致在同一水平。随着数据量的增加, 两个标称解的 RMS 增大, 但其中一个增量比另一个大。两个局部极小点的存在, 意味着要有一个鞍点, 其中二阶导数的 Hessian 矩阵具有负特征值, 位于轨道根数 $\boldsymbol{x}$ 空间的某处①。然而, 图 10.5 中画出的 RMS 对应的 LOVs, 连接了两个局部最小值, 而没有必须通过鞍点, 即使通过了, LOV 计算定理并不提供寻找此鞍点的方法。实际上, 用于计算多重解的法化矩阵 $\boldsymbol{C}(\boldsymbol{x})$ 具有大于等于零的特征值, 仅有牛顿法的法化矩阵, 式 (5.3) 的 $\boldsymbol{C}_{\text{new}}$ 具有负的特征值。鞍点在小行星轨道确定中实际存在, 但是, 为找到它们, 需对残差的二阶导数进行必要的近似, 还需使用一个更复杂的优化方法 (Sansaturio et al., 1996)。

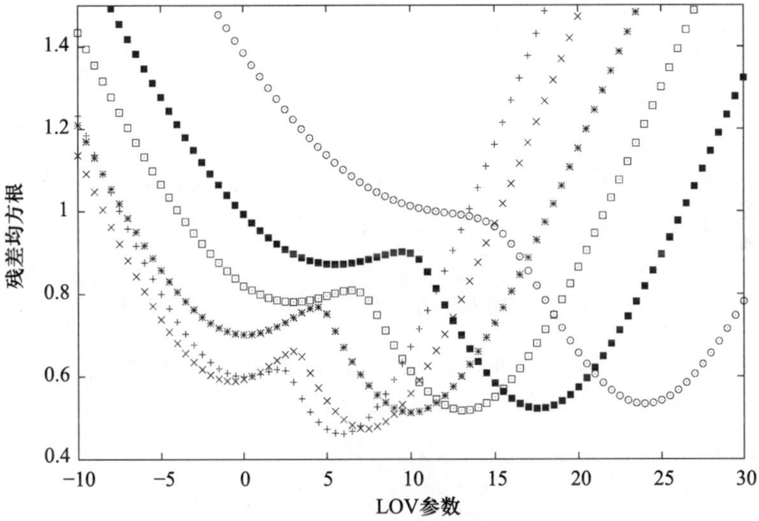

图 10.5 残差的 RMS, 对于不同的观测数据集, 是 LOV 参数 σ 的函数

10.3 度量的选择

法化矩阵 $\boldsymbol{C}$ 的特征值 λ_j 会随着坐标系的变化而变化。因此, 通过使用其他坐标系 $\boldsymbol{y}=\boldsymbol{y}(\boldsymbol{x})$ 可得到不同的弱方向及不同的 LOV。即使是线性的 $\boldsymbol{y}=\boldsymbol{S}\boldsymbol{x}$ 坐标变换时仍成立。法化矩阵转换为 $\boldsymbol{C}_{\boldsymbol{y}}=[\boldsymbol{S}^{-1}]^{\mathrm{T}}\boldsymbol{C}_{\boldsymbol{x}}\boldsymbol{S}^{-1}$, 如果 $\boldsymbol{S}^{-1}=\boldsymbol{S}^{\mathrm{T}}$, 即如果坐标变换是等距的, 特征值相同。否则, $\boldsymbol{y}$ 空间中的特征值与 $\boldsymbol{x}$ 空间并不相同, 且特征向量并不是 $\boldsymbol{x}$ 空间中特征矢量 $\boldsymbol{S}$ 的镜像。因此, $\boldsymbol{y}$ 空间中的弱方向及 LOV 并不通过 $\boldsymbol{S}^{-1}$ 与 $\boldsymbol{x}$ 空间的

① 实际上, 鞍点是否存在取决于所使用的坐标系, 如图 10.4 所示, 最小值位于 $e=1$ 的边界外, 对鞍点同样可能发生。

弱方向与特征矢量对应。一个特殊情况是缩放变换, 沿每个轴仅改变单位长度, 对角矩阵 $\boldsymbol{S}$ 来表示 (6.4 节)。

10.3.1 用以表示初始条件的坐标系

用于轨道确定的不完全的坐标系列表如下:

(1) 笛卡儿日心坐标 (位置、速度);

(2) 彗星根数 (q、e、I、Ω、ω、t_p, t_p 是通过近日点的时间);

(3) 开普勒根数 (a、e、I、Ω、ω、l, l 是平近点角);

(4) 春分点根数 ($a, h = e\sin(\varpi)$, $k = e\cos(\varpi)$, $p = \tan(I/2)\sin(\Omega)$, $q = \tan(I/2)\cos(\Omega)$, $\lambda = l + \varpi$, $\varpi = \omega + \Omega$);

(5) 属性坐标 (α、δ、$\dot{\alpha}$、$\dot{\delta}$、ρ、$\dot{\rho}$)。

上述五种轨道坐标类型中任意两个之间的转换如果是非线性的, 协方差可通过标准式 (5.5) 进行雅克比矩阵转换得到:

$$\boldsymbol{y} = \Phi(\boldsymbol{x}), \quad \boldsymbol{s}(\boldsymbol{x}) = \frac{\partial \Phi}{\partial \boldsymbol{x}}(\boldsymbol{x}), \quad \boldsymbol{\Gamma}_{\boldsymbol{y}} = \boldsymbol{S}(\boldsymbol{x})\boldsymbol{\Gamma}_{\boldsymbol{x}}\boldsymbol{S}(\boldsymbol{x})^{\mathrm{T}}$$

如果在 $\boldsymbol{x}$ 坐标系下进行计算, 一旦计算出约束的微分改正 $\Delta\boldsymbol{y}$, 需将其转换至 $\boldsymbol{x}$ 坐标系下。如果 $\Delta\boldsymbol{y}$ 的值很小, 沿 LOV 采取适当的步长时 $\Delta\boldsymbol{y}$ 的值一般很小, 从而可以做到线性变换:

$$\boldsymbol{x}' = \boldsymbol{x} + \left[\frac{\partial \Phi}{\partial \boldsymbol{x}}(\boldsymbol{x})\right]^{-1} \Delta\boldsymbol{y}$$

当受约束的微分改正很大时 (在初始点并不靠近 LOV 时有可能发生这种情况), 修正量 $\Delta\boldsymbol{y}$ 需非线性地转换至 $\boldsymbol{x}$, 也即 $\boldsymbol{x} = \Phi^{-1}(\boldsymbol{y} + \Delta\boldsymbol{y})$。根据 Milani et al. (2005) 提出的理论, 表 10.1 给出了以上五个坐标系统可能的换算比例。笛卡儿位置坐标系以天文单位 (AU) 测量, 但是它们以相对变换进行量化, 角度变量以弧度测量, 但是以周期进行量化。笛卡儿坐标系下的速度以 AU/天表示, 以相对变化进行量化, 角速度以地球平运动 $n_\oplus$ 量化。距离变化率以 $n_\oplus$ 量化, 以得到关于长度量纲的参数, 因而与距离相称。

10.3.2 不同 LOV 间的比较

表 10.1 中的坐标列表, 每个有或者没有缩放, 可以选择 10 种不同的 LOV。现在的问题是, 对于具体应用如何选择最有效的坐标系。这个

表 10.1 不同变量的单位和 LOV 比例

笛卡儿坐标	x	y	z	v_x	v_y	v_z
单位	AU	AU	AU	AU/天	AU/天	AU/天
比例	r	r	r	v	v	v
彗星根数	q	e	I	Ω	ω	t_p
单位	AU	—	rad	rad	rad	d
比例	q	1	π	2π	2π	Z
开普勒根数	a	e	I	Ω	ω	l
单位	AU	—	rad	rad	rad	rad
比例	a	1	π	2π	2π	2π
春分点根数	a	h	k	p	q	λ
单位	AU	—	—	—	—	Rad
比例	a	1	1	1	1	2π
属性坐标	α	δ	$\dot{\alpha}$	$\dot{\delta}$	ρ	$\dot{\rho}$
单位	rad	rad	rad/天	rad/天	AU	Au/天
比例	2π	π	$n_\oplus$	$n_\oplus$	1	$n_\oplus$

注: r、v 为日心相对距离和速度; $n_\oplus \simeq k$ 为地球平运动角速度 (rad/天); $Z = 2\pi q^{3/2} n_\oplus^{-1}(1-e)^{-1/2}$ 是大 e 值轨道的特征时间

问题是复杂的, 但主要有两个规则。如果小行星在天球上的位置形成的圆弧较小, 例如, $\leqslant 1°$, 在表示瞬时初始条件的坐标系下定轨是非线性, 如笛卡儿和属性坐标。在后者坐标系下, 当 ρ、$\dot{\rho}$ 不好确定时, α、δ、$\dot{\alpha}$、$\dot{\delta}$ 可很好地确定。

与此相反, 定轨时, 精确表示二体问题的轨道根数在所观察到弧段跨度比较大时表现得更好, 如数十度。彗星坐标系避免了 $e=1$ 时边界的不连续性, 春分坐标系避免了 $e=0$ 和 $I=0$ 的坐标奇点。开普勒根数具有很强的非线性, 由于 $e\simeq 0$、$e\simeq 1$、$I\simeq 0$ 时附近坐标奇点, 它们并不总是适合于定轨, 而以 n 代替 a 的修正的春分点坐标系更适合于定轨 (7.4 节)。

下面给出不同坐标系下计算的 LOVs 之间的比较, 其中坐标系如表

10.1 中所定义。以小行星 2004 FU_4 为例, 观测时间跨度仅 3 天, 弧长仅 1°。数据投影于 $(\rho,\dot{\rho})$ 平面, 其中 $\dot{\rho}$ 以 $n_{\oplus}$ 量化。对每一个坐标系, 展示所有 LOV, 以 41 VAs 在区间 $-1\leqslant\sigma_Q\leqslant 1$ 上采样, 第二个 LOV 是以法化矩阵特征矢量 $\boldsymbol{v}_2$ 对应的第二大特征值 λ_2 定义的。在此情况下, LOV 对坐标系的依赖性很强。直角坐标系和归属坐标系的 LOV 与第二个 LOV 很接近, 春分点坐标的 LOV 与第一个 LOV 很接近。此情况中, 观测弧段很短, 置信区域有一个二维的脊, 并在相应平面上 LOV 的选择是很随意的。例如, 在换算后的笛卡儿坐标系中, 置信椭球最大两个半轴的比例是 2.4。对置信区域进行采样的最好的策略是使用大量的 LOV, 如图 10.6 所示, 或者使用二维采样, 如 8.2 节。

图 10.7 给出了小行星 2002 NT_7 的 LOV 之间的比较, 可用观测数据跨度为 15 天, 弧长约 9° 宽。此情况下, 两个最大半长轴 (换算的直角坐标系下) 的比为 7.3, 且不同坐标系下计算的 LOV 很接近。随着置信区域变小变窄, 长轴较少依赖于度量。属性坐标系和直角坐标的 LOV 在所有情况中均十分接近, 该现象可解释为归属坐标系的 $(\rho、\dot{\rho})$ 平面严格对应于直角坐标系中的一个平面。

10.3.3 曲率的不确定性

给定显式公式 (9.2) 和式 (9.3), 通过六维矢量 $\boldsymbol{V}=(\alpha,\delta,\dot{\alpha},\dot{\delta},\ddot{\alpha},\ddot{\delta})$ 关于 $\kappa,\dot{\eta}$ 的偏导数和角度协方差的传递可计算 $(\kappa,\dot{\eta})$ 的协方差矩阵:

$$\boldsymbol{\Gamma}_{(\kappa,\dot{\eta})}=\frac{\partial(\kappa,\dot{\eta})}{\partial\boldsymbol{V}}\boldsymbol{\Gamma}_{\boldsymbol{V}}\left[\frac{\partial(\kappa,\dot{\eta})}{\partial\boldsymbol{V}}\right]^{\mathrm{T}} \tag{10.4}$$

角度的协方差 $\boldsymbol{\Gamma}_{\boldsymbol{V}}$ 及它们的一阶二阶导数通过个别观测值进行最小二乘拟合得到, 该观测值是时间的二次函数。κ, $\dot{\eta}$ 的偏导数在 (Milani et al., 2008) 中给出。在此列出这些偏导数的最后四项, 2× 2 的矩阵 $\partial(\kappa,\dot{\eta})/\partial(\ddot{\alpha},\ddot{\delta})$, 因为它们是短弧协方差 $(\kappa,\dot{\eta})$ 的主要部分, 如下所示:

$$\frac{\partial\kappa}{\partial\ddot{\alpha}}=-\frac{\dot{\delta}\cos\delta}{\eta^3},\quad \frac{\partial\kappa}{\partial\ddot{\delta}}=\frac{\dot{\alpha}\cos\delta}{\eta^3},\quad \frac{\partial\dot{\eta}}{\partial\ddot{\alpha}}=\frac{\dot{\alpha}\cos^2\delta}{\eta},\quad \frac{\partial\dot{\eta}}{\partial\ddot{\delta}}=\frac{\dot{\delta}}{\eta} \tag{10.5}$$

使用一个完整协方差矩阵计算以评估曲率的显著性, 即

$$\chi^2=\begin{bmatrix}\kappa\\ \dot{\eta}\end{bmatrix}\quad \boldsymbol{\Gamma}^{-1}_{(\kappa,\dot{\eta})}\begin{bmatrix}\kappa\\ \dot{\eta}\end{bmatrix} \tag{10.6}$$

假设 $\chi^2>\chi^2_{\min}$, 则曲率是显著的。

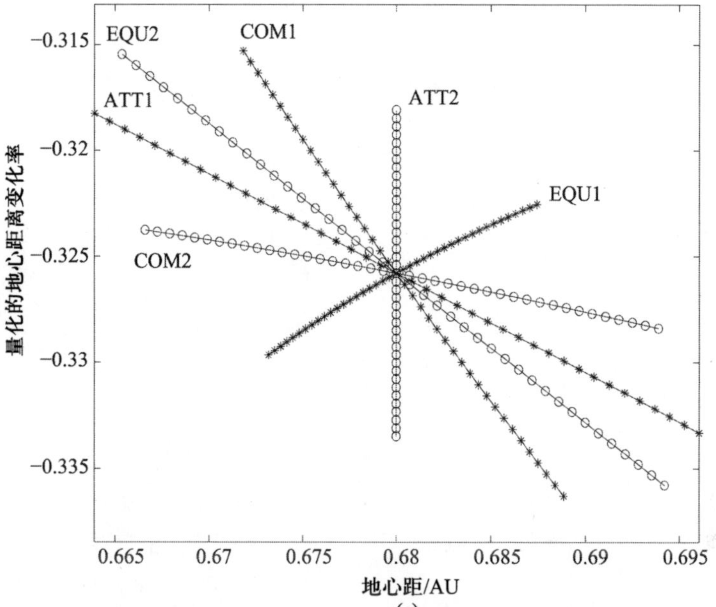

(a)

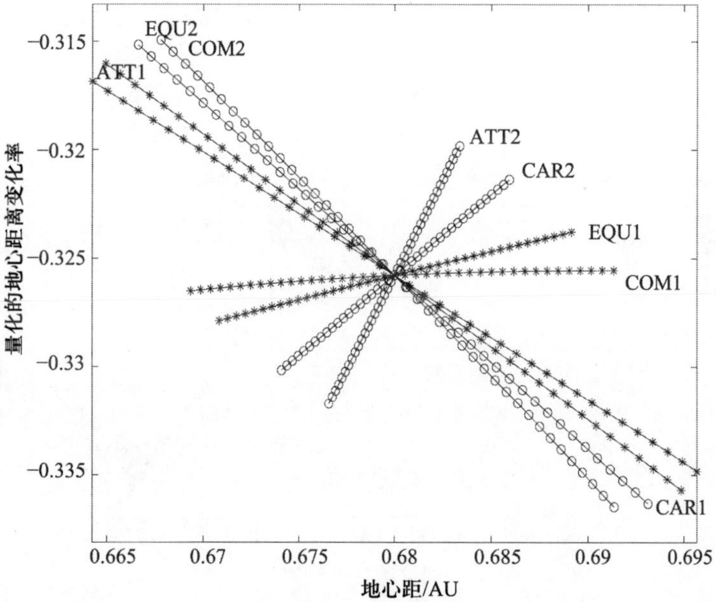

(b)

图 10.6 小行星 $2004FU_4$ 在不同坐标系下 LOV 的计算, 仅利用前 17 次观测

(a) 没有量化; (b) 量化。

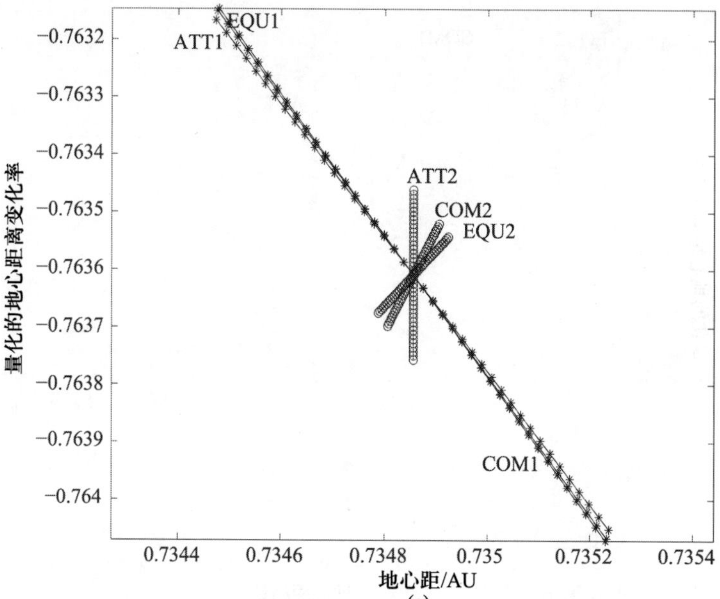

(a)

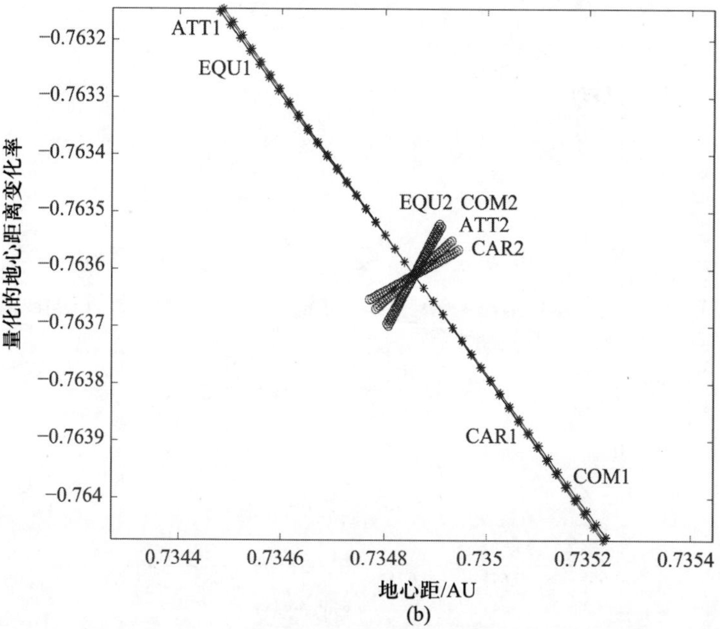

(b)

图 10.7 小行星 2002NT$_7$ 的不同坐标系下 LOV 的计算, 仅利用前 113 次观测

(a) 没有量化; (b) 量化。

10.3.4 无限距离的限制

由式 (9.30), 存在两种情况会出现很低的 C 值: 在零值圆附近和当 ρ、r 的值很大时。与一个大圆的偏离程度将取决于所观察到的弧长 (时间 Δt 和弧长约 $\eta\Delta t$)。因此, 对于短弧观测, 曲率可能并不显著, 且初始轨道算法可能会因为微分改正的初始猜测而失败。

下面将讨论远距离天体的情况, 估计轨道计算中关于小参数 ν、τ、b 的不确定性, 其中 ν 是单次观测的天体测量精度 (rad), 对于短弧及远距离观测 $\tau = n_\oplus \Delta t$、$b = q_\oplus/\rho$ 很小。$b \to 0$ 的反行主要部分 $n_\oplus b$ 受地球运动的影响。角度 (α, δ) 中的不确定性和它们导数可估计如下 (Crawford et al., 1930):

$$\begin{aligned} \mathrm{RMS}(\alpha) &\simeq \mathrm{RMS}(\delta) = O(\nu) \\ \mathrm{RMS}(\dot\alpha) &\simeq \mathrm{RMS}(\dot\delta) = O(\nu T^{-1}) \\ \mathrm{RMS}(\ddot\alpha) &\simeq \mathrm{RMS}(\ddot\delta) = O(\nu T^{-2}) \end{aligned}$$

曲率分量 $(\kappa, \dot\eta)$ 的不确定性可通过式 (10.4) 的推导估计出, 但可证明 $(\alpha, \delta, \dot\alpha, \dot\delta)$ 的不确定性由更高阶的项决定, 因此将基于式 (10.5) 中的偏导数进行估计:

$$\frac{\partial(\kappa, \dot\eta)}{\partial(\ddot\alpha, \ddot\delta)} = \begin{bmatrix} O(b^{-2})n_\oplus^{-2} & O(b^{-2})n_\oplus^{-2} \\ O(1) & O(1) \end{bmatrix}$$

且得

$$\boldsymbol{\Gamma}(\kappa, \dot\eta) = v \begin{bmatrix} O(b^{-4}\tau^{-2}) & O(b^{-2}\tau^{-2})n_\oplus^2 \\ O(b^{-2}\tau^{-2})n_\oplus^2 & O(\tau^{-2})n_\oplus^4 \end{bmatrix}$$

为将协方差推导至变量 $(\rho, \dot\rho)$, 可通过式 (9.4) 和式 (9.30) 消除 r 的方式获得连接 C 和 ρ 的隐式方程:

$$F(\mathcal{C}, \rho) = \mathcal{C}\frac{\rho}{q} + \frac{q^3}{(q^2 + \rho^2 + 2q\rho\cos\epsilon)^{3/2}} - 1 + \Lambda_n = 0 \tag{10.7}$$

对于 $b \to 0$, 有 $Cb^{-1} \to 1 - \Lambda_n$, 因此, $C \to 0$, 且 C 与 b 同阶。尽管 C 取决于所有变量 $(\alpha, \delta, \dot\alpha, \dot\delta, \ddot\alpha, \ddot\delta)$, 但拉普拉斯法中的近似值 $\mathcal{C} \simeq C.C$ (9.4 节) 由式 (9.27) 给出。它包含 $\kappa\eta^2$, 其不确定性主要取决于 k 的不确定性, 最终取决于角度的二阶导数估计难度。因此, 可使用隐性函数 $\rho(\kappa)$ 的导数, 假设 $\cos\epsilon$、η、$\hat{\boldsymbol{n}}$ 为常数, 仅保留 q/ρ 的低阶分量, 可发现

$$\frac{\partial\dot\rho}{\partial\kappa} = -\frac{\eta^2 q^4}{\mu\hat{\boldsymbol{q}}_\oplus \cdot \hat{\boldsymbol{n}}}\frac{\rho}{q_\oplus C} + O\left(\frac{q^3}{\rho^3}\right) = q_\oplus O(1)$$

同样的方法, 根据式 (9.28) 推导 $\dot{\eta} = n_{\oplus}^2 O(b)$, 得到估计值:

$$\frac{\partial \dot{\rho}}{\partial \kappa} = n_{\oplus} q_{\oplus} O(1), \quad \frac{\partial \dot{\rho}}{\partial \dot{\eta}} = \frac{q_{\oplus}}{n_{\oplus}} O(b^{-2})$$

对于协方差矩阵:

$$\boldsymbol{\Gamma}(\rho, \dot{\rho}) = \frac{\partial(\rho, \dot{\rho})}{\partial(\kappa, \dot{\eta})} \boldsymbol{\Gamma}_{(\kappa, \dot{\eta})} \left[\frac{\partial(\rho, \dot{\rho})}{\partial(\kappa, \dot{\eta})}\right]^{\mathrm{T}}$$

计算 b^{-1}、τ^{-1} 的高阶主项:

$$\boldsymbol{\Gamma}(\rho, \dot{\rho}) = v b^{-3} \tau^{-2} \begin{bmatrix} q_{\oplus}^2 O(1) & q_{\oplus}^2 n_{\oplus} O(1) \\ q_{\oplus}^2 n_{\oplus} O(1) & q_{\oplus}^2 n_{\oplus}^2 O(1) \end{bmatrix} \tag{10.8}$$

总之, 如果 $(\rho, \dot{\rho})$ 以适当的单位进行测量 (ρ 是 AU, $n_{\oplus}$AU 是 $\dot{\rho}$), 其不确定性是同阶次的, 证实了表 10.1 的换算。在换算的 $(\rho, \dot{\rho})$ 平面, 弱方向也即 LOV 可在任意方向, 可从图 8.5 和图 10.4 中看出。

10.4 变化曲面

如果置信区域没有在一个方向上特别突出地延伸 (如图 10.6 中的例子), 无论选择哪个 LOV 均不能代表整个置信区域。对于短弧观测, 如果用归属元素 $(A, \rho, \dot{\rho})$, 其中 A 是属性, 置信区域是一个环绕置信区域子集的 "薄" 壳 (8.4 节)。将随着 A 的变化, 目标函数取局部最小值的点集定义为变化曲面, 对于每一个固定的 $(\rho, \dot{\rho})$, 残差的最小 RMS 低于某控制值 Σ。$\boldsymbol{S}$ 一般是二维支管状。在本章假设的一些条件下, 即几乎没有比 A 更多的信息时, $\boldsymbol{S}$ 根据 $(\rho, \dot{\rho})$ 平面内子集 $\boldsymbol{B}$ 定义的 $(A(\rho, \dot{\rho}), \rho, \dot{\rho})$ 进行对每个 $(\rho_0, \dot{\rho}_0)$ 参数化, 可只修正 A, 即执行 "双重约束" 的微分改正:

$$\boldsymbol{C}_A \Delta \boldsymbol{A} = \boldsymbol{D}_A, \quad \boldsymbol{C}_A = \boldsymbol{B}_A^{\mathrm{T}} \boldsymbol{B}_A, \quad \boldsymbol{D}_A = -\boldsymbol{B}_A^{\mathrm{T}} \boldsymbol{\xi}, \quad \boldsymbol{B}_A = \partial \boldsymbol{\xi} / \partial \boldsymbol{A} \tag{10.9}$$

如果此修正收敛至最小值点 $\boldsymbol{A}(\rho_0, \dot{\rho}_0)$, 且该最小值点的残差 RMS$< \Sigma$, 点 $(A(\rho_0, \dot{\rho}_0), \rho_0, \dot{\rho}_0)$ 属于变化曲面, $(\rho_0, \dot{\rho}_0)$ 属于 $\boldsymbol{B}$。

由于属性也针对双曲线轨道定义, $\boldsymbol{B}$ 并不需要是容许区域 $D(A)$ 的子集。事实上, 图 8.5 和图 10.4, 清楚地表明, 在后者的情况下, $\boldsymbol{B}$ 超出了容许区域, 显然, 如果通过递归属性继续发现 LOV 点, LOV 将进一步延伸。因此, 选择取决于目标: 如果目标是在置信区域内尽可能地采样,即使是双曲线轨道, 对 $\boldsymbol{B}$ 采样比对 $D(A)$ 采样更有用。与此相反, 如果目标是发现最大数量的真实目标, 可以考虑, 被发现的 $e \gg 1$ 的目标数量密度非常小 (可能是 0, 因为至今未发现过), 对 $\boldsymbol{D}(\boldsymbol{A}) \cap \boldsymbol{B}$ 进行采样, $\boldsymbol{D}(\boldsymbol{A}) \cap \boldsymbol{B}$ 可通过去掉 $\boldsymbol{D}(\boldsymbol{A})$ 三角剖分的顶点得到, 因为对这些点的双重约束微分微分改正会产生太高的残差 RMS。

因此, 计算变化曲面时, 无须计算容许区域。可以任意方式对 $(\rho, \dot{\rho})$ 平面进行采样, 由采样的点集开始, 例如, 矩形网格①。该方法及类似方法已广泛使用, 如 (Chesley, 2005; Tommei, 2005) 中所述。另一类方法是在二维空间中随机选择采样点: 可在空间 $(\rho, \dot{\rho})$ 做到这一点, 同样可在历元 t_1、t_2 下的距离区间 (ρ_1, ρ_2) 实现; 采样轨道可根据某些标准进行选择, 如去掉双曲线轨道, 但也优先探索相空间的某些部分 (Virtanen et al., 2001)。

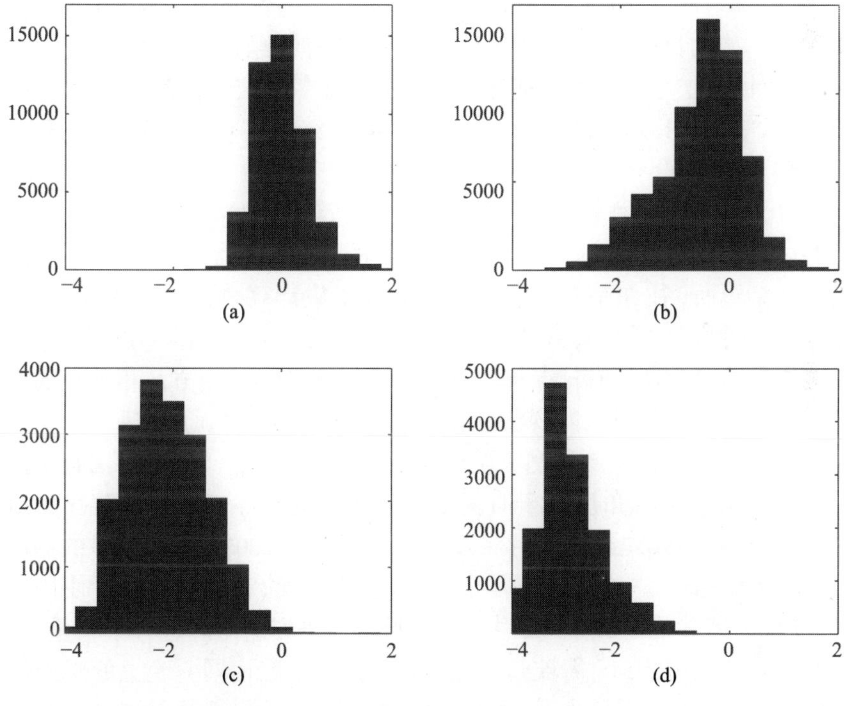

图 10.8 不同类型观测弧段的 RMS 分布 (以 AU 表示的 $\lg \mathrm{RMS}(q)$ 的 (a) 类型 1; (b) 类型 2; (c) 类型 3; (d) 类型 4。)

① 该方法描述于 Tholen 和Whiteley 未发表的一篇文章中。由夏威夷大学 D. Tholen 的免费软件实现, 可实现 $\boldsymbol{D}(\boldsymbol{A}) \cap \boldsymbol{B}$ 的采样, 不包括 $e > 1$ 的点。

10.5 发现的定义

随着新的观测增加, 观测弧段时间增长, 最小二乘轨道的质量得以改进。问题是如何找到一种算法, 对观测弧段按照包含轨道信息的预测值的质量等级进行分类。这与发现的定义相关联, 即有多少观测值才足以认为已经发现了一个新的太阳系物体? 一个明显的要求是有足够的信息, 能够确定物体的性质, 例如, 可区分近地小行星 (NEA)、主带小行星 (MBA)、木星特洛央小行星、逆穿越海王星天体 (TNO)、长周期彗星等。发现的定义涉及许多法律和科学政策方面的内容, 但在此不作讨论, 这里只给出数学背景, 用它来建立一个严格的定义。

在现代观测中, 太阳系天体的观测是从恒星图像中挑选移动的目标: 同一个夜晚①, 对同一空域采集一定数量的数字图像, 这些图像是"数字闪烁"的, 也即, 计算机程序将去除静态的恒星参考帧, 并将可能属于同一移动目标的瞬态图像进行分组。这样一组图像称为轨迹包, 包含没有计算出轨道的天文观测, 通过具有曲率上限值的线性或二次拟合 (Kubica et al., 2007)。因为 $m \geqslant 2$, 根据一组轨迹包可计算出一属性, 但大部分情况没有或者仅有很少的曲率信息。

由于对给定观测数据集计算的轨道与所使用的算法密切相关, 因此在上述定义中很难找到一个无最小二乘轨道的弧度。例如, 10.2 节中所述的复杂过程, 往往是基于非常有限的数据集计算轨道时才成立, 但它往往是一个 LOV 轨道, 或无论如何都有非常差的条件协方差矩阵。

为提供一个在所有情况下均可计算且与定轨中所用方法相独立的定义 (该定义中没有明显的观测弧段为过短弧 (TSA)), 弧度按照式 (10.6) 来计算。此定义的主要问题有两个: 一是控制值 $\chi^2_{\min}$ 的选择; 二是实际观察弧段可能包含角度关于时间三阶导数的足够信息。如果情况为后者, 二次拟合的残差具有 Z 形特征 (Milani et al., 2007), 如果残差的标准偏差大于 $\mathrm{RMS}_{\min}$, 这种特征是很明显的。这样的定义取决于所使用的误差模型, 请参见 5.8 节。式 (10.6) 中所用的协方差矩阵包含了权重, 二次拟合后的残差 RMS 需被归一化。由于各组一般由同一晚上的观测值组成, 它们中的大部分也是 TSA。某些情况下, 观测弧段可能已经是大于或等于 2 组识别的结果, 仍是一个 TSA, 这也是 TNO 通常的情况。

当一弧段可以分成恰好 N 个不相交的 TSA 时, 称这一观测弧段为

---

① 典型的时间周期为 15 min~2 h。

N 型弧。每一对 TSA 在时间上连续，如果将这些点连接起来，将形成明显的弧度。为获得所有情况弧型的唯一值，需指定具有明显弧度的观测弧段的拆分方法。计算弧型的一个回归过程：如果弧段有明显弧度或有明显的 Z 形，根据选择的两次观测间最大时间的差距，该弧段被分成两个圆弧。否则，对两个子弧段运用同样的处理过程，且弧型是两个子弧段的和。当子弧段的观测数减少时，递推过程中止；当子弧段的观测值小于 3 时，该孤段将没有曲率或 Z 形。

该定义以轨道预测值来评估所有轨道类型，应代替当前使用的 M-夜定义，即 M 个不同夜晚观测的弧段。对于 TNO 类型，大部分情况下，两夜观测值可形成一个类型 1 的弧段。对于近地空间中观测到的 NEA 类型，单夜观测通常是类型大于或等于 2 的弧段，针对单夜观测弧段可计算出一个中等不确定性的轨道。

10.5.1 测试各种定义

Milani et al (2007) 讨论了对基于弧段类型的发现定义的大型测试结果。我们已经使用了 2006 年 3 月所有公共小行星的天体测量：920 万观测，包括 185296 观测弧段，时间跨度小于 190 天。使用了 $\chi^2_{\min} = 9$ 和 $\mathrm{RMS}_{\min} = 4$①。加权的天体测量误差模型是基于 (Carpino et al., 2003)。图 10.8 中显示了结果概要。从 2 型到 3 型，轨道质量大幅改善，使得我们在几乎所有的情况下可区分 MBA 和 NEA。由 Milani et al. (2007) 可知，弧线 3 型不对应三个观测夜，尤其是对于 MBA，需要三个非连续的观测夜。

形成一个定义不仅仅是从数学角度，上述研究结果表明，由数据集合的数学性质出发来进行定义是合理的。太阳系物体的发现应包括类型 $N \geqslant 3$ 观测弧段。此外，提供的信息应该包含一个唯一的，有 6 个自由参数的完整最小二乘轨道，拟合数据的残差与当前误差模型一致。数据也应包含足够的光度信息以用于拟合一个绝对星等，从而来约束目标的大小。

该目标还需要是新的，根据相同的定义尚未发现过，但是这个变得复杂，从原理和数学的角度来看，如果相同的发现包含了从不同观测站的数据，即使需要在两种由不同观测形成的轨道包间进行改变的弧型定义是时间重叠的，以平滑的方式进行站心修正。一种方式是由轨道包分割弧，而不是由观测值。总之，当数据公之于众时需要使用时间信息。

① 低控制量的弱化定义使得满足条件的结果更少。

第 11 章 巡天观测

本章致力于群体轨道确定, 即不仅只针对单一目标计算轨道, 还针对大量观测数据编制轨道目录。巡天观测旨在收集最大量和最具代表性目标的采样。在 8.7 节已处理了地球卫星, 在本章仅处理太阳系目标。当然, 天文巡天观测也可能同时针对太阳系外的目标群。本章主要基于作者的研究 (Milani et al., 2005; Milani et al., 2008; Milani et al., 2006), 特别是基于为下一代巡天观测 Pan-STARRS 所作的准备。

11.1 太阳系巡天观测的操作约束

在现代巡天观测下, 识别或定轨程序的定义应考虑以下三点:

(1) 由莫尔定律, 电子芯片的元件数随时间呈指数增长, 倍增时间间隔为 18 个月, 该定律已经持续了 30 多年。目前没有迹象显示这种趋势可能会变慢, 尽管在过去的几年里, 时钟频率的持续提高受到限制, 但芯片复杂性的增加, 产生了 "多核的 CPU"。假设一个高效的并行化程序使用了多核, 实际的计算性能将每三年增加 4 倍。用于产生天文图像的 CCD 相机的像素根据摩尔定律[①] 增加, 从而随着时间的推移, 产生天体测量数据的观测能力也成倍增长。开发利用此技术比增加望远镜的大小更具成本效益。

(2) 巡天观测更注重降低信噪比 (S/N), 因为最先进的 CCD 具有更小的噪声, 可接受信噪比 S/N 的增益在没有扩大望远镜直径的条件下

① 最近几年出现把很多单个 CCD 芯片合成的阵列, 其读取时间与单个芯片相当, 这是并行数据处理的另外一种形式。

提高了限制幅度 (此限制条件下可被认为检测到目标)。一些虚假观测也就不可避免地被采样。问题是, 虚假数据可能通过定轨过程传递, 会引起结果的退化①。

(3) 针对每一个被发现的太阳系物体, 可通过制定观测计划以得到最小数量的观测值。这来源于多个学科在巡天观测中的不同偏好, 用同样的望远镜甚至同样的图像, 试图对差异很大的天文、天体物理和宇宙测量分别得到结果。要获得太阳系目标的轨道, 要求在约束的时间间隔内有多个观测值。这可能在太阳系子任务和需同时进行的其他测量要求之间产生利益冲突。这意味着需要对每个对象使用较少的数据而开展轨道确定。

上述三个因素决定了巡天观测的设计方案, 它不会因为定轨因素的影响而改变。因此, 需要注意以下影响:

(1) 要保证用于识别和定轨程序的计算复杂度可控, 如果可发现的目标数量是 N, 且观测数量为 M, 该算法所需的运算量阶次要小于 2, 例如 $O(N\log N)$、$O(N\log M)$ 或 $O(M\log M)$。二次计算复杂度 $O(N^2)$、$O(M^2)$ 或 $O(NM)$ 的算法当 $N\simeq 10^7$ 和 $M\simeq 10^9$ (包括错误) 时变得不可用。写本书时已计划启动观测: 用于 $N\times M$ 循环的 3 ns 对应的 CPU 时间大约一年。实际上, 不能靠等待下一代更强大的计算机而去掉这个约束, 因为下一阶段的测量将产生更多的数据。随着时间的推移, 二次算法将变得越来越不适用。需要注意的是, 传统的程序是一个 $O(M^3)$ 算法, 例如, 用不同夜晚的三元观测值来计算高斯初轨, 但不能用于目前的巡天观测。

(2) 精度问题, 也即采用的识别和轨道为真的比例。在不降低效率的情况下, 保持错误比例可控, 也即实际出现在图像中的目标可被发现的比例, 是群体轨道确定中最困难的。假设目标为运动的个体, 检测可能出现错误 (噪声、统计跳变、变星等), 由它们形成的分组也可能为假 (包含虚假的检测或根据两个不同目标的集合检测)。虚假检测在低信噪比时会突然增加, 错误分组和错误识别呈二次增长 ($O(M^2)$ 或 $O(N^2)$, 取决于所用方法)。为了避免这种错误结论的级联, 对最终轨道应使用非常严格的质量控制。通常对最小二乘拟合残差使用统计质量控制。然而, 若第一阶段产生的错误轨迹数量为 $O(N^2)$, 这也将是整体过程中最复杂的部分。

① 错误的事实将对科学进展有很大的危害, 因为这些错误影响持久。C. Darwin,《人类的起源》1871。

(3) 定轨方法应尝试用比传统方法更少的数据来定轨, 例如, 仅两夜的观测数据、时间间隔大于一个轨道周期的两个短弧或者在可靠数据点中参杂了一些低 S/N 的观测点。在此可应用一些在前面章节中提出的算法。当然, 这会增加验证程序和为避免错误结论的统计质量控制的难度。

11.2 识别及定轨程序

处理过程从数据处理开始①, 包括高于给定信噪比门限 s 的移动目标检测。它们包括虚假检测, 但应选择 s 使得错误不能太多, 例如真/假的比例大致为 1。

11.2.1 从检测到分组

第一步是将属于同一个动目标的每一组检测划分至一组。没有轨道时, 可通过不同时间的检测之间的空间邻近性实现。对于两个检测组, 可能的检测组的数量为 $O(M^2)$, 最可能属于动目标的值需要通过一个较小复杂度的算法进行选择, 例如 (Kubica et al., 2007) 所述的 $O(M \log M)$。用以选择分组的控制值为自行运动 η 和 (如果有三个检测值) 第 9 章介绍的曲率分量 $\kappa\eta^2$、$\dot{\eta}$。目前最感兴趣的目标大多是近地小行星, 轨迹可能又长又弯, 因此必须降低控制值。由此也不可避免地有一部分假分组。正如将在 11.4 节看到的, 这并不会导致级联的虚假识别。

11.2.2 从分组到轨迹

第二步是分组转化为轨迹或识别。一系列分组形成的轨迹应属于同一太阳系目标。至少有两种方法来挑选该轨迹。第一是第 8 章和 10.2 节中描述的递归属性方法, 第二是 Kubica et al. (2007) 所描述的二叉树法。另外还存在一种可能的方法, 即使用开普勒积分常数, 见 8.6 节。但此方法尚未进行有效检验, 而之前的两种方法在模拟检验中已被证明有效。同样也有其他的方法, 如 Granvik et al. (2005) 的介绍。

上述方法的主要区别是, 二叉树法使用复杂的算法来控制计算复杂度, 即使使用 3 倍、4 倍甚至更多的分组, 其复杂度仍保持在 $O(M \log M)$, 但用来选择轨迹的控制只是不等多项式。尽管二次多项式控制可以使得利用距离 ρ 和 $\eta^2\kappa$ 之间的关系去掉更靠近微小目标边界

① 图像处理和天体测量数据精简也是重要的步骤, 但不在本书范围之内。

的物体 (8.1 节), 但该方法没有计算出轨道。

与此相反, 递归属性法中, 用于数据比较的平滑函数也是天球上计算的轨道路径。

在本书中, 详细讨论了递归属性法; 对于二叉树方法, 建议读者阅读 Kubica et al. (2007)。在实践中, 这两类方法可以有效地运用于多步程序中, 请参阅 Milani et al. (2008)。

11.2.3 从轨迹到识别

确定一条轨迹且由此确认识别的整个过程可以分解为四个步骤:

(1) 通过使用所有分组的观测信息, 计算一条初轨, 例如, 每个分组选择一个观测值或利用每一分组的属性;

(2) 以初轨作为微分改正处理的初值, 此微分改正过程可能包含几个步骤, 如 10.2 节;

(3) 如果微分改正收敛, 应用统计质量控制, 得到最终的残差。如果质量控制参数的值是满足条件的, 该轨迹可作为一个目标轨道的识别;

(4) 对得到的识别和分组全集应用识别及分组管理, 去掉重复、矛盾和不完整的识别, 将在 11.4 节介绍。

只有在整个过程结束时, 可宣称已经确定了观察到的太阳系物体。已被良好定轨的目标可用来检验定义发现的条件 (10.5 节)。即使经过这个严格的程序后, 仍可能会留一小部分虚假发现, 根据连续的数据积累, 需要特别小心地将这些虚假发现从结果中剔除。

11.3 计算复杂度的控制

为找到适用于大量观测数据的识别及定轨算法, 需解决两个问题: 第一, 需用一个高效的快速算法去寻找轨迹, 例如, 计算复杂度 $O(M \log M)$, 也即实际观测到的目标仅有一小部分丢失 (效率一般为 0.95~0.99)。第二, 轨迹的精度控制。如果真实轨迹仅是假设值的一小部分 $O(1/N)$, 被测轨道将是 $O(N^2)$, 且计算成本耗费在确认程序的步骤 (2)。

乍一看, 这两个方面的要求似乎是矛盾的。该解将设计出一个更复杂的处理流程, 此流程中将通过连续的步骤同时实现效率和精度, 这种方式使得处理流程的联合控制复杂度得以控制。这里将提出两个可能的解, 它们不能相互替代, 而需要将它们用在一起以获得最佳性能。

11.3.1 二叉树法

如果在第一个步骤中使用二叉树法生成轨迹列表, 在寻找至少三个夜晚观测到的太阳系物体的真实轨迹时, 可以实现很高的效率。但主要问题是这些轨迹列表中混杂了很多虚假的轨迹。Kubica et al. (2007) 和 Milani et al. (2008) 描述了假设轨道精度低于 0.01 的大规模测量的仿真, 这可能会导致确认程序具有很大的计算量。

使用确认流程的步骤 (1) 计算初轨, 以此作为一个滤波器, 减少进行微分改正 (需要更高的计算强度) 的轨迹数量。由于二叉树法适用于三个或更多晚上观测形成的分组, 定初轨应使用高斯法。基于初轨计算, 在以下两种情况下可排除该轨迹。第一个情况是假设式 (9.36) 不成立: 如果从 $\geqslant 3$ 个分组中选择三个观测值, 据此得到的值 $\gamma = \gamma_2$、$\mathcal{C} = C_2$、使得 9.7 节① 中的交点问题无解, 则此轨迹为假。

轨道排除的第二种情况是, 当可获得某初始二体轨道时, 且所有分组观测值计算的残差 RMS 太大时。此类轨道排除的控制量需谨慎选取。初轨是二体轨道, 甚至会有关于 Δt 的几阶截断误差, 因此, 精度不可能与严格 N-体模型的最小二乘解一样。例如, Milani et al. (2008) 表明, $10''$ 左右是一个不错的选择。

结合这两次测试, 假设轨道的数量可减少一个数量级, 按照接下来的步骤, 微分改正的计算量变得可以接受。此外, 确认轨道的过程可并行进行, 也即, 假设的轨道可分配给多个处理器/核处理②。

11.3.2 递归归属法

另一个形成轨迹的流程是递归归属, $(j+1)$-轨道由第 j-轨道的归属计算形成, 将 10.2 节介绍。对于 $j=1$, 该流程开始于 8.2 节和 8.3 节讨论过的通过对容许区域采样得到的虚拟小行星。主要的问题是一个 $O(MN)$ 循环内如何避免执行复杂的计算 (轨道包数为 $O(M)$ 和轨道数为 $O(N)$)。每一个分组计算一个属性, 然而, 每个属性 A_i 有它自己的平均时间 t_i。如果要根据每一个轨道 E_k 计算 t_i 时刻的预测属性, 则关于 i、k 的双循环将包含计算量很大的轨道传播。

此问题可通过选择固定的时间步长 (如一天) 和离散的时间集 (如

① 除了虚解之外, $\rho_2 < 0$ 或 ρ_2 足够小使得地球的引力不可忽略。

② 假设轨道的处理过程使用全局定理且不容易并行处理, 但它对应于一小部分计算负荷。

望远镜位置附近的当地午夜) 来解决。每一个轨道将传播至几个观测夜的当地午夜。因此, 轨道传播数依然是 $O(N)$。每一个属性通过简单的公式 (如线性外推) 从时间 t_i 传播至当地午夜 t_0:

$$\alpha(t_0) = \alpha(t_i) + \dot{\alpha}(t_i)(t_0 - t_i), \quad \delta(t_0) = \delta(t_i) + \dot{\delta}(t_i)(t_0 - t_i)$$

如果这种近似太差, 也可传播至每个独立数字图像的时间 (在现代小行星调查资料中, 在每一帧都会检测到大量目标)。

外推值 $(\alpha(t_0), \delta(t_0))$ 可与同一历元的轨道预测值进行比较。该比较在二维空间中, 属性的候选值可通过一些简单的二维度量 K_2 实现, 例如使用置信椭球或二维识别罚值。该预测需在线性条件下进行简单的计算。检验 $K_2 < K_{2\max}$ 可用作第一滤波阶段, 运算次数十分受限。

此循环可被一个计算复杂度为 $O(N \log M) + O(M \log M)$ 的更快的方法代替。可根据升交点值对每一晚的 $(\alpha_i(t_0), \delta_i(t_0))$ 进行分类。分类复杂度 $O(M \log M)$, 且可通过传统方法实现 (Knuth, 1998)。对 N 个轨道中的每一条轨道, 需要在分类列表中寻找与预测值最接近的属性 α_i, 且只与 α 邻域比较该过程。可通过复杂度 $O(N \log M)$ 的二元搜索法实现。此方法相比二叉树及其他的多维分类法 (Granvik et al., 2005) 更简单更低效, 但对于降低计算复杂度而言足够好。然而, 归属处理过程按轨道并行化处理, 也即轨道可以分配给一定数量的处理器/芯片处理。

经过首次滤波的轨道 – 归属对提交至第二个滤波器, 它包含轨道传播至精确时间 t_i 处的属性预测 (及协方差预测), 生成一个四维残差矢量 (O-C) 及 k_4 的计算, 见 8.4 节。如果 $K_4 < K_{4\max}$, 此轨道 – 归属对被设定为一个归属。

第三个滤波阶段是对设定归属的确认, 按照 8.5[①] 节选择一个初始轨道来实现滤波。它被用作微分改正的首个猜想值。如果实现收敛且残差的量化控制满足条件, 则该归属被接受, 但这并不能说明该识别是真的, 见下一节。

11.4 识别管理

识别管理的目标是汇编一个识别目录, 每个识别具有它的轨道和辅助信息 (协方差、残差、质量控制指标), 以除去各种重复和矛盾。

---

① 如果有足够多的数据, 可使用高斯初始轨道甚至之前的最小二乘轨道。

通过不同序列得到同一个识别, 导致重复项的出现, 例如 $((A,B),C)$ 和 $((A,C),B)$, 其中 A,B,C 是分组, 符号 $(\cdot,\cdot)$ 表示一个识别。有各种不同的矛盾, 最严重是形式 $((A,B),C)$ 和 $((A,D),E)$, 即具有共同分组的两个不一致的识别。

重复和矛盾均可通过识别正规化去除, 输入任意识别列表, 输出一个正规化的独立识别列表, 也即每一个观测值仅属于其中之一。

关键问题是, 正规化是一个全局的过程, 该过程需要应用到所有可用的识别中, 或者至少应用到所有可能属于同一对象的观测值形成的识别。例如, 在一个给定的朔望月中, 如果巡天观测涵盖了冲和方照 (最佳区域, 特别适合探测近地小行星), 由于冲和方照可看作是相互独立的, 则可将归一化处理过程分别应用于在冲点形成的识别和在方照形成的识别。

11.4.1 正规化过程

接下来定义了两个识别之间的关系, 令列表 id_1、id_2 分别为属于识别 id_1 和 id_2 的分组列表:

识别 id_1 包含于识别 id_2: 列表 id_1 在列表 id_2 内, 且两者不等;

识别 id_2 包含于识别 id_1: 列表 id_2 在列表 id_1 内, 且两者不等;

识别 id_1 与识别 id_2 相互独立: 列表 id_1 和列表 id_2 的交集为空集;

识别 id_1 与识别 id_2 相等: 列表 id_1 和列表 id_2 相等;

识别 id_1 与识别 id_2 不一致: 列表 id_1 和列表 id_2 的交集不为空集。

这五个属性是互斥的, 它们涵盖了所有可能的情况。正规化的目的是选择具有唯一独立识别的一个子集。在非独立的识别中, 该处理需要选择那些具有更多信息和更可能是真实的识别。

正规化流程定义如下: 输入的识别列表是根据一个更好的排序关系选择得到。当前用的定义是基于识别中使用分组的数目 nt 及残差最小二乘拟合的 RMSσ (如果识别有替代的轨道解, 必须使用最低的 RMS 值)。如果包含更多的分组或者同样数量的分组下残差 RMS 更小, 该识别更好。

$$\text{better}(id_1, id_2) = (nt_1 > nt_2)\text{OR}(nt_1 = nt_2 \text{ AND } \sigma_1 < \sigma_2)$$

分类列表从上往下扫描: 将最好的识别插入列表中。进行如下处理: 对于输入列表中接下来的识别 id_k:

(1) 如果对于正规化列表中每一个 id_j, 有 (id_k, id_j) 独立, 则将 id_k 插入到正规化列表中;

(2) 如果有一个正规化的 id_j 包含在 (id_k, id_j) 中, 则 id_k 被放弃;

(3) 如果有一个正规化的 id_j 产生同一个 $(id_k, id_j), id_k$ 的解加到 id_j 的解, 重复解被移除 (与给定协方差矩阵的不确定性一致)。

需要注意的是含有 (id_k, id_j) 的情况不可能发生, 那将意味着更好 (id_k, id_j), 而 id_j 来自列表中更高的排序。

上述定义的步骤足够删除列表中所有的重复识别: 例如, 如果 $((A, B), C)$ 在输入列表中, (A, B) 和 $((A, C), B)$ 都被移除, 而不会失去同一组观测值对应的可能的双解。

11.4.2 不一致的识别

关键的一步是如何处理一对不一致的识别。有三种合适的选择: ① 如果其中一个比另一个好很多, 则正规化列表中仅保留更好的一个; ② 两个都去掉; ③ 尝试 "合并" 成单一的识别。

选择更好的排序关系是至关重要的。根据测量的质量控制量度, 这种排序应指明一个识别比另外一个更有可能是真的。合并两个识别需对属于两者的所有观测值进行拟合, 之后对产生的残差应用质量控制。如果两种情况均不成立, 完成正规化 (去除所有的不一致项) 的唯一方法是两个都去掉。在这一过程中, 下文讨论的仿真结果显示, 为去除一个假值, 往往会牺牲一个真识别①。

到目前为止, 我们已经做的测试中, 使用的 "更好" 的定义仅仅基于 nt 和 σ 两个参数:

$$\text{much\_better}(id_1, id_2) \Leftrightarrow (nt_1 > nt_2)\text{OR}(nt_1 = nt_2 \text{ AND } \sigma_1 < \sigma_2)$$

其中控制值 $\delta_\sigma > 0$ (使用了 $\delta_\sigma = 0.25$)。还可使用 11.5 节中描述的其他质量控制参数。

11.4.3 例子

为更好地解释正规化流程的逻辑, 举个简单的例子。假设 A, B, C, D, E, F 是分组, 识别过程的输出为

① 一个替代的方法是采用概率分析方法: 两个量化控制量相当的不一致识别, 可分别赋予估计的正确概率值? 0.50 它们将位列弱标准化名单中, 没有重复但有些不一致。该处理方法尚未完全测试。

2 组列表	3 组列表	4 组列表
(A,B),	$((A,B),C)$,	$(((A,B),C),D)$
(F,C),	$((E,F),C)$	
(E,F)		

假设根据更好准则分类的识别列表为

(1) $(((A,B),C),D)$

(2) $((A,B),C)$ 包含在情况 (1) 中

(3) $((E,F),C)$ 与情况 (1) 不一致, 该方式相对更好

(4) (A,B) 包含在情况 (1) 中

(5) (F,C) 与情况 (1) 不一致, 该方式相对更好

(6) (E,F) 与情况 (1) 相互独立

正规化的列表为

$$(((A,B),C),D),(E,F)$$

这个例子可以说明, 正规化必须对同一数据集合的所有识别进行, 而不是通过依次增加分组和可用的识别。假设分组 D 尚未观测到, 且使用上面不包含情况 (1) 的识别列表开始正规化, 则情况 (2) 和 (3) 是不一致的。如果两个中任一个不会更好, 两个均需去掉; 情况 (5) 和 (6) 可能会发生同样的情况, 且正规化列表可能仅剩 (A,B)。如果随后增加了 D, 可能 $((A,B),D)$ 会被发现, 但是更好的识别 (1) 是不可用的, 对应于 (E,F) 的目标丢失。

11.4.4 控制计算复杂度

上文所述正规化过程为提高 11.5 节讨论的准确性做出了重要贡献。然而, 如果 N 是被发现目标的数目, 所描述的正规化过程的计算复杂度是 $O(N^2)$。因此, 对于足够大的 N, 正规化的计算负载可能会超过用于获取识别的负载。

复杂度 $O(N\log N)$ 的正规化算法如下: 每当一个识别 id_j 加入到正规化列表, 列表 (id_j) 中所有分组被赋予了一个指向 id_j 的指针 。之后, 当分析原列表中的另一个识别 id_k 时, 可以将所有归一化识别的指针封装至列表 (id_k); 它们定义了独立的 (id_k, id_r) 为假的正规化识别 id_r 的子集。此列表用于上述的正规化处理过程。如果分组的二元搜索通过指针访问, 则用于组装指针的步骤的复杂度为 $O(N\log N)$。

使用这种方法，识别管理的计算负荷相对于查找和确认识别来说可以忽略不计。唯一需要注意的是，对于大的 N 值，由于输入的识别列表（可能有重复）很长，指针集很大，需要一个大的随机存取存储器 (RAM) 来运行全局数据。如果使用了虚拟内存，也就是说，访问速度较慢的磁盘，性能可能会严重受损①。

11.4.5 合并不一致的识别

在此需要考虑不一致的情况 (id_k, id_j) 进行合并识别的可能性，也即寻找一条可拟合所有属于列表 id_j、id_k 并集分组的观测值的轨道，且残差应通过质量控制。给出观测列表的轨迹，然而，观测列表中，需去除重复值及进行矛盾检查（见分组管理）。

微分改正的首个猜测值可在已知的轨道中选择，id_j 的轨道比 id_k 的优先级更高是因为优选准则 (id_j, id_k)。之后需应用微分改正：如果它们收敛且残差通过质量控制，那么新的识别 id_m、列表 id_m 为列表 id_j 和 id_k 的并集，将代替正规化列表中的 id_j，且丢弃 id_k。

该算法已被大量测试证明，对大量识别（具有更多分组）进行组合时非常有效，但它可能会对整个过程带来严重影响。首先，合并算法的平均计算复杂度很难计算，但有仿真计算表明，最糟糕的情况下复杂度是很可怕的②。第二，id_m 代替 id_j 的插入操作破坏了正规化处理过程中已完成的工作，其中 id_m 可能是不一致的，例如，合并 (A, B) 和 (A, C) 可能产生与 (C, D) 的不一致，而 (C, D) 已经插入到正规化列表中。解决两个问题可使用递归归属，使用与得到 M 分组识别的要求一样多的步骤，其中 M 表示大部分观测目标的分组不会多于 M 个分组，仅发生一小部分数量。例如，如果大部分情况下，每一个目标每晚仅有一个分组，M 是观测夜的数目。然后合并识别使我们能够为一些“过-观测”目标找到最好的轨道。为获得正规化列表，运行正规化程序两次足够，第一次有合并过程，第二次没有。

11.4.6 轨道识别

一旦形成给定时间段内（如一个朔望月）的正规化识别列表，它应

① 尽管如此，可用的RAM 依然根据摩根定律增长。

② 假设有 M 个分组均属于同一目标并且满足输入目录中所有可能的两个识别。根据 RMS 的值而定的优先级为“更好”，在输出的识别目录中，将可能出现 $\log_2 M$ 步的合并识别，或者很多的合并识别，将有很多冗余计算及不一致识别。

该与之前建立的列表相比较。既然每个识别具有某个拟合轨道, 这个问题可通过第 7 章中的轨道识别方法来解决。

在一个朔望月内观测到的分组也可用于另一个朔望月 (前一个或下一个) 的轨道计算: 在这种方法中, 两组结果之间的组合仅仅是 11.3 节中递归属性程序的延续, 然后进行识别管理 (根据两个朔望月观测数据获得的所有识别)。当同一目标可能出现的两次观测时间的跨度很短时, 属性法更有效。如果时间跨度很长且获得的轨道很好 (例如, 弧型大于或等于 3, 见 10.5 节), 轨道识别法是很有效的。但还存在一种复杂情况, 即当目标的观测值不足以定轨时 (如仅两晚数据), 且要经过很长时间 (数年) 才能再次观测。通常这种情况没有一般解, 其解决方法正在研究中, 见 7.4 节、8.6 节及 Granvik and Muinonen (2008)。

11.4.7 分组管理

分组的组成可能面临两个问题: 第一, 可能有不完整的分组, 即不包含同一晚上对该目标所有的观测: 如果 a、b、c、d 是同一目标的观测值, 可能有分组 $((a,b),c)$ 和 $((b,c),d)$。第二, 可能有错误的分组, 包含错误的检测或不同目标的检测。因此, 可能有包含共同检测的不一致的分组。

不完整分组产生的问题可能导致调度性能不均匀, 也即为采集观测数据而选择望远镜指向序列的方法性能。优化调度属于离散的最优化问题, 称为非多项式复杂度, 这在实践中意味着完美的调度程序不可用。同一空域观测分布的不均匀可能导致某晚的同一目标有几个分组, 大部分情况中在没有提升轨道质量的情况下提高了识别过程的复杂度。为弥补这一点, 识别管理中使用的更好的排序方法需重新定义。检测时间过长的跨度也可能导致分组的失败。

识别管理程序的一个优点是, 找到一个识别后, 通过后验法可解决一大部分分组问题。如果两个分组属于同一识别且有共同的检测, 重复值可从识别列表中移除①。如果有两个不一致的分组, 其中一个识别出来而另外一个没有, 可假设后者为假并舍弃之; 此过程称为分组管理。

识别管理的一个重要输出是剩余的分组列表。通过删除属于同一识别的分组和与已识别不一致的分组可建立一个更短的、更准确的未确定分组列表。

为控制用来寻找与已知识别不一致分组方法的计算复杂度, 准备不

① 万一一条轨道在不一帧不同位置有两个检测, 该轨道将不得不丢弃。

一致分组列表的复杂度为 $O(M\log M)$ (其中 M 是检测的总数); 对检测分类是可能的。识别管理之后, 扫描此列表, 寻找被确定的分组。

11.5 精度测试

检验大量观测数据定轨方法的效率和精度的最好方式是进行一个全面的数值仿真。之后, 仿真结果可与设定的初始目标和轨道列表进行比对, 检验方法的有效性。若处理真实的数据, 则没有办法知道有多少可能的其他识别或错误识别可持续多久。该算法的性能强烈依赖于观测密度, 未来将有更多的探测数据可用。上述仿真取决于非常多假设, 其中许多是隐式的, 这些假设难以预测未来探测的性能。这里要指出, 就目前所关心的太阳系目标而言, 下一代探测性能的主要限制并不是来自定轨。

大规模定轨仿真的主要目的是检验处理的精度。然而, 效率和精度不是独立的。质量控制参数的选择有助于提高效率, 但却需要牺牲精度。识别管理法在移除错误识别时可能很有效, 因为它们与另外一个是不一致的, 但这种方式下, 为移除一个错误的识别往往会失去一个真实的识别, 降低了效率。需用仿真来检验在效率和精度之间实现最优匹配时算法、选项和控制值的顺序。

11.5.1 质量控制度量

基于多于一个参数的统计质量控制可提高精度, 这些参数不仅尝试捕捉噪声分量 (以 RMS 测量) 的信息, 同样将捕捉残差中剩余的系统信号信息。对于 Milani et al. (2008) 开展的全面仿真, 使用了如下 10 个量度 (方括号中为控制值):

(1) 天体测量残差的正规化 RMS(观测误差的假设 RMS 值是 $0.1''$) [1.0];

(2) 以星等表示的光度残差的 RMS[0.5];

(3) RA 和 DEC 的残差偏置 [1.5];

(4) RA 和 DEC 残差的一阶导数 [1.5];

(5) RA 和 DEC 残差的二阶导数 [1.5];

(6) RA 和 DEC 残差的三阶导数 [1.5]。

为计算残差的偏置及导数, 以三阶多项式来拟合, 系数除以由拟合的协方差矩阵得到的标准差①。

由于统计的期望值取决于观测数 m 和拟合参数 n (可能是 6、5 甚至 4, 见 10.4 节), 在比较上述具有固定控制值的参数值时有一个问题。用来考虑此问题的一个标准的方法在与独立于 m、n 的固定控制值比较之前, 对控制参数除以因子 $\sqrt{m/(m-n)}$ 进行正规化。

11.5.2 仿真结果

作为一个例子, 给出 Milani et al. (2008) 的仿真结果, 星等限制为 24 和大太阳系模型 (有 11 万个对象) 条件下, 整个朔望月内下一代探测的全密度仿真。此仿真不包含错误检测。

在首次迭代中, 二叉树法用来形成轨迹, 该轨迹用于微分改正。之后, 形成的识别列表进行正规化。表 11.1 总结了精度结果, 表明在正规化之前有很多错误识别时, 很有必要使用识别管理将错误识别降低至所需的很低水平。同样表明, 包含于识别的错误分组是很少的。识别管理在剔除错误分组方面也很有效, 例如, 剩余分组减少了 0.743, 其中错误分组减少了 0.794。

表 11.1 正规化前后的精度结果

区域	所有识别			正规化识别		
	错误识别	比率	错误分组	错误识别	比率	错误分组
不利区域	7093	0.043	4	80	0.0005	1
最佳区域	1869	0.013	10	29	0.0002	0
注: 针对每种情况, 错误识别的数量是通过质量控制、错误比率以及正确识别数量来确定						

正规化之后, 第二次基于递归属性算法的迭代应用于剩余的分组列表。表 11.2 表明, 尽管近地小行星的效率稍低, 特别是在 “最佳区域” 处, 但总效率在第一次迭代中已经很高。在第一次迭代中丢失的大部分有三个夜晚观测值的目标可在第二次迭代中恢复, 特别是 NEA。递归属性算法同样可为具有两个观测夜的目标提供轨道, 比例 >0.8; 那些

① 当该定理应用于实测数据时, 额外的衡量将对外层移除的结果进行评估, 见 5.8 节。这时仿真可能并不适用, 取决于用来对仿真数据增加噪声和错误检测的误差模型。

更低质量的轨道可用来与之前或下一个朔望月的相似轨道进行一致性检验，或用于对低置信度检测的恢复，见下一节。

表 11.2 全部识别与 NEA 识别数

	全部识别	正规化前效率	正规化后效率	在二次迭代中的恢复率	两次迭代的联合效率	两次迭代后的错误识别率
不利区域	161146	0.973	0.959	0.754	0.990	0.0006
NEAs	353	0.904	0.904	0.853	0.971	
最佳区域	144903	0.980	0.974	0.750	0.994	0.0002
NEAs	271	0.801	0.801	0.852	0.971	

总之，第 8、9、10 章中描述并在识别过程中采样的算法适用于下一代巡天观测，且下一代探测中，每一个朔望月可观测到的目标甚至高达 300000 个①。

11.6 低置信度检测的恢复

有一种很棘手的归属情况，用于归属的数据尚未形成属性，但却是独立的观测值。这可能发生于非常深空的探测中，空域上单位面积的观测数密度非常高，将其配对成分组并不容易的。如果此过程被压至很低的信噪比，实际上观测很大一部分是杂散值。问题是为避免发生大规模的识别错误，可接受的最小信噪比是多少，即当超过一个临界值数密度时，精度将急剧下降。

作为此问题的基本形式，假设有一个轨道和在两个不同时间 t_1 和 t_2 的两帧图像，每一个图像有 M 个假定的观测，包括杂散的。根据轨道计算时刻 $t_i, i=1,2$ 的两个预测值 (α_i, δ_i)，可将它们与每一幅图像中假定的观测比较，计算二维量度 k_2。据此可根据 k_2 值选择时刻 $t_i, i=1,2$ 图像帧的观测子集 $M_i \ll M$。

如果 M_i 很小，可检测 $M_1 \times M_2$ 对观测中的每一对，通过形成一个带有协方差的属性，以 k_4 量度进行比较，具有时刻 $\bar{t}=(t_1+t_2)/2$ 下预

① 大量仿真实验表明，对 v 个目标的有效检测率，如错误识别，是可控的。但这并不意味着对所有特定观测进行发现率估计。

测的属性。如果 $|t_2 - t_1|$ 很大, 此过程可能失败, 因为实际目标在天球上的路径可能有足够的弧度, 使得切线矢量 $(\dot{\alpha}(\bar{t}), \dot{\delta}(\bar{t}))$ 与直线近似的速度明显不同①。如果 $M_1 \times M_2$ 太大, 可使用分类法来寻找复杂度的 $O(M_1 \log M_2)$ 算法。

具有符合条件的 K_4 值的观测对用于微分改正, 尝试拟合用来计算轨道的数据和两个附加的观测值。具有两个附加观测值的拟合的质量控制度量不应明显差于没有附加观测值的情况。据此, 可在事先未确定目标的情况下, 对两个观测值进行分类 (它们可能是杂散的观测值)。

上述流程的计算复杂度难以控制, 主要原因是基于二维量度 K_2 的第一个滤波器必须逐帧使用。基于四维量度 k_4 的第二个滤波器需根据轨道进行搜索, 也即根据第一个滤波器选择的检测需按与它们之前计算的不同顺序进行分类。如果所有经过第一个滤波器的数据可保存在内存中, 设数量是 Z, 计算复杂度为 $O(Z \log Z)$ 二叉树法可根据轨道进行分类。这个算法具有相当的复杂度。

11.6.1 恢复仿真

上述算法用来恢复低置信度检测及进行归属分组的性能尚未被完全测试。其中一些仿真是可用的, 但是很难模拟实际发生的虚假检测, 虚假检测并没有真正遵循简单的统计, 如泊松。一个具有均匀的概率密度的仿真表明主要是精度问题。

错误检测中, 总的数据密度 $\mu = 104$ 每平方度, 是真实检测数据密度的 100 倍。当轨道基于 $\geqslant 3$ 夜的观测时, 一个附加夜内的改进低置信度分组的归属精度为 0.99, 当仅基于两晚的观测时, 精度为 0.96。在此精度水平下, 结果是可用的, 特别是将两晚轨道升级至三晚轨道时 (一般定轨较好), 因此, 可能符合 10.5 节中的某些定义。

如果每平方度 $\mu = 105, 1000$ 倍的实际观测值 $\geqslant 3$ 夜的观测值时, 精度为 0.90, 仅两晚数据时, 精度为 0.68。如果低可靠的识别不能用来确认发现, 特别是那些可能占据主要作用的识别, 也即, 两晚观测提升至三晚观测。它们可提供备选或者概率大的用以后续确认的发现。

对数据密度的限制是无法避免的; 如果 μ 是数据密度, $\boldsymbol{\Gamma}(\alpha, \delta)$ 是预测值 α、δ 的协方差矩阵, 置信椭圆 $Z_L(\sigma)$ 内的期望检测数是

① 通过比较 $[\delta(t_2) - \delta(t_1)]/(t_2 - t_1)$ 和预测值 $[\dot{\delta}(t_2) + \dot{\delta}(t_1)]/2$ 的平均值, 可获得更好的结果 (同样适用于 α)。

$F=\mu\sigma^2\pi\sqrt{\det\boldsymbol{\Gamma}_{(\alpha,\delta)}}$, 帧对中选择的检测形成的分组数目与 F^2 等量级, $\dot{\alpha}$ 和 $\dot{\delta}$ 精度量级为 $1/F$ 的杂散分组必定经常出现。仿真显示, 当 S/N 保证错误的检测数量并未远远大于真实的检测时, 灾难性的错误识别不会在下一代探测中发生。

第 12 章

碰撞监测

当一个小行星或彗星刚刚被发现时, 可用的天文观测对其轨道的约束很弱, 如无法排除在不久的将来对地球的撞击 (在未来 100 年)。如果能获得更多的观测, 则可降低轨道的不确定性, 提高碰撞风险监测的能力。因此, 一旦监测到碰撞风险, 则可将此信息告知相关天文学家, 以推动他们跟进可能碰撞目标。相反, 如果这些信息是不可用的, 或丢失小行星目标, 则碰撞风险将继续维持至同一小行星再次出现。但此时采取任何减缓风险的措施可能为时已晚。

如果在被发现后及丢失之前, 能够确认所有的小行星或彗星被探测到在不久的将来是否可能产生碰撞, 则这个问题可以解决。如果碰撞是可能的, 则将该信息通报至天文学家。这就是碰撞监测的目标。

这多少有些令人吃惊, 因为直到 1999 年底, 当第一个碰撞监控系统, 比萨大学的 CLOMON 的机器人软件开始运作时才使得碰撞监测成为可能。多年来, 即使小行星或彗星对地球的碰撞风险得以确认且估计了其概率, 即使用以扫描太空的专项巡天观测发现了很多近地小行星 (NEA) 和彗星, 但用来扫描一个给定目标产生碰撞可能性的算法并不是十分有效。通过使用碰撞预测的线性理论 (12.1 节), 可以以相对高的概率来确定碰撞的可能性, 量级为 $10^{-3} \sim 10^{-4}$。然而, 如果可能性事件是关于直径超过 1 km 的小行星的碰撞, 这会导致超过 20000 亿 t 爆炸当量, 即使是 $10^{-6} \sim 10^{-7}$ 的碰撞概率都不可忽视, 若忽略关注这样一个危险的小行星将可能导致严重后果。相反, 毫无根据地公布可能的碰撞将使科学界的信誉受到损害, 如 1998 年 3 月的小行星 $1997\mathrm{X}_{\mathrm{F11}}$, 最终可能造成其在危险情况下更难以取得必要的资源。

1999 年, 在第一时间发出了小行星 1999 AN_{10} (Milani et al., 1999) 的可能碰撞警告。2039 年的碰撞概率约为 10^{-9}, 如此之小的概率因为公众关注而不需要对外公布, 但数学问题已经得到了解决①。专为 1999 AN_{10} 开发的新方法在同一年应用于碰撞监测系统 CLOMON。

2002 年, 比萨的二代 CLOMON2 (由巴利亚多利德大学复制) 和由美国航空航天局喷气推进实验室的哨兵取代了碰撞监测系统 CLOMON。这两个独立系统的输出将仔细比较, 保证潜在危险目标及早 (天文数据获取几个小时内) 确认及跟踪, 直到观测值可成功确认碰撞可能性。在观测值获取的过程中, 关于小行星的碰撞可能性需全方位公布于公众, 并发布于互联网上①。向天文学家通报观测需求及再次向公众确认没有隐瞒任何碰撞风险信息是必不可少的。

如果碰撞风险保持很长时间, 如当前小行星 (99942) Apophis 和 (144898) 2004 VD_{17}, 这两个已在 CLOMON2 和 SENTRY 的风险页上很多年, 且后续的观测进一步证实了碰撞风险在变大而非变小, 则应开始计划规避风险。尽管上述例子中的碰撞概率很小, 但如果有必要, 需要有一个技术上可行的方法来转移小行星的风险, 请参见 14.6 节。否则, 探测和碰撞风险本身的实际应用将产生疑问。

本章的目的是列出碰撞监测中使用的数学方法, 主要基于 (Milani and Valsecchi, 1999; Milani et al., 1999; Milani et al., 2000; Gronchi, 2002; Gronchi, 2005; Chesley et al., 2002; Valsecchi et al., 2003; Milani et al., 2005b; Gronchi Tommei, 2006; Gronchi et al., 2007)。

12.1 靶平面

与行星的交会几何可用靶平面来描述, 也即三维空间中穿过目标行星 (如地球) 中心的平面, 与靠近的小目标相对速度方向正交。在此背景下, 碰撞可以描述轨道包含了靶平面的点, 其中该点位于行星截面内。

有两种方法定义该靶平面。最简单一种是修正的靶平面 (MTP) (Milani and Valsecchi, 1999): 考虑时间 t, 在此时间下, 小目标轨道与行星质心 (CoM) 有最小的相对距离。令 $\boldsymbol{d}$ 和 $\boldsymbol{v}$ 为时刻 $\bar{t}$ 下小行星的相对

① 随后发现该目标在 2044 年和 2046 年的碰撞风险更高。几个月后, 从 1955 年的资料中, 可以预测该目标在 21 世纪初发生碰撞的可能性。

① COLMON2 系统网址: http://newton.dm.unipi.it/neodys; http://unicorn.eis.uva.es/neodys。SENTRY 系统网址: http://neo.jpl.nasa.gov。

于靶行星中心的位置和速度矢量, 此时距离值最小, $\boldsymbol{d}\cdot\boldsymbol{v}=0$。MTP 平面包含了质心且与 $\boldsymbol{v}$ 正交。在此平面上, 点 $\boldsymbol{d}$ 代表 MTP 上的接近轨迹。接近过程的完整描述通过指定 MTP 上的两个坐标系、定义了 MTP 姿态的两个角度, 速度值 $v=|\boldsymbol{v}|$ 和时间 $\bar{t}$ 得到。行星在 MTP 上的横截面是一个以质心为中心的圆盘, 行星半径为 R; 如果时间 $\bar{t}$ 下的最小距离 $d=|\boldsymbol{d}|$ 小于 R, 则将有一次碰撞①。

另一个定义, 文献中称为靶平面 (TP) 或 b-面, 使用同样的最近时刻 $\bar{t}$ 的状态矢量 $\boldsymbol{d}$ 和 $\boldsymbol{v}$, 计算行星间的二体近似轨道。通常情况下, 如果二体轨道是双曲线的, TP 包含了 0 点且正交于双曲线的渐近线, 对应于 $t\to-\infty$ 的沿双曲线轨道的行星间速度的极限矢量 $\boldsymbol{u}$; 大小 $u=|\boldsymbol{u}|$ 是航天动力学中所使用的无穷处的速度。表示接近过程的轨迹点 $\boldsymbol{b}$ 是渐近线与 TP 的交点; $b=|\boldsymbol{b}|$ 是碰撞指数, 比最小距离 d 大。

$$\frac{b}{d}=\sqrt{\frac{v^2d}{v^2d-2\mathrm{GM}}}$$

式中: GM 为引力常数乘以行星质量。接近轨道可由以下参数来完整描述: TP 面上的两个坐标分量 ξ、ζ; 定义 TP 姿态的两个角度 θ、ϕ; 逃逸速度 $u=|\boldsymbol{u}|$; 时间 $\bar{t}$ (Greenberg et al., 1988)。TP 面上的碰撞横截面是半径大于 R 的圆盘, 则

$$B=R\sqrt{1+2\mathrm{GM}/Ru^2} \tag{12.1}$$

两个平面不同, 因为接近时刻的速度 $\boldsymbol{v}$ 绕行星角动量轴旋转了角度 $\gamma/2$。角度 γ 表示与渐近线的总偏移量, 可通过下式计算:

$$\sin(\gamma/2)=\frac{\mathrm{GM}}{v^2d-\mathrm{GM}}$$

MTP 到 TP 的坐标旋转和缩放变换是非正则的, 因此不可能对 TP 使用哈密顿形式 (Tommei, 2006a; Tommei, 2006b)。此外, 两个平面上选择的坐标, 可用不同的方式实现, 这也要在转换中进行考虑。

从一个抽象的角度来看, 对于一个给定的接近过程, 如何选择一个代表性的矢量并不重要, 只要它是轨道初始条件的光滑函数即可。因此, 平滑的坐标转换是可以接受的。然而, 一些坐标系比其他更具有等

① 假设星球表面是圆形, 星球的扁率通常与碰撞概率无关, 尽管有时扁率与预测碰撞时刻有关。

价性, 因为通过使用变换的微分, 线性近似下的不确定性传递是很简单的, 高阶导数的坐标变化强烈限制了对线性化的适用性。由于重力聚焦, 在重力很强的地方也就是靠近碰撞引入强非线性变形, 也就靠近碰撞, 使用 TP 比使用 MTP 更有优势。

12.1.1 靶平面的线性预报

给定一小行星及历元 t_0 时的一组轨道根数 $\boldsymbol{x} \in \mathbb{R}^6$, 将有一个唯一的轨道, 且可精确地传播一段时间①。对于该时间段内的每一个与地球的接近过程, 至少有一个轨道上的点 $\boldsymbol{y} \in \mathbb{R}^2$ 位于靶平面内。为避免无意义的几何关系, 仅把交会距离不超过 $d_{\max}$ 的情况视为一次接近过程; $d_{\max}$ 的实际值为 0.05~0.2 AU, 从而靶平面被一个直径有限大的圆盘代替②。

假设轨道确定只是对如下初始条件进行求解: 某个历元时间 t_0 下初始条件为 $\boldsymbol{x} \in \mathbb{R}^6$, 微分改正收敛至标称解 $\boldsymbol{x}^*$, 法化矩阵及协方差矩阵分别是 $\boldsymbol{C\Gamma}$ (第 5 章)。因为标称解位于由可接受解组成的六维置信区域内, 根据某次交会的靶平面上的标称轨道的传播而确定轨迹点 $y^* = g(x^*)$ 包含于一个二维置信区域内。

为计算一个近似值, 使用 $\boldsymbol{g}(\boldsymbol{x})$ 的微分给出 TP 轨迹 (Milani and valsecchi, 1999)。轨迹点在时刻 $t_c(\boldsymbol{x})$ 达到靶平面, 初始条件 $\boldsymbol{x}$ 在 $\boldsymbol{x}^*$ 邻域的每一个轨道穿过了该靶平面。通过使用笛卡儿地心坐标 ξ、η、ζ, 使得 $\eta = 0$ 是靶平面, 方程 $\eta(t, \boldsymbol{x}) = 0$ 隐式定义了过境时间 $t_c(\boldsymbol{x})$ 是一个可微函数, 从而 $\xi(t_c(\boldsymbol{x}), \boldsymbol{x})$ 和 $\zeta(t_c(\boldsymbol{x}), \boldsymbol{x})$ 也是可微的。使用微分 $D\boldsymbol{g}(\boldsymbol{x}^*) = \partial(\xi, \zeta)(\boldsymbol{x}^*)/\partial \boldsymbol{x}$, 根据线性协方差传递理论, 可计算预测值 $\boldsymbol{y}$ 的协方差和法化矩阵。

$$\boldsymbol{\Gamma}_{\boldsymbol{y}} = D\boldsymbol{g}\boldsymbol{\Gamma}_{\boldsymbol{x}}(D\boldsymbol{g})^{\mathrm{T}}, \quad \boldsymbol{C}_{\boldsymbol{y}} = \boldsymbol{\Gamma}_{\boldsymbol{y}}^{-1}$$

定义靶平面上的置信椭圆:

$$(\boldsymbol{y} - \boldsymbol{y}^*)^{\mathrm{T}} \boldsymbol{C}_{\boldsymbol{y}} (\boldsymbol{y} - \boldsymbol{y}^*) \leqslant \sigma^2 \tag{12.2}$$

具有用于置信椭球的同样的置信参数 σ。

---

① 在当前的碰撞预警系统中, 轨道通常传播了 80~100 年。对某些以特殊精确方法确定的轨道而言, 传播更长时间是有意义的, 此时应考虑, 无引力摄动, 特别是亚尔科夫斯基效应 (14.2 节)。

② 每一个接近事件可能有多个局部最小距离值, 也即多个目标平面轨迹点。$d_{\max}$ 可降低复杂度。

这种形式是适用的, 因为轨迹函数是可微的, 但这并不意味着二次近似式 (12.2) 是靶平面置信区域的准确描述。然而, 如果它是恰当的, 可通过寻找置信椭球与碰撞截面的交点来研究碰撞的可能性。通过使用高斯概率形式, 从正态概率密度 $N(\boldsymbol{x}^*, \boldsymbol{\Gamma})$, 可定义靶平面上的概率密度。在对 $Dg(\boldsymbol{x}^*)$ 微分的线性近似中, $\boldsymbol{y}$ 是高斯分布, 概率密度函数为 $N(\boldsymbol{y}^*, \boldsymbol{\Gamma}_{\boldsymbol{y}})$。通过计算碰撞截面的概率积分来估计碰撞概率。

众所周知, 上述形式应用于星际飞船的导航, 该情况中, 假设置信区域很小, 按照 1.4 节给出的理由, 线性适用性是成立的。由于非线性, 估计小行星的碰撞概率是更难的。

12.2 最小轨道交会距离

对于 TP 上的地心位置来说, 可定义一个很方便的参考系 $O\xi\eta\zeta$。令负 ζ 轴与地球日心速度 $\boldsymbol{v}^{\oplus}$ 的投影一致, 正 η 轴与地心的渐近速度 $\boldsymbol{u}$ (即与 TP 正交) 方向一致, 正 ξ 轴选择使参考系统呈正面向上的方向。在此参考系下, TP 坐标 (ξ,ζ) 分别表示垂迹和沿迹脱靶距离, 换句话说, ζ 是小行星与最小距离交会点的距离值。相应地, 经过 $(\eta = 0)$ 的靶平面 "脱靶时间" 是 $\Delta t = -\zeta/(\boldsymbol{v}_{\oplus} \sin\theta)$, 其中 θ 是 $\boldsymbol{u}$ 与之间的夹角, $\boldsymbol{v}_{\oplus} = |v_{\oplus}|$; ζ 为正表示小行星晚于与地球的交会时间, ζ 为负表示早于这个时间。

b-平面中, ξ 坐标表示最小距离, 此最小距离可通过改变交会时间得到。这个距离与轨道距离密切相关, 在文献中 (Bowell and Muinonen, 1994) 称为最小轨道交会距离 (MOID), 也即三维空间中, 不考虑轨道相交时, 地球和小行星的密切开普勒轨道根数之间的最小间隔。以 ξ 坐标近似的 MOID 仅在线性近似条件下是合理的, 而对于远距离交会并不适用 (如超过好几个月球距离)。

12.2.1 开普勒距离函数的驻点

两个共焦的开普勒轨道可在多于两个点的地方接近, 例如, 两对互结点附近, 因此, 计算开普勒距离函数的所有局部最小值是有用的, 即两个轨道上两点间的距离, 不仅仅是绝对值最小。计算的值作为函数 d 的驻点, 在轨道交叉情况下距离可能为 0, d^2 可通过平方进行光滑。

有好几篇关于计算最小点 d 的文献 (例如 Sitarski, 1968; Hoots, 1994)。近来, 使用 GRöbner 基 (Kholshevnikov and Vassiliev, 1999) 和相

关理论 (Gronchi, 2002; Gronchi, 2005), 引入了好几种计算 d^2 所有驻点的数学方法。它们均是基于问题的多项式拟合。问题的代数公式化使我们能够采用高效的现代计算代数方法搜索所有的解, 并可提供驻点的最大数限制。

12.2.2 共焦开普勒轨道的交互几何

已证明, 除了极特殊的情况具有无限多个驻点以外 (Gronchi, 2002), 两个轨道均是椭圆时 d^2 的驻点小于或等于 16, 如果一个轨道是圆形, 驻点最多有 12 个。通过大量的数值计算, 发现了 d^2 最多 12 个驻点的情况, 且最多 4 个局部 MOID, 也即 d^2 的局部最小值。

使用地球和已知的 NEA 轨道, 对平方距离函数 d^2 的驻点和最小值点进行统计, 结果表明, 最具交互性的轨道配置为六个驻点中有两个最小值和一个最大值, 这也是最直观的情况, 交互几何很简单。同样有几个只有一个局部最小值的情况。迄今为止, 没有发现具有四个最小值的真实小行星。

当轨道之间有交叉 (MOID=0) 且交互倾角不为 0 时, d 的最小值点对应一个共同的焦点。至少 d 有一个局部最小点接近共同焦点的情况并不经常成立: 有真实的 NEAs 具有两个最小值, 均远离共焦点。这种情况出现在低互倾角的轨道中。

12.2.3 MOID 的不确定性

MOID 的作用是在给定小行星的大量可能接近过程中 (几千甚至上万) 挑选距离最近得值。如果 TP 坐标有很小的 ξ 值和很大的 ζ 值, 则该交会尚未接近, 但是具有不同轨道相角的另一个轨道可能会及时出现在局部 MOID 点处。如果 ζ 值有足够大的不确定性, 如此的相位变化与可用的观测是能够兼容的。在线性近似下, 应用于近距离的交会的置信椭球的主轴几乎与 ζ 轴平行, 短轴几乎与 ξ 轴平行, 也即表达了局部 MOID 值的不确定性。

令 (e, v) 是一组轨道的元素, $\boldsymbol{e} = (e_1, \cdots, e_5)$ 描述了轨道的几何结构, v 是沿迹参数, 例如, 真近点角 。最小二乘解给出了标称轨道 $(\boldsymbol{e}*, v*)$, 且不确定性以 6×6 协方差矩阵表示。

$$\boldsymbol{\Gamma}_{(e,v)} = \begin{pmatrix} \boldsymbol{\Gamma}_{ee} & \boldsymbol{\Gamma}_{ev} \\ \boldsymbol{\Gamma}_{ve} & \boldsymbol{\Gamma}_{vv} \end{pmatrix}$$

是法化矩阵 $\boldsymbol{C}(\boldsymbol{e},v)$ 的逆。5×5 子矩阵 $\boldsymbol{\Gamma}_{ee}$ 给出 5 个元素的边缘协方差, 独立于第六个元素 v, 且 $\boldsymbol{C}_{ee}=\boldsymbol{\Gamma}_{-1}^{ee}$ 是边际法化矩阵。

12.2.4 最小距离及奇点

令 $(\boldsymbol{e},v)$ 为小行星的轨道根数, $(\boldsymbol{e}^{\oplus},v^{\oplus})$ 为地球的轨道根数, 假设误差可忽略。对于每一组 $\boldsymbol{e}$, 考虑开普勒距离函数的最小值点 $(v,v^{\oplus})=\boldsymbol{v}_h(\boldsymbol{e})$ (假设 $\boldsymbol{e}^{\oplus}$ 是固定的参数), 且定义

$$d_h(\boldsymbol{e})=d(\boldsymbol{e},\boldsymbol{v}_h(\boldsymbol{e}))\ \text{局部最小距离}$$

$$d_{\min}(\boldsymbol{e})=\min_h d_h(\boldsymbol{e})\ \text{轨道距离}$$

式中: h 为一个有限的索引值。

图 12.1 中, 展示了 d_h 和 $d_{\min}$ 的奇点, 有三种类型: 图 12.1(a) d_h 和 $d_{\min}$ 消失时不可微; 图 12.1(b) 轨道结构 $\boldsymbol{e}^*$ 的邻域中, 两个局部最小值可作为绝对最小值来互换角色; $d_{\min}$ 会失去它的规律性, 但没有消失。图 12.1(c) 当出现分叉时, d_h 的定义在分叉点后变得不明确。注意这种模糊性只能出现在 $d^2(\boldsymbol{e},\boldsymbol{v})$ 的 2×2 Hessian 矩阵退化时, 而对 $d_{\min}$ 图则不会发生。

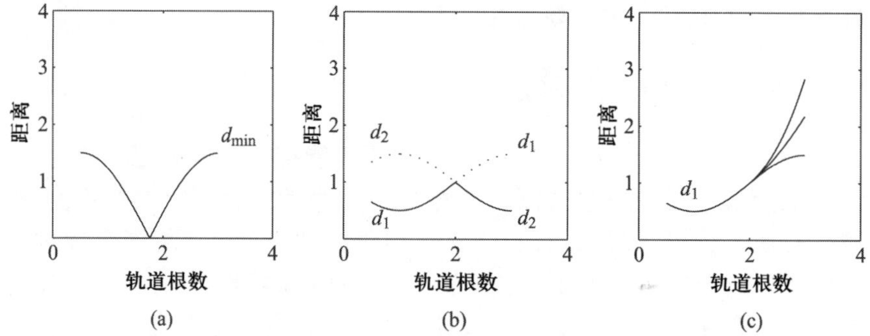

图 12.1 $d_{\min}$ 和 d_h 奇异性的三种形式

12.2.5 d_h 和 $d_{\min}$ 的不确定性计算

轨道误差也影响 d 的局部最小值计算, 因此其影响估计是很重要的。考虑轨道距离图 $d_{\min}$; 同样的方法可应用于最小距离图 d_h。给定一组 $(\boldsymbol{e}^*,e_{\oplus})$, 赋予标称轨道配置 $\boldsymbol{e}^*$ 的协方差为 $\boldsymbol{\Gamma}_{ee}$, 可通过矩阵 $\boldsymbol{\Gamma}_{ee}$ 的

线性传递来计算 $d_{\min}(\boldsymbol{e}^*)$ 的协方差。

$$\boldsymbol{\Gamma}_{d\min}(\boldsymbol{e}^*) = \left[\frac{\partial d_{\min}}{\partial \boldsymbol{e}}(\boldsymbol{e}^*)\right] \boldsymbol{\Gamma}_{\boldsymbol{e}}(\boldsymbol{e}^*) \left[\frac{\partial d_{\min}}{\partial \boldsymbol{e}}(\boldsymbol{e}^*)\right]^{\mathrm{T}} \tag{12.3}$$

轨道间交叉的可能性使得在计算中产生了奇点, 因为当 $d_{\min}(\boldsymbol{e}^*) = 0$ 时, 偏导数 $\partial d_{\min}/\partial \boldsymbol{e}$ 在 $\boldsymbol{e}^*$ 处不存在。例如, 配置为 $(\boldsymbol{e}^*, \boldsymbol{e}_{\oplus})$ 的两个轨道彼此交叉的情况。而且, 在轨道距离非零但很小时, 这种不确定性可产生无意义的负距离值。需要注意的是, 我们感兴趣的是了解轨道距离很小或为零时的不确定性, 也即当可能发生碰撞或接近的时候。因此, 计算 MOID 不确定性的传统的协方差传播公式仅在它不是很有用时适用。

12.2.6 最小距离映射的正规化

引入一个由 Wetherill (1967) 和 Bonanno (2000) 推广出来的正规化的映射 d_h、$d_{\min}$。在此讨论映射 $d_{\min}$、d_h 可应用同样的方法。它可通过轨道配置的属性改变 $d_{\min}$ 的符号, 从而获得局部解析解 (即使该值为零)。

正规化思想可以一个例子来说明。考虑定义于整个平面的正函数 $f(x,y) = \sqrt{x^2+y^2}$, 和定义于一个稍小区域的函数 $\tilde{f}$:

$$\tilde{f}(x,y) = \begin{cases} -f(x,y), & x > 0 \\ f(x,y), & x < 0 \end{cases}$$

对于选择的每一个方向, $(x,y) = (0,0)$ 处 f 的方向导数不存在。扩展至原点 (0,0) 的正则函数 $\tilde{f}$ 在 $(x,y) = (0,0)$ 处有所有的方向导数。下面讨论如何将这样一个方法推广到现在的问题。

12.2.7 正则化的几何定义

令 $\boldsymbol{\tau}_1$、$\boldsymbol{\tau}_2$ 为最小值点处的轨道切向矢量, 令 $\boldsymbol{\Delta}_{\min}$ 为连接两个切点的矢量 ($|\boldsymbol{\Delta}_{\min}| = d_{\min}$)。如果 $\boldsymbol{\tau}_1$ 与 $\boldsymbol{\tau}_2$ 不平行, 可定义非零矢量 $\boldsymbol{\tau}_3 = \boldsymbol{\tau}_1 \times \boldsymbol{\tau}_2$。根据驻点特性, 如果 $\boldsymbol{\Delta}_{\min} \neq 0, \boldsymbol{\Delta}_{\min}$ 与 $\boldsymbol{\tau}_3$ 平行。根据设置 $|\tilde{d}_{\min}| = d_{\min}$ 和选择符号 $+$, 定义正规映射 $\tilde{d}_{\min}$。对于 $\tilde{d}_{\min}$, 如果 $\boldsymbol{\Delta}_{\min}$ 和 $\boldsymbol{\tau}_3$ 具有相同的方向, 则符号为负。符号只有在 $\boldsymbol{\tau}_1$ 和 $\boldsymbol{\tau}_2$ 平行的时候才不能确定。之后, 将定义域扩展至大多数的交叉轨道, 如果 $d_{\min} = 0$, 设 $\tilde{d}_{\min} = 0$。最小值点切线矢量平行的轨道配置也可从定义域中排出, 即使它们不是交叉点。最终的 $\boldsymbol{e} \mapsto \tilde{d}_{\min}(\boldsymbol{e})$ 几乎在任何地方都局部解析, 包

含了大部分轨道配置 $e(d_{\min}(e)=0)$ 的邻域。特别地, 偏导数可计算为

$$\frac{\partial\tilde{d}_{\min}}{\partial e_\kappa}(\boldsymbol{e}^*)=\left\langle\frac{\tau_3(\boldsymbol{e}^*)}{|\tau_3(\boldsymbol{e}^*)|},\frac{\partial\boldsymbol{\Delta}}{\partial E_\kappa}(\boldsymbol{e}^*,\boldsymbol{v}_{\min}(\boldsymbol{e}^*))\right\rangle,\quad \kappa=1\cdots5 \qquad (12.4)$$

式中: $\boldsymbol{v}_{\min}(\boldsymbol{e}^*)$ 为绝对最小值点; $\boldsymbol{\Delta}(\boldsymbol{e},\boldsymbol{v})$ 为连接小行星轨道和地球轨道上分别对应于 v 和 $v_\oplus$ 的点的矢量。

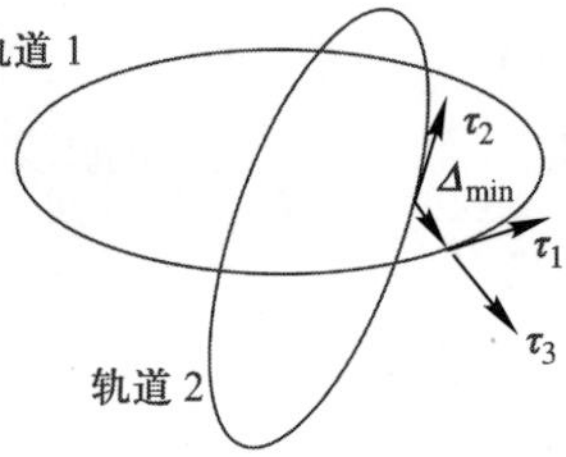

图 12.2 正则化的几何形式

因此, 可对平滑函数 $\tilde{d}_{\min}(e)$ 使用标准协方差传播公式, 该公式仅适用于微分方程, 包含了低 MOID 情况。对每一个协方差矩阵为 $\boldsymbol{\Gamma}_{\boldsymbol{ee}}$ 的标称轨道配置 $\boldsymbol{e}^*$, 可通过式 (12.4) 平滑偏导数来计算 $\tilde{d}_{\min}(\boldsymbol{e}^*)$ 的协方差:

$$\boldsymbol{\Gamma}_{\tilde{d}_{\min}}(\boldsymbol{e}^*)=\left[\frac{\partial\tilde{d}_{\min}}{\partial\boldsymbol{e}}(\boldsymbol{e}^*)\right]\boldsymbol{\Gamma}_{\boldsymbol{e}}(\boldsymbol{e}^*)\left[\frac{\partial\tilde{d}_{\min}}{\partial\boldsymbol{e}}(\boldsymbol{e}^*)\right]^{\mathrm{T}} \qquad (12.5)$$

使用上述表达式时必须检查奇异情况 ($\boldsymbol{\tau}_1$ 平行于 $\boldsymbol{\tau}_2$) 是否发生在 $\boldsymbol{e}^*$ 处及是否发生于置信椭球内。需要检查 Hessian 矩阵行列式的方差以寻找可能的分岔驻点。最后, 根据式 (12.5) 的线性公式进行协方差传递, 该传递在数学上是成立的, 但假设 $d_{\min}(\boldsymbol{e})$ 是一个高斯随机变量来进行有效的近似, 在此函数 $\tilde{d}_{\min}$ 仅是准线性的, 这在 $\boldsymbol{e}$ 的不确定性很小时并不常见 (Gronchi et al., 2007)。

12.2.8 潜在危险小行星

Bowell and Muinonen (1994) 定义了潜在危险小行星 (PHA), 即 MOID$(=|\tilde{d}_{\min}|)\leqslant 0.05$ AU 和绝对星等 $H\leqslant 22$ 的小行星。它们是与碰撞监测最相关的目标。然而, 定义仅涉及标称轨道, 而没有考虑不确定性。为使其更完整, 应该考虑所有虚拟的危险小行星, 即考虑了变量 $(\tilde{d}_{\min},H)$ 的联合概率密度函数后, 具有成为 PHA 的较大概率的小行

星。为达成这个目的，使用正规化最小距离 $\tilde{d}_h$ 是必不可少的。必须考虑到 d_h 小标称值会大于 -0.05。d_h 属于 $[-0.05\ \text{AU}, 0.05\ \text{AU}]$ 的概率为

$$P(|\tilde{d}_h| \leqslant 0.05\ \text{AU}) = \frac{1}{\sqrt{2\pi}} \int_{z_1}^{z_2} \exp(-z^2/2)\mathrm{d}z \tag{12.6}$$

$$z_i = \frac{x_{i-}\tilde{d}_h(\boldsymbol{e}^*)}{\sigma_{\tilde{d}_h}(\boldsymbol{e}^*)}, \quad i = 1, 2$$

式中: $x_1 = -0.05; x_2 = +0.05; \sigma_{\tilde{d}_h}(\boldsymbol{e}^*)$ 为 $\tilde{d}_h$ 的标准方差, 定义为

$$\sigma_{\tilde{d}_h}(\boldsymbol{e}*) = \sqrt{\boldsymbol{\Gamma}_{\sigma_{\tilde{d}_h}(\boldsymbol{e}^*)}}$$

绝对星等的方差 $\boldsymbol{\Gamma}_{HH}$ 取决于光度测量和天体测量, 因为它根据与目标站心距离有关的视星等计算而来。给定光度的方差 V_{phot}, 假设它独立于天体测量, 可以根据观察 2×2 的协方差矩阵决定一个天体是否是虚拟的危险小行星:

$$\boldsymbol{\Gamma}_{(\tilde{d}_{\min}, H)}(\boldsymbol{e}^*) = \frac{\partial(\tilde{d}_{\min}, H)(\boldsymbol{e}^*)}{\partial \boldsymbol{e}} \boldsymbol{\Gamma}_{\boldsymbol{e}}(\boldsymbol{e}^*) \left[\frac{\partial(\tilde{d}_{\min}, H)(\boldsymbol{e}^*)}{\partial \boldsymbol{e}}\right]^{\mathrm{T}} + \begin{pmatrix} 0 & 0 \\ 0 & V_{\text{phot}} \end{pmatrix}$$

12.3 虚拟小行星

对于发现时间短, 或观测时间跨度段的小行星, 真实目标的轨道可能属于一个大的置信区域。另一个描述当前认知 (贫乏) 的方法是, 使用虚拟小行星群 (VA), 这些小行星的轨道与观测值稍有差异, 但都在置信区域内。真实小行星存在于虚拟小行星群内, 但并不知道是哪一个。由于置信区域中包含的连续轨道, 每个 VA 分别代表一个小的区域, 即它的轨道也是不确定的, 但不确定的程度更小。更小的不确定性使得可对每一个 VA 使用局部定理, 该局部定理并不适用于整个置信区域。注意, 标称轨道仅是虚拟小行星中的一个。

对于不可积的 N-体问题, 无法全局计算置信区域的总的轨道, 仅有限的轨道可数值传递。使用虚拟小行星群的原因是, 它们是与观测相匹配的有限个轨道, 可逐个进行轨道传播, 这种方法比单独使用标称解更好。此外, 状态转移矩阵伴随轨道传播, 可以在每个 VA 邻域内使用线性近似。但并不容易确定需要多少这样的点来保持非线性。

因此关键问题是如何对置信区域进行有效采样, 也即选择的轨道数量很少但是它们能尽可能多地代表不同的可能轨道[①]。用于选择 VA 的采样方法有两类: 随机或蒙特卡罗法 (MC 法), 以及几何法, 该方法在几何目标的交点处进行采样。

蒙特卡罗法直接使用最小二乘原理的概率解释。由于轨道确定过程产生轨道元素空间的概率分布, 该分布可被随机采样, 以获得一组等价的虚拟小行星。它们在标称解附近更加密集, 并在标称解处达到最大值, 随着残差 RMS 的增加, 密度逐渐降低 (Chodas and Yeomans, 1996)。这可用不同的方式实现, 通过使用一个随机数发生器, 对元素 x 空间或者所有残差 $\boldsymbol{\xi}$ 的空间或者如统计测距中两个适当组合的空间以假设的概率密度进行采样 (Virtanen et al., 2001)。

当计算资源丰富且概率误差模型可靠时, 采用 MC 法是更加严格和完整的。因此, 一旦可能的碰撞被确认后, 它们经常用来对结果进行确认。如果意图通过碰撞监测来检查未来可能碰撞中的所有新发现或可再次观测的小行星, 计算复杂度将是主要关注点, 此时采用 MC 法太慢, 因此, 需使用几何采样法。本章中, 将关注于一维采样法, 该方法中, 通过固定间隔采样得到的几何目标是一条光滑的线。更复杂的采样方法也已提出, 例如 Tommei (2005) 提出的使用变量面的二维采样方法。但这些方法还没有用于现有的碰撞监测运行系统中。

12.3.1 采用变化线作为几何采样

如 5.6 节和 7.3 节中讨论的, 初始条件历元的几年后, 置信区域在沿迹方向变得更伸展; 对低 MOID 的小行星来说, 混沌轨道使得这种影响更强烈。混沌轨道具有一个典型的 Lyapounov 的时间, 其值与两次接近一个大行星的平均时间间隔同量级 (Whipple, 1995)。由于碰撞监测的目标是进行长期预警 (几十年, 比 Lyapounov 时间长) 内找到可能的碰撞, 采样置信区域的最好办法是通过定义一个直观的曲线, 可以是这样一个拉长置信区域的 “脊椎”。

在当前碰撞监测系统中采用的是 Milani et al. (1999) 的方法, 该方法用变化线 (LOV) 的采样作为一组虚拟小行星, 见 10.1 节。此方法的主要优点是 VA 集具有几何机构, 也即它们属于一可微曲线, 沿着此线

---

① 在当前计算机硬件运行的碰撞预警实务中, 这意味着每一个小行星对应几千至几万个轨道。

可进行内插。因此, 碰撞监测方法是流形动力学的一个类型, 其中平滑的参数化轨道集被隐性传播。

LOV 的问题是, 它依赖于初始条件 $\boldsymbol{x}$ 空间的坐标系选择 (10.3 节)。因此, 选择的坐标系应使得 LOV 是置信区域内一组最有代表性的轨道, 这取决于采样的目的。对于碰撞监测, 感兴趣的是比初始条件晚得多的预测值, 那么在大多数情况下, 轨道元素的主要变化是半长轴, 应选择相应的度量①。

12.3.2 靶平面上的 LOV 轨迹

一旦 LOV 采样被计算, 可得到一组虚拟小行星 $\boldsymbol{x}_i(1 \leqslant i \leqslant 2k+1)$, 假设 LOV 参数 σ 的计算是等步长 $h, \boldsymbol{x}_i$ 对应的 $\sigma_i = (i-k-1) \cdot h$。在一个给定的时间范围内 (80~100 年) 预报每一个 VA 的轨道, 为每个 VA 记录接近地球距离小于 $d_{\max}$ 的事件。每一个接近事件由 TP 上至少一个轨迹点 $\boldsymbol{y} = (\xi, \zeta)$ 组成。无论选择什么抽样方法, 到这一点的处理程序是相同的。

由于 LOV 采样不只是一个点集, 可以得到, 它们是对一条平滑的线进行抽样且 TP 面上 LOV 的轨迹也是一条平滑的线。假设两个相邻的 VA ($\boldsymbol{x}_i$ 和 $\boldsymbol{x}_{i+1}$) 具有 TP 轨迹点 $\boldsymbol{y}_i$ 和 $\boldsymbol{y}_{i+1}$ 穿过地球碰撞截面, 使得轨迹点 $\boldsymbol{y}_i$ 为 "提前点", 即 $\zeta_i < 0$, 而 $\boldsymbol{y}_{i+1}$ 为 "晚到点", $\zeta_{i+1} > 0$。LOV 有一个点 $\boldsymbol{x}_i + \delta$ (LOV 作为一条连续的曲线) 对应的参数 $\sigma = (i-k-1+\delta)h$, 其中 $0 < \delta < 1$, 使得 $\zeta_{i+\delta} = 0$; 假如 LOV 的 $\boldsymbol{y}_i$ 和 $\boldsymbol{y}_{i+1}$ 间的轨迹段全部位于距离地球质心的最大值 $d_{\max}$ 内, 则这种情况肯定出现。这是下一节中将进一步讨论的最简单的几何原理的一个实例: 强非线性的情况, 使得函数 $\zeta(\sigma)$ 在 $[\sigma_i, \sigma_{i+1}]$ 区间内无法定义, 相比 $\boldsymbol{y}_i$ 至 $\boldsymbol{y}_{i+1}$ 间近似直线的简单情况而言, 强非线性的情况并不常见。

LOV 上的不在初始 VA 集合的点 $\boldsymbol{x}_{i+\delta}$, 可通过使用某些迭代法进行计算, 如试位法 (见下节)。如果 TP 轨迹 $\boldsymbol{y}_{i+\delta}$ 位于地球碰撞截面内部, $\boldsymbol{x}_{i+\delta}$ 附近有一个虚拟碰撞 (VI), 也即一组导致碰撞 (在大约相同的日期) 的关连初始条件。如果点 $\boldsymbol{y}_{i+\delta}$ 位于碰撞截面外, 但由 $\boldsymbol{y}_{i+\delta}$ 的线性化计算而得的置信椭球的宽 w 足够大, 置信椭球和碰撞截面之间将有一个交叉, 总会有一个 VI 的初始条件不属于 LOV。

① 对于较好确定的 VEA 轨道, 例如具有雷达测量数据, 碰撞预警可扩展至大于 100 年, 最有效的采样通过沿半长轴梯度选择一个弱方向来实现。

通过计算以 $\boldsymbol{x}_{i+\delta}$ 为中心的高斯分布的概率密度函数, 可估计碰撞截面的概率积分, 即给定 VI 的碰撞概率 (IP)。这些计算是近似的, 但当 IP 很低时, 这些计算要好于用 MC 法采样的估计。这主要是因为基于碰撞 VA 数量的 MC 估计受小数目统计的不确定性影响, 例如, 如果 VA 数量小于 1/IP, 则 MC 采样可能不提供任何碰撞 VA。与此相反, 这里描述的几何抽样方法可以从 LOV 上的几千个虚拟小行星中检测到碰撞概率 $10^{-7} \sim 10^{-8}$ 的 VIs (甚至更小, 如 1999 年的 AN_{10})。对 VIs 进行完备性的寻找更加复杂, 需在下一节的几何理论中进行讨论。

12.4 靶平面的点串

为理解 LOV 的靶平面轨迹的特性, 需使用由轨迹点 $\boldsymbol{y}_i$ 形成的有限采样来表示几何结构。要做到这一点, 对所有虚拟小行星 $\boldsymbol{x}_i$ 计算与地球的接近过程之后, 按照最接近的时间来对它们排序。记录的接近过程聚集在一组离散的交会时间附近, 此时地球穿过 MOID 对应的点, 而小行星不会过早或过晚经过此 MOID 点。接近过程的每个簇集形成一个批次, 表示 TP 上轨迹的点集。

某些情况下, 速度相对较慢的交会情况较为复杂, 请参阅 (Milani et al., 2005), 但假设已将此类接近集分解到批次中去。接下来, 将每个批次分解成连续的 LOV 段。这很容易根据索引 i 对批次进行分类来实现。一个批次的具有连续索引 i 的子集是一点串。某些情况下, 轨迹是单一的点, 仅由一个选择的虚拟小行星形成。图 12.3 展示了 TP 上由 5 个点串组成的轨迹, 包含一个单一点和两个 TP 点对。

12.4.1 最简单几何原理

可以推测, $h \leqslant i \leqslant k$ 的点串对应一个连续的集合及 LOV 中的一段, 对应 TP 轨迹中连接 $\boldsymbol{y}_h$ 至 $\boldsymbol{y}_k$ 的曲线段。由于是有限采样, 并不能证明这是必然情况。此假设可以通过加密 LOV 采样来证实: 如果某些新的虚拟小行星错过了 TP, 也即在同一时刻并不接近 (没有小于 $d_{\max}$), 不能利用 LOV 的可微结构。然而, 如果一个可微的 TP 段存在, 可以得出非常重要的结论。

以图 12.3 中的单点为例。在两个端点 $\boldsymbol{y}_i$ 和 $\boldsymbol{y}_{i+1}$ (图中的虚线) 间进行线性插值明显是一个很差的近似 。具有更多 TP 点的点串表

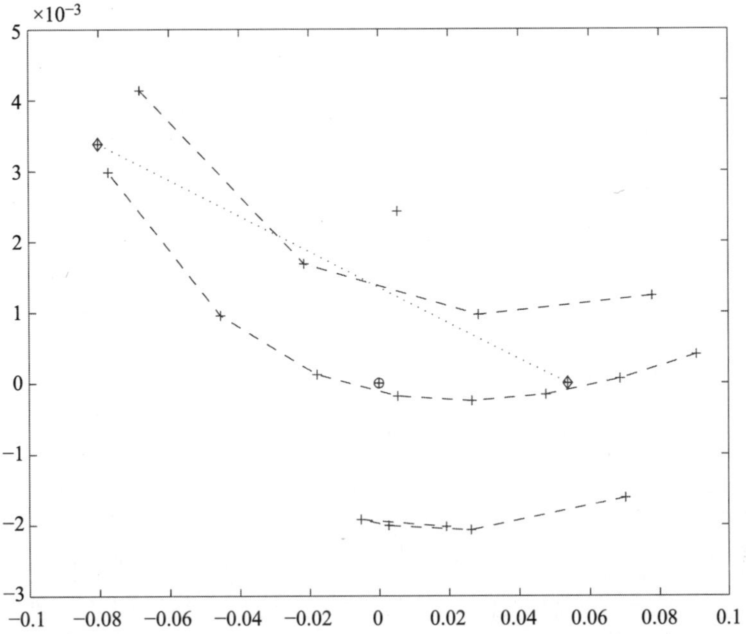

图 12.3　2046 年 1 月小行星 1998OX$_4$ (地球以表示, 由虚线连接的两个棱形实际对应一个碰撞轨迹两解之间的插值必须谨慎。注意: 坐标轴的刻度并不相同, 因此, 各轨迹距离很近。计算这些轨迹, 使用了 1998 年获取的观测数据, 该小行星于 2002 年再次捕获新的观测表明没有危险的碰撞。经 Elsevier 授权, 摘自 Milani et al. (2000b))

明 TP 轨迹具有明显的曲率。可使用附加的信息包括由 LOV 至 TP 的映射是可微的, 可计算点 $\boldsymbol{y}_i = \boldsymbol{y}(\sigma_i)$ 处 TP 轨迹曲线的切向矢量 $\boldsymbol{s}(\sigma) = \mathrm{d}\boldsymbol{y}(\sigma)/\mathrm{d}\sigma$; 长度 $s = |\boldsymbol{s}|$ 是伸展的长度。令 $\boldsymbol{s}(\sigma_i) = \boldsymbol{s}_i$, 如果 $\boldsymbol{s}_i$ 和矢量 $-\hat{\boldsymbol{y}}_i$ 的夹角小于 $\pi/2$, 最近的接近距离随着 LOV 参数 σ 的增加而降低, 其中 σ_i 对应 $\boldsymbol{x}_i$。可对 $\boldsymbol{x}_{i+1}$ 进行同样的计算, 如果 $\boldsymbol{s}_{i+1}$ 和 $-\boldsymbol{y}_{i+1}$ 的角度大于 $\pi/2$, 最小的接近距离在 σ_{i+1} 处增大。如果 $\boldsymbol{y}_i$ 至 $\boldsymbol{y}_{i+1}$ 的 TP 轨迹段存在, 对于 (σ_i, σ_{i+1}) 中的某 σ, 存在最接近距离的局部最小值。

总之, 如果假设 TP 曲线是简单的, 更确定地说它与现有的批次分解至点串相兼容, 对于每一个点串, 希望有至少一个最接近距离的局部最小值。这是采用最简单几何原理的原因。借此, 曲线段不会位于半径 $d_{\max}$ 的 TP 圆盘之外, 并且至少有一个最接近距离的最小值。可以定义关于至少一个最小值测定的构造算法。同样也假设每一个点串具有唯一的最小值。图 12.3 中两个点的情况, 最小值会使得有一个 VI, 但是这不能用线性近似来验证。

实际上, 给定的两个虚拟小行星之间的 TP 轨迹曲线形状比最简单几何更复杂, 在这种情况下, 最小发现算法的收敛性和/或局部最小值的唯一性可能会失败。然而, 如果 TP 轨迹曲线在 LOV 一个很短的弧段内具有很强的非线性, 这意味着伸展很大, IP 很低。这是一个稳健的定性说法, 也即, 通过使用这种方法找到的 VIs 比那些错失的 VIs 具有更大的 IP 值, 但是, 不幸地是, 目前尚不能将它转换至定量的参数, 也即, 转换至丢失 VIs 的最大 IP 估计值。因此, 还没有最大 IP 的解析估计, 针对该最大 IP 保证完成对 VIs 的搜索。

12.4.2 接近过程的回归

最简单几何定理的另一个应用可从图 12.3 底部的具有 5 个 TP 点的点串来理解。这个例子中, 第一个和最后一个 TP 点 $\boldsymbol{y}_i$ 和 $\boldsymbol{y}_{i+4}$, 分别对应减小和增大的最近距离。因此, 如果 TP 轨迹曲线段 $\boldsymbol{y}_i$ 至 $\boldsymbol{y}_{i+4}$ 没有超过距离 $d_{\max}$, 它必然存在至少一个点具有最小接近距离。然而,TP 轨迹曲线不能由一条直线和初始条件 $\boldsymbol{x}$ 的置信区域与强非线性 TP 点 $\boldsymbol{y}$ 之间的匹配来近似, 因为, 有一条折线, 此处 $\boldsymbol{x} \mapsto \boldsymbol{y}$ 的微分是退化的 (Milani et al., 2005)。因为 TP 轨迹的 “折转”, 最接近距离降低至最小值, 然后又提高。

一次 “回归” 是指具有额外的条件一个点串, 形成点串的虚拟小行星在可用观测时刻与属于该点串的接近时刻之间已经经历了另外一次接近过程。在所有的回归中, 在中期有些与同一行星的接近过程, 且已发生于属于本次回归的接近过程的同一局部 MOID 点 (例如, 对于一个高倾角轨道, 两个均在升交点附近)。这意味着地球在中间和回归交会时位于同一平近点角附近, 也即, 接近过程发生于不同年份的同一日期。小行星也需在同一近点角附近靠近其轨道上的 MOID 点。两次交会之间的时间跨度 Δt 需是地球轨道周期和小行星轨道周期的整数倍, 因此两个轨道必定是共振的。这也是称为共振回归的原因 (Milani et al., 1999)。

根据欧皮克形式已经为行星交会发展了一个分析理论, 以定性和准定量的方式描述了与回归相关联的 TP 轨迹曲线, 尤其是共振回归情况 (Valsecchi et al., 2003)。这是因为有一个相对简单的解析公式来近似表示小行星半长轴的变化, 该变换由中间相遇产生, 是坐标 (u, θ, ξ, ζ) 的函数。很明显, 每个中期交会在连续交会的 TP 轨迹曲线上可产生多达四个 “返回点”。对同一行星的非共振回归 (例如, 一次接近过程之后靠近其他的节点), 甚至与另一个行星的交会, 也可产生逆转。因此, 图 12.3 底部的点串并不例外, 而是普遍的, 最简单几何形状原理并不排除它。结论是, 对每个点串寻找局部最小接近距离的算法必须能够应付这种情况, 因此, 不能假设 $\boldsymbol{x} \mapsto \boldsymbol{y}$ 是局部线性的。

12.4.3 最小接近距离算法

假设最简单几何原理时, 属于 (σ_j, σ_k) 的每个 LOV 参数 σ 值对应 TP 轨迹微分曲线 $\boldsymbol{y}(\sigma)$ 上 $\boldsymbol{y}_j$ 至 $\boldsymbol{y}_k$ 的一个点。对于每一个 σ 值, 可以计算 TP 上与地心距离的平方, 也就是 $b^2(\sigma) = \boldsymbol{y}(\sigma) \cdot \boldsymbol{y}(\sigma)$, 其关于 LOV 参数 σ 的导数为 $f(\sigma) = \mathrm{d}b^2/\mathrm{d}\sigma = 2\boldsymbol{s}(\sigma) \cdot \boldsymbol{y}(\sigma)$。之后, 可以搜索 TP 点集 $\boldsymbol{y}_i, j \leqslant i \leqslant k$, 寻找连续的索引对 $i, i+1$, 此时符号是不一致的, $f(\sigma_i) < 0$ 且 $f(\sigma_{i+1}) > 0$, 则至少有一个 $\sigma^* \in (\sigma_i, \sigma_{i+1})$, 使得 $f(\sigma^*) = 0$, 试位算法给出了一个近似值 σ^*:

$$\sigma^* \simeq \sigma_i + \delta = \sigma_i - \frac{f(\sigma_{i+1}) - f(\sigma_i)}{\sigma_{i+1} - \sigma_i}$$

对用于初始 VA 采样的同一公式 $\boldsymbol{x}' = \boldsymbol{x}_i + \delta\sigma_1\boldsymbol{v}_1$, 应用长度为 δ 的步长, 之后, 用约束的微分改正在 $\boldsymbol{x}_i + \delta$ 处得到一个 LOV 点。如果相应的 TP 轨迹 $\boldsymbol{y}_{i+\delta}$ 并不是沿 LOV 轨迹的最小距离点, 也即 $f(\sigma_i + \delta)$ 明显不等于 0, 此过程在区间内进行迭代, 极值点为 $\sigma_i + \delta$ 和 σ_i 或 σ_{i+1}, 这样的方式下, f 在这两个极值点的符号是不一致的。收敛时, 得到局部最小接近距离对应的 LOV 点。如果 f 定义于整个区间 $[\sigma_i, \sigma_{i+1}]$ 内, 也即 TP 轨迹总是位于半径为 $d_{\max}$ 的圆盘内, 该试位迭代保证收敛。

与上一节步骤的差别在于, 无须对 TP 轨迹曲线的方向和曲率进行假设。事实上, 在共振回归中, TP 轨迹曲线可能永不穿过 $\zeta = 0$ 的线, 因为在穿越前它 "回头" 了。因此, 最小距离可能比局部 MOID 大很多, 例如, 图 12.3 中, 双点和共振回归这两种情况在处理时不会有任何问题。其他情况下, 曲线可能在穿越 $\zeta = 0$ 线之后回归, 具有两个最小接近距离。需采用自适应算法来处理这些不同的情况, 能够确认 TP 轨迹曲线最简单几何与可用的采样是否一致及采取一些必要的行动, 使得为实现多个局部最小值而挑选额外的采样点来作为迭代过程的初始条件。处理单点的 TP 轨迹 $\boldsymbol{y}_j$ 需要一个不同的迭代方法, 也即, 对有限增量的变量 σ 使用修正牛顿法 (Milani et al., 2005)。

12.5 碰撞监测的可靠性和完备性

每当一个局部最小 TP 点 y_0 位于地球碰撞截面内, 存在一个虚拟碰撞代表, 也即与观测值相一致的初始条件 $\boldsymbol{x}_0$ 的精确计算集, 且在一个给定的日期下产生一次碰撞。不论是 12.3 节中讨论的更简单的算法, 还是 12.4 节中使用的更稳健算法, 这都无关紧要: 一旦被发现, VI 证明了碰撞会发生, 问题是, 如何将 VI 与 IP 关联起来。对高斯概率密度分布进行线性化是唯一可用的算法, 且在运行的碰撞监测中已可有效使用, 尽管当 VI 代表的邻域内有明显的非线性时, 以更高密度的 VA 采样进行针对性的探测或局部的蒙特卡罗是可能的且可用于不同的情况。

一个微妙的情况是, 当 $\boldsymbol{y}_0$ 位于碰撞截面外部, 而通过在 $\boldsymbol{x}_0$ 处线性化计算得到 TP 置信椭圆并不包含碰撞。这种情况下, 精确的 VI 代表是不可用的。线性化的准确性很值得怀疑, 特别是当 $\boldsymbol{\Gamma_y}$ 的第二大特征值很大时, TP 置信椭球的宽度 w 也很大。VI 列表中包含或不包含这些情况都可能是一个错误。

对于 CLOMON2 碰撞监测系统, 我们开发了一个方法, 通过一个迭代过程以确认可能的 VIs, 此方法在大部分情况下可找到 VI, 体现了收敛至 VI 代表的能力。它基于修正的牛顿法, 首次由 Milani et al. (2000c) 提出。如果 $\boldsymbol{y}_0$ 是 LOV 靶平面轨迹上的与地球具有最小距离的点, 对应的初始条件 $\boldsymbol{x}_0$, 但 $|y_0| > B$, 见式 (12.1), 选择位于 TP 上的点 $\boldsymbol{y}_1'$, $|\boldsymbol{y}_1'| = B$, 例如, 径向移动。之后, 使用 $\boldsymbol{x} \mapsto \boldsymbol{y}$ 映射在 $\boldsymbol{x}_0$ 处的微分, 可找到置信区域内靠近 $\boldsymbol{x}_0$ 的具有最小罚值的点 $\boldsymbol{x}_1$, 映射到 TP 上的 $\boldsymbol{y}_1'$, 由半线性预报中使用的同一定理得到 (7.5 节)。之后, 计算 TP 轨迹 $\boldsymbol{g}(\boldsymbol{x}_1) = \boldsymbol{y}_1$, 由于非线性它并不是 $\boldsymbol{y}_1'$, 但是通过迭代处理, 收敛于一个 VI 代表是可能的。难点在于当不收敛时定义一个中断的标准。这种"发散"应提供一个良好的迹象显示出线性置信椭圆与碰撞截面的交点是一个"虚假的" VI (Milani et al., 2005b)。

12.5.1 一般意义的搜索完成

对 VIs 的搜索怎么样才算完成了呢? 这是一个难以严格回答的问题, 但它可用来理解一个系统在理想环境下可以如何高效运行。特别地, VI 的最大碰撞概率是什么, 如果 TP 上相关联的点串是全线性的, VI 很有可能不用检测; 同样也可假设与地球碰撞截面的尺寸相比, 宽度很小。这是所说的系统的通用完成水平。

为得到最大 IP 值,假设 VI 是穿过 TP 源点的一条窄带,长度 $2B_{\oplus} > 2R_{\oplus}$,取决于引力焦点。如果有足够数量的 VAs 与半径为 $d_{\max}$ 的靶平面相交,前一节中描述的方法将揭示 VI。否则,VI 会在搜寻中丢失。通用完成水平由下式给出:

$$\mathrm{IP}^* = \frac{\delta p 2B_{\oplus}}{\Delta \mathrm{TP}}$$

式中: δp 为 TP 轨迹点间的概率积分; $\Delta\mathrm{TP}$ 为 TP 轨迹点间的最大离散; $\Delta\mathrm{TP} \simeq s\Delta\sigma$; s 为拉伸长度; $\Delta\sigma$ 为以 LOV 参数 σ 表示的连续 VAs 之间的离散度。

对于 CLOMON2, $d_{\max} = 0.2$ AU,线性假设下,TP 上仅有一个点被要求来检测 VI。因此,靶平面上连续虚拟小行星的间隔不能大于 0.4 AU $9400R_{\oplus}$。对 LOV 在周期 $|\sigma| \leqslant 3$ 采样 2400 个 VAs,这些点的离散度为 $\Delta\sigma = 0.0025$,一个周期内最大的累积概率是 $\delta p = \Delta\sigma/\sqrt{2\pi} \simeq 0.001$ (标称点附近,高斯概率密度是 $1/\sqrt{2\pi}$)。据此,可计算 CLOMON2 的通用完成水平:

$$\mathrm{IP}^* \simeq \frac{0.002B_{\oplus}}{9400R_{\oplus}} \simeq 2.1 \times 10^{-7}\frac{B_{\oplus}}{R_{\oplus}}$$

因此,通用完成水平取决于引力焦点的量,对无穷远 u 处的低速小行星而言,其值更高。对于 SENTRY 来说,通用完成水平值较小,此系统当前不处理单点情况但却使用更多的 VAs。可以发现 IP 远低于 IP* 的 VIs,且确实经常发现,但他们的检测是概率性,取决于某些虚拟小行星偶尔穿越 TP 盘。

12.6 当前的监测系统

碰撞监测软件 CLOMON2 和 SENTRY 从 2002 年初开始运行。它们平均每年处理 100 个事件,这些碰撞监测由 CLOMON2 或 SENTRY 系统发现,对于最新发现或重新发现的小行星则至少找到一个 VI。大部分情况下[①],这些结果会立即发布至互联网。大部分严重情况下,两个碰撞监测系统在宣布 VI 存在之前,交互检查计算结果:此过程一般仅需几小时。总之,公布一个危险的情况之后,天文学界将采取行动,开

① 通过数值度量将优先权赋予最严重情况。该数值度量为巴勒莫撞未危险指数,考虑了碰撞概率、碰撞能量和距离碰撞时刻的时间 (Chesley et al., 2002)。

始接下来的观测, 直到足够的信息可用于排除 21 世纪的碰撞可能。一小部分情况下, 小行星已经丢失, 但仍然有 VIs, 这些一般都是很小的行星 (直径小于 100 m), 主要是由于探测望远镜不够大导致目标丢失。随着下一代探测到更小的小行星, 预期这种情况会进一步增多。

对监测系统的全体人员来说 (99942), Apophis 已成为大家重点关注的目标。该目标自 2004 年 12 月以来就已经位于 CLOMON2 和 SENTRY 的风险列表中, 2029 年 VI 估计的最大概率为 1/37, 之后随着得到更新更多的精确观测数据, 该值有所下降。目前该目标已被很好定轨, 也被雷达观测到: 2029 年将是非常接近 (小行星将人眼可见), 但该年度没有撞击可能性。对由 2036 年共振回归得到的 VI 的 IP 估计值很低, 但是很难反驳该碰撞可能性。这是因为当前光学的观测精度不够改进轨道, 同样也因为 2036 年的结果对 2029 年交会的精确条件是极其敏感的, 此时不能忽略非引力摄动。这种情况也首次提出了减缓行动计划的公共议题。如果接下来的观测不能进一步提高风险监测的准确性, 则很有必要进行一个专门的空间飞行任务, 见 14.6 节。

第四部分　协同定轨

第 13 章

地球重力

假定卫星围绕地球或者其他较大的行星运行，那么其运动方程主要受地球或行星的重力场影响。本章将讨论重力场的一些数学特性，包括重力场的数学描述、重力场的建模等。

13.1 重力场

卫星的运动方程主要受行星二体引力，而行星的形状及其内部质量分布则是卫星运动的主要摄动源。因此，需要研究这类延展天体的重力场及其参数的表示形式。而球谐展开能够比较理想地对卫星重力场测定问题进行数学描述。

13.1.1 质点重力

一个质量为 M、处于位置 $\boldsymbol{p} \in \mathbb{R}^3$ 的质点所产生的加速度重力场可以用 $\boldsymbol{x}$ 的函数表示为

$$\frac{\mathrm{d}^2\boldsymbol{x}}{\mathrm{d}t^2} = \boldsymbol{v}(\boldsymbol{x}) = \frac{GM}{|\boldsymbol{x}-\boldsymbol{p}|^3}(\boldsymbol{p}-\boldsymbol{x}) = \frac{GM}{r^3}(\boldsymbol{p}-\boldsymbol{x})$$

式中：$r = |\boldsymbol{p}-\boldsymbol{x}|$ 为距离；G 为万有引力常数，其值与所使用的条件有关。例如在 CGS 系统中，取 $G = 6.6726 \times 10^{-8}\ \mathrm{cm}^3/(\mathrm{s}^2 \cdot \mathrm{g})$。需要注意的是，在定轨问题中，$G$ 通常是以 GM 组合的形式出现。上述公式定义了重力场 $\boldsymbol{v}(\boldsymbol{x})$，且由公式可知，该函数在任一 $\boldsymbol{x} \neq \boldsymbol{p}$ 处均是平滑的。重力

场是守恒矢量场, 即 $\boldsymbol{v}=\mathbf{0}$, 它可以从重力势中获得

$$U(\boldsymbol{x})=GM/r,\quad \boldsymbol{v}(\boldsymbol{x})=\operatorname{grad}U(\boldsymbol{x})$$

当取 $\lim\limits_{r\to+\infty}U=0$ 时, 重力场为一个常数。而重力矢量场 $\boldsymbol{v}(\boldsymbol{x})$ 是自由发散的, 即 $\operatorname{div}\boldsymbol{v}=0$。因此通过对 $\mathbb{R}^3$ 中以任一定向曲面 S 为边界所围成的区域 $W\subset\mathbb{R}^3$ 使用散度公式① 进行计算, 就可以得到穿过 S 的重力场 $\boldsymbol{v}(\boldsymbol{x})$ 通量 (从区域 W 内向外) 为

$$\int_S\boldsymbol{v}\cdot\boldsymbol{n}\mathrm{d}S=\int_W\operatorname{div}\boldsymbol{v}(\boldsymbol{x})\mathrm{d}\boldsymbol{x}$$

式中: $\mathrm{d}\boldsymbol{x}$ 为 $\mathbb{R}^3$ 内的体积元; $\mathrm{d}S$ 为 S 上的表面积单元; $\boldsymbol{n}$ 为由 S 指向 W 外部的单位矢量。如果重力质点不在区域 W 内, 那么体积积分和穿过 S 的通量均为零。如果 $\boldsymbol{p}\in W$ 则在 $\boldsymbol{x}=\boldsymbol{p}$ 点处存在奇异点, 上述散度公式不适用。如果质点始终在区域 W 之内, 那么 $\boldsymbol{v}(\boldsymbol{x})$ 通量将不随表面 S 的形变而变化。通量的计算可通过一个圆心位于 P 点, 半径为 r 的球面 $S(r)$ 进行, 其法向矢量为 $\boldsymbol{n}=(\boldsymbol{x}-\boldsymbol{p})/r$。

$$\int_{S(r)}-\frac{GM}{r^3}(\boldsymbol{x}-\boldsymbol{p})\cdot\boldsymbol{n}\mathrm{d}S=\int_{S(r)}-\frac{GM}{r^2}\mathrm{d}S=-4\pi r^2\frac{GM}{r^2}=-4\pi GM$$

将上述单体重力场进行简单推广即可得到 N 体重力场的类似结论。假定有限个质点 $M_1,M_2,\cdots,M_n$ 分别位于 $\boldsymbol{p}_1,\boldsymbol{p}_2,\cdots,\boldsymbol{p}_n$, 那么根据叠加原理, 重力场和势能分别为

$$\boldsymbol{v}(\boldsymbol{x})=\sum_{i=1}^n\frac{GM_i}{|\boldsymbol{x}-\boldsymbol{p}_i|^3}(\boldsymbol{p}_i-\boldsymbol{x}),\quad U(\boldsymbol{x})=\sum_{i=1}^n\frac{GM_i}{|\boldsymbol{x}-\boldsymbol{p}_i|}$$

穿过表面 S 的通量就是所有单体重力场的通量和, 因此对于任意区域 $W\subset\mathbb{R}^3$ 的曲面边界 S, 有

$$\int_S\boldsymbol{v}\cdot\boldsymbol{n}\mathrm{d}S=-4\pi G\sum_k M_k$$

其中求和公式针对曲面 S 内的所有质点 $\boldsymbol{p}_k\in W$。在实际计算中, 可以将一个实心天体作为一个质点解进行计算, 但是其计算效率将非常低。

① 也称为高斯散度公式, 在本书中有大量以高斯命名的公式, 因此在此简称散度公式。

13.1.2 延展天体的质量和重力

一般采用连续质量分布的数学模型来描述延展天体的重力场。在连续质量分布模型中，天体的质量密度函数定义为 $\rho(\boldsymbol{p}) \geqslant 0$，该函数只在质量分布的支撑区域内 $W \subset \mathbb{R}^3$ 为正。那么可以通过体积积分得到整个天体的总质量为

$$M = \int_W \rho(\boldsymbol{p})\mathrm{d}\boldsymbol{p} \tag{13.1}$$

在一些正规性条件下上述定义非常准确，例如，当曲面 S 光滑、质量密度函数 ρ 连续时①。质量密度 ρ 产生的重力场为

$$\boldsymbol{v}(\boldsymbol{x}) = \int_W \frac{G\rho(p)}{|\boldsymbol{x}-\boldsymbol{p}|^3}(\boldsymbol{p}-\boldsymbol{x})\mathrm{d}\boldsymbol{p} \tag{13.2}$$

式中：在 $\boldsymbol{x}$ 确定的情况下，积分范围包括 W 内的所有点 $\boldsymbol{p}$。

延展天体本身处在不断的变化过程中，其质量密度也是随时间不断变化的，且变化过程满足质量守恒方程。如果用牛顿近似法，即认为重力场的作用是瞬时的（传播速度无穷大），则对于每一个点 $\boldsymbol{x} \in \mathbb{R}^3$，可以使用相同的公式计算任意瞬间的重力场。

同样，可以用体积积分的方法定义延展天体的重力势，即

$$U(\boldsymbol{x}) = \int_W \frac{G\rho(\boldsymbol{p})}{|\boldsymbol{x}-\boldsymbol{p}|}\mathrm{d}\boldsymbol{p} \tag{13.3}$$

通过改变在 $\boldsymbol{p}$ 上的积分步骤，对元素 $\boldsymbol{x}$ 求导，并对上述积分公式应用梯度算子，可以得到式 (13.2)②。

式 (13.1) 中使用的黎曼积分的传统定义是通过将 W 拆分为平行四边形 W_k 来获得，其中 W_k 是通过对 $\boldsymbol{p}$ 的每个坐标进行等间隔划分得到的。每一个 k 对积分近似和的贡献是在点 $\boldsymbol{p} \in W_k$ 所对应的 W_k 与 ρ 的乘积。直观地说，延展天体的总质量可以通过将其切分成不同的小块，然后通过估计每个小块的密度得到。当然，这不是一个对行星质量的科学定义。

为了获得一个更实用的定义，可以使用散度公式。通过交换求导和积分的次序，对延展天体中所有位于 W 之外（质量为零）的点 $\boldsymbol{x}$，存在

① 在地球物理模型中，质量密度分布的跳变很常见，例如，在地核和地幔之间的过渡带就是不连续的。但是，式 (13.1) 所定义的体积积分仍然适用。

② 当 $\boldsymbol{x}$ 在 W 外时，点 $\boldsymbol{x}$ 和 $\boldsymbol{p}$ 不可能在同一个点，此时上述计算变得更加简单。在一些积分理论的支持下，式 (13.2) 和式 (13.3) 对于 $\boldsymbol{x} \in W$ 同样适用。

div $\boldsymbol{v}(\boldsymbol{x})=0$, 而在天体内则有 div $\boldsymbol{v}(\boldsymbol{x})=-4\pi G\rho(\boldsymbol{x})$ (该公式的证明比较复杂)。

假定 S 为一个包含行星在内的有向曲面, W 区域 (即 $\rho(\boldsymbol{p})>0$) 处于曲面内, 则行星的质量可以通过计算其重力场穿过 S 曲面的通量得到:

$$M=\int_W \rho(\boldsymbol{x})\mathrm{d}\boldsymbol{x}=-\frac{1}{4\pi G}\int_W \operatorname{div}\,\boldsymbol{v}(\boldsymbol{x})\mathrm{d}\boldsymbol{x}=-\frac{1}{4\pi G}\int_S \boldsymbol{v}\cdot\boldsymbol{n}\mathrm{d}S$$

该公式表明, 可以通过重力仪测量包含行星的封闭曲面的重力场向量计算行星质量。

作为一个经典例子, 定义一个与地球类似的行星, 假定其半径为 $R_\oplus$, 重力场垂直于行星表面, 重力常数 $|\boldsymbol{v}|=g$, 同时忽略行星自转产生的惯性力。那么当 g 和 G 已知时①, 其质量可通过下式计算:

$$M=-\frac{1}{4\pi G}\iint_S -g\mathrm{d}S=\frac{1}{4\pi G}g4\pi R_\oplus^2=\frac{gR_\oplus^2}{G}$$

13.1.3 谐函数

将方程 $\boldsymbol{v}(\boldsymbol{x})=\operatorname{grad}U(\boldsymbol{x})$ 和 div $\boldsymbol{v}(\boldsymbol{x})=-4\pi G\rho(\boldsymbol{x})$ 进行联合求解, 可以得到质量密度源点 $\boldsymbol{x}\in W$ 处的泊松方程 $\operatorname{div}(\operatorname{grad}U(\boldsymbol{x}))=-4\pi G\rho(x)$ 以及 W 之外的点 $\boldsymbol{x}$ 处 (真空) 的拉普拉斯方程 $\operatorname{div}(\operatorname{grad}U(\boldsymbol{x}))=0$。

联合算子 $\Delta U=\operatorname{div}(\operatorname{grad}U)$ 也可以用势能的二阶偏微分来表示:

$$\Delta U=\operatorname{div}(\operatorname{grad}U)=\frac{\partial^2 U}{\partial x_1^2}+\frac{\partial^2 U}{\partial x_2^2}+\frac{\partial^2 U}{\partial x_3^2}$$

满足拉普拉斯方程 $\Delta U=0$ 的函数 $U(\boldsymbol{x})$ 是一个谐函数, 这意味着延展天体 (其支撑域为 W) 产生的重力势在 $\mathbb{R}^3\backslash W$ 是一个谐函数。

谐函数有许多重要的性质, 其中的一条是谐函数既没有局部最大值, 也没有局部最小值 (Evans, 1998)。一个具有连续二次导数的谐函数是光滑的, 即该函数的任意阶导数都是连续的, 而且还是一个解析函数, 它在每一个点的邻域内的泰勒展开级数都是收敛的。这就意味着事实上在定轨或者在天体力学的所有问题中, 对每一个在真空中运动的天体, 如果它仅受到其他天体的万有引力作用, 其运动方程和相应的通解总是光滑的。只有一些非重力场的摄动才可能导致这个规律出现问题 (14.3 节)。

① 这就是为什么由牛顿和卡文迪什完成的测量万有引力常数 G 的首次实验被形容为测量地球质量实验的原因。

13.1.4 球对称

拉普拉斯方程的解可以精确计算的一个最简单的例子，是 $\boldsymbol{x}$ 空间中原点的重力势为球对称情况下的求解问题，即 $U(\boldsymbol{x}) = R(r)$，其中 $r = |\boldsymbol{x}|$ 和 R 为光滑函数。此时，拉普拉斯算子 Δ 可以通过以下偏微分方程对 $j = 1, 2, 3$ 求和得到。

$$\frac{\partial U}{\partial x_j} = \frac{\mathrm{d}R}{\mathrm{d}r}\frac{\partial r}{\partial x_j} = \frac{x_j}{r}\frac{\mathrm{d}R}{\mathrm{d}r}$$

$$\frac{\partial^2 U}{\partial x_j^2} = \frac{1}{r}\frac{\mathrm{d}R}{\mathrm{d}r} + \frac{x_j^2}{r}\left(\frac{1}{r}\frac{\mathrm{d}^2 R}{\mathrm{d}r^2} - \frac{1}{r^2}\frac{\mathrm{d}R}{\mathrm{d}r}\right)$$

$$0 = \Delta U = 2\frac{1}{r}\frac{\mathrm{d}R}{\mathrm{d}r} + \frac{\mathrm{d}^2 R}{\mathrm{d}r^2} = \frac{1}{r^2}\frac{\mathrm{d}}{\mathrm{d}r}\left[r^2\frac{\mathrm{d}R}{\mathrm{d}r}\right]$$

令 $r^2\dfrac{\mathrm{d}R}{\mathrm{d}r} = -k$，其中 k 为任意常数。因此，所有球对称谐函数都可以表示为 $R(r) = \dfrac{k}{r} +$ 常数。当常数为 0 时，球对称谐函数就是一个在 $\boldsymbol{p} = \boldsymbol{0}$ 上质量为 $M = k/G$ 的质点的重力势。

该结论对于包括卫星大地测量学在内的所有重力场测量均具有深远的意义。假定质量密度函数为球对称，即对于某些函数 $\tilde{\rho}$ 存在：$\rho(\boldsymbol{p}) = \tilde{\rho}(|\boldsymbol{p}|)$。此时支撑区域 W 必须是球对称的。那么在 $\mathbb{R}^3 \backslash W$ 区域内，重力势 U 是球对称谐函数，同时，可认为行星也是球对称的，存在一个正常数 M 在区域 W 外满足 $U = GM/r$。利用散度公式，可以证明 M 是由式 (13.1) 所定义的质量。因此，即使在质量分布未知的情况下，两个质量相等的球对称行星的重力场也可认为是完全相同的。同样，对于相同质量的两个质点也具有相同的重力势。

上述结论表明通过测量行星表面或者表面外的重力场，无法确定行星的内部质量分布密度函数 $\rho(\boldsymbol{p})$。这个结论也适用于重力场测量的其他任何方法。卫星的大地测定解决不了质量密度函数中的参数求解问题。但当质心处的密度参数可以通过行星自转特性测量等方法得到时，质量密度函数中的参数可解 (第 17 章)。

13.2 球谐函数

球对称谐函数的例子表明使用与问题相匹配的坐标系具有一定的优势。为说明这一点，用一个建立在近似球形星体之上的球形极坐标

系, 作如下定义:

$$x_1 = r\cos\theta\cos\lambda, \quad x_2 = r\cos\theta\sin\lambda, \quad x_3 = r\sin\theta \tag{13.4}$$

式中: $r > 0$ 为与中心点的距离; $\theta(-\pi/2 \leqslant \theta < \pi/2)$ 为纬度; λ 为经度。在地球上, 以赤道平面为 (x_1, x_2) 平面, x_3 轴沿着旋转轴建立的参考坐标系是很常用的坐标系①。此时, 重力势在极坐标系中可以表示为 $U(x_1, x_2, x_3) = \varPhi(r, \theta, \lambda)$。

为计算球形极坐标系下的拉普拉斯算子, 使用链式法则:

$$\frac{\partial U}{\partial x_j} = \frac{\partial \varPhi}{\partial r}\frac{\partial r}{\partial x_j} + \frac{\partial \varPhi}{\partial \theta}\frac{\partial \theta}{\partial x_j} + \frac{\partial \varPhi}{\partial \lambda}\frac{\partial \lambda}{\partial x_j}$$

以及式 (13.4) 的逆坐标转换的导数:

$$\frac{\partial U}{\partial x_1} = \frac{\partial \varPhi}{\partial r}\cos\theta\cos\lambda - \frac{\partial \varPhi}{\partial \theta}\frac{1}{r}\sin\theta\cos\lambda - \frac{\partial \varPhi}{\partial \lambda}\frac{\sin\lambda}{r\cos\theta}$$

通过对一阶导数的迭代计算, 可以得到其二阶微分偏导数, 再通过求和计算得到仅包含关于 r、θ、λ 的偏导数的 ΔU 的表达式:

$$r^2 \Delta U = \frac{\partial}{\partial r}\left(r^2 \frac{\partial \varPhi}{\partial r}\right) + \varDelta_S U \tag{13.5}$$

$$\varDelta_S U = \frac{1}{\cos\theta}\frac{\partial}{\partial \theta}\left(\cos\theta \frac{\partial \varPhi}{\partial \theta}\right) + \frac{1}{\cos^2\theta}\frac{\partial^2 \varPhi}{\partial \lambda^2} \tag{13.6}$$

其中式 (13.6) 称为拉普拉斯算子。该算子与 r 无关, 可以应用于描述有固定 r 的球形 $S(r)$ 的函数, 该函数只包含 (θ, λ) 两个参数。

13.2.1 带谐项

首先研究具有轴对称性的拉普拉斯方程 $\Delta U = 0$ 的解, 即 $U(x, y, z) = \varPhi(r, \theta)$ (与 λ 无关)。那么, 在式 (13.5) 中, 极坐标系下的拉普拉斯算子有更加简单的表达式, 即

$$\Delta U = \frac{1}{r^2}\frac{\partial}{\partial r}\left(r^2 \frac{\partial \varPhi}{\partial r}\right) + \frac{1}{r^2\cos\theta}\frac{\partial}{\partial \theta}\left(\cos\theta \frac{\partial \varPhi}{\partial \theta}\right) = 0$$

可利用变量分离的方法求解上述偏微分方程, 即寻找自变量为 r 的函数和自变量为 θ 的函数的乘积作为特解 $U = \varPhi(r, \theta) = R(r)F(\theta)$。于是

$$\Delta U = \frac{RF}{r^2}\left\{\frac{1}{R}\frac{\mathrm{d}}{\mathrm{d}r}\left[r^2 \frac{\mathrm{d}R}{\mathrm{d}r}\right] + \frac{1}{F\cos\theta}\frac{\mathrm{d}}{\mathrm{d}\theta}\left[\cos\theta \frac{\mathrm{d}F}{\mathrm{d}\theta}\right]\right\} = 0$$

---

① 地球以及任何星球的旋转轴都不是固定不变的, 因此定义的参考系统需要一些附加条件。

上述公式中括弧中的表达式为 r 的函数与 θ 的函数之和。如果上述方程适用于 (r,θ) 空间中的开集, 那么上述两个函数均为常数。令该常数为 $l(l+1)$, 则存在如下常微分方程:

$$\frac{\mathrm{d}}{\mathrm{d}r}\left[r^2\frac{\mathrm{d}R}{\mathrm{d}r}\right]=l(l+1)R,\quad \frac{\mathrm{d}}{\mathrm{d}\theta}\left[\cos\theta\frac{\mathrm{d}F}{\mathrm{d}\theta}\right]=-l(l+1)F\cos\theta$$

其中第一个方程的解可表示为

$$R(r)=r^{\gamma},\quad \gamma\in\mathbb{R}$$

$$\frac{\mathrm{d}}{\mathrm{d}r}[r^2\gamma r^{\gamma-1}]=l(l+1)r^{\gamma}\Leftrightarrow\gamma(\gamma+1)r^{\gamma}=l(l+1)r^{\gamma}$$

上述方程存在两个可能的解: $\gamma=1$ 或者 $\gamma=-l-1$。利用标准的存在唯一性定理, $R(r)$ 的二阶常微分方程的解可由两个任意常数 A、B 表示为

$$R(r)=Ar^l+\frac{B}{r^l+1}$$

为得到 $F(\theta)$ 的解, 转换两个变量: $\mu=\sin\theta$, $F(\theta)=f(\mu)$, 则

$$\frac{1}{\cos\theta}\frac{\mathrm{d}}{\mathrm{d}\theta}\left[\cos\theta\frac{\mathrm{d}F}{\mathrm{d}\theta}\right]=\frac{\mathrm{d}}{\mathrm{d}\mu}\left[\cos^2\theta\frac{\mathrm{d}f}{\mathrm{d}\mu}\right]=\frac{\mathrm{d}}{\mathrm{d}\mu}\left[(1-\mu^2)\frac{\mathrm{d}f}{\mathrm{d}\mu}\right]$$

那么 $f(\mu)$ 是一个二阶线性方程 (勒让德方程) 的解, 即

$$(1-\mu^2)\frac{\mathrm{d}^2f}{\mathrm{d}\mu^2}-2\mu\frac{\mathrm{d}f}{\mathrm{d}\mu}+l(l+1)f=0\tag{13.7}$$

勒让德方程的解可以通过待定系数的方法获得, 也就是说可以用幂级数的形式来表示, 即

$$f(\mu)=\sum_{k=0}^{+\infty}a_k\mu^k\tag{13.8}$$

将式 (13.8) 代入式 (13.7), 并根据 μ 的次数合并同类项, 得

$$\begin{aligned}0&=(1-\mu^2)\sum_{k=2}^{+\infty}a_kk(k-1)\mu^{k-2}-2\mu\sum_{k=2}^{+\infty}a_kk\mu^{k-1}+l(l+1)\sum_{k=2}^{+\infty}a_k\mu^k\\&=\sum_{k=0}^{+\infty}\mu^k[a_{k+2}(k+2)(k+1)-a_kk(k-1)-2ka_k+l(l+1)a_k]\end{aligned}$$

在 $-\pi/2\leqslant\theta\leqslant\pi/2$ (即 $-1\leqslant\mu<1$) 范围内的任意 θ 值, 勒让德方程是恒定的, 因此对于所有非负整数 k, 幂级数的所有系数均为零, 即

$$a_{k+2}(k+2)(k+1)-a_k[k(k-1)+2k-l(l+1)]=0$$

上述公式是一个二阶递推公式, 在 a_k 已知的情况下, 可以通过该公式得到 a_{k+2}, 即

$$a_{k+2}=\frac{k(k+1)-l(l+1)}{(k+2)(k+1)}a_k \tag{13.9}$$

当 $k=l$ 时, 式 (13.9) 为零, 这表示在 l 为非正整数的条件下, 可以得到 $\mu=\sin\theta$ 时多项式 $f(\mu)$ 的解①。若 l 为偶数, 设定初始条件为 $a_0\neq 0$ 和 $a_1=0$, 则可以得到 $f(\mu)$ 的多项式表示, 在该多项式中仅包含偶数次方的单项式。当 l 为奇数时, 令 $a_0=0$ 和 $a_1\neq 0$, 可以得到 $f(\mu)$ 的奇次多项式。例如:

$$\begin{aligned}
&l=0\Rightarrow f(\mu)=a_0\\
&l=1\Rightarrow f(\mu)=a_1\mu=a_1\sin\theta\\
&l=2\Rightarrow f(\mu)=-3a_0\mu^2+a_0=a_0(1-3\sin^2\theta)
\end{aligned}$$

给每个整数 l 选择一个合适的常数因子, 可以定义方程式 (13.7) 的一个解集, 该解集是以 $\sin\theta$ 为自变量的勒让德多项式。

$$P_l(\sin\theta)=\sum_{j=0}^{L}T_{lj}(\sin\theta)^{l-2j} \tag{13.10}$$

式中: L 为 $l/2$ 的整数部分; T_{lj} 为类似于方程式 (13.9) 的系数解, 也就是 $\sin\theta$ 中的最高次项的系数值 T_{l0} (Kaula, 1966):

$$T_{lj}=-\frac{(l-2j+1)(l-2j+2)}{2j(2l-2j+1)}T_{lj-1},\quad T_{l0}=\frac{(2l)!}{(l!)^2 2^l} \tag{13.11}$$

选择 T_{l0} 的原因将在式 (13.17) 中解释。联合 $F(\theta)$ 和 $R(r)$ 的两个解, 可以得到拉普拉斯方程中对任意非负整数 $l\geqslant 0$ 的两个线性无关的解:

$$P_l(\sin\theta)\frac{1}{r^{l+1}},\quad P_l(\sin\theta)r^l$$

在原点处包含 r^l 的项是平滑的, 当 $r\to+\infty$ 时是无穷, 这可以用来描述一个由分布质量围成的腔体内的重力场, 称之为内谐函数。对于卫星轨道来说 $1/r^{l+1}$ 更令人感兴趣: 对于点 $r=0$, 它们是奇异的, 而对于 $r\to+\infty$ 的点, 它们则趋于零, 称为外谐函数。在本书中, 只需考虑 l 次方的外带谐项。勒让德多项式在区间 $-1<\sin\theta<1$ 内有 l 个实根 (Hobson, 1931), 也就是说带谐项沿着子午线有与其阶数相等个数的零

① 多项式解也可以通过选择 $-l=k+1$ 来获得, 但两者是相同的。

值。这可以对每个谐波的外形有比较直观的印象。例如 $l=2$ 表示为扁平体或者扁长体, 其扁率方向为 x_3 的轴向; $l=3$ 为一个梨形体, 沿着 $x_3=0$ 的平面分成两个不同的半球, 每个半球质量不同。

13.2.2 田谐项

去掉轴对称的假设, 在所有极坐标系中寻找拉普拉斯方程的解。使用变量分离的方法, 令 $U=\Phi(r,\theta,\lambda)=R(r)F(\theta)G(\lambda)$。利用式 (13.5):

$$r^2\Delta\Phi = FG\frac{\mathrm{d}}{\mathrm{d}r}\left[r^2\frac{\mathrm{d}R}{\mathrm{d}r}\right]+R\Delta_S(FG)=0$$

并将其除以 $U=RFG$, 可以得到一个类似于拉普拉斯方程的新方程:

$$\frac{r^2}{RFG}\Delta\Phi=\frac{1}{R}\frac{\mathrm{d}}{\mathrm{d}r}\left[r^2\frac{\mathrm{d}R}{\mathrm{d}r}\right]+\frac{\Delta_S(FG)}{FG}=0$$

上述方程中的两项其中一项为 r 的函数, 另一项为 (θ,λ) 的函数。跟带谐项类似, 在上述两项为常数的前提下, 可以定义 $R(r)$ 的常微分方程。其偏微分方程为

$$\Delta_S(FG)=-l(l+1)FG$$

也就是说, $F(\theta)G(\lambda)$ 必须是拉普拉斯 – 贝特拉米算子的一个特征函数。相同的讨论同样适用于其他两项:

$$\frac{\cos^2\theta}{FG}\Delta_S(FG)=\frac{\cos\theta}{F}\frac{\mathrm{d}}{\mathrm{d}\theta}\left[\cos\theta\frac{\mathrm{d}F}{\mathrm{d}\theta}\right]+\frac{1}{G}\frac{\mathrm{d}^2G}{\mathrm{d}\lambda^2}=-l(l+1)\cos^2\theta$$

为含 λ 的项选择一个负整数常量:

$$\frac{1}{G}\frac{\mathrm{d}^2G}{\mathrm{d}\lambda^2}=-m^2$$

则 $G(\lambda)$ 的方程及其解为一个纯三角函数[①], 即

$$\frac{\mathrm{d}^2G}{\mathrm{d}\lambda^2}+m^2G=0\Leftrightarrow G(\lambda)=C_{lm}\cos(m\lambda)+S_{lm}\sin(m\lambda)$$

因此, 方程 $F(\theta)$ 可表示为

$$\frac{1}{F\cos\theta}\frac{\mathrm{d}}{\mathrm{d}\theta}\left[\cos\theta\frac{\mathrm{d}F}{\mathrm{d}\theta}\right]-\frac{m^2}{\cos^2\theta}=-l(l+1)$$

① 如果拉普拉斯方程中包含 λ 的项的常数为正, 那么其解为指数函数的组合; 如果 m 不是整数, 那么三角函数不是 2π 的周期函数。上述两个假设中均要求角度变量 λ 为非平滑函数。

利用级数展开式 (13.8), 又可以获得一个二次递推公式。

当 $m=0$ 时, 可以得到方程式 (13.7), 即带谐函数。与前面的理论相同, 选择 $R(r)$ 的其中一个解 $1/r^{l+1}$, 得到外谐函数。定义变量 $\mu=\sin\theta$, 则可对 $F(\theta)$ 的方程进行简化。令

$$F(\theta)=(\cos\theta)^m f(\sin\theta)$$

函数 $f(\mu)$ 是线性二阶微分方程的解, 即

$$(1-\mu^2)\frac{\mathrm{d}^2 f}{\mathrm{d}\mu^2}-2(m+1)\mu\frac{\mathrm{d}f}{\mathrm{d}\mu}+(l-m)(l+m+1)f=0 \tag{13.12}$$

$$a_{k+2}=\frac{k(k+2m+1)-(l-m)(l+m+1)}{(k+2)(k+1)}a_k \tag{13.13}$$

在方程式 (13.9) 中, 可以得到有限项的方程解, 每一项都是一个以 $\sin\theta$ 为自变量, 最大次数为 $k_{\max}=l-m$ 的多项式与 $\cos\theta$ 的幂的乘积。当 $l-m$ 为偶数时, 该多项式仅有偶数次幂的项, 当 $l-m$ 为奇数时, 该多项式仅有奇数次幂的项。因此, $F(\theta)$ 的微分方程解是一个谐波次数和阶数为 m 的勒让德连带函数:

$$P_{lm}(\sin\theta)=(1-\sin^2\theta)^{m/2}\sum_{j=0}^{L}T_{lmj}(\sin\theta)^{l-m-2j}$$

式中: L 为 $(l-m)/2$ 项的整数部分。$\sin\theta$ 的单项式系数 T_{lmj} 为

$$\begin{aligned} T_{lmj}&=-\frac{(l-m-2j+1)(l-m-2j+2)}{2j(2l-2j+1)}T_{lmj-1}\\ T_{lm0}&=(2l)!/l!(l-m)!2^l \end{aligned} \tag{13.14}$$

将 $R(r)$、$F(\theta)$ 和 $G(\lambda)$ 三项合并考虑, 可以得到两个次数和阶数均为 m 的球谐函数。

$$\frac{P_{lm}(\sin\theta)}{r^{l+1}}\cos(m\lambda),\ \frac{P_{lm}(\sin\theta)}{r^{l+1}}\sin(m\lambda)$$

当 $m=0$ 时, 仅有一个解, 即带谐项。当 $m>0$ 时, 则为田谐项。球谐函数存在如下特性: 阶数次数和为 m 的谐波在经线方向上存在 $l-m$ 个零值, 在纬线方向上存在 $2m$ 个零值 (当 $m>0$ 时, 在两极点为零)。当 $l-m=0$ 时, 可以得到不依赖于纬度的扇谐函数。

13.2.3 球谐函数的扩展

拉普拉斯方程是线性的, 那么球谐函数的线性组合依然是可解的, 即

$$U=\frac{GM}{r}+\frac{GM}{r}\sum_{l=1}^{+\infty}P_l(\sin\theta)\frac{R_\oplus^l}{r^l}C_{l0}$$
$$+\frac{GM}{r}\sum_{l=1}^{+\infty}\sum_{m=1}^{l}P_{lm}(\sin\theta)\frac{R_\oplus^l}{r^l}[C_{lm}\cos(m\lambda)+S_{lm}\sin(m\lambda)]$$

式中: $R_\oplus$ 可理解为地球 (或者是类似行星) 的赤道半径。当 $0\leqslant m\leqslant l$ 时, $R_\oplus$ 需增加一个空间系数 C_{lm}; 当 $0<m\leqslant l$ 时, 该系数为 S_{lm}。根据式 (13.1) 的定义, 令 M 为行星的总质量。假定 $P_{l0}=P_l$, $P_0=1$, 则可以得到更加紧凑的公式:

$$U=\frac{GM}{r}\left\{\sum_{l=0}^{+\infty}\sum_{m=0}^{l}P_{lm}(\sin)\frac{R_\oplus^l}{r^l}[C_{lm}\cos(m\lambda)+S_{lm}\sin(m\lambda)]\right\} \tag{13.15}$$

还可以采用 $r=R_\oplus$ 的球面上的谐函数集来表示, 该函数集可认为仅仅包含 (θ,λ) 的函数。$Y_{lmi}=P_{lm}(\sin\theta)\mathrm{trig}(m\lambda,i)$, 其中 $\mathrm{trig}(m\lambda,1)=\cos(m\lambda),\mathrm{trig}(m\lambda,0)=\sin(m\lambda)$。因此, 展开式 (13.15) 变为

$$U=\sum_{l=0}^{+\infty}\frac{GMR_\oplus^l}{r^{l+1}}\sum_{m=0}^{l}[C_{lm}Y_{lm1}+S_{lm}Y_{lm0}] \tag{13.16}$$

在此需要建立的是一系列谐函数展开式之间的关系 (如式 (13.16)) 以及产生重力场的延展质量特性 (即质量密度函数 ρ)。因此, 需要从式 (13.3) 重新开始, 并且利用密度函数 ρ 扩展产生重力势的内核:

$$\frac{1}{|\boldsymbol{x}-\boldsymbol{p}|}=\frac{1}{|\boldsymbol{x}|}\left[1-2\frac{|\boldsymbol{p}|}{|\boldsymbol{x}|}\cos\psi+\frac{|\boldsymbol{p}|^2}{|\boldsymbol{x}|^2}\right]^{-1/2} \tag{13.17}$$

式中: ψ 为 $\boldsymbol{x}$ 与 $\boldsymbol{p}$ 之间的夹角; $\cos\psi=\boldsymbol{x}\cdot\boldsymbol{p}/|\boldsymbol{x}||\boldsymbol{p}|$。式 (13.17) 可用级数表示为

$$\frac{1}{|\boldsymbol{x}-\boldsymbol{p}|}=\sum_{l=0}^{+\infty}\frac{|\boldsymbol{p}|^l}{|\boldsymbol{x}|^{l+1}}P_l(\cos\psi) \tag{13.18}$$

由于当 $\boldsymbol{x}\neq\boldsymbol{p}$ 时, $1/|\boldsymbol{x}-\boldsymbol{p}|$ 是谐函数, 式 (13.18) 中的 P_l 为勒让德多项式。由于勒让德多项式包含一个任意因子, 因此需要检查在式 (13.18) 中是否有式 (13.11) 中选定的系数的项。为了确认这一点, 必须

计算在式 (13.17) 的展开式中包含因子 $|\boldsymbol{p}|/|\boldsymbol{x}|$ 的项中 $\cos\psi$ 最高次方向的系数, 并确认其与 T_{l0} 一致。

$$\binom{-1/2}{l}(-2^l) = \frac{(-1)^l}{l!}\prod_{k=1}^{l}(2k-1) = \frac{(2l)!}{(l!)^2 2^l} = T_{l0}$$

将勒让德多项式的展开式代入式 (13.3), 得

$$U(\boldsymbol{x}) = \int_W \frac{G\rho(\boldsymbol{p})}{|\boldsymbol{x}-\boldsymbol{p}|}\mathrm{d}\boldsymbol{p} = \sum_{l=0}^{+\infty}\frac{G}{|\boldsymbol{x}|^{l+1}}\int_W \rho(\boldsymbol{p})|\boldsymbol{p}|^l P_l(\cos\psi)\mathrm{d}\boldsymbol{p} \tag{13.19}$$

与式 (13.15) 相比, 当 $r = |\boldsymbol{x}|$ 时, 函数 U 中包含 G/r^{l+1} 因子的部分为

$$\int_W \rho(\boldsymbol{p})|\boldsymbol{p}|^l P_l(\cos\psi)\mathrm{d}\boldsymbol{p} = M\sum_{m=0}^{l} R_\oplus^l [C_{lm}Y_{lm1} + S_{lm}Y_{lm0}] \tag{13.20}$$

13.2.4 总质量和质心

举个例子, 令 $l = 0$; $P_l = 1$, 式 (13.20) 变为

$$C_{00} = \frac{1}{M}\int_W \rho(\boldsymbol{p})\mathrm{d}\boldsymbol{p} = 1$$

假定 $l = 1$, 则球谐函数为

$$Y_{101} = P_{10} = x_3/r, \quad Y_{111} = P_{11}\cos\lambda = x_1/r, \quad Y_{110} = P_{11}\sin\lambda = x_2/r$$

将式 (13.20) 乘以 $r = |x|$, 得

$$\frac{1}{M}\boldsymbol{x}\int_W \rho(\boldsymbol{p})\boldsymbol{p}\mathrm{d}\boldsymbol{p} = R_\oplus[C_{11}x_1 + S_{11}x_2 + C_{10}x_3]$$

$l = 1$ 的谐波系数与质心相关, 即

$$\boldsymbol{c}^M = (1/M)\int_W \rho(\boldsymbol{p})\boldsymbol{p}\mathrm{d}\boldsymbol{p}$$

事实上

$$C_{11} = c_1^M/R_\oplus, \quad S_{11} = c_2^M/R_\oplus, \quad C_{10} = c_3^M/R_\oplus$$

因此, 如果坐标系原点与行星质心重合, 则一阶系数为零, 质点项后的函数 U 的展开式从二阶项开始:

$$U = \frac{GM}{r}\left\{1 + \sum_{l=2}^{+\infty}\sum_{m=0}^{l} P_{lm}(\sin\theta)\left(\frac{R_\oplus}{r}\right)^l [C_{lm}\cos(m\lambda) + S_{lm}\sin(m\lambda)]\right\}$$

即质点位置的精度为 $\mathcal{O}(R_\oplus^2/r^2)$。

13.2.5 转动惯量

当 $l=2$ 时, 勒让德函数为

$$P_{20}=\frac{3}{2}\sin^2\theta-\frac{1}{2},\quad P_{21}=3\sin\theta\cos\theta,\quad P_{22}=3\cos^2\theta$$

球谐函数为

$$\begin{aligned}
&Y_{201}=P_{20}=(3x_3^2-r^2)/2r^2, && Y_{200}=0\\
&Y_{211}=P_{21}\cos\lambda=3x_3x_1/r^2, && Y_{210}=P_{21}\sin\lambda=3x_3x_2/r^2\\
&Y_{221}=P_{22}\cos(2\lambda)=3(x_1^2-x_2^2)/r^2 && Y_{220}=P_{22}\sin(2\lambda)=6x_1x_2/r^2
\end{aligned}$$

当 $l=2$ 时, 方程式 (13.20) 乘以 $r^2/(MR_\oplus^2)$, 得

$$\begin{aligned}
\frac{r^2}{MR_\oplus^2}\int_W\rho(\boldsymbol{p})|\boldsymbol{p}|^2\frac{3\cos^2\psi-1}{2}\mathrm{d}\boldsymbol{p}=&\frac{C_{20}}{2}(2x_3^2-x_1^2-x_2^2)+2C_{21}x_3x_1\\
&+3S_{21}x_3x_2+3C_{22}(x_1^2-x_2^2)+6S_{22}x_1x_2
\end{aligned}$$

在地球物理学中, $l=2$ 的系数可以用积分的形式表述为

$$A_{ij}=\frac{1}{MR_\oplus^2}\int_W\rho(\boldsymbol{p})p_ip_j\mathrm{d}p,\quad i,j=1,2,3$$

考虑到

$$|\boldsymbol{x}|^2|\boldsymbol{p}|^2P_2(\cos\psi)=\frac{1}{2}[3(\boldsymbol{x}\cdot\boldsymbol{p})^2-|\boldsymbol{x}|^2|\boldsymbol{p}|^2]$$

以坐标 (x_1,x_2,x_3) 和 (p_1,p_2,p_3) 的函数形式展开, 可以得到积分 A_{ij} 和阶数 $l=2$ 时的谐系数之间的关系:

$$\begin{aligned}
&x_1^2(2A_{11}-A_{22}-A_{33})+x_2^2(2A_{22}-A_{11}-A_{33})\\
&+x_3^2(2A_{33}-A_{11}-A_{22})+6(x_1x_2A_{12}+x_2x_3A_{23}+x_1x_3A_{13})\\
=&C_{20}(2x_3^2-x_1^2-x_2^2)+6C_{21}x_3x_1+6S_{21}x_3x_2+6C_{22}(x_1^2-x_2^2)+12S_{22}x_1x_2
\end{aligned}$$

在变量 x_j 中的多项式阶数为 2 的系数提供了一个包含六个方程的方程组, 该方程组中 A_{ij} 的六项积分与五个重力势系数成线性关系:

$$\begin{aligned}
&C_{20}=A_{33}-\frac{A_{11}+A_{22}}{2},\quad C_{22}=\frac{1}{4}(A_{11}-A_{22})\\
&C_{21}=A_{13},\quad S_{21}=A_{23},\quad S_{22}=\frac{1}{2}A_{12}
\end{aligned}$$

当坐标系原点与质心重合时 $(r=0)$, 联合积分项可以得到行星的二次型惯量, 并且可用一个 3×3 的正定对称矩阵表示, 其对角系数为

$$I_{jj} = MR_{\oplus}^2(A_{ii}+A_{kk}), \quad i\neq j\neq k\neq i \tag{13.21}$$

非对角线系数为

$$I_{ij} = -MR_{\oplus}^2 A_{ij}, \quad i\neq j \tag{13.22}$$

那么, 行星重力场的二阶谐函数系数可用惯性矩阵项进行计算:

$$\begin{aligned} &C_{20}=\frac{1}{MR_{\oplus}^2}\left[\frac{I_{11}+I_{22}}{2}-I_{33}\right], \quad C_{22}=\frac{1}{4MR_{\oplus}^2}[I_{22}-I_{11}] \\ &C_{21}=\frac{-1}{MR_{\oplus}^2}I_{13}, \quad S_{21}=\frac{-1}{MR_{\oplus}^2}I_{23}, \quad S_{22}=\frac{-1}{2MR_{\oplus}^2}I_{12} \end{aligned} \tag{13.23}$$

可以用一个相对参考坐标系来使二次型惯量成为对角矩阵, 即当 $i\neq j$ 时, 令 $I_{ij}=0$。此时, C_{21}、S_{21}、S_{22} 均为零。只有在行星旋转状态信息已知的条件下才能确定该参考坐标系。在谐波系数中求解所有的 I_{jj} 是不可能的, 这是因为某些比例因子 (例如浓度系数 $I_{\max}/MR_{\oplus}^2$, 其中 $I_{\max}$ 是惯性矩阵的最大特征值) 需要用旋转状态的信息来进行约束。上述条件同样说明: 内部质量分布不能仅凭外部的重力场来确定 (13.1 节和第 17 章)。

13.2.6 递推公式

在极坐标系下利用式 (13.14) 计算球谐函数系数 $T_{\ell mj}$ 并不方便, 可以通过勒让德多项式及其连带函数进行递推计算。在此只举一个例子。对于带状谐函数可表示为

$$lP_l(\mu) = (2l-1)\mu P_{l-1}(\mu) - (l-1)P_{l-2}(\mu) \tag{13.24}$$

对田谐函数可表示为

$$(l-m)P_{lm}(\mu) - (2l-1)\mu P_{l-1m}(\mu) + (l+m-1)P_{l-2m}(\mu) = 0 \tag{13.25}$$

定义初始变量为

$$P_{00}(\mu)=1, \quad P_{10}(\mu)=\mu, \quad P_{11}(\mu)=\sqrt{1-\mu^2}$$

针对某些 $\mu=\sin\theta$ 的值, 通过双指数递推可以得到最大阶数为 $l_{\max}$ 时的所有勒让德多项式及其连带函数。三角函数 $\sin(m\lambda)$、$\cos(m\lambda)$

同样可以通过给定 λ, 利用三角加法公式递推计算得到。通过这种方法, 可以建立一种非常高效的算法来计算指定点上最大阶数为 $l = l_{\max}$ 时的球谐函数。

为了计算运动方程中势能和重力场元素的偏导数, 及其在变分方程中的二阶导数, 利用勒让德多项式、勒让德连带函数以及 λ 的三角函数联合计算的球谐函数的导数公式来表示是比较有效的方法。求解 r 和 λ 的导数比较简单, 而求解 θ 的导数, 则可以利用勒让德多项式及其导数间的关系来完成 (Hobson, 1931):

$$(\mu^2 - 1)\frac{\mathrm{d}P_l(\mu)}{\mathrm{d}\mu} = l[\mu P_l(\mu) - P_{l-1}(\mu)] \tag{13.26}$$

相关勒让德函数为 (Wagner and Velez, 1972)

$$\frac{\mathrm{d}P_{lm}(\sin\theta)}{\mathrm{d}\theta} = P_{l(m+1)}(\sin\theta) - m\tan\theta P_{lm}(\sin\theta) \tag{13.27}$$

其中, 当 $m = l$ 时, 第一项为零 (对于 $m > l$, 定义 $P_{lm} = 0$)

13.3 谐函数的希尔伯特空间

在式 (13.15) 中进行无限求和的准确含义是什么? 谐波系数 C_{lm}、S_{lm} 能够唯一确定一个谐函数 $U(x)$ 吗? 为了解决这些问题, 需要了解球谐函数的一些其他特性, 这需要泛函分析方面的知识①。

13.3.1 正交性

在球体 Y_{lmi} 上的球谐函数有一个特性, 该特性在变量分离的过程中曾经使用过, 即它是拉普拉斯 - 贝特拉米算子 $\Delta_S Y_{lmi} = -l(l+1)Y_{lmi}$ 的特征函数。这表示函数 Y_{lmi} 与在 $S(1)$ 上的表面积分定义的矢量积是正交的, 即

$$\langle Y_{lmi}, Y_{l'm'i'}\rangle = \int_{S(1)} Y_{lmi}Y_{l'm'i'}\mathrm{d}S = 0$$

除非 $l = l', m = m', i = i'$。事实上

$$-1(l+1)\langle Y_{lmi}, Y_{l'm'i'}\rangle = \langle \Delta_S Y_{lmi}, Y_{l'm'i'}\rangle = \int_{S(1)} \Delta_S Y_{lmi}Y_{l'm'i'}\mathrm{d}S$$

① 读者可能对泛函分析不太熟悉, 例如希尔伯特空间, 可以跳过这部分, 并且认为式 (13.15) 中是一个唯一的定义, 类似于级数展开。

在球面极坐标系中, 面积元为 $\mathrm{d}S = \cos\theta\mathrm{d}\theta\mathrm{d}\lambda$:

$$\begin{aligned}\int_{S(1)} \varDelta_S Y_{lmi} Y_{l'm'i'} \mathrm{d}S &= \int_0^{2\pi} \mathrm{d}\lambda \int_{-\pi/2}^{\pi/2} [Y_{l'm'i'} \varDelta_S Y_{lmi}] \cos\theta\mathrm{d}\theta \\ &= I_\theta \int_0^{2\pi} \mathrm{tr}(m'\lambda, i')\mathrm{tr}(m\lambda, i)\mathrm{d}\lambda \\ &= \pi\delta_{mm'}\delta_{ii'} I_\theta \end{aligned} \tag{13.28}$$

其中, 当 $j \neq k$, $\delta_{jj} = 1$ 时 $\delta_{jk} = 0$, 变量 θ 上的积分 I_θ 可由以下公式计算:

$$I_\theta = \int_{-\pi/2}^{\pi/2} \left[-\cos\theta \frac{\partial P_{lm}}{\partial\theta} \frac{\partial P_{l'm'}}{\partial\theta} - \frac{m^2}{\cos\theta} P_{lm} P_{l'm'} \right] \mathrm{d}\theta$$

式 (13.28) 中的最后一步是由在积分区间 $[0, 2\pi]$ 内 sin 和 cos 函数的常规正交性得到的。

假定 $m = m'$, 否则另一因素为零, 相对于两个球谐函数中 (l', m', i') 到 (l, m, i) 的变换, 积分 I_θ 是对称的[①]。那么

$$\begin{aligned}-l(l+1)\langle Y_{lmi}, Y_{l'm'i'}\rangle = \langle \varDelta_S Y_{lmi}, Y_{l'm'i'}\rangle &= \langle Y_{lmi}, \varDelta_S Y_{l'm'i'}\rangle \\ &= -l'(l'+1)\langle Y_{lmi}, Y_{l'm'i'}\rangle\end{aligned}$$

上述公式表示当 $(l, m, i) \neq (l', m', i')$ 时, 矢量积为零。因此, 球谐函数 $\{Y_{lmi}\}$ 是一个正交集, $i = 1$ 时的 C_{lm}, $i = 0$ 时的 S_{lm} 的系数定义了相应的元素。

13.3.2 归一化

球谐函数 $\{Y_{lmi}\}$ 不是一个正交归一集, 在 $S(1)$ 上的 L^2 平方范数为[②]

$$\begin{aligned}\langle Y_{lmi}, Y_{l'm'i'}\rangle &= \int_0^{2\pi} [\mathrm{trig}(m\lambda, i)]^2 \mathrm{d}\lambda \int_{-\pi/2}^{\pi/2} \cos\theta [P_{lm}(\sin\theta)]^2 \mathrm{d}\theta \\ (\text{for } m = 0, i = 1) &= 2\pi \int_{-1}^{1} [P_l(\mu)]^2 \mathrm{d}\mu = \frac{4\pi}{2l+1} \\ (\text{for } m > 0) &= \pi \int_{-1}^{1} [P_{lm}(\mu)]^2 \mathrm{d}\mu = \frac{2\pi}{2l+1} \frac{(l+m)!}{(l-m)!}\end{aligned}$$

① 该对称性可应用于球面上的所有函数, 这表示算子 $\varDelta_S$ 是自共轭的。

② 关于该计算, $m = 0$ 的公式见 Hobson (1937), $m > 0$ 的公式见 Hobson (1931)。

因此可以利用球面上的单位均方值来定义归一化的谐函数以及归一化的连带勒让德函数:

$$\begin{aligned}\bar{Y}_{lmi} &= \bar{P}_{lm}(\sin\theta)\mathrm{trig}(m\lambda, i)\\ &= \sqrt{(2l+1)(2-\delta_{0m})\frac{(l-m)!}{(l+m)!}}Y_{lmi} = H_{lm}Y_{lmi}\end{aligned}$$

当 $m=0$ 时, $\delta_{0m}=1$, 其余情况下, $\delta_{0m}=0$。如果认为 $\{\bar{Y}_{lmi}\}$ 是在 $S(1)$ 之上的一组正交归一函数集, 则重力势的展开式可以表示为

$$U = \frac{GM}{r}\left\{\sum_{l=0}^{+\infty}\sum_{m=0}^{l}\bar{P}_{lm}(\sin\theta)\left(\frac{R_\oplus}{r}\right)^r[\bar{C}_{lm}\cos(m\lambda)+\bar{S}_{lm}\sin(m\lambda)]\right\} \tag{13.29}$$

$\bar{C}_{lm}$、$\bar{S}_{lm}$ 为阶次为 m 的归一化谐波系数:

$$\bar{C}_{lm} = \frac{C_{lm}}{H_{lm}}, \quad \bar{S}_{lm} = \frac{S_{lm}}{H_{lm}}$$

当参考坐标系的原点为质心时, 阶次 $l=1$ 的项不会出现。对于一个给定的谐函数 $U=\varPhi(r,\theta,\lambda)$, 归一化的系数 $\bar{C}_{lm}$、$\bar{S}_{lm}$ 由谐函数 U 唯一定义, 例如通过积分矢量的方法:

$$\begin{aligned}\langle\bar{Y}_{lm1}(\theta,\lambda), \varPhi(R_\oplus,\theta,\lambda)\rangle &= 4\pi\frac{GM}{R_\oplus}\bar{C}_{lm}\\ \langle\bar{Y}_{lm0}(\theta,\lambda), \varPhi(R_\oplus,\theta,\lambda)\rangle &= 4\pi\frac{GM}{R_\oplus}\bar{S}_{lm}\\ \langle\bar{Y}_{l01}(\theta), \varPhi(R_\oplus,\theta,\lambda)\rangle &= 4\pi\frac{GM}{R_\oplus}\bar{C}_{l0}\end{aligned}$$

对于归一化的球谐函数 $\bar{Y}_{lmi}$ 的计算, 可用递推公式代替上一节的方法。使用递推公式的原因是当 l、m 也很大时, 非归一化谐函数 Y_{lmi} 的 L^2 范数值会很大, 在递推计算中会导致计算溢出①。Balmino et al. (1990) 给出了一种在笛卡儿坐标系下的算法 (摆脱了极坐标系中奇异点的问题), 并且使用归一化的谐函数和系数。

13.3.3 收敛性

展开式 (13.15) 是收敛的吗? 当 $r>|\boldsymbol{p}|$ 时, 级数展开式 (13.18) 在每一个 $|\boldsymbol{x}|=r$ 的球面上是一致收敛的; 这是从函数 $(1+z)^{-1/2}$ 的泰勒级

① 在计算溢出前, 递推也是不稳定的, 并且其给出的结果也不准确。

数的特性中导出的, 即当 $|z| < 1$ 时, 式 (13.18) 是一个 $1/|\boldsymbol{x}|$ 的幂级数, 其积分是一个连续算子。因此, 假定质量密度 ρ 的支撑域 W 是包含在一个开放的球体 $|\boldsymbol{x}| < R$ 中, 那么式 (13.18) 在 $|\boldsymbol{x}| > R$ 时是收敛的。

进一步假设, 当支撑域与球体 $|\boldsymbol{x}| = R_\oplus$ 重合时, 上述收敛性会出现什么情况呢? 如果 $\rho(\boldsymbol{x})$ 是连续的, 在支撑域 W 的边界上为零, 那么在 $|\boldsymbol{x}| \geqslant R_\oplus$ 处, 其势能为谐函数。然而, 一个实心天体可以用一个在表面处存在不连续的零点的质量密度函数来建模。为此, 引入经验 Kaula 规则来描述上述模型中的现象 (Kaula, 1966)。

$$\mathrm{RMS}(\bar{C}_{lm}) = \mathrm{RMS}(\bar{S}_{lm}) = K/l^2 \tag{13.30}$$

式中: l 次方的系数为任意变量, 其标准偏差与某一常数成正比, 对于地球而言, 该常数为 $K \simeq 10^{-5}$。对于月球则 $K \simeq 10^{-4}$。按照这种方法, 在 L^2 范数上, 球谐函数的级数在球体 $|\boldsymbol{x}| = R_\oplus$ 上是收敛的, 尽管它的收敛速度像级数 $\sum 1/l^3$ 的收敛一样缓慢。

13.3.4 完备性

如果函数簇 $\{\bar{Y}_{lmi}(\theta,\lambda)\}$ 是球面上谐函数空间的基函数, 那么该函数簇是一组完备的标准正交序列 (Hobson, 1931)。这就要求一个正交于该序列中所有元素的函数 g 在球面上的值恒为零, 即

$$\langle g, \bar{Y}_{lmi}\rangle = \int_S g(\theta,\lambda)\bar{Y}_{lmi}(\theta,\lambda)\mathrm{d}S = 0 \Rightarrow g(\theta,\lambda) = 0$$

其证明过程见 Hobson (1931) 和 Albertella (1993)。

问题出现了: 在假定幂级数展开式 (13.18) 可无限次展开的前提下, 勒让德方程式 (13.7) 或者类似的方程式 (13.12) 的解在上述条件下的地位是什么。在文献 (Hobson, 1931) 中可以看出, 在 μ 的闭合区间 $[-1,1]$ 内①, 这些 $\mu = \sin\theta$ 的幂级数的无穷级数是不收敛的, 那么对于任意一个完整的球体 $S(r)$, 它们的和不是谐函数。

展开式的收敛性和基函数的完备性所导致的结果是具有球形边界的外部狄利克雷问题的求解, 即给定球面 $r = R$ 上的一个值 $\Phi(R,\theta,\lambda) = f(\theta,\lambda)$, 存在唯一确定的球面外的谐函数 Φ, 其中函数 f 在球面上是连续的。在标准球面谐波中, Φ 的展开式是由球面上的 $\langle\bar{Y}_{lmk}(\theta,\lambda), f(\theta,\lambda)\rangle$ 积分唯一得到的, 那么在球面外, 类似方程式 (13.29)

① 虽然有一些在开放区间 $]-1,1[$ 中对 μ 不是一致收敛的。

中的级数展开式的和是谐波的函数。由于上述两类方程的差异是是否有零次谐波系数, 所以它是独一无二的。

13.4 轨道附近的重力场

上节中已经将卫星位置 $\boldsymbol{x}$ 的重力场用一个球谐函数的展开式来表示。假定卫星处于一个无摄动的二体轨道中, 将寻找一个重力势的表达式, 并且推导一个与重力场、重力梯度类似的表达式, 该表达式为一个时间变量的函数。因此, 考虑将重力势 U 分解为谐函数, 即

$$U = \frac{GM}{r} + \sum_{l=2}^{+\infty} \sum_{m=0}^{l} U_{lm}$$

式中: U_{lm} 为一个次数 l 和阶数 m 的元素。

13.4.1 赤道轨道

在此给出一个例子来说明势能可以用一个包含轨道元素的函数来表示。假定卫星轨道为赤道平面。轨道元素为 $(a, e, \bar{\omega}, l_0)$, 其中 $\bar{\omega}$ 为惯性轴 x_1 轴与近心点方向的夹角, l_0 为平近点角 l 在 t_0 时刻的值。同时, 假定行星以恒定角速度 $\Omega_\oplus$ 绕着 x_3 轴旋转, 其相位零点在 $t = t_0$ 处, 那么其旋转相位为 $\phi = \Omega_\oplus(t - t_0)$。因此

$$l = n(t - t_0) + l_0, \quad n = \sqrt{\frac{GM}{a^3}}$$

$$\lambda = v(l) + \varpi - \phi, \quad r = r(l)$$

其中函数 $v(l)$ (真近点角) 和 $r(l)$ 需要通过解开普勒方程得到。由于在纬度 $\theta = 0$ 处 $I = 0$, 并且卫星轨道上的次数为 l、阶数为 m 的势 U_{lm} 的谐函数为

$$U_{lm} = \frac{GMR_\oplus^l}{r^{l+1}} P_{lm}(0)[C_{lm}\cos(\psi_m) + S_{lm}\sin(\psi_m)] \tag{13.31}$$

式中: $\psi_m = m(v + \varpi - \phi)$。如果轨道是圆的, 那么 $v = l$, $r = a$, $\psi_m = m[\varpi + (n - \Omega_\oplus)(t - t_0) + l_0]$, 时间函数信号的唯一频率为 $m(n - \Omega_\oplus)$。

从这个简单的例子, 可以得到一个有趣的结论: 对于一个赤道圆轨道, 所有具有相同阶数 m 的余弦谐波在时间上具有相同的依赖性, 该结论也同样适用于正弦项。而且, C_{lm} 和 S_{lm} 项具有相同的频谱。

观测者不能直接测量势能①, 但是很多可观测量是通过 U 的偏导数或者时间积分获得的, 例如, 重力梯度可以通过重力梯度仪测量得到, 这些观测量表示球谐函数和。

如果轨道保持圆形平面, 上面的简单模型意味着有一个严格的秩亏等级欠缺, 在阶数 $2 \leqslant l \leqslant l_{\max}$ 中, 只有 $2(l_{\max}-1)$ 个谐波系数可以确定。例如, 扇谐函数的系数 C_{ll}、S_{ll} 可以求解得到, 而其他所有系数均无法待定。

由于受到重力势摄动的影响, 轨道不可能保持圆形也不可能保持平面。然而, 轨道摄动的效应在摄动势中是小参数 C_{lm}、S_{lm} 的二阶量, 而上述计算准确到一阶。那么这个模型的问题中有两个卫星测地学的重要特征: 第一, 每一个球谐函数在观测量中产生一个具有特征频率谱的信号; 第二, 有不同 l 和 m 值的球谐函数具有很高的信号相关性, 导致严格的或者近似的秩亏。

13.4.2 Kaula 展开

对于一个重力势的一般展开式 (一个包含轨道元素的傅里叶级数), 务必需要在以轨道平面为参考平面的参考系中考虑到, U_{lm} 的表达式由式 (13.31) 给出。因此, 只需要对坐标系做一个旋转, 一个定义行星赤道平面和一些体固方向的参考系转变为开普勒轨道 (由瞬时轨道根数所定义)。赤道参考系 (x,y,z), 到 (x',y',z') 参考系 (在该参考系中 x' 轴沿着近地点方向, z' 轴沿着角动量 $\hat{\boldsymbol{c}}$ 的方向) 的旋转与 6.5 节中使用的方法几乎相同, 唯一不同的是, 在第一次沿 z 轴旋转中的角度为 $\alpha = \Omega - \phi$。

$$\begin{bmatrix} x \\ y \\ z \end{bmatrix} = R_{\omega\hat{\boldsymbol{c}}} R_{I\hat{N}} R_{\alpha\boldsymbol{z}} \begin{bmatrix} x' \\ y' \\ z' \end{bmatrix} = R(\alpha, I, \omega) \begin{bmatrix} x' \\ y' \\ z' \end{bmatrix}$$

其中 $\hat{N}$ 是旋转赤道平面上的当前升交点方向; (α, I, ω) 为欧拉角②。那么, 当将其应用于标量场 U_{lm} 中时, 复合旋转 $R(\Omega, I, \omega)$ 转变为另外一个函数 U'_{lm} 的相应值, 即 $U_{lm}(x,y,z) = U'_{lm}(x',y',z')$, 在该式中由于拉普拉斯算子是旋转不变量, 因此该式仍为调和的。旋转过程中半径 r 不

① 除了在海洋表面进行实际测量以外, 利用卫星测高法对海洋平均势能的等位面——大地水准面, 进行测量也是一种好的近似方法。

② 有不同类型的欧拉角: 在天体力学中的这些细节设置, 是 3-1-3 的类型, 旋转次序为: 当前 z 轴、当前 x 轴、当前 z 轴。

变，因此对于 l 阶谐波它同样保留了谐函数 $-l-1$ 次方的均匀分量。坐标转换后的 U'_{lm} 可以展开为球谐系数 l 和阶数 $k=0,\cdots,l$ 的球谐函数。以式 (13.16) 的形式表示该展开式:

$$U'_{lm}=\frac{GMR_{\oplus}^{l}}{r^{l+1}}\sum_{k=0}^{l}[C'_{lk}Y_{lk1}(\theta',\lambda')+S'_{lm}Y_{lk0}(\theta',\lambda')]$$

其中新系数 C'_{lk}、S'_{lk} 是旧系数的线性组合。在一个 $I=0$、$\omega=0$ 的简单的例子中，有 $\theta=\theta'$ 和 $\lambda=\lambda'+\alpha$，那么新的系数由下式得到:

$$\begin{bmatrix}C'_{lm}\\S'_{lm}\end{bmatrix}=\begin{bmatrix}\cos(m\alpha) & -\sin(m\alpha)\\ \sin(m\alpha) & \cos(m\alpha)\end{bmatrix}\begin{bmatrix}C_{lm}\\S_{lm}\end{bmatrix}$$

其中当 $k\neq m$ 时 $C'_{lk}=S'_{lk}=0$。这就出现了类似于式 (13.31) 的方程结果。

沿着升交点轴的旋转会导致另外一个比较复杂的结果。将相同次和不同阶的球谐函数混合在一起，形成一个 $(2l+1)\times(2l+1)$ 的矩阵，矩阵的系数函数为 I。关于这一转换系数矩阵的计算有大量的文献报道，既有球面三角的方法 (Kaula, 1966)，也有群理论的方法 (Wigner, 1959)。这些方法可以在量子力学的教科书 (Edmonds, 1957) 或者关于地球物理的文献 (Sneeuw, 1991; Jeffreys, 1965) 中找到。最后，势能元素 U'_{lm} 可以用倾角函数 $F_{lmp}(I)$ 的系数来展开:

$$U_{lm}=\frac{GMR_{\oplus}^{l}}{r^{l+1}}\sum_{p=0}^{l}F_{lmp}(I)[C_{lk}\cos(\psi_{lmp})+S_{lm}\cos(\psi_{lmp})]$$

其中三角函数的相位为

$$\psi_{lmp}=(l-2p)(\omega+v)+m(\varOmega-\phi)-\frac{\pi}{2}[(l-m)\mathrm{mod}\ 2] \tag{13.32}$$

最后一项表示，当 $l-m$ 是奇数时，C_{lm}、S_{lm} 被 $-S_{lm}$、C_{lm} 替代。倾斜函数可以表示为 $\sin I$ 和 $\cos I$ 的三角多项式的形式 (Kaula, 1966):

$$\begin{aligned}F_{lmp}(I)=&\sum_{t=0}^{\min(p,k)}\frac{(2l-2t)!}{t!(l-t)!(l-m-2t)!2^{2l-2t}}\sin^{l-m-2t}I\\&\times\sum_{s=0}^{m}\binom{m}{s}\cos^{s}I\sum_{c}\binom{l-m-2t+s}{c}\binom{m-s}{p-t-c}(-1)^{c-k}\end{aligned} \tag{13.33}$$

式中: k 为 $(l-m)/2$ 的整数部分; c 值对二项式系数不为零的值求和, 这就是说使用较低的非负指数和不大于上一项的值。指数一直到 4 的倾斜函数 $F_{lmp}(I)$ 由 Kaula (1966) 给出①。

式 (13.33) 称为 Kaula 展开式, 即使对于比较大的 l、m 值, 在对二项式系数计算多加注意的情况下, 也可实际应用。然而, 据 Kinoshita 等人 (1974) 的研究, 对于近极地轨道, 使用修正后的雅克比多项式会更加方便。它包含 $\cos I$ 的指数项, 因此其近似表达式中可删除在 $I=90°$ 附近的项。该公式由 Milani 和 Kneževič (1995) 转换为 Kaula 计数法。当 $k=l-2p>0$ 时, 其中含 $\cos I$ 二次方的项为

$$F_{lmp}(I)=\sum_{r=\max(0,k-m)}^{\min(l-m,l+k)}(-1)^t\frac{(2l-2p-1)!!(l+m)!(l-k)!}{2^{l+p}p!(m-k+r)!(l+k-r)!r!(r-m-r)!}$$
$$\times\{1+(l-m-2r+k)\cos I+\left[k(l-m-2r)-r(l-m-r)\right.$$
$$\left.+\frac{k^2-m+r(r-1)+(l-m-r)(l-m-r-1)}{2}\right]\cos^2 I \quad (13.34)$$

式中: t 为 $(l-m+1+2r)/2$ 的整数部分。对于 $l-2p<0$ 设定 $k=2p-l$, 并使用:

$$F_{lmp}(I)=\sum_{r=\max(0,k-m)}^{\min(l-m,l+k)}(-1)^t\frac{(2l-2p-1)!!(l+m)!(l+k)!}{2^{l+p}p!(m-k+r)!(l+k-r)!r!(r-m-r)!}$$
$$\times\{1-(l-m-2r+k)\cos I+\left[k(l-m-2r)-r(l-m-r)\right.$$
$$\left.+\frac{k^2-m+r(r-1)+(l-m-r)(l-m-r-1)}{2}\right]\cos^2 I \quad (13.35)$$

式中: t 为 $(3l-3m+1+2r)/2$ 的整数部分。

当二体问题的展开式被这些展开式替代时 (尤其是对于偏心率 e 的展开式), 对于偏心率 e 的依赖包含在偏心率函数 $G_{lpq}(e)$ 中, 新的问题出现了:

$$U_{lm}=\frac{GMR_{\oplus}^l}{\alpha^{l+1}}\sum_{p=0}^{l}F_{lmp}(I)\sum_{q=-\infty}^{+\infty}G_{lpq}(e)[C_{lm}\cos(\psi_{lmpq})+S_{lm}\cos(\psi_{lmpq})]$$

---

① 然而, Milani and Kneževič (1995) 发现当 $lmp=420$ 时的表达式中 $\sin^2 I$ 项替代了 $\sin I$ 项, 而当 $lmp=422$ 时, 则以 $-(15/4)\sin^2 I$ 代替了 $(15/4)\sin^2 I$。

其中三角函数的相位为

$$\psi_{lmpq}=(l-2p)\omega+(l-2p+q)l+m(\Omega-\phi)-\frac{\pi}{2}\bmod(l-m,2) \quad (13.36)$$

包含平近点角 l 而不是真近点角。偏心率函数 $G_{lpq}(e)$ 对 e 是解析的, 且最低次项包含 e^q。

对它们的准确计算并不容易, 在偏心率函数的最低阶次项中, lpq 到 442 阶的计算 (Kaula, 1966)。

13.5 频率分析, 地面轨迹, 共振

上述对于重力势摄动函数进行 Kaula 展开的最直接结果是使得在一阶摄动项中列举出所有的频率成为可能。对式 (13.36) 进行时间求导, 得

$$\frac{\mathrm{d}\psi_{lmpq}}{\mathrm{d}t}=(l-2p+q)n-m\dot{\phi}+[(l-2p)\dot{\omega}+m\dot{\Omega}]=\upsilon_{lmpq} \quad (13.37)$$

其中变量上的点表示对时间求导, n 为平均运动。在二体近似问题中, 这只是两个恒定频率 n 和 $\Omega_{\oplus}$ 的整数系数的联合式。在一个更好的近似中, 由带谐函数导致的根数 ω、Ω, 进动的慢变频率, 同样出现在括号中的项, 在频谱中, 通过对平均近点角的均值计算, 可以利用 Kaula 展开式计算这些效应, 也就是说通过选择不包含 $l-2p+q=0$ 的长期项进行计算。举个简单的例子, 令 $e=0$, 或者任意 e 的零阶, 当 $l=2p$ 时, 对于偶数阶带状谐波, 存在

$$\frac{1}{2\pi}\int_0^{2\pi}U_{l0}\mathrm{d}l=\frac{GMR_{\oplus}^l}{\alpha^{l+1}}F_{l0p}(I)C_{l0}$$

长期摄动, 是指存在长期项产生的一个效应, 可以通过拉格朗日摄动方程计算得到, 根数中产生一阶小量的摄动, 例如 C_{l0}。升交点经度的拉格朗日方程为

$$\frac{\mathrm{d}\Omega}{\mathrm{d}t}=\frac{1}{n\alpha^2\sqrt{1-e^2}\sin I}\frac{\partial R}{\partial I}$$

式中: R 为摄动函数, 也就是, 无二体项的势函数 U。在 Ω 上的长期摄动项导致了一个均匀的进动, 频率为

$$\overline{\frac{\mathrm{d}\Omega}{\mathrm{d}t}}=GMR_{\oplus}^l n\alpha^3\sin I\sum_{p=0}^{+\infty}\frac{R_{\oplus}^l}{\alpha^l}F'_{2p0p}(I)C_{2p0}[1+O(e^2)]$$

如果在 $q=0$ 的式 (13.37) 中使用 $\dot{\Omega}$ 的长期项, 并且将 $\dot{\omega}$ 近似为一个常值 (使用长期摄动类似的计算), 对于 $q=0$, 作为时间的一个势函数的频率, 沿着未摄动的二体轨道有

$$\nu_{lmp0}=(l-2p)(n+\dot{\omega})+m(\dot{\Omega}-\dot{\Omega}_{\oplus}) \tag{13.38}$$

尽管这些与二体问题有一些差异, 但式 (13.38) 表示两个基础频率的所有整数组合。拉格朗日方程只包含了摄动势的部分项, 因此一阶摄动项将可以通过对双频傅里叶级数的逐项积分求解得到。

13.5.1 共振

假定卫星轨道与地球的旋转产生共振, 那么存在两个整数 j、k, 满足

$$\frac{n+\dot{\omega}}{j}=\frac{\dot{\Omega}_{\oplus}-\dot{\Omega}}{k}=\nu \tag{13.39}$$

在二体近似中, 卫星的周期为 k/j 个恒星日。忽略 $q\neq 0$ 的项, 时间序列的频率是基础频率 ν 的倍数, 则

$$\nu_{lmp0}=[(l-2p)j-mk]\nu \tag{13.40}$$

对于所有调谐信号都具有 $2\pi/\nu$ 的周期性, 可以用含 νt 倍数项相位的傅里叶级数表示。在随地球自转而变化的参考坐标系中, 卫星轨道具有周期性, 其地面轨迹 — 卫星轨道在半径为 $R_{\oplus}$ 的球体上的垂直投影具有重复周期为 j 天的特性 (图 13.1)。

周期性轨道的几何特性体现在一阶摄动项的解析形式中。在式 (13.40) 中, 如果括号内的积分为零, 那么在摄动方程中存在零频率, 并且在某些元素上会增强了摄动效应。例如, 对于 $j=k=1$, 阶数 $l=2$ 的同步轨道卫星, 当 $p=0, m=2$ (此时系数包含, C_{22}、S_{22}) 和 $p=1$、$m=0$ (系数为 C_{20}) 时存在零频率。在上述情况下, 通过简单积分得到的一阶解不是很好的近似, 需要用另外一种方法 —— 单摆方程的形式, 来使第一近似值可用。

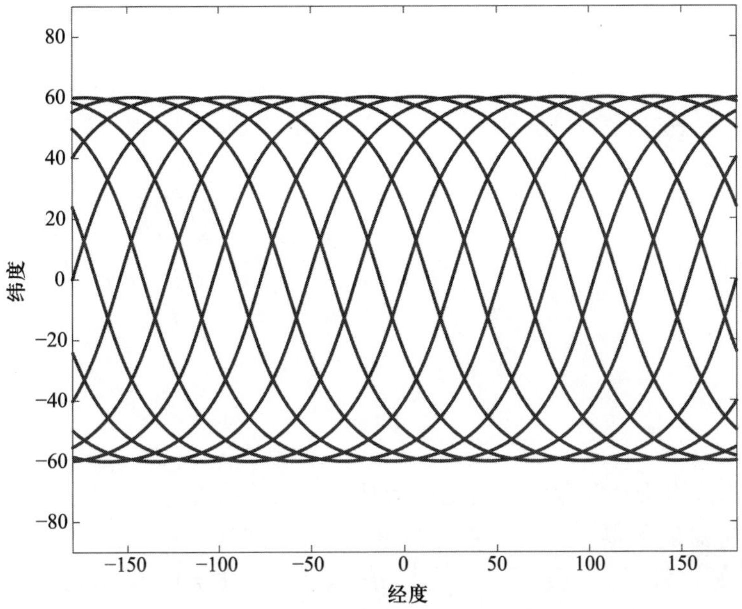

图 13.1 $I = 60°$, $j/k = 14/1$ 时圆轨道的地面轨迹

第 14 章

非重力摄动

非重力摄动问题的提出是因为外层空间不是真空的。首先, 行星大气层将对航天器产生一个高速的相对运动。在此高度上, 空气非常稀薄, 能够确保卫星的运行, 但同时仍然会产生一个不可忽略的空气阻力(对于足够低的卫星轨道, 将在第 16 章中讨论如何解决行星重力场高阶谐波问题)。需要有一个推力来补偿轨道衰减, 或者使用星上加速器来测量卫星的阻力。因此, 非重力摄动在任务设计阶段是非常重要的。

其次, 外层空间遍布着各类电磁辐射, 包括太阳直射光、地球反射光, 以及其他行星的反射光等。当光子被航天器吸收或反射时, 产生了能量交换。航天器本身产生的红外辐射和电磁波也带走了一部分的能量。虽然上述能量交换产生的加速度很小, 但是基于当前测量系统的高精度要求, 这些加速度变化因素是不可忽视的, 需要建立相应的模型, 或进行精确的测量。即使对于很小的自然天体 (如直径在公里量级的小行星), 其轨道也受到非重力摄动的影响。

本章并不能作为 Milani et al. (1987) 的一个完整修改版本。它只是对定轨问题中关于非重力摄动所引出的问题进行了修订, 并将目前最先进的试验结果考虑进来。通过数量级分析和对复杂问题的理解, 可以得出这样的结论: 可以建立一个非重力摄动模型, 但是该模型的准确性仍然是限制轨道精度的一个主要原因。对于航天器, 如果用搭载的测试仪器直接测量非重力加速度 (16.1 节) 将会得到一个更加准确的结果。对于经过详细准确观察的小行星轨道, 包括一些航天任务的研究目标, 可能需要在非重力建模方面有更多的关注。

14.1 直接辐射压

外层空间的任意地方都充斥着不同来源的辐射。目前应当考虑的辐射 (主要指可见光) 主要来自于太阳, 并可假定太阳为一个点光源。光子携带着能量和线性动量, 如果光子的能量通量用强度 $\Phi_{\odot}$ 来表示, 那么横截面上每个单位的动量通量可表示为 $\Phi_{\odot}/c$, 其中 c 为光速。来自于太阳的光子撞击航天器表面导致其线性动量的转换, 从而产生了直接辐射压。

14.1.1 表面辐射作用

为了对幅射光与航天器表面撞击过程中的动量问题进行建模, 将联合使用三个标准的物理模型: 吸收、反射和漫反射。其中吸收是指光子被航天器所吞噬 (类似于黑体), 反射是指光子依据镜面反射原理被光滑表面反弹出去, 漫反射是指光子再发射且强度服从朗勃定律, 即光子强度与其运动方向与曲面法线形成的夹角 θ 的余弦成正比。这三类现象的混合体受三个正常数 α、ρ、δ 所约束 (Milani, 1987), 并且满足

$$\alpha+\rho+\delta=1 \tag{14.1}$$

在此假设条件下, 航天器外层表面单位面积 $\mathrm{d}S$ 上的辐射压所产生的作用力可以分解为两个部分, 一部分沿着表面曲线的法线方向力 $\hat{\boldsymbol{n}}$, 另一部分是指向太阳方向的力 $\hat{\boldsymbol{s}}$。表面单位横截面面积上的辐射通量为 $\cos\beta\mathrm{d}S$, 其中 $\cos\beta=\hat{\boldsymbol{s}}\cdot\hat{\boldsymbol{n}}$。对于受到光照的表面, $\cos\beta>0$; 对于突起的形状, 同样存在上述条件, 否则在不同部分之间可能产生相互的阴影。

被吸收光子的动量被完全转移到航天器上, 它们所产生的表面单位面积上的作用力为

$$\mathrm{d}\boldsymbol{F}_{\alpha}=-\frac{\Phi_{\odot}}{c}\alpha\cos\beta\hat{\boldsymbol{s}}\mathrm{d}S$$

反射光子对航天器所产生的动量是它在撞击前的动量, 并产生反作用动量, 其和的方向沿着 $\hat{\boldsymbol{n}}$ 的方向:

$$\mathrm{d}\boldsymbol{F}_{\alpha}=-\frac{\Phi_{\odot}}{c}2\rho\cos^2\beta\hat{\boldsymbol{n}}\mathrm{d}S$$

部分被散射的光子首先被吸收, 同时在 $-\hat{\boldsymbol{s}}$ 方向上产生一个与吸收相等的力。然后, 它们在不同的方向上被再次反射, 根据对称性原理, 所

产生的合力方向与曲面法线方向 $\hat{\boldsymbol{n}}$ 相反, 其强度可用以下积分形式表示:

$$\frac{\int_0^{2\pi} \mathrm{d}\lambda \int_0^{\pi/2} \cos^2\theta \sin\theta \mathrm{d}\theta}{\int_0^{2\pi} \mathrm{d}\lambda \int_0^{\pi/2} \cos\theta \sin\theta \mathrm{d}\theta} = \frac{2}{3}$$

因此其合力为

$$\mathrm{d}\boldsymbol{F}_\delta = -\frac{\Phi_\odot}{c}\delta\cos\beta\left[\hat{\boldsymbol{s}} + \frac{2}{3}\hat{\boldsymbol{n}}\right]\mathrm{d}S$$

作用在航天器表面所有力的合力导致对航天器轨道的变化, 如果 S_I 表示航天器表面被太阳照射的部分, 那么

$$\boldsymbol{F} = -\frac{\Phi_\odot}{c}\int_{S_I}\left[(l-p)\cos\beta\hat{\boldsymbol{s}} + \left(\frac{2}{3}\delta + 2\rho\cos\beta\right)\cos\beta\hat{\boldsymbol{n}}\right]\mathrm{d}S \tag{14.2}$$

式 (14.2) 即为作用在航天器上的辐射压力公式, 其中使用了式 (14.1)。除非航天器的形状有一些特殊的对称性, 否则无法保证所产生的合力能够作用在航天器质心上。因此, 辐射压同时也将影响航天器的自转状态, 称为航天器的姿态。

对于一些简单的形状, 可以得到积分式 (14.2) 的解析解。例如, 对于一个球体, 辐射压力为

$$\boldsymbol{F} = -\frac{\Phi_\odot \mathcal{A}}{c}\hat{\boldsymbol{s}} \tag{14.3}$$

其中有效横截面 $\mathcal{A}$ 为 (Milani et al., 1987)

$$\mathcal{A} = \left(\alpha + \beta + \frac{13}{9}\delta\right)\pi R^2 = \left(1 + \frac{4}{9}\delta\right)\pi R^2$$

即几何横截面积乘以一个与 δ 有关的系数。因此, 可称为反射系数, 并给定其特征符号 C_R。但是, 考虑到该系数总是大于 1, 因此在逻辑上是不合理的。

同样的公式也可应用到正交于 $\hat{\boldsymbol{s}}$ 方向的扁平平面上, 例如一个最佳定向的太阳能电池阵列。对于一个 $A = 16\ \mathrm{m}^2$ 的太阳能面板, 令 $\alpha \geqslant 0.8(1 + 4/9\delta \approx 1,\ \mathcal{A} \simeq A)$, 航天器的总质量为 $M = 500\ \mathrm{kg}$, 其面质比为: $A/M = 0.32$, 在距太阳 1AU 上沿着 $-\hat{\boldsymbol{s}}$ 方向的辐射通量为 $\Phi_\odot \approx 1.38\ \mathrm{kW/m^2}$, 其辐射压加速度约为 $1.5 \times 10^{-5}\ \mathrm{cm/s^2}$。对于一个形状相对比较简单的航天器, 例如一个表面积约为 $4\ \mathrm{m}^2$ 的盒子, 辐射压

力加速度有一个较小的可变分量 (约为其大小的 1/3 或者 1/4), 该变量主要取决于航天器的姿态和表面特性。

对于实际航天器模型, 辐射压力是一个与光照方向 $\hat{\boldsymbol{s}}$ 和航天器姿态相关的复杂函数。为了准确计算, 需要知道航天器精确的外形、姿态 (包括活动部件状态), 以及每一个表面部分的三个光学系数 α、ρ、δ。对于一个外形复杂的航天器, 这是十分困难的, 除非在设计阶段就已经对这个问题进行了重点考虑, 即采用简单的外形设计, 使用特性明确的材料, 以及简单的操作模式。另外一个附加的难题: 由于太阳及其他相关行星的磁层产生的带电粒子撞击航天器表面导致其表层退化, 从而导致了三个光学系数将随时间而变化。经过几年后, 白漆的颜色将变为棕色, 镜面变得不平整, 其尺寸与可见光波长相当, 此时, δ 和 ρ 减小, α 增加。

对于一个自然天体, 如小行星, 其光学系数、表面形状以及质量等先验知识是非常欠缺的。在很多情况下, 将小行星近似为一个球体, 但这也不是一个很好的假设。如果计算的目的不是要进行实时定轨, 而是在飞行任务结束或即将结束时进行事后处理, 在整个任务期间的所有数据都可以用来建立小行星的直接辐射模型, 其精度应该可以与航天器的轨道精度相当。

14.1.2 长期摄动

作用在航天器和小行星上, 导致其轨道摄动的辐射压力的相关性主要取决于它随时间积累的方式。将使用一个模型来描述轨道上微小摄动 (如非重力因素) 的影响。

该模型是一个单纯的二体问题, 一个质量为 M 的卫星在 $\boldsymbol{x}$ 方向上受到一个微小力 $\epsilon\boldsymbol{F}(t)$ 的作用, 其中 ϵ 表示一个小参数, $r=|\boldsymbol{x}|$ 表示距离质心 $M_\oplus$ 的距离, 则

$$\frac{\mathrm{d}^2\boldsymbol{x}}{\mathrm{d}t^2}=-\frac{GM_\oplus}{r^3}\boldsymbol{x}+\epsilon\boldsymbol{F}/M$$

在轨道平面上定义的运动参考坐标系中, 与角动量矢量 $\boldsymbol{c}=\boldsymbol{x}\times\mathrm{d}\boldsymbol{x}/\mathrm{d}t$ 相正交, 有

$$\hat{\boldsymbol{r}}=\frac{\boldsymbol{x}}{r},\quad \hat{\boldsymbol{w}}=\frac{\boldsymbol{c}}{|\boldsymbol{c}|},\quad \hat{\boldsymbol{t}}=\hat{\boldsymbol{w}}\times\hat{\boldsymbol{r}}$$

非重力加速度的元素为

$$R=\epsilon\boldsymbol{F}\cdot\hat{\boldsymbol{r}}/M,\quad T=\epsilon\boldsymbol{F}\cdot\hat{\boldsymbol{t}}/M,\quad W=\epsilon\boldsymbol{F}\cdot\hat{\boldsymbol{w}}/M$$

分别对应于径向、横向和平面外的各元素。二体近似值的总能量 (每单位质量) E 关于时间的导数等于摄动力:

$$\frac{\mathrm{d}E}{\mathrm{d}t}=\frac{\epsilon \boldsymbol{F}}{M}\cdot\frac{\mathrm{d}\boldsymbol{x}}{\mathrm{d}t}=Rv_R+Tv_T$$

根据二体问题公式 (与 4.2 节类似), 速度量 v_R 和 v_T 为 (分别沿着 $\hat{\boldsymbol{r}}$ 方向和 $\hat{\boldsymbol{t}}$ 方向)

$$v_T=\frac{\mathrm{d}\boldsymbol{x}}{\mathrm{d}t}\cdot\hat{\boldsymbol{r}}=\frac{|\boldsymbol{c}|}{r}=\frac{GM_{\oplus}}{|\boldsymbol{c}|}(1+e\cos v),\quad v_R=\frac{\mathrm{d}\boldsymbol{x}}{\mathrm{d}t}\cdot\hat{\boldsymbol{t}}=\frac{GM_{\oplus}}{|\boldsymbol{c}|}e\sin v$$

式中: $|\boldsymbol{c}|$ 为角动量的标量。可以得到轨道能量的变化公式:

$$\frac{\mathrm{d}E}{\mathrm{d}t}=\frac{GM_{\oplus}}{|\boldsymbol{c}|}[T+e(R\sin v+T\cos v)]$$

得到能量与半长轴之间的关系:

$$\frac{\mathrm{d}E}{\mathrm{d}t}=\frac{GM_{\oplus}}{2\alpha^2}\frac{\mathrm{d}\alpha}{\mathrm{d}t}\Rightarrow\frac{\mathrm{d}\alpha}{\mathrm{d}t}=\frac{2}{n\sqrt{1-e^2}}[T+e(R\sin v+T\cos v)]$$

小偏心率轨道的主要项为

$$\frac{\mathrm{d}a}{\mathrm{d}t}=\frac{2}{n}T+\mathcal{O}(e)\Rightarrow\frac{\mathrm{d}n}{\mathrm{d}t}=-\frac{3}{a}T+\mathcal{O}(e)\tag{14.4}$$

摄动法的关键步骤是在泰勒级数中相对于小参数而言将解扩展到整个运动方程。例如 $a(t)=a_0(t)+\epsilon a_1(t)+\epsilon^2a_2(t)+\cdots$, 同样可以将该级数表达式应用到其他五个轨道参数中。式 (14.4) 也可以表示为 ϵ 的级数, 通过在等式两边合并同类项, 可以得到常数 a_0 和 $\epsilon\mathrm{d}a_1/\mathrm{d}t=2T^{(0)}/n_0+\mathcal{O}(e)$。其中 $T^{(0)}$ 为 T 在无摄动轨道上的估计值。也就是说, 给定 $a(t)$ 解中的 $\mathcal{O}(\epsilon)$ 项 (公式的右边项作为平静轨道期进行计算), 方程式 (14.4) 可以重新定为一个首次摄动阶方程。

相应的沿迹效应可以用一组对 $e=0$ 非奇异的轨道根数进行计算 (Milani et al., 1987)。例如, 当 $e>0$ 时, $\lambda=\omega+l$。其中 l 是平近点角; 当 $e=0$ 时, λ 是原点在升交点上的圆轨道的角度①, 则摄动运动方程为

$$\frac{\mathrm{d}\lambda}{\mathrm{d}t}=n+\mathcal{O}(\epsilon),\quad a\frac{\mathrm{d}^2\lambda}{\mathrm{d}t^2}=-3T+\mathcal{O}(e)+\mathcal{P}\mathcal{O}(\epsilon)+\mathcal{O}(\epsilon^2)\tag{14.5}$$

其中 $\mathcal{P}$ 包含了由 $\mathrm{d}\lambda/\mathrm{d}t-n$ 产生的积分项。上述计算中的非重要项是显示 $\mathcal{P}$ 包含仅有的均值为零的周期项。这说明, R 和 W 的影响在沿轨

---

① 以这种方式定义的变量可以证明即使在 $e=0$ 时也是可微分的。

道方向没有产生随时间变化的二次积累, 至少在 ϵ 的一阶项上没有。同样, 在其他的方向 $\hat{\boldsymbol{r}}$ 和 $\hat{\boldsymbol{w}}$, 也没有随时间变化的轨道效应二次累积出现。因此, 作为近似, 对于近圆轨道, 沿着轨迹的加速是横向摄动加速度的 -3 倍。如果作为时间的函数, 横向元素 T 可以分解为一个均值 $\bar{T}$ (或者非周期项), 以及一个短周期项, 该周期项可由二体轨道周期 $P = 2\pi/n$ 的均值中得到:

$$T(t) = \bar{T} + T_{sp}(t), \quad \bar{T} = \frac{1}{P}\int_{t_0}^{t_0+P} T(t)\mathrm{d}t$$

那么, 在半长轴上的摄动也可以分解为一个随着 t 线性变化的长期摄动项, 和一个周期内取均值得到的短周期摄动项, 以及在 ϵ 上的高阶项, 即

$$a(t) = a_0 + \frac{2\bar{T}}{n_0}t + \frac{2}{n_0}\int_0^t T_{sp}(s)\mathrm{d}s + \mathcal{O}(e) + \mathcal{O}(\epsilon^2) \tag{14.6}$$

式中: $a_0 = a(0)$; $n_0 = n(a_0)$。沿轨迹的效应累积可以通过联合式 (14.5) 和式 (14.6) 得到, 即

$$a(t)(\lambda(t) - \lambda_0 + n_0 t) = -\frac{3\bar{T}}{2}t^2 + \mathcal{P}_1\mathcal{O}(\epsilon) + \mathcal{O}(\epsilon) + \mathcal{O}(\epsilon^2) \tag{14.7}$$

其中 $\mathcal{P}_1$ 只包含了周期项, 它是由 $\mathcal{P}$ 的积分和 T_{sp}/ϵ 的双重积分得到的。对于初始近圆轨道, 在时间域上沿轨迹效应二次方程的唯一来源是平均横向加速度 $\bar{T}$, 该加速度与瞬时横向加速度式 (14.5) 中具有同样的系数 -3。

上述结论在非重力摄动的相关性上具有重要的影响。对于很多非重力摄动源, $\bar{T}$ 为零。例如, 如果轨道为圆形轨道, $\boldsymbol{F}$ 是不随时间变化的常数, $T(\lambda)$ 是时间的三角函数, 其均值为零, 而当无摄动时 $\lambda = n_0 t + \lambda_0$。

在偏心率上, 可以定义问题为零阶。但事实上, 类似的结论可以证明为任意阶。例如, 假定卫星到太阳的矢量可以被近似为地球到太阳的矢量条件下, 如果定义矢量 $\boldsymbol{F}$ 在时间域上是一个常数, 或者仅依赖于太阳的位置 $\boldsymbol{s}$, 而太阳位置的变化频率远低于 n。那么, 就像 Anselmo et al. (1983a) 和 Milani et al. (1987) 已经证明的一样, 对于 ϵ 的一阶量和所有 e 变量在半长轴上没有长期摄动存在。

同样的结论也可用于其他很多重力摄动问题。例如, 来自于太阳和其他行星[①] 的重力摄动都有一个零值 $\bar{T}$, 因此在半长轴上没有一阶小参

① 当假定轨道周期间没有低阶谐振时, 这同样适用作用在卫星上的与从月球上产生的摄动项。

数长期项 (这些参数已在 4.5 节中有所描述)。这是对经典的拉格朗日结果的一个简单概括。由不同原因引起的摄动加速度的一个简单比较对于从动力学模型中找出一些异常小的影响是很有用的。然而, 为了确定哪个是主要因素, 需要计算沿轨迹加速的长周期项 $\bar{T}$。

上述讨论中, 假定辐射压具有恒定的方向和强度, 或者说其变化的周期远远大于轨道周期, 例如, 对于地球卫星该变化周期为一年。如果面质比和光学参数不随时间变化, 就足以避免在轨道上产生随时间二次积累的摄动因素。相反, 如果辐射压加速度的变化频率与轨道周期相当, 那么将产生二次效应。关于这个结论有两个例子: 一个具有固定姿态以及指向地球的定向天线的卫星将在半长轴上经历长期摄动, 这种摄动主要是由天线引起的, 而不是由卫星本身引起的 (Anselmo et al., 1983a); 一个围绕太阳运行的小行星, 其旋转轴与轨道平面不正交, 如果其南半球和北半球具有不同的形状和光学参数, 在半长轴上将经历一个长期摄动 (Vokrouhlicky and Milani, 2000)。

由于辐射压的原因, 轨道元素 e、ω 将经历长期摄动, 对于地球卫星其周期大于 1 年 (Milani et al., 1987)。对于轨道元素 I、Ω, 如果辐射压 $\boldsymbol{F}$ 是常数, 那么对于 $e=0$ 其一阶长期影响为零。不论如何, 作用在 e、ω、I、Ω 等元素上的摄动导致航天器轨道周期的变化, 从而也导致了航天器位置的变化。总之, 如果 $\bar{T}=0$, 作用在航天器位置上的效应不会形成时间的二次积累, 因此, 它们通常在卫星大地测量和在轨航天器控制中需要的精确定轨中是一个次要的问题。然而, 对于大 A/M 值的空间碎片, 在偏心率和倾角上的长期增长现象将会出现: e、I 将会达到一个很高的值, 从而成为一个主要的问题。因为对于同一区域的在轨卫星, 它可能导致一个大的相对速度, 尤其是在同步轨道上的卫星 (Valk et al., 2007)。

14.2 热辐射

一个曝露在太阳辐射 $\Phi_{\odot}A$ 中的天体 (其中 A 为横截面积) 将其吸收的能量 $\alpha\Phi_{\odot}A$ 转换为天体自身热量。天体表面的温度并不是恒定的, 它将随自转和轨道运动的变化而变化。因此整个天体表面将不停地产生各向异性的热辐射。这种热辐射最终导致加速度摄动, 进而影响天体轨道。

单位面积 $\mathrm{d}S$ 上的热辐射能量输出为 $\epsilon\sigma T^4\mathrm{d}S$, 其中 T 是表面温度,

$\sigma = 5.67 \times 10^{-5}\ \mathrm{erg/(cm^2 \cdot s)}$, K 是斯忒藩 — 玻耳兹曼常数, ϵ 是辐射系数 (对于黑体, $\epsilon = 1$)。根据朗伯定律, 热辐射的方向是全向的, 因此, 线动量的流量产生一个力:

$$\mathrm{d}\boldsymbol{F}_\epsilon = -\frac{2\epsilon\sigma\mathcal{T}^4}{3c}\hat{\boldsymbol{n}}\mathrm{d}S \tag{14.8}$$

对表面温度分布建模, 并计算 $\mathrm{d}\boldsymbol{F}_\epsilon$ 的积分并不是一件容易的事, 只有在假定条件非常简单的情况下, 才能得到一个完整的解析解。对于一个半径为 R、围绕恒定轴 (假定为参考坐标系中的 $\hat{\boldsymbol{z}}$ 轴) 匀速旋转的球形天体, 可以简单地描述其解析解, 并假定所使用的参考坐标系为极坐标系, 坐标表示为 (r, θ, λ)。同时, 令指向太阳的矢量 $\boldsymbol{s}$ 是一个常数 (对于日心运动周期内的一个短时间跨度可以这样近似), 并且天体表面的温度变化相对于平均温度来说温差很小, 从而有利于将热力学方程线性化 (Milani et al., 1987)。

在恒定状态下, 热力学方程可转换为拉普拉斯方程 $\Delta\mathcal{T} = 0$。因此, 假定自转速度足够快使温度可以均衡地用自变量 λ 的函数来描述能量平衡, 那么天体温度 $\mathcal{T}$ 可达到一种平稳状态, 用带谐项可表示为

$$\mathcal{T}(r, \theta) = \mathcal{T}_0 + \sum_{i=1}^{+\infty} \mathcal{T}_i \left(\frac{r}{R}\right)^i P_i(\sin\theta)$$

式中: $\mathcal{T}_0$ 为表面平均温度; $\mathcal{T}_i$ 为常数; P_i 为式 (13.10) 的勒让德多项式。作为一个边界条件, 需要在热传导导致的热量流出与表面热量的净释放之间达到平衡。其中热量流出为 $-\chi\partial\mathcal{T}/\partial r$ (χ 为天体的热传导系数, 假定其为常数), 表面热量的净释放是指受太阳外部照射与自身辐射热量之间的差值。

$$\epsilon\sigma\mathcal{T}^4 - \alpha\overline{\hat{\boldsymbol{n}} \cdot \hat{\boldsymbol{s}}}\Phi_\odot = -\chi\frac{\partial\mathcal{T}}{\partial r} \tag{14.9}$$

其中上划线表示在 λ 的取值范围内求均值:

$$\overline{\hat{\boldsymbol{n}} \cdot \hat{\boldsymbol{s}}} = \frac{1}{2\pi}\int_0^{2\pi} g(\hat{\boldsymbol{n}} \cdot \hat{\boldsymbol{s}})\mathrm{d}\lambda = s(\theta)$$

当函数 g 为正时, 其值与自变量相等, 否则为零, 从而使积分限制在被照射的半球面上。函数 $s(\theta)$ 可以进行解析计算: 假定太阳的经纬度为 $(\xi, \pi/2)$, 可以在子夜太阳区、中午区和日升日落区等三个不同的纬

度地带分别得到不同的公式:

$$s(\theta)=\begin{cases}\sin\xi\sin\theta, & \dfrac{\pi}{2}-\xi\leqslant\theta\\ 0, & \xi-\dfrac{\pi}{2}\geqslant\theta\\ \dfrac{1}{2\pi}[2\cos\xi\cos\theta\cos\lambda_1+(\sin\xi\sin\theta)(\pi-2\lambda_1)] & \xi-\dfrac{\pi}{2}\leqslant\theta\leqslant\dfrac{\pi}{2}-\xi\end{cases}$$

其中 λ_1 确定了晨昏线平面上的方程 $\hat{\boldsymbol{n}}\cdot\hat{\boldsymbol{s}}=0$, 即 $\cos\lambda_1=\tan\theta\tan\xi$。函数 $s(\theta)$ 展开为勒让德多项式:

$$s(\theta)=s_0+\sum_{i=1}^{+\infty}s_iP_i(\sin\theta)$$

式 (14.9) 可以温度谐波系数 $\mathcal{T}_i$ 进行线性化, 根据不同区域的谐波系数给出一个分段公式:

$$\epsilon\sigma\mathcal{T}_0^4=\alpha s_0\Phi_\odot,\quad \mathcal{T}_i=\frac{\alpha s_i\Phi_\odot}{4\epsilon\sigma\mathcal{T}_0^3+i\mathcal{X}/R}\tag{14.10}$$

式 (14.10) 具有最低阶的解:$s_0=1/4$ 和 $s_1=\sin\xi/2$。代入式 (14.8), 并在球面上进行积分, 可以得到沿 $\hat{\boldsymbol{z}}$ 轴的净热量辐射力:

$$\begin{aligned}\boldsymbol{F}_\epsilon&=-\hat{\boldsymbol{z}}\frac{2\epsilon\sigma}{3c}\int_S\sin\theta[\mathcal{T}_0^4+4\mathcal{T}_0^3\mathcal{T}_1P_1(\sin\theta)]\mathrm{d}S\\&=-\hat{\boldsymbol{z}}\frac{4\pi\epsilon\sigma R^2}{3c}\int_{-\pi/2}^{+\pi/2}\sin\theta\cos\theta(\mathcal{T}_0^4+4\mathcal{T}_0^3\mathcal{T}_1\sin\theta)\mathrm{d}\theta\end{aligned}$$

上式中忽略了高阶项①。平均温度给出了一个各向同性的辐射特性, 一阶谐波给出其合力:

$$\boldsymbol{F}_\epsilon=-\hat{\boldsymbol{z}}\frac{4\pi\alpha\Phi_\odot R^2\sin\xi}{9c\beta}\tag{14.11}$$

式 (14.11) 中衰减系数 $\beta=1+\chi\mathcal{T}_0/\alpha R\Phi_\odot$ 起到了重要的作用。设横截面 $A=\pi R^2$, 则加速度为

$$\frac{\boldsymbol{F}_\epsilon}{M}=-\hat{\boldsymbol{z}}\frac{A\Phi_\odot}{Mc}\frac{4\alpha\sin\xi}{9\beta}$$

假定 $\epsilon=\alpha$, 距太阳的距离为 1 AU, 那么平均温度为 $\mathcal{T}_0\simeq 280\ \mathrm{K}$。在公式线性化中使用假设条件 $\mathcal{T}_i\ll$ 表示 $\beta\gg 1$, 即表示具有高传导率。

① 二阶球谐对于积分毫无贡献, 对于 $i>2$, $\mathcal{T}_i$ 是可以被忽略的。

以 LAGEOS 卫星为例, 该卫星本体是一个半径为 30 cm, 质量为 400 kg 的铝制球体。那么

$$\frac{\boldsymbol{F}_\epsilon}{M} = -\hat{\boldsymbol{z}}\frac{5.8\times10^{-8}}{\beta}\sin\xi\ (\mathrm{cm/s^2})$$

假定其为一个均匀介质的球体, 并且定义铝的传导率为 $\chi = 2.1\times10^7\ \mathrm{erg/(cm\cdot s\cdot K)}$, 那么可以得到 $\beta = 471$。如果考虑到该卫星有一个半径为 25 cm 的隔热体内核和一个外层铝壳, 那么上述计算结果修正为 $\beta = 155$。在任何情况下, 对于 LAGEOS 卫星的动力学模型来说, 热辐射都是造成其模型误差的主要原因之一。

对于外形更加复杂的航天器, 表面温度模型的准确计算是非常困难的, 而球形近似则太过粗糙。通过上述公式可以给出一个表面温度变化的范围, 从而有利于估计表面温度漂移。

类似的计算也可用于小行星等自然天体。由于小行星的传导率非常低, 并且其准确值并不可知, 因此可以根据其表面地质的不同, 将其传导率的合理估值范围设定在 $10\sim1000\ \mathrm{erg/(cm\cdot s\cdot K)}$ 之间 (例如, 风化表面具有很好的绝热性, 而岩层则具有比较好的传导率)。而且, 通过对一些天体的近距离观察, 发现其具有分布极不均匀的风化层, 因此其形状并不能近似为球形, 其传导率也并不是一个常数。因此, 要建立一个符合实际情况的热力学模型是非常困难的, 作用在轨道上的热辐射也不可能被准确估计。

14.2.1 雅可夫斯基效应

与 14.1 节中的讨论相同, 由热辐射造成的对摄动加速度的变化将体现在半长轴的长周期变化上。例如, 如果热状态和惯性参考坐标系中的姿态是常数 (至少其均值为常数), 那么由热辐射造成的加速度将是一个常数矢量, 其对于 $\bar{T}$ 的贡献为零。对于轴对称, 并且绕着一个垂直于圆形日心轨道平面的固定轴快速旋转的天体, 上述结论成立。如果能够假定表面温度不会明显受到行星自身热辐射的影响, 并且不出现日蚀的情况, 那么该方法也同样可用于以行星为中心的轨道, 甚至是偏心轨道 (Anselmo et al., 1983a)。然而, 与直接辐射压不同, 在日心轨道上, 即使对于球体, 热辐射在半长轴上也有长期的影响, 称为雅可夫斯基效应。由于太阳和地球本身辐射热量的影响造成的不均匀加热, 类似的影响也出现在地心轨道上。

认识到不存在雅可夫斯基力, 而只存在热辐射力是很重要的, 虽然这些热辐射力在有些情况下是相对较小的, 但是很显著地存在平均横向成分 $\bar{T}$。在这里将讨论太阳为中心的情况, 将出现两种影响雅可夫斯基效应的情况: 季节性和昼夜性。

14.2.2 季节性雅可夫斯基效应

一个旋转轴固定的天体绕太阳转动时处于恒温状态, 式 (14.11) 所示的热辐射力将具有同样的大小和方向, 此时 $\bar{T}=0$。当出现以下两种情况时, 这种状态将发生改变①。一种情况是自转轴与轨道角动量之间的夹角 (即倾斜角) 不为零。此时在天体赤道框架上太阳所在位置的纬度 ξ 不为常数。式 (14.11) 给出的随时间变化的热辐射力, 本质上是随平均力 n 的变化频率, 第二种情况是照度 $\Phi_{\odot}$ 为一个包含距太阳距离的函数, 它随偏心轨道变化而变化, 大多数情况下变化频率为 n。

上述两种情况下, 热辐射力的强度变化周期与轨道周期相同 (在二体近似中), 在辐射压中提及的关于不对称天体中同样的共振效应在这也可以同样应用。与其他主要行星一样, 由于这种日心天体的温度变化主要取决于赤道倾角以及轨道偏心率, 所以这种温度变化效应称为季节性效应。即使对于球形天体, 这种效应大小的准确计算也是非常困难的 (Vokrouhlicky et al., 2000), 更别说对于其他复杂形状的天体。定性地说, 长期漂移总是向半长轴的低值方向移动, 对于直径为 $300\sim500$ m 的小行星, 其移动幅度可以达到 15 m/年。

14.2.3 昼夜性雅可夫斯基效应

昼夜性雅可夫斯基效应的产生是源于受照体的热惯性, 天体的最高温度时间往往滞后于最大照射通量时刻。该效应与天体的热导率 χ 呈非线性的关系: 当 $\chi\to0$ 时, 热量峰值的滞后时间趋近于零; 当 $\chi\to+\propto$ 时, 表面温度扩散趋近于零; 对于 χ 的其他中间值, 存在一个最大效应值。有意思的是, 对于 χ 值在合理范围内的一个小行星, 很多情况下, 这种滞后效应并不是很依赖于 χ 值, 它的变化范围小于 2 倍。因此, 在质量已知的情况下, 该效应总是在一个相同的数量级上。当然, 它取决于倾斜角: 当正向旋转时 ($\epsilon<90°$), 半长轴呈增长趋势; 当逆向

① 也存在第三种情况: 对于一个既旋转又滚动的小行星 (例如 Toutatis), 其旋转轴随时间变化。这种情况太复杂, 在本书中不予讨论。

旋转时 ($\epsilon > 90°$), 则随之下降。这种昼夜性的效应可能大于季节性效应, 最大可相差每年几十米。

14.2.4 雅可夫斯基效应的时间相关性

雅可夫斯基效应作为一个长期摄动源对于小行星动力学演化模型的建立是非常重要的。例如, 它与陨石或小行星进入近地区域的过程密切相关: 在整个小行星的生命周期内, 15 m/年 $\approx 10^{-4}$ AU/My 的积累可以达到一个很大的变化值。从轨道确定的角度, 只有一些极少数、极特殊的例子中这种效应与小行星的轨道具有很好的相关性。这是因为这种长期摄动项的影响只有瞬时热辐射所造成影响的百分之几。因此, 对于一个数据跨度小于一个轨道周期的定轨问题, 雅可夫斯基效应是非常弱的, 它与定轨的相关性远不及直接辐射和热辐射所造成的短时摄动对定轨的影响。

对于那些具有很长观测历史、观测精度很高的小行星的定轨问题, 则属于例外。例如, 小行星 Golevka 是第一个通过定轨测量得到雅可夫斯基效应的小行星, 在它三次接近地球的过程中, 雅可夫斯基效应值都通过雷达观测得到。再如, 天体 (152563) 1992 BF, 通过反复的观测发现, 该小行星具有一个异常长的弧段 (Chesley et al., 2003; Chesley et al., 2008)。随着更多数据的积累, 同时也随着天体测量过程中精度的提高, 这种例子会变得更多。

14.3 间接辐射压

卫星围绕行星 (或月球) 运动的轨道更加复杂, 这是因为这些行星是一个附加的辐射源, 这些辐射源主要是由太阳照射到行星后产生的反射、散射以及吸收后以红外形式产生的二次辐射。另一方面, 行星产生的阴影将切断太阳的直接辐射压, 从而导致航天器温度状态的短时变化。这是一个非常复杂的问题, 本节的目的不是要解释在轨道上形成的非重力摄动建模的详细细节, 而仅仅是列举出不同的物理效应, 并说明它们在精密定轨问题中重要地位。

14.3.1 反射辐射压

被太阳照射的行星受太阳辐射吸收、反射和散射的共同作用, 其影响程度与行星表面位置不同导致的光学系数的不同相关。例如, 在晴空万里的情况下, 地球上的冰川、雪和云的行星反照率 $1-\alpha_{\oplus}$ 大约是 0.8, 海洋、大陆的中间地带的反照率大约是 0.2。当然, 反照率的大小也与植被覆盖率有关。比率 ρ/δ 同样与行星表面的地质结构有关。例如一个平静湖面的反射远高于波涛汹涌的海面; 在镜面反射与漫散射之间也存在着中间现象, 该现象导致反射光在接近全反射方向时形成聚焦, 就像日落时从海岸或者海面上的飞机上看到的 "太阳之剑" 的现象一样。

14.3.2 可见光

为了准确建立航天器受行星对可见光反射或者散射造成的辐射压力的模型, 需要整个行星表面上具有很好时空分辨率的完整光学系数 α、ρ、δ 分布图, 该分布图与行星表面随季节变化的云层平均覆盖率变化密切相关。在此基础上, 通过对航天器表面上可见部分的表面积分进行数值近似, 可以得到每个表面单元上的效应。事实上, 这种计算从来没有进行过。从技术上讲, 这种计算在将来是可实现的, 但其实用性仍然未知。

为了计算相关效应强度的数量级, 选择以大地测量卫星 LAGEOS 为例进行说明。从地球上反射或散射的辐射有一个瞬时值, 3×10^{-8} cm/s^2 (见表 15.1, 与其他摄动相比)。LAGEOS 卫星的轨道被发现受一种神秘阻力影响, 从而导致了其半长轴上存在一个平均横向减速 $\bar{T}\approx-3\times10^{-10}$ cm/s^2 的长期下降趋势; 叠加在这种长期效应上的, 还有对应于 $\bar{T}$ 的一个长周期项, 大约是 10^{-10} cm/s^2, 其周期长达 3 年。辐射压力 (包括雅可夫斯基效应) 解释不了这个长周期项, 但是该长周期表示地球辐射压力的强力模型的相对精度需要小于 0.003 才能解释这种神秘阻力产生的长周期项。

Anselmo et al. (1983b) 利用半定量参数的方法已经证明从地球上产生的辐射能够很好地解释 LAGEOS 卫星半长轴上的长周期摄动, 这其中的重要因素的是卫星轨道平面与晨昏线平面之间的夹角。其中晨昏线平面是一个穿过地球质心, 并且垂直于太阳方向的一个平面。忽略地形的因素, 晨昏线平面与地球表面的相交曲线就是日出或者日落的发生曲线。

当卫星轨道穿过晨昏线平面时 (例如, 一个从白天到晚上的地面轨迹交叉), 地球被照射面上的辐射压在航天器后部产生一个推力, 使其半长轴增加。而当卫星的真近点角上升到大约 π 后, 出现了另一个晨昏线平

面 (从晚上到白天的地面轨迹交叉), 此时将在航天器前部产生一个推力, 导致其半长轴减小。如果这两个力的峰值相等、方向相反, 那么对于 $\bar{T}$ 没有什么影响。然而, 这两个晨昏线横截面中有一个在北半球, 另一个在南半球 (具有比北半球大得多的低反射率的海平面)。如果其中一个的地面轨迹是在夏季的某个区域, 而另一个是在冬季 (具有更多的云层覆盖), 上述两个力并不平衡, 而是存在一个长周期的摄动, 该摄动的主要参数是太阳的平均纬度 $\lambda_\odot$ 和卫星交点 Ω 的经度。因此定性地讲, 从这个神秘阻力的频谱分析可知, 该效应的时间周期介于 $156 \sim 1050$ 天之间。

14.3.3 红外线辐射

行星的热辐射受同样的热力学方程式 (14.9) 约束, 因此热辐射的解可以从星球表面的近似计算中得到。然而, 与 14.2 节中的小行星例子不同, 不可能对行星的一个旋转周期进行平均, 因为, 行星的旋转周期远远大于航天器的轨道周期; 同样, 温度最大值的滞后效应也可以与卫星的轨道周期进行比较。

平均温度 T_0 导致的各向同性辐射在行星的质量变化上也有同样的效应。对红外辐射压力摄动的主要贡献来自于一次谐波 T_1; 对于类似于地球之类的行星, $T_1 \ll T$ 是一个合理的近似, 但是对于月球或者水星则不能如此近似。对于一个精确模型, 吸收系数 α 不能假定为一个常数; 即使对于月球或者水星之类的黑体, 也存在相对明亮的表面特征。再次说明, 红外辐射压力的整体效应需要通过从航天器观察到的可见光表面部分的积分中计算得到。

结论是红外辐射压力的建模比可见光辐射压力的建模相对容易一些, 这是因为表面的变化不是那么剧烈, 但这仍然是一个用于模拟的适用模型, 而不是精确模型。

14.3.4 日食

一个行星, 或者一个大的天体, 进入一个阴影圆锥内时将没有太阳照射: 当航天器完全在阴影内时, 它将经历日食, 此时, 没有太阳的直接辐射压力 (Milani et al., 1987)。这种效应非常重要, 这是因为当轨道平面在日食区出现时, 直接辐射压力的平均横向组成 $\bar{T}$ 不是零, 轨道偏心率也不是零。可以半解析地计算在半长轴上产生的效应 (Aksnes, 1976)。

整个阴影被一个半影区所覆盖。例如, 从水星望去, 太阳的直径是 2°,

水星轨道的轨道周期为几小时, 当它经历半影区时将经历数十秒的时间。

对于经历日食的轨道, 1.1 节中关于动力学方程右边可微的假设可能不成立。事实上, 在半影区域, 直接辐射压力加速度可能在很短的时间内从最大值变为零 (反之亦然)。因为突变的时间跨度可能短于或者至少相当于, 在传递轨道的数值积分计算中使用的积分步长, 那么可能出现数值计算结果的不稳定性。实际上, 在空间碎片的数值试验中已经检测到了这种情况。

对于在小空间碎片时可能出现的大 A/M 的情况, 日食整体效应与其他摄动效应积累在一起, 可能产生一个很大的摄动; 结果将导致碎片与在轨运行卫星以相对高速发生碰撞的危险明显增加 (Valk and Lemaitre, 2007)。

14.4 阻力

阻力是由航天器和物质 (通常认为是中子或分子) 的直接相互作用引起的。它是一种抵抗力, 其方向与航天器的速度方向相反:

$$\boldsymbol{F}_{\upsilon} = \frac{1}{2} C_{\mathrm{D}} A \rho |\boldsymbol{v}| \boldsymbol{v} \tag{14.12}$$

式中: ρ 为大气密度; A 为垂直于相对速度 $\boldsymbol{v}$ 的横截面积; C_{D} 为无量纲阻力系数 (或者空气动力学系数), 该阻力系数通常是经过归一化的 (Milani et al., 1987)。

从式 (14.12) 可知, 要获得准确的阻力模型是不可能的。其中最主要的未知参数是密度 ρ, 该参数随着时间和空间不断变化。对于地心距 r 的影响分析可以通过指数模型进行相对准确的描述:

$$\rho(r) = \rho_0 \exp\left(\frac{r_0 - r}{\mathcal{H}}\right)$$

式中: $\rho_0 = r(r_0)$; $\mathcal{H}$为大气标高, 在该高度下, 大气密度按 $1/\exp(1)$ 衰减。该方程给出了在高度上呈等温分布的大气密度解 (玻耳兹曼定律)。在高层大气空间 (高于 250 km), 大气温度随高度变化很小, 此时, 上述公式是一个有效的近似。事实上, 大气标高随高度而变化。随着太阳和地球活动的变化, ρ_0 将产生一个数量级甚至更大的波动, 导致这一现象的一个主要原因是太阳光照的变化。

阻力系数 C_{D} 的计算是非常复杂的。当考虑电磁效应时, 由于电离层中带电粒子的作用, 航天器表面的负相充电可以导致阻力系数比中性大气中的值有一个数量级的增加 (Milani et al., 1987)。

大气随地球的自转产生近似的刚性旋转, 因此其速度 $\boldsymbol{v}$ 并不完全是惯性速度, 而是更接近于固定参考坐标系中的速度。对于式 (14.12) 中的关于阻力方向是沿速度 $\hat{\boldsymbol{v}}$ 方向的假设也是一种简化, 因为对于特定形状的航天器, 存在一个明显的升力效应, 例如, 当航天器平面与速度 $\hat{\boldsymbol{v}}$ 方向存在一个定角度时, 即存在升力效应。

总之, 虽然阻力是在卫星轨道模型中需要考虑的首要非重力因素 (King-Hele, 1964), 但在最新的卫星大地测量理论中, 可以假定其可以通过在轨仪器 (如加速度计) 测量、补偿 (无阻力探测器)、卫星导航系统消除等方法进行处理。当求解低轨卫星或碎片的快速轨道衰减问题时, 阻力系数影响是必须考虑的; 在卫星大地测量任务的计划定制时, 其任务时间也受到轨道衰减的限制。

14.5 航天器活动影响

对于一个活动的航天器, 其外表面吸收的太阳能被再次以不同的形式辐射出去之前, 将通过几种不同的方式进行处理。而且, 其内部温度的分布也明显受到加热部件、制冷部件、散热部件以及能量消耗产生的热量散失等因素的影响。无论是静态的还是瞬态的热力状态都可以通过有限元计算方法进行初步预测, 通过航天器携带的温度计进行测量, 通过热导管、激活加热器和可变表面散热器等方式进行控制。为了将在轨设备的工作温度控制在合理范围内, 工程师们采用了各种各样的巧妙方法, 但这也使得热力学释放加速度建模变得越来越困难。

事实上, 要建立满足精度要求的外表面温度模型是不可能的[①]。甚至在太阳系外探测的极冷条件和地球内部轨道的极热条件等极端条件下, 也是如此 (第 17 章)。

14.5.1 无线电波束

航天器需要通过产生指向性的无线电波束与地面站之间进行信息传递, 或者是向地面雷达发射无线电波束, 这就需要航天器能够指向行

① 假如极端的异常加热能够避免, 尤其是针对太阳能电池, 工程师们很少会考虑外部温度的影响。

星表面。那么通过表面吸收的能量 $\alpha\Phi_{\odot}A$ 的一部分可以转换为电能, 另一部分可以用来产生无线电波。上述两种转化的效率都小于 1, 以无线电波发射出去的能量实际上只有被吸收能量的很小一部分 (大约只有百分之几)。但是, 发射波束的方向与太阳照射的方向不同, 因此将会对航天器的长期跟踪效应 $\bar{T}$ 产生明显的影响 (Milani et al., 1987)。

14.5.2 解决方案

如果在定轨问题中要求考虑航天器结构和活动带来的热辐射及其他微弱效应的影响, 那么只有两种解决方法。一是通过加速度计测量 (第 16 章) 非重力摄动而不是建模, 另一种是通过经验参数集表示的方法。加速度计测量方法对于非重力摄动变化较大且快速的水星定轨问题比较适用。在一个长弧段的太阳系外巡航任务中, 由于温度低, 变化慢, 只需要少量参数来描述其非重力摄动。关于后一个问题, 下面介绍两个具体的例子。

在卡西尼任务 (Bertotti et al., 2003) 中, 其行星际轨道必须要在几周内进行准确建模, 从而确定后牛顿参数 γ (17.5 节和 6.6 节)。在行星际巡航期间, 航天器处于稳定状态, 具有恒定的姿态和热力学状态。因此在可观测弧段内的非重力加速度 (包括直接辐射压力和热辐射压力) 可以用一个恒定的矢量来建模。由于该任务跟踪精度高、运行模式简单, 试验非常成功, 估值的 $\mathrm{RMS}(\gamma) \approx 2 \times 10^{-5}$。

在开拓者飞船任务 (Olsen, 2007) 中, 当越过土星进入脱离太阳系的轨道巡航时, 假定存在一个指向太阳的恒定摄动加速度, 此时能够准确地对其定轨。关于这个 "开拓者异常" 的解释成为许多争论的焦点, 但是 Olsen 令人信服地指出, 在发电机的放射性同位素产生的热辐射的弱各向异性 (约为各向同性项的 0.03) 估计将产生 8×10^{-8} cm/s^2 的加速度。数据的时间区间不足以区分放射性材料 (其半衰期是 87 年) 是一个恒定的加速还是一个呈指数衰减的过程, 但是一些衰减的症状还是被发现了。

证明这种效应是由非重力摄动引起, 而不是一个的 "异常重力" 引起的唯一方法是测量在同一轨道区域内的、不同面质比的天体轨道。Wallin et al. (2007) 通过增加一个参数来建立 "开拓者异常" 模型, 来解决最佳观测外海王星体目标的轨道问题。假设由重力摄动引起, 那么根据等效原理, 它也将对直径大于 100 km 的天体产生影响。他们发现一个无法解释的径向加速度值, 该值比开拓者的值小一个数量级, 在 1 RMS 情况下, 基本等于零, 在 5 RMS 情况下与开拓者值不一致。由此可以确定, "开拓者异常" 是非重力影响所致, 应该被归结于热辐射的影响。

14.5.3 机动与泄漏

必须明确, 对于轨道和姿态均在变化的机动航天器, 精确的轨道确定是不可能做到的。即使姿态控制扭矩是由两个平行的、方向相反的推进器所产生, 也不可能达到精确的平衡。这些效应的定量规律见 Milani et al. (1987)。只有两种方法能够控制由于机动飞行造成的轨道确定问题的退化影响, 并且在任务计划阶段, 就必须确定使用哪种方法。

一种方法是在任务的分析研究阶段, 估计机动飞行执行的次数和其对轨道的影响。该方法对于轨道机动问题相对比较简单 (Milani et al., 1987), 但是对于姿态机动就比较困难。对于一个轨道精度要求很高的空间任务, 将利用反作用轮等方法代替推进器推动的方法来进行姿态控制。同时为了消除反作用轮影响而进行的推进器推动后的时间区间也需要准确地估计。

第二种方法是在任务设计阶段, 确定一个机动飞行的时间间隔约束, 采用多弧段接近的方法 (第 15 章)。然而, 该方法需要知道任务时间。

另一个类似的问题是推进器气体泄漏。即使在推进系统的控制阀门关闭时, 一些微小的泄漏仍然是难以避免的。问题是这些泄漏可能非常小, 航天器设计者认为它们并不会产生什么影响, 但是对于高精度轨道确定来说它们的影响不容忽视。例如, 每年 100 g 的肼气体泄漏量对于燃料消耗来讲不存在问题, 然而对于一个质量为 500 kg、温度为 200 K 的航天器来讲, 这些气体将产生一个 4×10^{-7} cm/s^2 的加速度。

14.6 案例研究: 小行星轨道飞行器

从以上关于复杂的非重力摄动建模的讨论中, 可以得到的主要结论是一个简单的建议: 不建模。如果可能, 一个对定轨精度要求很高的任务应该在设计过程中遵循以下规则, 即它的操作与非重力摄动模型中的时间精度、可靠性和稳定性无关。然而, 存在一种空间任务类型, 该类型的任务不能满足上述条件: 小行星轨道飞行器, 该飞行器的目的是确定高精度的小行星轨道。

该类任务实施的目的可参见第 12 章中的相关内容。它的基本思想是, 在将来某个时候 (或许就在几十年后), 当预测到小行星将撞击地球时, 需要改变其运行轨道。我们希望这种自卫防御方法在技术上是可行的, 以便在需要的时候使用该技术; 这就是研究唐吉诃德空间任务的主要目标。该任务最初由欧空局在 2002 年最先提出, 后来由欧空局内部和工业研究部门对该任务进行了升级①。

唐吉诃德任务由两个飞行器共同完成, 其中一个 (Sancho) 携带必要的仪器围绕目标小行星飞行, 以进行高精度的定轨, 包括围绕小行星飞行的航天器轨道以及围绕太阳飞行的小行星轨道。然后向小行星发射另一个飞行器 (Hidalgo), 该飞行器将以尽可能大的相对速度撞击小行星, 以产生一个明显的线性动量, 从而改变小行星的日心轨道, 并通过 Sancho 飞行器对轨道的变化量进行测量。该任务的目的是来检验这种改变轨道的动力学方法, 研究这种线性动量的转换效果②。

14.6.1 光重力对称

关于偏转行星轨道的唐吉诃德方法由于其实施相对简单, 不需要有新的技术作为基础, 因此它比其他已提出的方法更具吸引力。但是, 这其中有一项技术需要进行验证, 即非重力摄动模型的测定。为了理解这个问题, 需要确定其影响量级。假定目标小行星为一个直径 300 m, 密度为 $1.3\ \mathrm{g/cm^3}$ 的粗略球形, 那么该行星的质量为 $m \approx 18 \times 10^6\ \mathrm{t}$。同时假定 Sancho 飞行器的轨道距离行星距离为 $r = 10R$, 并且其轨道也设定为球形轨道, 此时小行星的重力加速度是 $g \approx 5.4 \times 10^{-5}\ \mathrm{cm/s^2}$, 而来自于太阳的直接辐射压力为 $f \approx 1.8 \times 10^{-5}\ \mathrm{cm/s^2}$ 时 (假定 $A = 20\ \mathrm{m^2}$, $M = 500\ \mathrm{kg}$), 那么根据 14.1 节中所用的摄动方法可获得的是一个粗略的近似。为了用解析公式确定其数量级, 需要找到一个用参数 f 和 g 描述的光重力问题函数的准确解。同时, 将忽略来自于太阳的差动重力。

假定飞行器在与目标到太阳矢量方向 $\hat{\boldsymbol{s}}$ 正交的平面上运动, 该平面与小行星的晨昏线平面平行。假定在旋转参考系中只有三个加速度力作用在飞行器上: 重力吸加速度 $\boldsymbol{g}$、辐射压力加速度 $\boldsymbol{f}$、离心力加速度 $\omega^2\boldsymbol{r}$, 其中 ω 为一个通过小行星质心的, 平行于 $\hat{\boldsymbol{s}}$ 方向的轴旋转的角

① 唐吉诃德任务目前还不是一项明确的任务, 没有稳定的预算, 在下一个 10 年中也有可能不能付诸实施。

② 考虑到 Hidalgo 撞击时将产生大量的碰撞碎片, 这些碎片将带走部分线性动量, 因此, 实际上由碰撞体传递到小行星的实际线性动量将大于碰撞体自身携带的线性动量。但是很难估计额外产生的线性动量的大小。

速率, $\boldsymbol{r}$ 为正交于该轴, 并且指向航天器的一个矢量。令 $\boldsymbol{h}$ 为一个在小行星质心与飞行器飞行轨道平面上的, 平行于 $\hat{\boldsymbol{s}}$ 的矢量。寻找一种相对平衡的解决方案, 在该方案中固定旋转速率 $-\omega\hat{\boldsymbol{s}}$, 此时 $\omega^2\boldsymbol{r}+\boldsymbol{g}+\boldsymbol{f}=\boldsymbol{0}$。沿 $\boldsymbol{r}$ 方向和 $\boldsymbol{h}$ 方向的重力加速度 $\boldsymbol{g}$ 的元素必须在离心力和辐射压力加速度间达到平衡 (图 14.1):

$$\boldsymbol{g}=-\frac{Gm}{(r^2+h^2)^{3/2}}(\boldsymbol{r}+\boldsymbol{h}),\quad -\omega^2\boldsymbol{r}=-\frac{Gm}{(r^2+h^2)^{3/2}}\boldsymbol{r},\quad \boldsymbol{f}=-\frac{Gm}{(r^2+h^2)^{3/2}}\boldsymbol{h}$$

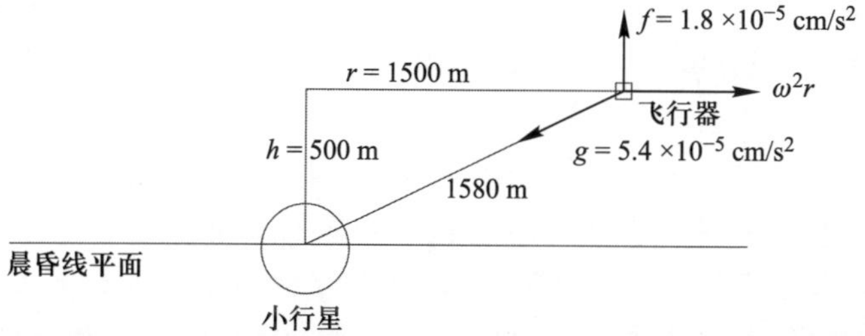

图 14.1 对于直径 300 m 的小行星, 当在轨道平面上产生一个相对于小行星质心的巨大位移时, 光子重力对称结果的简单二体模型 (轨道平面与小行星不相交)

对于每一个给定的 h 值, 上述方程对于 f、m 均有一个准确的解。

$$f(h)=\omega^2 h;\ m(h)=m(0)(1+h^2/r^2)^{-3/2}$$

式中: $m(0)$ 为 $h=f=0$ 时的质量。

在这个简单的模型中, 相对光重力平衡的圆形解对每一个 r 值都是有效的。事实上, 该圆形解对于 r 小于小行星半径 R 的情形是不成立的, 这是因为在 $r<R$ 时, 目标在阴影区内。当 r 与小行星半径相匹配时, 这种近似也不准确。此时, 来自太阳的重力变得更加重要①。因此, 对于 $3R\leqslant r\leqslant 20R$ 之间值, 上述方法是一种有用的近似。

由于 r 和 $\omega^2=Gm(0)/r^3$ 与 h 无关, 轨道的几何特性与速度不变。因此从地球上通过测量距离及距离变化率是不能确定 h 的值的; 也不能通过直接观察获得小行星质心位置 (CoM) 位移 $-h$。在这种近似方法中, 如果小行星质心位置、频率和质量等参数被考虑进去, 那么可对矩阵进行简化。不论是什么观测距离和距离变化率, 不论其测量精度如

① 在约束的三体问题中, 作为欧拉共线平衡的解析拓展, 光引力平衡点存在。在该平衡点附近, 圆轨道非常接近于 Lyapounov 周期轨道。

何, 这些参数都不能马上进行求解。这种绝对的对称称为光重力对称。方程的唯一解需要有关于 f 或者 h 的先验条件进行约束, 不论这种约束条件是由辐射模型确定的 f, 还是由小行星本地测量得到的 h, 即从飞行器上观测的小行星图像。

对于简单的数量级计算, 唐吉诃德任务的意义是显而易见的。对于前文讨论的小行星和航天器, $h = f/\omega^2 \approx 500$ m。在模型中, 如果对于作用在航天器上辐射压力存在 0.1 的相对误差, 那么它将在小行星质心位置的估计上产生 50 m 左右的误差。考虑到小行星的密度分布差值较小, 从图像上估计小行星的质心所产生的误差相对较小。即使如此, $R/10 \approx 15$ m 量级的误差也是不可避免的。通过从地球上观测的最先进跟踪技术 (距离误差小于 1 m), 上述误差将远远大于 Sancho 的定位误差。

上述讨论相对于实际情况做了极大的简化。在实际情况中, 小行星形状是不规则的, 因此其重力场将包含明显的低阶球谐项。同时小行星的轨道为以太阳为质心的椭圆轨道, 此时 f 为常数。在现实条件下, 通过小行星图像确定其质心的目标非常重要, 但是在一个复杂的定轨问题中将必须加以考虑, 此时小行星轨道、Sancho 飞行器轨道、小行星自转状态以及小行星的重力场谐波等价作为适当的参数。尽管如此, 对于数量级的估计还是可用的, 从 Sancho 卫星的跟踪数据中确定, 小行星质心的轨道估计结果仅存在几十米的精度误差。

14.6.2 撞击导致的偏差及其测量

假定 Hidalgo 飞行器质量为 400 kg, 它相对与目标小行星的速度为 10 km/s。那么, 即使不考虑撞击产生的喷射物所产生的能量, 飞行器的线性动量完全转移到小行星上也将产生 0.02 cm/s 的速度变化量。对于一个半长轴 $a = 0.9$ AU 的小行星, 根据速度改变方向与太阳质心运动方向的速度之间的夹角 θ 的不同, 将对 a 值产生约 $1.8\cos\theta$ km 的变化。通过积累 $-56\cos\theta$ m/day 的长期跟踪转移, 上述结果将在平均运动影响上产生变化。因此通过 Hidalgo 撞击后长达数周的连续跟踪测量, 作用在 Sancho 上的辐射压力导致的小行星定位误差将不会对小行星轨道偏移的高精度 (0.01 或者更高的精度) 测量产生影响。

但是, 该问题中存在另外一个影响因素, 即小行星轨道上的非重力摄动。假定小行星的面质比为 $A/M \approx 4 \times 10^{-5}$, 因此其 $\beta \approx 2.7 \times 10^{-9}$, 辐射压力加速度约为 6×10^{-10} cm/s^2。在此条件下, 半长轴的变化量约

为 $4\cos\theta'$ m/天, 其中 θ' 为 $\hat{\boldsymbol{s}}$ 方向和以太阳为质心的速度方向之间的夹角。热辐射相对较小, 对其建模非常困难。因此其变化量测量的主要误差项既不是距离测量误差, 也不是 Sancho 飞行器上的辐射压力测量 (建模) 误差, 而是对小行星轨道的非重力摄动的建模误差。为了唐吉诃德任务取得较好的结果, 必须建立小行星的准确直接辐射压力和热辐射效应的模型。

上述讨论对唐吉诃德任务中的偏差试验并不一定是必须做的。但作为一个真实的例子, 小行星 Apophis (99942) 之前预测将在 2036 年与地球发生碰撞, 而 Chesley (2006) 提出, 除非建立更加准确的雅可夫斯基效应模型, 否则无法准确排除或者确认这种撞击发生的可能性。之前已经指出, 没有方法可以在短时间区间内有效的测量雅可夫斯基效应。它要求对小行星进行高精度的跟踪测量, 这就要求在一个完整的小行星轨道周期内, 对非重力摄动加速度随时间的变化 (可能是以多项式的形式) 有一个很好的估计, 这样才能直接确定平均跟踪加速度。这项工作可以在小行星的一个轨道周期内通过围绕 Apophis 运行的 Sancho 类飞行器来完成。该项任务在目前的阶段所能得出的结论是可以预测是否发生碰撞, 但如果有必要, 应允许一艘 Hidalgo 飞船来实施碰撞, 使小行星发生轨道偏转。

第 15 章

多弧段策略

第 1 章中使用的一个重要假定条件是动力学模型是确定的。这个假设条件对于一些足够小的天体来说太理想化了, 以至于复杂的非重力作用不能对其产生明显的影响。关于阻力和辐射压力都知之甚少, 以至于在动力学模型中的误差将直接对数据的累计、数量级以及测量精度的预测产生影响。

当遇到这种情况, 有三种处理方法, 其中一种就是本章将要介绍的多弧段策略。另外两种分别是使用在轨加速度计方法 (第 16、17 章) 和未知效应的经验参数化方法。

多弧段方法放弃了在整个观测弧段内, 使用一些初始条件对航天器轨道进行确定性建模的尝试。整个观测时间区间被分解为多个较短的时间区间, 属于每一个小区间的观测称为一个观测弧段, 或者一个弧段。每一个观测弧段都有自己的一些初始条件, 就像是每一个弧段都是针对不同的航天器一样。这种通过增加附加初始条件来消除运动模型不确定性的方法称为冗余参数化方法。动力学模型中的其他参数也可局限于某个单一弧段。

15.1 本地 – 全局分解

多弧段方法的数学原理是对 5.4 节讨论的边界不确定问题的概括。用符号 $[\boldsymbol{a};\boldsymbol{b}]$ 来表示两个行矢量 $\boldsymbol{a}$、$\boldsymbol{b}$ 堆叠后组成的长矢量。所有参数组成的矢量 $\boldsymbol{x}=[\boldsymbol{g};\boldsymbol{h}]$ 被拆分为全局参数矢量 $\boldsymbol{g}$ 和局部参数矢量 $\boldsymbol{h}$。根据一定的准则 (通常为时间准则), 各观测量和相应的观测残差被分解为 n

个弧段, 用 $\boldsymbol{\xi}=[\boldsymbol{\xi}_1;\boldsymbol{\xi}_2;\cdots;\boldsymbol{\xi}_n]$ 来表示。对于每一个弧段, 矢量 $\boldsymbol{h}$ 也同样被分割为不同的子矢量 $\boldsymbol{h}_j$。每一个子矢量 $\boldsymbol{h}_j$ 通过相同的索引与观测弧段相关联, 这样从一个弧段产生的残差不会依赖于其他弧段的局部参数:

$$\boldsymbol{B}_{\boldsymbol{g}}^{(j)}=\frac{\partial \boldsymbol{\xi}_j}{\partial \boldsymbol{g}},\quad \boldsymbol{B}_{\boldsymbol{h}_i}^{(j)}=\frac{\partial \boldsymbol{\xi}_j}{\partial \boldsymbol{h}_i}=0,\quad i\neq j \tag{15.1}$$

因此, 每一个弧段对于总的规范方程的作用为

$$\begin{aligned}\boldsymbol{C}_{\boldsymbol{h}_i\boldsymbol{h}_j}&=(\boldsymbol{B}_{\boldsymbol{h}_i}^{(i)})^{\mathrm{T}}\boldsymbol{B}_{\boldsymbol{h}_i}^{(j)}=\boldsymbol{C}_{\boldsymbol{h}_i\boldsymbol{h}_j}^{\mathrm{T}}=0,\quad i\neq j\\ \boldsymbol{C}_{\boldsymbol{g}\boldsymbol{h}_j}&=(\boldsymbol{B}_{\boldsymbol{g}}^{(i)})^{\mathrm{T}}\boldsymbol{B}_{\boldsymbol{h}_i}^{(j)}=\boldsymbol{C}_{\boldsymbol{h}_i\boldsymbol{g}}^{\mathrm{T}}\\ \boldsymbol{C}_{\boldsymbol{g}\boldsymbol{g}}&=\sum_{i=1}^{n}(\boldsymbol{B}_{\boldsymbol{g}}^{(i)})^{\mathrm{T}}\boldsymbol{B}_{\boldsymbol{g}}^{(j)}=\boldsymbol{C}_{\boldsymbol{g}\boldsymbol{g}}^{\mathrm{T}}\end{aligned}$$

令法化矩阵 $\boldsymbol{C}$ 具有箭头状结构 (此处仅列出只有两个弧段的简单情况), 即

$$\boldsymbol{C}=\begin{pmatrix}\boldsymbol{C}_{\boldsymbol{g}\boldsymbol{g}} & \boldsymbol{C}_{\boldsymbol{g}\boldsymbol{h}}\\ \boldsymbol{C}_{\boldsymbol{h}\boldsymbol{g}} & \boldsymbol{C}_{\boldsymbol{h}\boldsymbol{h}}\end{pmatrix}=\begin{pmatrix}\boldsymbol{C}_{\boldsymbol{g}\boldsymbol{g}} & \boldsymbol{C}_{\boldsymbol{g}\boldsymbol{h}_1} & \boldsymbol{C}_{\boldsymbol{g}\boldsymbol{h}_2}\\ \boldsymbol{C}_{\boldsymbol{h}_1\boldsymbol{g}} & \boldsymbol{C}_{\boldsymbol{h}_1\boldsymbol{h}_1} & \boldsymbol{0}\\ \boldsymbol{C}_{\boldsymbol{h}_2\boldsymbol{g}} & \boldsymbol{0} & \boldsymbol{C}_{\boldsymbol{h}_2\boldsymbol{h}_2}\end{pmatrix}$$

对法化方程右侧 $\boldsymbol{D}$ 的贡献为

$$\boldsymbol{D}=[\boldsymbol{D}_{\boldsymbol{g}};\boldsymbol{D}_{\boldsymbol{h}}]=[\boldsymbol{D}_{\boldsymbol{g}};\boldsymbol{D}_{\boldsymbol{h}_1};\boldsymbol{D}_{\boldsymbol{h}_2};\cdots;\boldsymbol{D}_{h_n}]$$

其中

$$\boldsymbol{D}_{\boldsymbol{g}}=-\sum_{i=1}^{n}(\boldsymbol{B}_{\boldsymbol{g}}^{(i)})^{\mathrm{T}}\boldsymbol{\xi}_i;\quad \boldsymbol{D}_{\boldsymbol{h}}=-(\boldsymbol{B}_{\boldsymbol{h}_i}^{(i)})^{\mathrm{T}}\boldsymbol{\xi}$$

因此法化方程可以用两个矢量方程重新定义。

$$\begin{cases}\boldsymbol{C}_{\boldsymbol{g}\boldsymbol{g}}\Delta\boldsymbol{g}+\boldsymbol{C}_{\boldsymbol{g}\boldsymbol{h}}\Delta\boldsymbol{h}=\boldsymbol{D}_{\boldsymbol{g}}\\ \boldsymbol{C}_{\boldsymbol{h}\boldsymbol{g}}\Delta\boldsymbol{g}+\boldsymbol{C}_{\boldsymbol{h}\boldsymbol{h}}\Delta\boldsymbol{h}=\boldsymbol{D}_{\boldsymbol{h}}\end{cases}$$

上述方程可以按照 5.4 节讨论的方法进行求解, 即首先求解第二个方程中的 $\Delta\boldsymbol{h}$。矩阵 $\boldsymbol{C}_{\boldsymbol{h}\boldsymbol{h}}$ 是一个分块矩阵, 可以分别对每一个矩阵块 $\boldsymbol{C}_{\boldsymbol{h}_j\boldsymbol{h}_j}$ 进行转换, 即

$$\Delta\boldsymbol{h}_j=\boldsymbol{C}_{\boldsymbol{h}_j\boldsymbol{h}_j}^{-1}[\boldsymbol{D}_{\boldsymbol{h}_j}-\boldsymbol{C}_{\boldsymbol{h}_j\boldsymbol{g}}\Delta\boldsymbol{g}] \tag{15.2}$$

上述方程表示对局部参数 $\boldsymbol{h}_j$ 的修正, 和忽略其与全局参数间的相互耦合时得到的修正量 (以子矩阵 $\boldsymbol{C}_{\boldsymbol{h}_j\boldsymbol{g}}$ 表示) 不同, 这些 $\Delta\boldsymbol{h}_j$ 的表达式可以代入第一个方程中, 即

$$[\boldsymbol{C}_{\boldsymbol{gg}}-\sum_{j=1}^{n}\boldsymbol{C}_{\boldsymbol{gh}_j}\boldsymbol{C}_{\boldsymbol{h}_j\boldsymbol{h}_j}^{-1}\boldsymbol{C}_{\boldsymbol{h}_j\boldsymbol{g}}]\Delta\boldsymbol{g}=\boldsymbol{C}^{\boldsymbol{gg}}\Delta\boldsymbol{g}=\boldsymbol{D}_{\boldsymbol{g}}-\sum_{j=1}^{n}\boldsymbol{C}_{\boldsymbol{gh}_j}\boldsymbol{C}_{\boldsymbol{h}_j\boldsymbol{h}_j}^{-1}\boldsymbol{D}_{\boldsymbol{h}_j} \tag{15.3}$$

给出全局参数的解为

$$\Delta\boldsymbol{g}=\boldsymbol{\Gamma}_{\boldsymbol{gg}}\left[\boldsymbol{D}_{\boldsymbol{g}}-\sum_{j=1}^{n}\boldsymbol{C}_{\boldsymbol{gh}_j}\boldsymbol{C}_{\boldsymbol{h}_j\boldsymbol{h}_j}^{-1}\boldsymbol{D}_{\boldsymbol{h}_j}\right],\quad \boldsymbol{\Gamma}_{\boldsymbol{gg}}=[\boldsymbol{C}^{\boldsymbol{gg}}]^{-1} \tag{15.4}$$

一般而言, 修正量 $\Delta\boldsymbol{g}$ 和协方差 $\boldsymbol{\Gamma}_{\boldsymbol{gg}}$ 与一个独立全局修正 (即 $\boldsymbol{C}^{\boldsymbol{gg}}\neq\boldsymbol{C}_{\boldsymbol{gg}}$, $\boldsymbol{\Gamma}_{gg}\neq\boldsymbol{C}_{\boldsymbol{gg}}^{-1}$) 并不相同。

将式 (15.4) 中的 $\Delta\boldsymbol{g}$ 代入式 (15.2) 时, 得到局部参数的修正量:

$$\Delta\boldsymbol{h}_j=\boldsymbol{C}_{\boldsymbol{h}_j\boldsymbol{h}_j}^{-1}\left[\boldsymbol{D}_{\boldsymbol{h}_j}-\boldsymbol{C}_{\boldsymbol{h}_j\boldsymbol{g}}\boldsymbol{\Gamma}_{\boldsymbol{gg}}\boldsymbol{D}_{\boldsymbol{g}}+\boldsymbol{C}_{\boldsymbol{h}_j\boldsymbol{g}}\boldsymbol{\Gamma}_{\boldsymbol{gg}}\sum_{k=1}^{n}\boldsymbol{C}_{\boldsymbol{gh}_k}\boldsymbol{C}_{\boldsymbol{h}_k\boldsymbol{h}_k}^{-1}\boldsymbol{D}_{\boldsymbol{h}_k}\right] \tag{15.5}$$

通过与整个协方差矩阵的修正量公式进行比较, 可以得到它们的协方差:

$$\Delta\boldsymbol{h}_j=\boldsymbol{\Gamma}_{\boldsymbol{h}_j\boldsymbol{h}_j}\boldsymbol{D}_{\boldsymbol{h}_j}\boldsymbol{\Gamma}_{\boldsymbol{h}_j\boldsymbol{g}}\boldsymbol{D}_{\boldsymbol{g}}+\sum_{k\neq j}\boldsymbol{\Gamma}_{\boldsymbol{h}_j\boldsymbol{h}_k}\boldsymbol{D}_{\boldsymbol{h}_k}$$

因此, 局部参数 $\boldsymbol{h}_j$ 的协方差矩阵为

$$\boldsymbol{\Gamma}_{\boldsymbol{h}_j\boldsymbol{h}_j}=\boldsymbol{C}_{\boldsymbol{h}_j\boldsymbol{h}_j}^{-1}+\boldsymbol{C}_{\boldsymbol{h}_j\boldsymbol{h}_j}^{-1}\boldsymbol{C}_{\boldsymbol{h}_j\boldsymbol{g}}\boldsymbol{\Gamma}_{\boldsymbol{gg}}\boldsymbol{C}_{\boldsymbol{gh}_j}\boldsymbol{C}_{\boldsymbol{h}_j\boldsymbol{h}_j}^{-1}$$

$\boldsymbol{h}_j$ 的边界不确定性远远大于独立局部解。对于局部参数和全局参数间存在一定的联系, 即

$$\boldsymbol{\Gamma}_{\boldsymbol{h}_j\boldsymbol{g}}=-\boldsymbol{C}_{\boldsymbol{h}_j\boldsymbol{h}_j}^{-1}\boldsymbol{C}_{\boldsymbol{h}_j\boldsymbol{g}}\boldsymbol{\Gamma}_{\boldsymbol{gg}}$$

多弧段分解的一个优点是, 法化矩阵有很大一部分为零, 因此没有必要存储矩阵中的所有元素。但是, 协方差矩阵是满秩的, 即

$$\boldsymbol{\Gamma}_{\boldsymbol{h}_j\boldsymbol{h}_k}=\boldsymbol{C}_{\boldsymbol{h}_j\boldsymbol{h}_j}^{-1}\boldsymbol{C}_{\boldsymbol{h}_j\boldsymbol{g}}\boldsymbol{\Gamma}_{\boldsymbol{gg}}\boldsymbol{C}_{\boldsymbol{gh}_k}\boldsymbol{C}_{\boldsymbol{h}_k\boldsymbol{h}_k}^{-1}$$

通常情况下, 对于 $j\neq k$, 上述方程不为零。事实上, 没有必要计算不同弧段中的局部参数之间的相关性, 也没有必要存储整个协方差矩阵[①]。

① 考虑到 RAM 尺寸的快速增加, 对于一个非常庞大复杂的问题, 减小内存使用量是非常重要的, 例如, 2008 年时, 一个 20000×20000 的矩阵能够存储在 RAM 中。

15.1.1 分解弧段的选择

尽管可以按照上文中的形式将观测量任意进行分解, 但是, 实际上按照观测时间对弧段进行分解是最有效的。

对每一个地面观测站观测而言, 只有当卫星位于地平线上方时, 它才是可观测的。事实上, 为了避免对流层折射引入的较大误差, 一般选取地平线上仰角 $> 15^\circ \sim 20^\circ$ 的目标进行观测。卫星经过可观测区的时间段称为一个观测弧段。对于一个行星际探测任务, 观测弧段的驻留时间与地球自转相关 (17.2 节)。如果少数测站能够进行观测, 观测数据通常集中在观测弧段的时间段内, 不同观测弧段的数据衔接存在空间空隙。

令一个观测弧段内的观测时间长度是 $\mathrm{d}t$, 两个观测弧段之间的时间间隔为 Δt。假定动力学模型中的不确定性用为 $\Delta \boldsymbol{F}$ 表示, T 是其沿轨迹方向的分量 (14.1 节), 根据 $\mathrm{d}t$ 与 Δt 之间的不同关系以及不同的轨道周期选择使用式 (14.5) 或者和式 (14.7)。总之, 航天器位置在一个观测弧段上的不确定性约为 $3/2(\mathrm{d}t/2)^2 T$ (假定初始条件设在观测弧段的中间位置上), 在两个弧段间的不确定性积累约为 $3/2(\Delta t)^2 T$。如果 $\Delta t \gg \mathrm{d}t$, 很有可能在一个观测弧段内, 而不是在两个或更多的观测弧段上建立确定性的轨道模型。在这种情况下, 多弧段方法是有效的。

15.2 案例研究: 卫星激光测距

利用局部 — 全局分解方法有效进行轨道确定的一个重要案例是卫星激光测距 (SLR)。LAGEOS 系列卫星就属于这一类卫星, 包括 1976 年发射的 LAGEOS I 和 1992 年发射的 LAGEOS II, 这些卫星处于远高于中性大气层的高轨地带。这些卫星都是装有角反射器的无动力航天器, 在地面站发射的激光脉冲通过角反射器反射回地球 (图 15.1)。

观测量是指具有激光发射与计时功能的地面观测站与卫星之间的距离。该距离通过双向光传输时间除以 2 倍的光速得到。需要修正的量包括: 角反射器与卫星质心之间的平均距离, 对流层中光速的变化, 激光发射、反射以及地面站接收之间的传输时间。相对于行星际间的传输, 地面站与卫星间的传输时间要短得多, 因此可以使用低阶修正, 从而简化了修正的过程。

像 LAGEOS 这样的高轨卫星, 对于每一个测站每天都有 $2 \sim 6$ 个

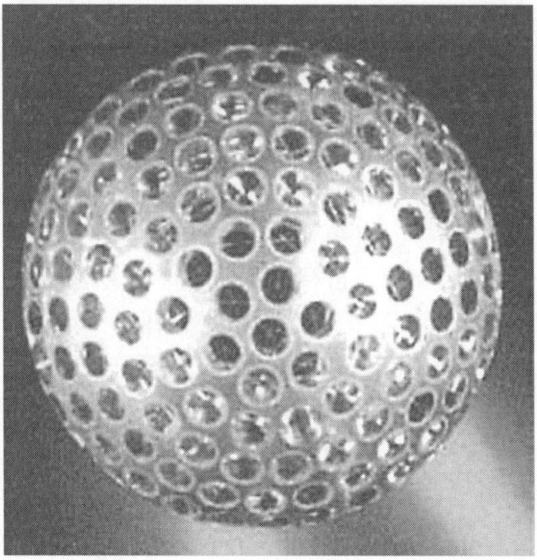

图 15.1 LAGEOS II 卫星, 由 NASA/ASI 的合作机构在 1992 年从航天飞机上发射。它有 426 个角反射器, 每个反射器的直径为 3.8 cm

观测弧段①。先进的 SLR 地面站在每个观测弧段可产生上千个激光脉冲 (脉冲频率高于 10 Hz), 这其中很大一部分观测量可以转化为距离测量值。从 20 世纪 80 年代开始, 这种距离测量的精度已经达到了厘米级。每个测站全年的观测总量可以达到 $m \approx 10^5$ 的量级, 甚至更多, 而这样的测站在全球有几十个。因此, 这样的数据累积量是非常巨大的, 相应的测距精度可以达到 10^{-9} 量级。

在如此多数据积累的情况下, 可以求解一个大的参数集, 包括动力学参数 (将在下一节中讨论的数量级问题), 初始条件以及运动学参数等。后者至少包括测站坐标及其时间导数, 地球自转参数等。该方法可以同时求解所有的未知参数, 但是该方法也可能导致秩亏以及系统误差等问题。

15.3 摄动模型

LAGEOS 系列卫星具有很低的面质比 ($A/M = 0.007\ \mathrm{cm}^2/\mathrm{g}$), 同时其轨道高度很高 (约在地面上方 6000 km), 因此, 在 LAGEOS I 发射时,

① 也取决于该观测站能否实现 24 h 观测, 或者只能在夜间观测。

普遍认为非重力摄动在定轨中是个次要问题。然而, 由于激光跟踪具有极高的精度, 很快人们发现 LAGEOSI 卫星受到一个神秘的阻力影响, 通过在经验加速度上设置一个平均值为 $\bar{T} \approx -3 \times 10^{-10}$ cm/s^2 的横向分量后, 使得观测数据能够很好地与分析结果吻合。现在认为雅科夫斯基效应、带电粒子阻力、地球反辐射压力以及日蚀效应等综合效应的影响, 最终导致了这种减速现象 (Bertotti and Iess, 1991)。

一种有效的应用是按照加速递减的顺序列出作用在航天器轨道上的摄动因素。对于 LAGEOS 系列卫星, 从 Milani (1987)、Bertotti (2003b) 等中, 列出如表 15.1 所列的主要摄动项 (最低摄动影响导致约 1×10^{-10} cm/s^2 的加速度)。非重力摄动包括小量 $A\Phi_\odot/(Mc) = F_{PR}$, 而由于地球形状引起的摄动项包括系数 $\bar{J}_{lm} = \sqrt{\bar{C}_{lm}^2 + \bar{S}_{lm}^2}$。潮汐项包括月球质量、太阳质量及行星质量, 动力 Love 系数 k_2 以及距离等。辐射压与阻力有特别的系数 $C_{\rm R}$ 和 $C_{\rm D}$。

表 15.1 作用在 LAGEOS 卫星上的加速度 (单位: cm/s^2)

驱动源	公式	参数	不确定量	数值
地球磁极	$GM_\oplus/r^2 = F_0$	$GM_\oplus$	2×10^{-9}	2.8×10^2
地球扁率	$3F_0\bar{J}_{20}R_\oplus^2/r^2$	$\bar{J}_{20}$	8×10^{-8}	1×10^{-1}
地球三维	$3F_0\bar{J}_{22}R_\oplus^2/r^2$	$\bar{J}_{22}$	2×10^{-5}	6×10^{-4}
月球潮汐	$2GM_☾ r/r^3$	$GM_☾$	1×10^{-7}	2.1×10^{-4}
太阳潮汐	$2GM_\odot r/r_\odot^3$	$GM_\odot$	4×10^{-10}	9.6×10^{-5}
谐波 $(6,6)$	$F_0 7\bar{J}_{66}R_\oplus^6/r^6$	$\bar{J}_{66}$	5×10^{-4}	8.8×10^{-6}
固体潮汐	$3k_2GM_☾ R_\oplus^5/(r_☾^3 r^4)$	k_2	2×10^{-3}	3.7×10^{-6}
辐射压	$C_R F_{PR}$	C_R	2×10^{-2}	3.2×10^{-7}
相对论地球	$F_0 GM_\oplus/(c^2 r)$	$GM_\oplus$	2×10^{-9}	9.5×10^{-8}
地球反照率	$C_{\rm R}F_{PR}(1-\alpha_\oplus)R_\oplus^2/r^2$	$\alpha_\oplus, C_{\rm R}$	0.2	3.4×10^{-8}
金星潮汐	$2F_0 GM_♀ r/r_♀^3$	$GM_♀$	3×10^{-7}	1.3×10^{-8}
间接影响	$3\bar{J}_{20}GM_☾ R_\oplus^2/r_☾^4$	$GM_☾$	1×10^{-7}	1.4×10^{-9}
热辐射	$4/9F_{PR}\alpha\Delta T/T$	$\alpha, \Delta T$	0.5	4×10^{-10}
大气阻力	$C_{\rm D}A\rho v^2/(2M)$	$C_{\rm D}, \rho$	1	1×10^{-10}

上述列表项目很多，其中还包括外来效应的影响，例如由地球质量导致的主相对论修正，以及间接影响，地月质心到地球质心向量的摄动（该摄动是由月球轨道受地球扁率影响导致的二体值变化）等。但是，我们真正关心的不是加速度的大小（最后一列），而是加速度大小及其相对不确定性的结果（倒数第二列）。通过这种方式，发现没有明显的不确定性小于量级 $\Delta F \leqslant 10^{-8}\ \mathrm{cm/s^2}$①。当小于这个水平时，在 $10^{-9}\ \mathrm{cm/s^2}$ 附近就有一个不确定加速度的累积。

分析的焦点将集中在半长轴上导致长期效应的摄动加速度上。当存在少量的热辐射、地球反射辐射压以及显著不对称热辐射时，神秘阻力产生的加速度出现了。另外，有一量级更小的太阳辐射压作用导致时间域上的沿迹二次效应，但是这要求有精确的日蚀参数和 LAGEOS 卫星两个半球上的不对称光学参数。关于该神秘阻力问题解的完整讨论超出了本书的范畴：只需要假设关于 $\Delta\bar{T} \approx 10^{-10}\ \mathrm{cm/s^2}$ 的 $\bar{T}$ 值存在建模障碍。

那么，在整个观测弧段内（$\mathrm{d}t \approx 2\times10^3\mathrm{s}$），轨道传播误差为 $\leqslant 3/2(\mathrm{d}t/2)^2\Delta F \approx 0.015\ \mathrm{cm}$。而在两个观测弧段之间的平均间隔为 $\Delta t \approx 2\times10^5\ \mathrm{s}$ 时，传播误差估计为 $3/2\Delta t^2\Delta\bar{T} \approx 6\ \mathrm{cm}$。事实上，不考虑特别长弧段，在一个观测弧段内，传播误差相对于测量误差来说是微不足道的，而在两个弧段间传播误差则显得比较明显。这就说明 LAGEOS 卫星的轨道非常适合用于多弧段定轨问题。

15.4 局部大地测量学

多弧段测量方法在 LAGEOS 卫星上的最简单应用是可以获得测站位置（实际上可能是为了研究大陆的漂移）。如果弧段时间小于轨道周期（约 3.5 h），测量精度是厘米级，那么没有必要求解任何动力学参数。

唯一的全局参数 $\boldsymbol{g}$ 是运动学上的，称之为矢量位置坐标，$\boldsymbol{s}_i, i=1,y$，表示 y 个测站到卫星的距离。该坐标系是地固坐标系，它随近似为刚体的地球一起旋转②。对于只有有限时间区间内（一年或者更少的时间）测量数据的定轨问题，上述坐标系设定是合适的。对于具有长时间观测

① 在零度系数 $GM_\oplus$ 的不确定性主要是一个尺度定义的问题；在一致性内的不确定性就更不用说了。

② 潮汐导致的地球表面的变化需要进行考虑。用 Love 系数 h_2 和 l_2 表示地球的弹性变化和潮汐作用导致的延滞角。另一个更加复杂的效应是海洋加载的效应，对于一些靠近海岸的站点来说，海洋的潮汐效应导致其产生移位（通常是垂直方向上的）。

数据的情况, 考虑到局部运动和整体漂移的影响, 需要将测站速度 $\boldsymbol{v}_i$ 作为全局参数进行计算。

唯一的局部变量是 $\boldsymbol{h}_j(j=1,n)$, 可在每一个弧段上单独求解, 该参数是一个六维初始条件矢量 $\boldsymbol{z}_j$, 包括一系列的轨道要素。在笛卡儿坐标系下, 取时间点 t_j, 矢量 $\boldsymbol{h}_j=[\boldsymbol{p}_j(t_j);\dot{\boldsymbol{p}}_j(t_j)]$ 由三个位置坐标和三个速度坐标组成。

15.4.1 观测弧段选择与数据准备

为了将观测弧段压缩到一个短的时间区间, 需要使用 SLR 测站的局域网络。Milani et al. (1995) 给出了一个基于欧洲 SLR 测站对 LAGEOS I 测距的试验结果。由于欧洲的测站间距很小, 在同一个圈次内各站均能观测到的测控弧段只能持续 0.5 h。当只有 $1\sim2$ 个测站可见时, 它所包含的信息不足以求解初始条件, 矩阵 $\boldsymbol{C}_{\boldsymbol{h}_j\boldsymbol{h}_j}$ 或者不可逆, 或者其条件数严重恶化。

因此, 将在同一轨道上选择经过三个欧洲测站的时间区间作为一个弧段。但即使满足这一条件的观测数据足够多: 在 1985—1991 年期间, 欧洲的 7 个观测站内共有约 1000 个弧段, 4300000 个距离观测值满足上述条件。在这些具有超过 3 个测站的观测弧段中, 地面站网络作为一个刚体提供了轨道的参考坐标系。

当观测数据在时域上的分布非常紧密时, 可以在时域上对所有数据进行平滑拟合找到异常值。这些异常值将从其残差中被发现, 并且无须进行修正 (图 5.4)。当去除许多异常值后, 其统计峰值可以用来控制变量; 而当统计峰值小于 3 时, 应停止去除异常值。对于一个大数据量处理的问题, 可以在 Milani et al. (1995) 中找到一个可靠程序, 其异常值约占 2.4%。

当获得一个满意的拟合多项式后, 可以通过产生规范数据点的方法来压缩测量数据。它们是在选定的重要时间点上的多项式模型预测值。例如, 假定原始数据是均匀分布的, 且其时间间隔为 Δt, 那么可以 $k\Delta t$ 为新的时间间隔, 得到规范数据点。其中, 由 k 确定的频率 $\upsilon=2\pi/k\Delta t$ 小于由参数产生的信号所包含的最高频率。如果原始数据不是均匀分布的, 那么规范数据点的时间分布则需要考虑数据间隔问题。因此观测量被压缩为 46000 个规范数据点作为观测数据来使用时, 它们是相关的, 即它们具有完整的协方差矩阵。跟 5.3 节一样, 规范数据点的法化矩阵必须作为协方差矩阵的逆矩阵进行计算, 并作为权矩阵 $\boldsymbol{W}$ 来使用. 通常还有必要增加一个元素来考虑系统误差, 或者降低它的数据频率。

15.5 对称性和秩亏

在这一方法中的难点是秩亏。在此将使用第 6 章中的方法: 寻找一个近似问题中的完全对称, 然后在整个问题中保留这种近似的对称性。同时还将使用一种完全不同的方法来直接寻找这种近似对称。

为了发现完全对称性, 使用一个近似方程表示 LAGEOS 卫星的地心二体动力学过程; 围绕地球质心的旋转有一个对称群 $SO(3)$。也就是说, 对于每一个初始条件 $\boldsymbol{h}_j = [\boldsymbol{p}_j(t_j); \dot{\boldsymbol{p}}_j(t_j)]$ 和每一个矩阵 $\boldsymbol{R} \in SO(3)$, 初始条件为 $\boldsymbol{h}'_j = [\boldsymbol{R}\boldsymbol{p}_j(t_j); R\dot{\boldsymbol{p}}_j(t_j)]$ 的方程的解 $[\boldsymbol{p}'_j(t); \dot{\boldsymbol{p}}'_j(t)]$ 可以通过旋转初始解来得到, 即 $[\boldsymbol{p}'_j(t); \dot{\boldsymbol{p}}'_j(t)] = [\boldsymbol{R}\boldsymbol{p}_j(t_j); R\dot{\boldsymbol{p}}_j(t_j)]$。然而, 当观测方程被考虑进来时, 对称性 $SO(3)$ 被破坏了。观测量是卫星与地球上第 i 个测站间的距离 r_i; 如果 $S(t)$ 为地固坐标系以及轨道计算中的惯性坐标系之间的旋转矩阵, 则有 $r_i(t) = |\boldsymbol{p}_j(t) - S(t)\boldsymbol{s}_i|$。如果所有的测站按照 $\boldsymbol{R}$ 旋转, 即 $\boldsymbol{s}'_i = \boldsymbol{R}\boldsymbol{s}_i$, 那么距离可表示为

$$r_i(t) = |\boldsymbol{p}_j(t) - S(t)\boldsymbol{s}_i| = |\boldsymbol{R}\boldsymbol{p}_j(t) - S(t)\boldsymbol{R}\boldsymbol{s}_i|$$

当且仅当 $S(t)\boldsymbol{R} = \boldsymbol{R}S(t)$ 时, 上述距离是固定不变的。

令地球的自转是匀速的, 且有一个固定轴 $S(t) = \boldsymbol{R}_{\Omega_\oplus t}$, 其中角速度 $\Omega_\oplus$ 是一个常数。那么, 对于每个时间 t, 当且仅当 $\boldsymbol{R}$ 是围绕同一个轴 $\hat{\Omega}_\oplus$ 旋转时, $\boldsymbol{R}$ 变为 $S(t)$。也可以将这种完全对称同样应用到非球形天体中, 当然, 仍然要求其是围绕旋转轴轴对称 (仅对球谐函数)。查表 15.1 时, 发现即使在现实中, 这种对称性也是非常准确的, 最大的摄动 (由地球赤道椭率引起) 也仅只有 10^{-6} 量级的变化。而且, 将轨道在经度方向选择一个角度 ($\lambda \to \lambda + \epsilon$) 进行旋转, C_{22}、S_{22} 只变化 2ϵ, 那么其相对完全对称的轨道差异不到 1 cm, 即使这个旋转角度对测站位置的影响达到 $\epsilon\boldsymbol{R}_\oplus$ 的量级①。

为避免出现秩亏的情况至少需要应用一个约束条件。该约束条件可以是固定测站的经度, 或者更好的是固定局域质心的经度。事实上, 对于采用距离观测值确定短弧段轨道的数值试验表明, 存在一个四阶

① 当地球非均匀旋转时存在其他摄动, 但是根据 Milani 等人的分析, 他们的值非常小。

的近似秩亏, 即有 3 倍多的是可以通过上文中的对称性讨论进行解释 (Milani and Melchioni, 1989)。

假定地球是圆的, 同时测站网络是固定不变的 ($S(t)$ 为常数), 没有方法来发现其他的完全对称性, 尤其是需要覆盖 $SO(3)$ 对称群。但事实上, 上述假设是不成立的。在现实情况下, 距离都有一个相对变化。然而, 虽然地球的自转将影响观测量 $r_i(t)$, 但是当弧段足够短时, 影响很小。这种现象出现的原因是, 轨道在一个单一弧段内 ($\mathrm{d}t/2 \approx 1000\mathrm{s}$) 的传播时间跨度相对于 1 天来说是很短的, 地球在 $\mathrm{d}t/2$ 时间内的自转角为 $\eta = 0.073$ 弧度。

在一个地固参考坐标系中来看定轨的问题①, 在该参考坐标系下, 地面站除了潮汐和板块漂移的影响以外也是固定的。那么其运动方程包含科里奥利加速度和离心力加速度, 即

$$\boldsymbol{F}_{app}(\boldsymbol{p}_j(t), \dot{\boldsymbol{p}}_j(t)) = -2\boldsymbol{\Omega}_{\oplus}(t) \times \dot{\boldsymbol{p}}_j(t) - \boldsymbol{\Omega}_{\oplus}(t) \times [\boldsymbol{\Omega}_{\oplus}(t) \times \boldsymbol{p}_j(t)]$$

假定 $\boldsymbol{R}$ 为小的旋转, 那么 $\boldsymbol{R} = \boldsymbol{I} + \boldsymbol{Z} + \cdots$, 其中 $\boldsymbol{Z}$ 是一个旋转角度为 $\mathcal{O}(\epsilon)$ 的小量旋转, 其反对称矩阵为 $\boldsymbol{Z}^{\mathrm{T}} = -\boldsymbol{Z}$, 小数点代表 $\mathcal{O}(\epsilon^2)$ 项。在球形地球近似中, 运动方程仅在以下情况下改变:

$$\begin{aligned}&\boldsymbol{F}_{app}(\boldsymbol{R}\boldsymbol{p}_j(t)\dot{\boldsymbol{p}}_j(t)) - \boldsymbol{F}_{app}(\boldsymbol{p}_j(t), \dot{\boldsymbol{p}}_j(t))\\ &= -2\boldsymbol{\Omega}_{\oplus}(t) \times \boldsymbol{Z}\dot{\boldsymbol{p}}_j(t) - \boldsymbol{\Omega}_{\oplus}(t) \times [\boldsymbol{\Omega}_{\oplus}(t) \times \boldsymbol{Z}\boldsymbol{p}_j(t)] + O(\epsilon^2)\end{aligned}$$

主要的离心项有一个明显的沿轨迹方向的分量, 其值估计小于或等于 $\Omega_{\oplus}^2 p_j \epsilon$, 因此, 在 $\mathrm{d}t/2$ 时间内, 与测站位移量 $\epsilon R_{\oplus}$ 相比较, 轨道效应小于或等于 $3/2a\eta^2\epsilon$, 其中 a 为 LAGEOS 卫星的半长轴。当 $\alpha \approx 2R_{\oplus}$ 时, (轨道变化量)/(站点位移量) 的比值小于或等于 $3\eta^2 \approx 0.015$。例如, 对于 $\epsilon \simeq 10^{-7}$, 测站位置变化了 60 cm, 而旋转轨道的变化仅仅小于 1 cm。

圆轨道的科里奥利项沿轨迹方向的分量为零, 因此, 它对 LAGEOS 轨道的影响非常小。假定其值为 $2\Omega_{\oplus}\dot{p}_j\epsilon$, 在 $\mathrm{d}t/2$ 内的轨道影响不会超过 $3e\eta n\mathrm{d}t/2\epsilon a$, 该值远远小于离心力产生的影响, 其中, e、n 分别为离心率和 LAGEOS 的平均运动。另一个加速度是由地球的扁率引起的, 由于旋转改变了其磁极, 从而破坏了对称性。它以 $\leqslant 2\epsilon$ 的相对量变化, 当 $\epsilon = 10^{-7}$ 时, 加速度的变化量是 $\approx 2 \times 10^{-8}\ \mathrm{cm/s^2}$, 但是, 超过 1000 s 后, 它也不重要了。因此, 已经发现了近似的对称性, 虽然完全对称不是对实际问题的一种有用的近似。

① 有另外一种方法, 即直接计算旋转群的转换 RS–SR, 但是下述方法将更加简单。

最后一个近似对称对于测地学专家 (不论是卫星测量还是地面测量) 来说是尽人皆知的: 由 SLR 各站点形成的测地网络能够经受变化量为 d 的抬升 (即相对于地心有一定的平移), 前提是卫星的初始位置 $\boldsymbol{p}_j(t_0)$ 也在相应的方向发生了变化。对于卫星二体问题, 加速度变化量约为 $2(GM_\oplus/\alpha^2)(d/a)$。举例来说, 对于测站 1 m 的抬升, $d/a \approx 10^{-7}$ 将导致 $|\Delta F_0| \approx 4 \times 10^{-5}\ \mathrm{cm/s^2}$ 的变化量。考虑到磁极对于沿轨迹摄动的微弱贡献, 在轨道上超过 1000 s 的变化将小于 1 cm。

15.5.1 网络的约束和刚性

为避免近似秩亏而设定的四个约束可以描述为固定在测站网络中质心的三个坐标轴上的原始值, 从而约束围绕地球质心轴的旋转①。它们可以在 6.1 节中以优先观测的方式获得。令 $\boldsymbol{s}_i^{(0)}, i = 1, y$ 为测站坐标的初始值, 质心坐标由不确定度 σ 获得, 即

$$\sum_{i=1}^{y} \frac{\boldsymbol{s}_i - \boldsymbol{s}_i^{(0)}}{y} = N(0, \sigma^2 I)$$

也就是说, 相对于该先验约束的偏离概率密度服从均值为零、协方差矩阵为 $\sigma^2 I$ (I 是一个 3×3 的单位矩阵) 的高斯分布。相应的法化方程为式 (6.3), 则

$$\sum_{i=1}^{y} \frac{\boldsymbol{s}_i}{y\sigma^2} = \sum_{i=1}^{y} \frac{\boldsymbol{s}_i^{(0)}}{y\sigma^2}$$

将实际观测值加入法化方程中。为了抑制在质心附近的旋转, 使用一个先验约束条件, 即

$$\frac{1}{K} \sum_{i=1}^{y} \boldsymbol{b} \times (\boldsymbol{s}_i^{(0)} - \boldsymbol{b}) \cdot (\boldsymbol{s}_i - \boldsymbol{b}) = 0$$

式中: $\mathrm{RMS} = \sigma$; $K = \sum_{i=1}^{y} |\boldsymbol{b} \times (\boldsymbol{s}_i^{(0)} - \boldsymbol{b})|$。此时, 法化方程为

$$\frac{1}{K} \sum_{i=1}^{y} \boldsymbol{b} \times (\boldsymbol{s}_i^{(0)} - \boldsymbol{b}) \cdot \boldsymbol{s}_i = \frac{1}{K} \sum_{i=1}^{y} \boldsymbol{b} \times (\boldsymbol{s}_i^{(0)} - \boldsymbol{b}) \cdot \boldsymbol{b}$$

① 在测地学中, 应用 $SO(3)$ 的完全对称, 传统的方法是固定一个测站的两个坐标轴和另一测站的经度。

为了增加一个强约束条件,需令 σ 为一个小值,例如对于厘米级坐标系中,$\sigma = 0.1$ 时,约束条件须达到毫米级的水平。为了评估近似秩亏的程度,约束条件需降低到米级的水平,此时 $\sigma = 100$。

15.5.2 稳定性测试

Milani et al. (1995) 对解的稳定性进行了测试,他们将数据集 (一年内七个测站的距离数据) 按照奇偶弧段分为两个部分,并按时间顺序进行排序。当 $\sigma = 0.1$ 时,两部分数据中不同测站坐标对应差值的均方根是 1.63 cm。其中刚体运动对应的差异成分的均方根误差为 RMS = 0.39 cm。这主要是由刚体运动群中的两个剩余自由度引起的,当经过质心 $\boldsymbol{b}$ 时,沿着轴向产生一个倾斜。引起测站网络变形的不稳定性的均方根为 RMS = 1.58 cm,因此约束条件是有效的。当约束条件放宽到 $\sigma = 100$ 时,坐标的均方根误差将上升到 72.5 cm。

多年前得到的局部测地网络的精度是通过七年 (1985—1991 年) 的观测数据得到的,相同的稳定性测试给出了测站位置误差的均方根为 0.58 cm,其均方根倾斜为 0.19。而测站位置的速度变化率误差的均方根为 RMS = 0.32 cm/年,其均方根倾斜为 0.06。将测站速度作为一个全局参数进行求解时,约束条件将变为 8 个,抑制质心的平移速度,以及在地心 — 质心轴上的旋转。

第 16 章

卫星重力测量

本章将解决在没有非重力摄动影响条件下的行星重力场求解问题。对于类似于地球这样具有大气层的行星来说, 要解决低轨道重力场问题是非常困难的, 这是因为随着轨道高度的降低, 大气阻力的影响将显著增强。即使对于没有大气层的行星 (如水星), 低轨道也在很大程度上受到来自于行星表面的反射压和红外辐射压的影响 (17.3 节)。因此需要估计航天器绕行星运行的轨道高度应低到什么程度, 才会受到要观测的重力场的明显影响。假定行星赤道半径为 R, 航天器沿行星表面高度为 h 的近圆轨道飞行一个 m 阶、l 次方的球谐函数的势能为

$$\frac{GM}{r}\left(\frac{R}{r}\right)^l \bar{Y}_{lmi}$$

乘以系数 $\bar{C}_{lm}(i=1)$ 或者 $\bar{S}_{lm}(i=0)$ (第 13 章)。如果轨道高度 h 与谐波的空间尺度相匹配 (即最小空间波长的 1/2), 那么根据 Kaula 展开式 (13.32), 可以得到 $h = \pi R/l$, 以及 $\left(\frac{R}{r}\right)^l = \left(1+\frac{h}{R}\right)^{-l} = \left(1+\frac{\pi}{l}\right)^{-l}$, 当 $l \to \infty$ 时, $\lim\limits_{l\to\infty}\left(1+\frac{\pi}{l}\right)^{-l} = \frac{1}{\exp(\pi)} \simeq \frac{1}{23.14}$。也就是说, 对于与空间尺度相一致的高度 h, 二体势能与高阶谐波的比值并不依赖于谐波的阶数 l, 而是接近于无理数 $\exp(\pi)$。当轨道高度上升为 $h = k\pi R/l$ 时, 上述比值变为 $\exp(\pi)^k$, 并且随着 k 的增长, 重力急剧减小。

假定重力场可通过势能测量得到的, 那么保持与空间尺度阶数一致的轨道高度就能够获得较好的测量灵敏度。提高灵敏度的一个途径是测量势能的导数: 对于二次径向导数灵敏度的增长因子为 $(l+1)(l+2)/2$。当 $l = 100$ 时, 对应的增长因子为 $k \approx 2.7$。

总之,如果需要进行空间小尺度上的重力测定 (只有大气层高度的几倍),那么大气阻力问题是一个关键问题。例如在装备阻力效应抵消装置时,才能获得 $l \approx 200$ (尺度约为 100 km) 的地球重力模型。这样的装置将在下节中从其对定轨的影响方面进行描述。

16.1 在轨测试装置

在此将列举一些可以用来抵消非重力摄动影响的装置,并介绍它们的优缺点。

16.1.1 导航系统

在地球表面,导航装置提供了由 GPS、GLONASS、Galileo 等卫星星座定义的参考坐标系下的准确定位信息。在低轨卫星上也有类似的导航系统,它每隔几秒提供一次位置信息。

低轨卫星的位置并不是实时测量得到的。导航卫星相位信息首先用于确定简化的动力学轨道。该轨道实际上是包含自由参数初始条件和一些经验加速度的简化运动方程的解,其中经验加速度主要是用于抵消非重力效应及重力场模型误差。因此,航天器定位是一个海量数据的轨道确定问题,虽然只有数分钟的短弧段可供使用,但仍能够获得紧约束轨道。事实上,通过最先进的星载 GPS 导航平台①,可以在任意时段得到仅有几厘米误差的低轨卫星轨道。

在定轨问题中可以采用不同的方法来应用导航数据。其中一种是强制使用方法,即将所有设备的观测数据,包括导航数据统一代入运动方程,通过最小二乘法求解各未知参数,如重力势系数、初始条件等。在 16.3 节中还将介绍一种算法复杂度更低的计算方法,通过该方法也可获得与最小二乘法相当的计算精度。

更为有效的一种方法是运动学方法。在该方法中,轨道确定问题将分为两个步骤进行求解。第一步是精密轨道确定 (POD),通过导航数据直接获取航天器位置的时间序列值。由于在经验加速度中考虑了非重力摄动影响,因此在精密定轨中没有必要使用在轨加速度计的测量数据。第二步使用航天器位置观测量以及其他设备的观测数据,来确定其

① 欧洲伽利略导航系统将更加准确,但是目前还没有得到应用。

他的参数[①]。虽然需要考虑精密定轨中的位置不确定性, 但它不是主要的误差源。总之, 可以通过迭代的方法, 使用第二个步骤的改进重力场和校准加速度数据进行定轨, 从而替换经验加速度。

16.1.2 加速度计

加速度计测量的是其内部的敏感元件相对于刚性框架的相对加速度。敏感元件的位置由一个反馈回路进行控制, 使得它相对于刚性框架不会产生特别大尺度的运动; 而由静电力激励驱动的这种修正值即为实际测量值。

目前的加速度计主要采用两种技术, 其中一种是静电加速度计测量。在静电加速度计中, 敏感元件是一个悬浮在电容器中的导电介质。仅使用一个敏感元件就足以测量一个矢量加速度。该技术的主要障碍是在地面和太空中保持敏感元件悬浮的状态很难做到完全一致, 因此地面测试结果作用有限, 必须进行更加昂贵的星载平台测试[②]。

另一种则是弹性加速度计, 在弹簧恢复力和静电控制力的作用下, 敏感元件只作轴向运动。在相互正交的三个轴向上分别设置一个测量单元, 这三个测量单元共同测量得到矢量加速度。虽然这种技术比较复杂, 但是该技术可以弥补静电加速度计无法在地面进行准确测试的不足。在微重力环境下, 每一个单元可在垂直于地球重力场的方向进行测试。

事实上, 在精密定轨问题中使用加速度计主要存在两个问题。首先, 加速度计只能提供一个相对测量值; 无法得到对应于加速度为零的电量值, 而地面测试结果与在轨结果又不完全一致[③]。因此, 加速度计只能测量在一段时间内加速度的变化量; 其次, 一个加速度计不能同时作为温度计使用, 其读数不能作为加速度和温度的多元函数。

总之, 弹性加速度计虽然具有很好的耐用性和可靠性, 但是由于它们通常对温度比较敏感, 因此它们比静电加速度计的测量精度要低。因此, 目前静电加速度计主要用于高精度的近地卫星重力测量任务, 而弹性加速度计主要用于其他行星的重力场测量任务。

---

① 关于第二个步骤是否是定轨问题存在着争论, 因为它解决的是除了轨道之外的其他所有问题, 但是, 根据第 1 章中的定义, 它仍然服从对该问题的定义。

② 例如, CHAMP 卫星, 作为第一颗带有先进的静电加速计的科学卫星, 就曾产生过部件故障。

③ 加速度计不是一个惯性制导系统; 它可以用来进行惯性导航, 但是其导航误差将会增大几个数量级。

16.1.3 视加速度

卫星重力测定中轨道确定的目的并不是要对航天器进行某些特定位置的定位，而是为建立包含动态参数的运动方程提供点位坐标。航天器质心 (CoM) $\boldsymbol{x}$ 的方程为

$$\ddot{\boldsymbol{x}} = \nabla U(\boldsymbol{x}) + \boldsymbol{a}_{ng} \tag{16.1}$$

式中: U 为重力势; $\boldsymbol{a}_{ng}$ 为非重力加速度。假定加速度计固定在刚性航天器结构 (包括航天器表面) 上，当非重力作用在航天器表面时，加速度计外壳也受到非重力摄动的作用，产生一个加速度 $\boldsymbol{a}_{ng}$，而其内部的敏感元件并没有受到非重力摄动的影响，因此加速度计测量的视加速度为 $-\boldsymbol{a}_{ng}$。

但是，加速度计不可能准确地安装在质心位置上。在航天器固定参考坐标系中，令航天器质心指向加速度计安装点的矢量为 $\boldsymbol{Y}$。令 $\boldsymbol{y} = \boldsymbol{R}\boldsymbol{Y}$ 为惯性坐标系下的相同位移矢量，其中 $\boldsymbol{R}$ 是一个随时间变化的转动量。那么，在惯性坐标系中的加速度计的速度为

$$\dot{\boldsymbol{y}} = \dot{\boldsymbol{R}}\boldsymbol{R}^{\mathrm{T}}\boldsymbol{y} + \boldsymbol{R}\dot{\boldsymbol{Y}} = \boldsymbol{\omega} \times \boldsymbol{y} + \boldsymbol{R}\dot{\boldsymbol{Y}}$$

式中: ω 为角加速度 (Arnold, 1976)。惯性加速度为

$$\ddot{\boldsymbol{y}} = [\boldsymbol{\omega} \times (\boldsymbol{\omega} \times \boldsymbol{y}) + \dot{\boldsymbol{\omega}} \times \boldsymbol{y}] + 2\boldsymbol{\omega} \times \boldsymbol{R}\dot{\boldsymbol{Y}} + \boldsymbol{R}\ddot{\boldsymbol{Y}} = \boldsymbol{a}_{\mathrm{rot}} + \boldsymbol{a}_{\boldsymbol{Y}} \tag{16.2}$$

其中方括号内表示加速度计的旋转加速度 $\boldsymbol{a}_{\mathrm{rot}}$; $\boldsymbol{a}_{\boldsymbol{Y}}$ 为由于质心偏移导致的加速度量 (这种质心偏移可能是由于航天器上的可移动部件或者燃料的损耗导致的)。上述两者都可以应用在加速度计外壳所受的固态力上。

而且，当加速度计的外壳受质心重力作用被加速时，加速度计的敏感元件也受到重力场 $\nabla U(\boldsymbol{x} + \boldsymbol{y})$ 作用而被加速。因此，加速度计也对重力场梯度加速度进行测量。在忽略 $\mathcal{O}(|\boldsymbol{y}|^2)$ 项的情况下，该加速度可以通过重力势 U 的二阶导数矩阵进行计算，即

$$\boldsymbol{a}_{\mathrm{gg}}(\boldsymbol{y}) = \frac{\partial^2 U}{\partial \boldsymbol{x}^2}(\boldsymbol{x})\boldsymbol{y}$$

因此当 $\boldsymbol{a}_{ng}$ 与变量 $\boldsymbol{y}$ 无关时，存在关于变量 $\boldsymbol{y}$ 的微分加速度。此时加速度计测量的是综合加速度，即

$$\boldsymbol{a}_{\mathrm{acc}}(\boldsymbol{y}) = -\boldsymbol{a}_{ng} - \boldsymbol{a}_{\mathrm{rot}}(\boldsymbol{y}) - \boldsymbol{a}_{\boldsymbol{Y}} + \boldsymbol{a}_{gg}(\boldsymbol{y}) \tag{16.3}$$

其中负号表示作用在外壳上的加速度, 而正号表示直接作用在敏感元件上的加速度。将式 (16.3) 代入式 (16.1) 便得到质心的运动方程:

$$\ddot{\boldsymbol{x}} = \nabla U(\boldsymbol{x}) - \boldsymbol{a}_{\text{acc}} - \boldsymbol{a}_{\text{rot}}(\boldsymbol{y}) - \boldsymbol{a}_{\boldsymbol{Y}} + \boldsymbol{a}_{gg}(\boldsymbol{y}) \tag{16.4}$$

可以通过将方程式 (16.4) 代入式 (16.2) 消除 $\boldsymbol{a}_{\text{rot}}$、$\boldsymbol{a}_{\boldsymbol{Y}}$, 从而计算加速度计 $\boldsymbol{x}+\boldsymbol{y}$ 的运动学方程:

$$\ddot{\boldsymbol{x}} + \ddot{\boldsymbol{y}} = \nabla U(\boldsymbol{x}) - \boldsymbol{a}_{\text{acc}} + \nabla(\nabla U)(\boldsymbol{x})\boldsymbol{y} = \nabla U(\boldsymbol{x}+\boldsymbol{y}) - \boldsymbol{a}_{\text{acc}} \tag{16.5}$$

令人意外的是, 当使用加速度计的数据作为运动学方程中的一项时, 加速度计的运动学方程要比质点的运动学方程简单得多①。

上面的描述中有一些内容被简化了, 需要注意以下三点: 首先, 跟踪装置并不在 $\boldsymbol{x}$ 上或者 $\boldsymbol{x}+\boldsymbol{y}$ 上, 而是在其他点上 (如天线相位中心), 从质心到跟踪点的矢量可用 $\boldsymbol{Z}$ 表示。如果跟踪数据是航天器的位置数据, 并且其值为 $\boldsymbol{x}+\boldsymbol{z}(\boldsymbol{z}=\boldsymbol{RZ})$, 那么它们需要减去 $\boldsymbol{z}-\boldsymbol{y}$; 另一方面, 使用 $\boldsymbol{Z}-\boldsymbol{Y}$ 应该比使用 $\boldsymbol{Z}$ 要有利, 这是因为航天器质心位置与燃料量有关, 而这个量很难确定。如果跟踪数据是距离或者距离变化率, 需要分别进行 $\boldsymbol{z}-\boldsymbol{y}$ 和 $\dot{\boldsymbol{z}}-\dot{\boldsymbol{y}}$ 的修正, 对于先进的跟踪系统来说, 关于 $\boldsymbol{Z}-\boldsymbol{Y}$ 和 $\dot{\boldsymbol{Z}}-\dot{\boldsymbol{Y}}$ 知识的要求是严格的 (第 17 章)。

第二, 对于静电加速度计, 只存在一个单一敏感参考点, 即悬浮质量的质心。对于弹性加速度计, 存在三个独立的敏感点 $\boldsymbol{Y}_i, i=1,2,3$, 它们之间的相互距离为几厘米, 该距离不能忽略。解决方案是在加速度计结构中选择一个传统参考点, 然后对三个通道上的读数分别进行修正, 对于 $\boldsymbol{Y}_i-\boldsymbol{Y}$, 其修正量为 $\boldsymbol{R}(\boldsymbol{Y}_i-\boldsymbol{Y})$。

第三, 在上述讨论中假定 $\boldsymbol{R}$、$\boldsymbol{\omega}$ 和 $\dot{\boldsymbol{\omega}}$ 的旋转状态是已知的。事实上, 上述量都存在一定的误差。经验表明, 在空间任务设计的早期阶段中, 姿态控制系统中的相应装置需要进行明确说明。

16.1.4 校准

对于每一个加速度计敏感元件, 电量 q 的测量值与实际加速度 a_{acc} 之间存在如下的关系:

$$a_{\text{acc}} = aq + bT + c + \cdots \tag{16.6}$$

① 该方法由 H.-R. Schulte 在 2007 年提出。

式中: a 为尺度校准值; T 为实际温度; b 为热敏系数; c 为绝对校准值; 后面的省略号表示非线性效应, 在没有超过加速度计测量动态范围的情况下, 这些效应是可以忽略的。上述公式是针对单个灵敏轴向的装置, 对于三轴加速度计, 在三个轴向上分别应用上述公式①。

这个尺度校准值可以通过一个已知的加速度测量得到: 通过用一个特别的静电力的内部校准, 或者通过地球二体势能或者由航天器自转引起的外力进行的外部校准。其温度敏感性可以在地面进行测量。

最关键的校准是其绝对校准值, 通过一个专门的校准装置或者程序进行校准是非常困难的。因此, 本章的关键问题是后验校准, 作为定轨问题的一部分对 c 值进行测定。关于 c 的唯一信息是它随时间缓慢变化, 但是变化速率仍然未知。建立在地面实验室的装置受到太多重力噪声的影响, 因此只有在空间进行测试才是唯一的方法②。推断, 对于每一个观测弧段, 变量 c 需要通过三个常数进行确定, 甚至通过弧段的插值模型 (主要看弧段时间的长短来决定是否需要插值) 得到的系数进行计算。

16.1.5 无阻力飞行

无阻力飞行器使用的是一个与具有反馈回路的轨道控制子系统相结合的加速度计。通过推进系统将测量的加速度 $\boldsymbol{a}_{\mathrm{acc}}$ 值控制在零位上。理论上, 静电加速度计的敏感元件应该服从纯重力轨道的规律。上述关于在非质心上测量、校准问题的讨论, 已经表明这种理想条件很难实现, 尤其是很难得到实时的绝对校准量。

然而, 有必要建立一个近似的无阻力系统。在一个绕地的高分辨率重力场测定任务中, 轨道阻力影响非常显著, 这样就出现了两个问题。第一个是任务的持续时间, 如果不通过推力对阻力进行补偿, 那么阻力引起的轨道衰减将使任务时间明显缩短: 该问题的解决方法是在必要时产生推力, 从而得到一个平均意义上的无阻力飞行轨道。

第二个问题是加速度计的饱和问题: 为了确保式 (16.6) 中校准的线性性质, 需要在可控制范围内进行加速度测量, 并且这是任务全程都要满足的条件, 这就需要采用连续推力来维持无阻力系统。在加速度计的最大量程范围内 (至少是 10^3 倍或者更大), 测量值 $\boldsymbol{a}_{\mathrm{acc}}$ 不需要进行灵

① 在本书中我们忽略加速度计灵敏轴的校准问题; 该误差项在完整的误差量设计时必须被考虑到。

② 在本书编写的时候, 这些太空星载平台试验还没有完成。然而, 通过对弹性加速度计的长期地面试验的傅里叶分析, 时间尺度上的稳定性可以有所突破。

敏度控制。对于一个阻力效应明显的低轨卫星, 一种有效的策略是在同一个方向上 (速度的反方向) 产生持续的推力, 从而控制减速效应的低频部分。升力和辐射压力 (在不同的作用方向上) 加速度不需要进行控制, 根据式 (16.5) 得到加速度计的参考点。

16.1.6 梯度计

重力测定任务中的一个非常重要的装置是梯度计, 它可以直接测量某些势能的二次导数。梯度计包含一系列的加速度计, 通过电路耦合直接进行差分测量。当与导航系统耦合时, 梯度计的作用更加有效。此时轨道可以认为已知, 加速度间的差异与重力梯度矩阵 $\partial^2 U/\partial \boldsymbol{x}^2$ 呈现性的关系。

$$\frac{\mathrm{d}^2 U}{\mathrm{d}r^2} = \frac{\dfrac{\partial U}{\partial r}(\boldsymbol{x} + d/2\boldsymbol{r}) - \dfrac{\partial U}{\partial r}(\boldsymbol{x} - d/2\boldsymbol{r})}{d} + O(d/r) \tag{16.7}$$

式中: $O(d/r)$ 为低于仪器敏感性中的项。

梯度计的校准与加速度计的校准没有太大差别, 对于每个差异观测量, 都使用式 (16.6) 进行计算, 只是温度 T 应采用不同单元间的温度差进行替换。因此, 只需对温度进行相对控制: 如果所有的加速度计都在绝热箱内, 温度修正量就非常小。梯度计主要用于提高小尺度空间上的测量敏感性; 信号变化所对应的时间尺度将变小, 例如, 当 $l \approx 200$ 时, 最小的时间周期为 < 30 s; 而当 $l - 2p = 2$ 时, 最长的时间周期大于 2700 s (式 (13.38))。因此, 关键的问题是后验校正, 将在 16.3 节中进行讨论。

16.1.7 视在加速度

问题是求 $\partial^2 U/\partial \boldsymbol{x}^2$ 需要用到多少加速度计; 获得多少独立的测量量。在加速度计的位置 $\boldsymbol{y}_i$ 上, 视在加速度 $\boldsymbol{a}_{\text{rot}}$ 是线性变化的, 同样 $\boldsymbol{a}_{gg}$ 也是。因此, 无论质心在何处, 使用相对位置 $\boldsymbol{y}_i - \boldsymbol{y}_j$ 均可以算出视加速度的微分。如果把重力计看成是一个刚体, 那么不存在科里奥利项。从势能 W 中可以得到离心视加速度。

$$-\omega \times [\omega \times (\boldsymbol{y}_i - \boldsymbol{y}_j)] = \nabla \left[\frac{1}{2}|\boldsymbol{\omega}|^2 |\Pi(\boldsymbol{y}_i - \boldsymbol{y}_j)|^2\right] = \nabla W$$

式中: Π 为在与角速度 $\boldsymbol{\omega}$ 正交的平面上的投影。因此梯度计测量的二

次导数的矩阵为 $\partial^2(U+W)/\partial \boldsymbol{x}^2$。其中 U 满足拉普拉斯方程:

$$\Delta(U+W)=\Delta W=2|\boldsymbol{\omega}|^2 \tag{16.8}$$

如果明确了旋转状态 (通过姿态控制子系统), 每一个差异测量值可以通过离心项进行修正①。然而, 梯度计能够很好地测量旋转, 但是不能对其进行姿态控制, 因此, 由于离心项所包含的误差, 使得差异测量的精度受到限制。为此可通过测量 $\partial^2(U+W)/\partial \boldsymbol{x}^2$ 的三个对角元素, 并通过上述公式计算 $|\boldsymbol{\omega}|^2$ 来解决这一问题, 这就需要在三个正交轴上分别安装两个加速度计, 并且只对两个对角元素进行独立测量。

16.2 加速度计任务

重力测定过程中, 加速度计测量任务只需使用两种仪器: 加速度计和导航系统。定轨可以分解为两个步骤。第一步是 POD, 利用导航卫星信号相位, 解决卫星定位的问题 (用经验加速度消除动力学模型误差)。

关于第二步的定义有几种方法。以意大利空间机构在 SAGE (Albertella and Migliaccio, 1998) 项目的仿真过程中使用的方法为例进行说明。在该方法中, 第二步使用了卫星三轴上的观测数据求解大量的未知参数, 包括球谐系数以及各弧段初始状态信息。后者可以通过导航进行确定, 但是其精度不能满足重力场求解需求。

在谱密度常数 ΔA 已知条件下, 令加速度计测量值只包含噪声信号, 可以用一个简单的公式估计最大弧段的时间跨度。假设 x_{T} 是卫星位置 $\boldsymbol{x}$ 在横截面方向上的坐标, 则在弧段的端点上, 有

$$\mathrm{RMS}(x_{\mathrm{T}})=2\Delta A(P/2)^{3/2}$$

例如, 假定 $\Delta A=3\times10^{-6}\ \mathrm{cm}\cdot\mathrm{Hz}^{1/2}/\mathrm{s}^2$, 而且由导航定位产生的均方根误差大于 1 cm, 那么即使卫星弧段覆盖一个轨道周期 (对于 400 km 高度的目标为 5560 s), 其加速度计噪声引起的随机误差将更小。只给定弧段时间上限的情况下, 这是对加速度计引起的轨道误差的最优估计。但是该方法仍然存在亟需解决的问题: 令卫星弧段时间为 1/2 个轨道周期, 在一个为期 6 个月的仿真时间段来说, 存在约 5500 个弧段, 即有约 33000 个初始条件。如果目标是求解 8281 个系数, 那么协方差矩阵的维数约是 41300。这必然要求进行矩阵分解。

① 存在一项 $-\dot{\boldsymbol{\omega}}\times(y_i-y_j)$, 需要知道角加速度。

16.2.1 局部 — 全局分解

对于一个过于庞大的协方差矩阵, 可以应用 15.1 节中的局部 — 全局分解方法进行求解。如果忽略不同弧段初始条件之间的先验相关性, 该方法需要计算这 5500 个矩阵 $\boldsymbol{C}_{\boldsymbol{h}_i\boldsymbol{h}_j}$ 的逆矩阵, 当局部参数仅仅是初始条件时, 该矩阵是一个 6×6 的矩阵, 如果每个弧段的加速度计校正参数也需要进行估计, 那么该矩阵为 9×9 的矩阵。利用式 (15.4) 计算 8281×8281 维矩阵的逆矩阵可以求调和系数 $\boldsymbol{g}$。关于 $\boldsymbol{g}$ 的公式也可以按照 13.5 节中的谐振分解进行分解。

SAGE 仿真提供了一个局部 — 全局分解的数值试验。全局参数 $\boldsymbol{\Gamma}_{\boldsymbol{gg}}$ 的协方差矩阵不是法化矩阵 $\boldsymbol{C}_{\boldsymbol{gg}}$ 的逆矩阵, 而是由式 (15.3) 定义的另一个矩阵 $\boldsymbol{C}^{\boldsymbol{gg}}$ 的逆矩阵, 该矩阵通过对矩阵 $\boldsymbol{C}_{\boldsymbol{gg}}$ 减去非负特征值得到。这表明 $\boldsymbol{C}^{\boldsymbol{gg}} < \boldsymbol{C}_{\boldsymbol{gg}}$, 对于每一个矢量 $\Delta\boldsymbol{g}$, 满足

$$\Delta\boldsymbol{g}\cdot\boldsymbol{C}^{\boldsymbol{gg}}\Delta\boldsymbol{g}\leqslant\Delta\boldsymbol{g}\cdot\boldsymbol{C}_{\boldsymbol{gg}}\Delta\boldsymbol{g}$$

现在 $\Delta\boldsymbol{g}\cdot\boldsymbol{C}^{\boldsymbol{gg}}\Delta\boldsymbol{g}=\sigma^2$ 是全局参数 $\boldsymbol{g}$ 的置信椭球, 上述不等式表明, 在相同 σ 值的情况下, 矩阵 $\boldsymbol{C}_{\boldsymbol{gg}}$ 的置信椭球将更小。忽略局部 — 全局的相关性, 以 $\boldsymbol{g}$ (固定 $\boldsymbol{h}$) 的条件协方差矩阵替换 $\boldsymbol{g}$ (局部参数 $\boldsymbol{h}$) 的临界协方差矩阵, 可以给出一个乐观的精度估计结果。

图 16.1 显示了对一个周期为 6 个月的任务仿真结果, 图中分别表示了在考虑和不考虑局部 — 全局项 $\boldsymbol{C}_{\boldsymbol{h}_j\boldsymbol{g}}$ 时的情况。两者之间的差别是非常显著的: 忽略局部 — 全局项时给出的是一个虚假的精确估计, 其精度是 RMS 值的 2 倍以上。在本例中, 使用 $\boldsymbol{g}$ 的条件协方差可以得出以下结论: 级数和阶数为 90 时的系数可以使用 $S/N>10$ 的比例进行估计。而事实上, $S/N>1$ 时的最大级数约为 60。而且, 与地面模拟中的真实值相比, 实际误差更大。

SAGE 仿真进行了简化, 但是对于需要一个完整解决方法的所有参数的结论依然成立。当使用更多的局部参数时 (对于加速度计校准), 局部 — 全局项的作用将更加明显。

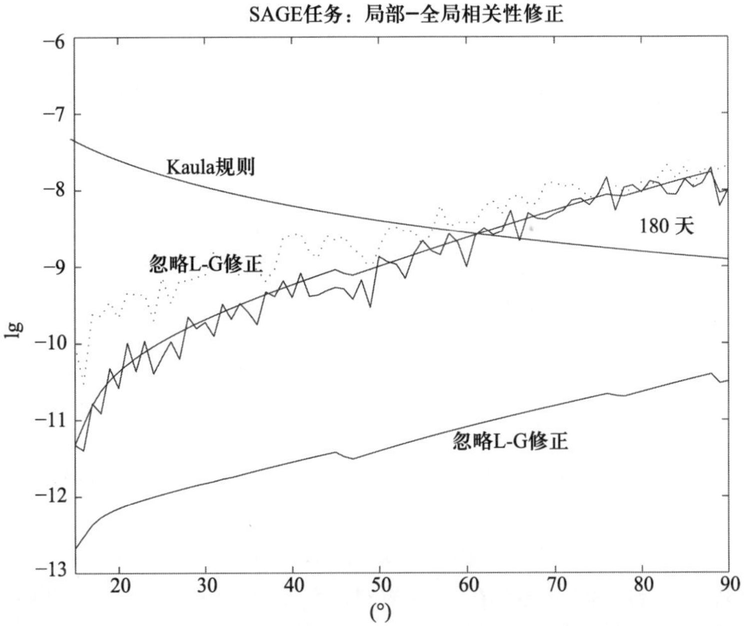

图 16.1 SAGE 重力测量任务的仿真结果。其中光滑曲线表示每个谐波阶次的均方根值, 从上到下依次为: Kamla 定律对应的系数值; 考虑局部全局相关性的标准 RMS 值; 不考虑相关性的 RMS 值。非光滑曲线表示考虑局部全局相关性的实际误差; 虚线表示不考虑相关性的实际误差

16.3 梯度计任务

重力梯度测量任务只包含两套设备: 导航系统和梯度计, 其中梯度计更大更复杂, 需要用到 6 个加速度计。当前使用的是电子三轴加速度计 (ESA, 1999), 因此有 18 个加速度测量通道, 其测量过程过于复杂, 在此不做讨论。为了能对梯度计测量重力场的过程进行完整的说明, 需要两个简化后的假设。首先, 航天器位置由独立于加速度计数据的 POD 过程导航方法得到。其次, 假定不同加速度计测量通道的不同测量结果可以用相互独立的三个对角项 $\partial^2 U/\partial \boldsymbol{x}^2$ 中的两个进行描述, 其中表面加速度效应已经通过预处理消除 (由于误差模型在流程中产生的误差)。梯度计校准用两个慢变的时间函数描述。

基本的选择是从三种可能的方法中选择一种来进行重力测量。从空间的角度来看, 对于一个随地球一起旋转的参考坐标系, 根据坐标点

在空间中的位置对其进行排序, 这是一个以地球为中心的球形重力场的数据采样 (如果轨道是一个近似的球体, 那么它是一层很薄的球体)。这么做的优点是将大多数有待确定的重力信号在空间上进行排序, 当然也有一些由于潮汐及其他畸变因素导致的时变信号。从时间的角度来看, 各数据点被认为是一系列离散的时间点。在观察静态重力场时, 这是不太自然的方法。事实上, 根据式 (13.36), 每一个球谐函数都是不同频率信号的和。该方法的优点体现在梯度计的校准处理中。从频率的角度来看, 时间序列上的梯度计测量值通过傅里叶变换转换到频域上: 每一个球谐函数的效应通过傅里叶多项式来体现, 这种转变在频域中可以直接进行。如果每一个谐波都可以独立求解, 那么计算代价是很小的。该方法在任务设计阶段使用, 把要求的梯度计误差谱转换为复原重力的误差谱。然而, 考虑不同谐函数间的相互关系是迟早的事, 将在 16.5 节中讨论。

对于一个具有完整分布的数据, 上述三种方法是等价的。当在球面上具有均匀的空间分布、在无限的时间跨度上具有均匀的时间分布时, 球谐函数 (信号的线性子空间函数) 及其离散频谱间具有很好的一一对应关系。然而, 在实际情况下, 这种均匀性是不可能出现的, 在梯度信号频率与校准信号频率之间存在重叠。

在轨道确定的第二步中, 将采用基于时间的方法。在该方法中, 位置坐标可以根据动力学方法得到, 因而可以认为是已知的。该方法的优点是可以不用导航定位, 也可以不用考虑初始条件问题 (在加速度计的精细轨道确定中还是需要的), 梯度计通过一些二次导数直接测量重力势, 而不需要通过轨道换算。只有在一些特殊位置上的测量值需要位置坐标所对应的时间。

定位的精度要求可以通过估计势能的三阶导数来获得。例如, 对于径向导数和二体势能, 产生一个径向位移 $\Delta r \approx -10$ cm:

$$\frac{\partial^3 U_0}{\partial r^3} = -\frac{3}{r}\frac{\partial^2 U_0}{\partial r^2} \Rightarrow \Delta\frac{\partial^2 U_0}{\partial r^2} \simeq \frac{\partial^3 U_0}{\partial r^3}\Delta r = -3\frac{\Delta r}{r}\frac{\partial^2 U_0}{\partial r^2} \simeq 5\times 10^{-8}\frac{\partial^2 U_0}{\partial r^2}$$

当轨道高度为 250 km 时, 二体梯度约为 $7\times 10^{-7}\ \mathrm{s}^{-2}$, 径向梯度的变化率约为 $3\times 10^{-14}\ \mathrm{s}^{-2}$, 或者 3×10^{-5}E (Eötvös 单位: 1 E = $10^{-9}\ \mathrm{s}^{-2}$)。这远远低于当前梯度计的灵敏度, 这意味着在梯度计任务中, 忽略目前最先进的导航系统的全局不确定性, 其定位精度已经足够了。

16.3.1 梯度误差模型

为了找到建立校准函数模型的方法, 需要遵循以下三个原则: 首先, 需要在充分理解测量物理量的基础上建立校准模型; 其次, 仿真采用的误差模型必须包含描述系统误差的非随机项; 第三, 仿真计算中, 在没有使用有关系统误差的特殊函数表达式信息的情况下, 所得到的解应能够补偿系统误差。将通过一个案例研究来详细阐述这三个原则。该案例就是欧洲空间机构即将发射的 GOCE 卫星任务[①], 该任务的目标是将地球重力场用高阶的谐波进行描述 (ESA, 1999)。

梯度计 (或者是加速度计、星间跟踪系统等) 的性能通常可以用一个噪声谱密度函数 S (关于频率 f 的函数) 来表示。测量带宽是频率区间 $[f_{\rm m}, f_{\rm s}]$, 在该区间内噪声频谱密度最小, 例如, 对于 GOCE 任务, $f_{\rm s} = 1/10$ Hz, $f_{\rm m} = 1/200$ Hz, 相应的频谱密度要求为 $S \leqslant 4 \times 10^{-3}$ EHz$^{-1/2}$。当频率大于 $f_{\rm s}$ 时, 噪声增大, 此时积分时间很短, 对应的观测结果的采样间隔 dt 为 $1/f_{\rm s}$ 的倍数。为了避免在高频区与噪声混淆, 奈奎斯特频率 $f_{\rm N} = 1/(2{\rm d}t) \leqslant f_{\rm s}$。当频率大于 $f_{\rm m}$ 时, $S(f)$ 又随之增加, 增加量通常与 f 成反比。因此, 在对数坐标图中, 函数 $S(f)$ 的形状是梯形的。

然而, 这只是噪声的模型, 而最重要的误差项并不是噪声。例如, 低频热信号 (加速度计是隔热的) 具有轨道平运动 n 和地球自转频率 $\Omega_\oplus$ 的整数倍组合的强迫频率。不幸的是, 由式 (13.32) 可知, 这些现象同样会出现在重力场信号中。工作中的热控系统可能改变其主要频率, 但也会引入其他频率的系统误差。

另一个系统误差的源头是姿态控制系统。在重力梯度测量中, $\boldsymbol{R}$、$\boldsymbol{\omega}$、$\dot{\boldsymbol{\omega}}$ 的估计误差像一些干扰信号。由于作用在航天器姿态上的扭矩包含频率为 n 和 $n_\oplus$ 的信号, 旋转矩阵 $\boldsymbol{R}$ 也将包含上述频率成分, 其中一些频率成分将使重力信号失真。工作中的姿态控制系统同样可以抵消一些这样的频率成分, 但同时又会产生一些新的导致误差的频率成分 (它同样应该包含在误差模型中)。

以 Milani et al. (2005d) 公布的仿真计算为例。在该样例中, 随机误差成分表示为 RMS = 0.004 E 的非相关高斯噪声。该噪声项用于定义标准协方差, 这表示重力梯度残差将需要除以 0.004 E 的加权项。数据仿真确实应包含一些幅度随 $1/f$ 增加的系统误差, 它们可以用有限个谐函数来表示。例如, 由于温度变化引起的日变化项 (幅度 1.73 E)、全

---

① 译者注: 该卫星已于 2009 年 3 月 17 日发射。

轨道周期变化项 (幅度 0.1 E) 或者半轨道周期变化项 (幅度 0.055 E) 等。一个受季节变化影响的长时间漂移量的周期为一年、变化幅度为 18.6 E、下降速率为 0.03 (其下降规律与 f^{-1} 一致)。该漂移量可以通过测量精度约为 2×10^{-3} Kelvin 的温度测量方法进行校准。同时, 增加了一个周期为 1000 s、幅度为 0.02E(噪声的 5 倍 RMS) 的误差项用来表示由于姿态控制等其他因素导致的系统误差。

16.3.2 后验梯度校准

Milani et al. (2005d) 的仿真中采用了动力学时序方法, 即只有重力谐波系数 $\boldsymbol{g}$ (例如, 对于 $l_{\max}=200$ 的系数为 201^2-4), 而重力梯度计的后验校准参数 $\boldsymbol{h}$ 则与重力梯度观测量相匹配。最主要的问题是确定 $\boldsymbol{h}$ 的维数, 例如, 两个校准参数每 200 s 就需要求解一次, 那么对于一个周期为八个月的任务, $\boldsymbol{h}$ 就是一个包含约 2×10^5 个元素的矢量。如果参数 $\boldsymbol{h}$ 在校准中作为时间的线性函数, 那么最小二乘问题也是线性的。多于 100000 个的参数求解是一个难题, 这不仅是计算负荷的问题, 而且也会导致其法化矩阵的条件数恶化。

现在面临的问题是如何消除系统误差 (通过校准消除它们), 使其具有可接受的计算负荷和数值稳定性, 并且结果真实可靠。例如, 为了计算有限个正弦函数, 意味着需要使用仿真计算引入的系统误差信息, 这可能产生虚假的结果。对于真实数据来说, 这种结果是不可复现的, 其系统误差不可能具有这样的简单频谱。

对于每一个误差成分来说, 重力梯度计的绝对时间校准可以表示为 N 个基函数的线性组合: $c(t)=\sum c_i b_i(t)$。这种表示只有当弧段的时间长度 Δt 不是太长时才适用, 此时基函数的个数 N 较少, 可以避免计算的复杂性和不稳定性, 并且不会对绝对校准强加一个特殊的数表示。另一方面, Δt 也不能太短, 这是因为需要替换的校准必须具有低频成分, 其频率应低于校准带宽 (上限是 f_{c}, 下限是 f_{m})。作为一个例子, Milani et al. (2005d) 使用了一个低于 $f_{\mathrm{c}}=1/2000$ Hz 的校准带宽。因此, 在校准带宽 $f<f_{\mathrm{c}}$ 情况下, 需要选择合适的 Δt, N 和基函数 b_i 对一个任意信号进行建模, 而在中间带宽 $f_{\mathrm{c}}<f<f_{\mathrm{m}}$ 的干扰信号则不能被消除。

基函数 b_i 的选择必须使得每一个弧段 i 上校准参数 $\boldsymbol{h}_i$ 的法化方程具有良好的求解条件。通过对不同选项 (包括傅里叶级数和切比雪夫多项式等) 的测试, Milani et al. (2005d) 认为一个好的选择是使用包含常数、线性时间函数以及周期为 $\Delta t/k(k=1,2,\cdots,K)$ 的余弦项的基函数。为了限制校准带宽中需要抵消的信号，要求 $K\approx\Delta t\cdot f_{\mathrm{c}}$。例如，$\Delta t=10000$ s，$K=5$ 是可接受的选择。对于一个任务时间跨度为 8 个月的仿真，将存在 2000 个弧段，局部参数 $\boldsymbol{h}$ 的总数将达到 $2(2K+2)\times N_{\mathrm{arc}}=48000$。

16.3.3 局部 — 全局相关性

假如有 40397 个全局参数和 48000 个局部参数需要求解，那么需要对法化方程进行必要的分解。第一个分解方法是 15.1 节中介绍的局部 — 全局分解方法。在 16.2 节中讨论的关于结果及其估计不确定性的局部 — 全局相关性的影响也会出现在重力梯度测量中。

在 2005 年的研究结果中，Milani et al. (2005d) 指出，没有局部 — 全局项的不确定性估计值明显小于进行完整求解时的值，特别是当 $l=2,3,6,7,8$ 时；当 $l\geqslant 25$ 时，上述差异没有那么明显。对于 $k=4$ (频率 1/2500 Hz) 的傅里叶成分以及 C_{20} 谐波，局部 — 全局相关性约为 0.2 (一个明显的效果并不要求高的相关性)。真实误差与高阶不确定度相关，而不是与低阶不确定度相关。

由于 $l<25$ 的球谐函数产生的重力梯度信号频率超出了测量带宽，因此 GOCE 卫星不需要对其进行求解。最简单的处理是将 $l\geqslant 25$ 的系数包含在参数 $\boldsymbol{g}$ 中。这样 RMS 被低估了，这是由于 $l\geqslant 25$ 和 $2\leqslant l\leqslant 24$ 的谐波之间的相关性造成的。当 $l>75$ 时，这种影响可以忽略。另外一种更好的方法是配置方法，例如增加一个具有阶数为 $2\leqslant l\leqslant 24$ 的谐波且用其协方差矩阵的逆矩阵进行加权的先验观测量。

16.4 谐振分解

为了得到令人感兴趣的求解结果 $\boldsymbol{g}$，需要计算 $\boldsymbol{\Gamma}_{gg}=(\boldsymbol{C}^{gg})^{-1}$ (式 (15.4))。当求解高阶系数 (例如 $l=200$) 时，矩阵将会非常大。因此，希望将问题分解为小的子问题。法化方程式 (15.3) 的解可以作为参数 $\boldsymbol{g}$ 的子集的独立微分修正序列的极限。最简单的解是对每一个系数进行独立求解，即将 $\boldsymbol{C}^{gg}$ 近似为一个对角矩阵。当观测量在球面上均匀分布时，这样处理是可行的，此时不同的谐波将相互正交 (13.3 节)。当然，由图 13.1 中可以看出，这种情况不是对所有的卫星轨道适用。如果轨道倾角小于 90°, 卫星将永远不会经过纬度大于 I 和小于 $-I$ 区间内的极盖部分①。在 Alertella 等人的论文中, 已经证明球谐函数在纬度带上是不正交的 (Albertella et al., 1999; Pail et al., 2001)。

1989 年, Colombo (1989) 提出法化矩阵应该按照谐波阶数 m 进行分解, 即为了增加相关性, 相同阶数的谐波共用同一频率 (式 (13.37))。这种方法是实际可行的, 但是将重力势摄动函数的 Kaula 展开式作为轨道根数的函数进行求解的方法会有更好的效果。假定根据式 (13.39) 重力测定卫星的轨道存在精确共振, 此时偏心率 e 非常小, 因此可以忽略 $q \neq 0$ 的项。此时, U_{lm} 中作为沿迹时间函数的唯一频率是 $\nu_{lmp0} = [(l-2p)j - mk]\mu$。同样的频率出现在所有重力势的偏微分导数中, 包括重力梯度仪的观测量, 这从式 (13.24) 和式 (13.25) 中也可以看出。当且仅当下式成立时, 两个谐波 (l, m) 和 (l', m') 具有相同的频率:

$$km' = \pm km(\text{mod} j) \tag{16.9}$$

对于低轨卫星, j 比 k 大十几倍, 因此上述条件是一个重要的约束条件。在无穷大的时间区间上, 具有隔离频率的两个谐波信号是正交的。因此, 可以定义一个共振分解: 谐波被余数类 $r = \pm km(\text{mod} j)$ 重新按照 $0 \leqslant r \leqslant j/2$ 进行排序, 此时, 线性系统式 (15.3) 为

$$(\boldsymbol{M} - \boldsymbol{N})\Delta \boldsymbol{g} = D_{\boldsymbol{g}} \tag{16.10}$$

式中: $\boldsymbol{M}$ 为矩阵 $\boldsymbol{C}^{gg}$ 的对角块部分。只有当谐波对应的矩阵行和列处于同一余数类时, 才会出现非对角项。这样的矩阵块比通过阶数 m 分解后的矩阵要大得多, 但是 $\boldsymbol{M}^{-1}$ 可以按照矩阵块的方式进行相对比较简单的求解。在式 (13.39) 的假设中 $e = 0$, 同时在无穷大的时间观测量上, $\boldsymbol{N} = \boldsymbol{0}$。实际上, $\boldsymbol{N}$ 不可能是零, 因为在实际应用过程中上述假设条件不可能完全实现。如果 $\boldsymbol{N}$ 小于 $\boldsymbol{M}$, 为了求解线性系统式 (16.10) 可以将其转换为一个不动点问题 (Bini et al., 1988)。

$$\boldsymbol{M}\Delta \boldsymbol{g} = \boldsymbol{N}\Delta \boldsymbol{g} + D_{\boldsymbol{g}} \Leftrightarrow \boldsymbol{M}^{-1}\boldsymbol{N}\Delta \boldsymbol{g} + \boldsymbol{M}^{-1}D_{\boldsymbol{g}} = \boldsymbol{P}\Delta \boldsymbol{g} + Q_{\boldsymbol{g}}$$

可以通过的迭代的方法对其进行求解:

$$\Delta^{(1)}\boldsymbol{g} = \boldsymbol{P}\Delta^{(0)}\boldsymbol{g} + Q_{\boldsymbol{g}}, \quad \Delta^{(2)}\boldsymbol{g} = \boldsymbol{P}\Delta^{(1)}\boldsymbol{g} + Q_{\boldsymbol{g}}, \cdots$$

① 对于轨道倾角大于 90° 的逆行轨道, 极盖的区间是纬度大于 180° $-$ I, 小于 I $-$ 180°。即使对于一个极圆轨道, 采样点也不能是均匀的, 其他阶数的缺失也可能会出现, 见 16.6 节。

从一个任意的初始状态 $\Delta^{(0)}\boldsymbol{g}$ 出发; 如果在一些矩阵范数中, $\|\boldsymbol{P}\| < 1$, 求解完整的法化方程时, 序列 $\Delta^{(k)}\boldsymbol{g}$ 将收敛于 $\Delta^{*}\boldsymbol{g}$。对于初始假设 $\Delta^{(0)}\boldsymbol{g} = 0$, $\Delta^{(1)}\boldsymbol{g} = Q_{\boldsymbol{g}} = \boldsymbol{M}^{-1}D_{\boldsymbol{g}}$ 是近似反演解, 可将其作为收敛迭代的第一步。

在 ESA (1999) 对 GOCE 卫星进行仿真计算时, 准确的半长轴值是未知的。后来通过选择一条重复周期大于 60 天的最优地面轨迹, 该值才被确定。因而利用不同的共振分解进行求解效果会更好。总之, 不太接近名义值 $(j = 31, k = 2)$ 的共振分解已用于测试该方法的鲁棒性。图 16.2 的上半部分显示了余数类 $r = 1$ (包含 $m = 15, 16, \cdots$) 的重力系数计算结果及其协方差。

由于矩阵块间的相关性很小, $\boldsymbol{P}$ 的范数很小, 但是由于没有定量估计, 因此不能预测需要多少次迭代计算才能得到满意的收敛性。Milani et al (2005d) 的计算中给出了一个二次迭代计算 $\Delta^{(2)}\boldsymbol{g}$ 的数值模拟: 这只有在完整的一次迭代完成后才有可能进行, 此时通过对一些余数类实施二次迭代, 可以得到分别对应于 $r = 0, 1, \cdots, 15$ 的 16 个独立的微分修正项。

16.5 极盖区域

在高阶 $l_{\max}$ 重力势系数的求解中, 在控制局部 — 全局相关性 (使其具有合适的最小阶 $l_{\min}$) 和全局参数的法化矩阵 $\boldsymbol{C}^{gg}$ 的分解 (见上一节) 后, 部分对角矩阵块的条件数仍然很差。例如, 在图 16.2 的后一个图中, 在剩余类 $r = 0$ 情况下, $25 \leqslant l \leqslant 200$ 的解就是如此。标称不确定性和实际误差中的突出部分对应于带谐系数项间具有很强的相关性。在 $l = 100$ 附近, 噪信比为 1, 不同于上图中的 $r = 1$ 的情况, 对于 $l_{\max} = 90$ 的图将会有一个更加明显的凸起。

只有在 $m = 0$ 的带谐中的余数类才有可能出现大的均方根和实际误差; 对于所有其他谐波 $l(m = 31, 62, \cdots)$, 则有远小于 1 的噪信比。不同带谐间的相关性是非常明显的, 例如, 对于 $l = 150$ 的带谐与所有偶次带谐都有非常明显的相关性, 与 $l = 148$ 和 $l = 152$ 的相关性为 0.9999。从频率分析的角度看这一结论非常明确: 当 $m = 0$, e 值很小时, 存在 $v_{l0p0} = (l - 2p)(n + \dot{\omega})$, 因此强相关的带谐共享同一频率, 而连续的偶数 l 只有一个非共有频率。在任何情况下, 同奇偶性的带谐函数具有同样的频率区, 并且是相关的。

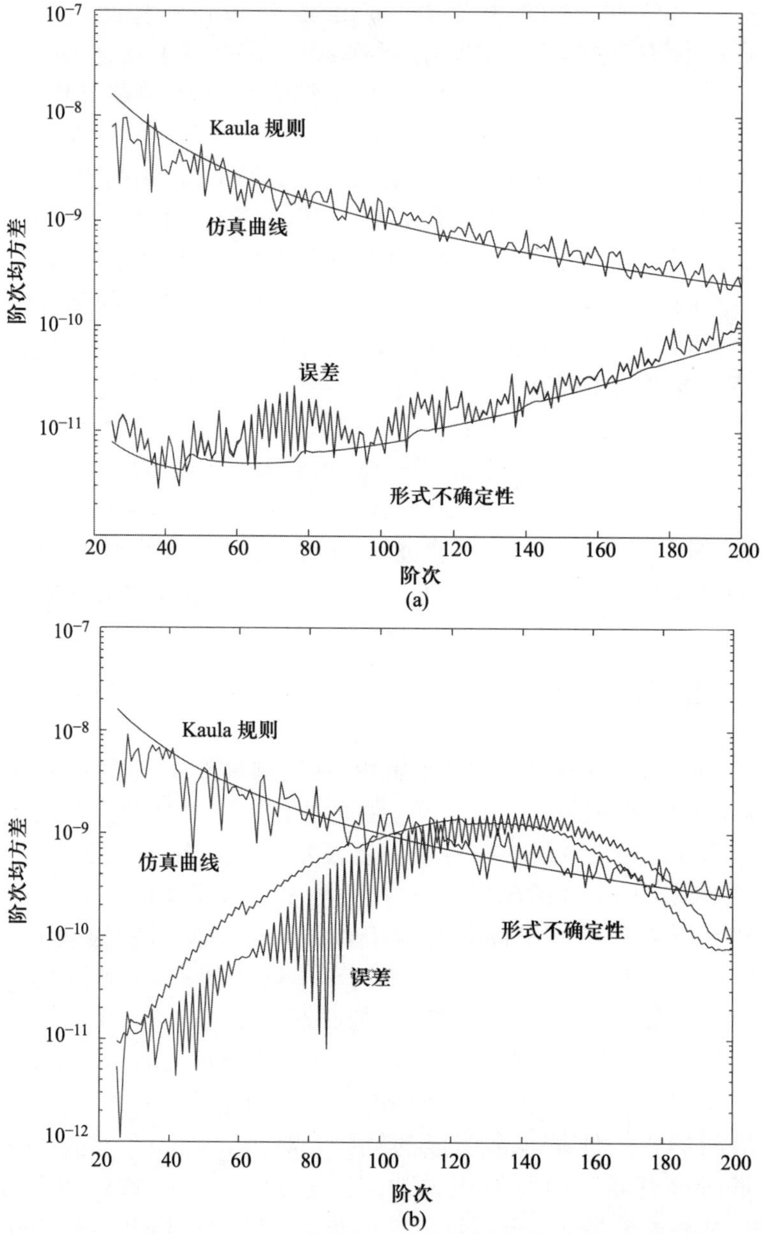

图 16.2 不同次数 l 对应的重力场信号、近似 Kaula 线、形式不确定性和真实误差 (a) 对于 $r=1$ 的余数类, 此时真实误差显示的是一次和二次迭代的误差, 两类误差几乎重叠; (b) 对于 r=0 的余数类 (包含带谐), 对于 $l>100$ 的情况, 存在一个凸起使得理论误差和真实误差都超过信号。

对于具有低 m 值的包含谐波的余数类也可以获得类似的结论。例如, 对于 $r=2$ 的余数类 (此时对应 $m=1,29,33,\cdots$), 在 $l=90$ 附近的噪信比达到 1。对于 $m=7$, 理论和实际误差曲线在中间阶时仍然存在一个凸起, 但是此时噪信比小于 1。在 GOCE 中的这些低 m 值系数的确定难题在任务设计阶段就以已经出现了 (Aguirre-Martiuez and Sneeuw, 2003), 这主要是由于极盖区域引起的。GOCE 的非极轨道的地面轨迹的纬度既没有大于 83.5°, 也没有小于 −83.5°。

16.5.1 主成分分析

给定协方差矩阵 $\boldsymbol{\Gamma}_{gg}$, 或者共振分解的一个矩阵块 $\boldsymbol{\Gamma}_{gg}^r$, 可以进行主成分分析。假定 $\boldsymbol{\Gamma}_{gg}^r$ 特征值的均方根为 $\lambda_1,\lambda_2,\cdots,\lambda_s$, 且满足 $\lambda_1>\lambda_2>\cdots>\lambda_s$。

相应的单位特征矢量 $\boldsymbol{V}_j, j=1,2,\cdots,s$, 包含了谐系数, 这些特征矢量可以理解为重力异常。对于 $r=0$, λ_1、λ_2 的区别不是很大, 但是明显大于 λ_3; 在 V_1, V_2 中, $m\neq 0$ 的谐波对应的成分非常小 ($<10^{-4}$), 因此, 具有系数 $\lambda_1\boldsymbol{V}_1$ 和 $\lambda_2\boldsymbol{V}_2$ 的谐函数基本上是纬度的带谐函数, 如图 16.3 中所示, 它们是大地水准面异常的表现。这些异常集中体现在两极区域, 而在南极 $\lambda_1\boldsymbol{V}_1$ 更明显, 在北极则是 $\lambda_2\boldsymbol{V}_2$。相对于 GOCE 的目标精度, 异常尺度是巨大的, 在极点达到了 20 m 左右。通过计算一组 GOCE 的观测数据就可以理解这一点, 例如, 对于异常体 $\lambda_1\boldsymbol{V}_1$ 和 $\lambda_2\boldsymbol{V}_2$, 选取重力梯度的径向分量进行计算。虽然, 未确定的异常并不只出现在两极区域, 在纬度 $-83.5°\sim+83.5°$ 的信号都在 GOCE 测量噪声之下。

16.5.2 对称性及其转化

为什么图 16.3 中的不确定异常大, 并且为什么随着 l 的增加这一异常变得更大呢?

从 6.3 节可知, 通常情况下精确秩亏是导致近似秩亏的主要原因, 而精确秩亏则与完全对称性相关。当完全对称性被破坏 (只保留近似对称) 时, 将产生近似秩亏。

重力梯度计在这个问题中显得有点复杂, 因为它的对称群是一个谐函数的无限维的子空间。可以通过在半径为 $R_\oplus+h$ 的球面的极盖上具有支撑区域 (例如, 函数在纬度 $(-83.5°, 83.5°)$ 之间为零) 的任意光滑函数 $\varPhi$ 来证明它的存在。根据 13.3 节中给定的外部狄利克雷问题的求解

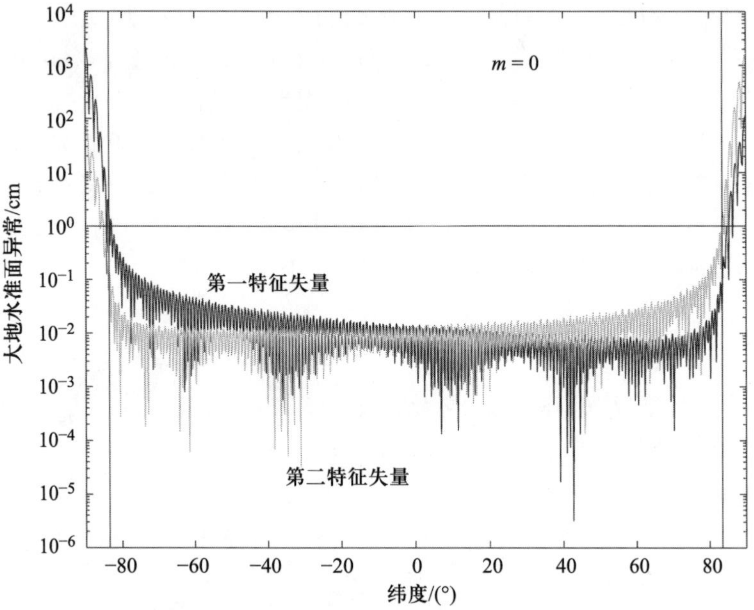

图 16.3 大地水准面异常所对应的重力异常置信椭球主轴线。图中两根垂线间区域表示 GOCE 卫星覆盖的纬度带, 水平线代表 1 cm 处的值 (出自 Springer 中 Milani et al. (2005d))

方法, 地心距大于 $R_\oplus + h$ 时存在一个谐函数, 该函数在半径为 $R_\oplus + h$ 的球面上与函数 $\varPhi$ 相同。由于向下的连续性可能很快发散, 因此这样的函数在半径为 $R_\oplus$ 的球面上不一定存在, 也就是说, 没有必要建立一个与实际相符的重力异常。

假定作如下近似, 卫星在一个高度固定的轨道上飞行, 那么重力梯度计测量的是函数 $\varPhi$ 为零的二次导数。根据这一假定, 存在一个绝对的对称性。该对称性在两种情况下会被破坏: 一是卫星运行的轨道高度不是常数, 尽管它的偏心率非常小 (对于 GOCE 卫星, $e < 0.0045$); 二是用以拟合重力梯度计数据的谐函数只是一些有限个谐波的和, 其最大阶次为 $l \leqslant l_{\max}$。由于极盖函数 $\varPhi$ 不是解析函数, 它不能够用有限个球谐级数的展开式表示。如果 $\varPhi$ 以球谐函数的形式展开, 那么该级数在球面上是收敛的。当该级数限定最高阶数为 $l_{\max}$ 时, 在 $\varPhi$ 为零的纬度带上的剩余部分是很小的, 对于 $l_{\max} \to +\infty$ 时, 剩余部分的最大值趋向于零。这正如图 16.3 中所示: 观测量并不为零, 而是很小。因此当 $l_{\max}$ 增加时, 观测量变得越来越小, 而凸起部分变得更加明显。对于 $l_{\max} \to +\infty$

时的极限, 半径为 $R_\oplus$ 的球体的待定的大地水准面可以为任意大。

16.5.3 极圈的外部

在一个不包含低阶次 m 的谐波块上, 极圈的影响很小。就像在图 16.2 中显示的 $r=1$ 的情况。实际误差比理论误差要大得多, 但是其比例不会超过 4 倍 (绝大多数情况下阶 l 基本小于 2)。在 $l_{\max}=200$ 以内, 无论是理论误差还是实际误差都远远小于信号本身, 即使当 $l_{\max}=220\sim230$ 时, 谐波求解的信噪比都是大于 1 的。图 16.3 说明了极圈效应的一个积极的解释: 不确定的重力异常集中在极圈上, 例如在“飞越区域” (地面轨迹的纬度带) 的大地水准面异常在毫米量级。虽然在 $l_{\max}=220$ 时的谐波不能被完全确定, 但是在飞越区域的重力能够以 $\pi R_\oplus/220\approx 91$ km 的空间尺度被确定。

即使在飞越区域, 只有在明确杂散信号和重力信号之间不会混淆时, 其计算结果才是可信的。为了确定这种混淆是否存在, 需要分析最大实际误差与理论误差时的特殊谐波 。例如在图 16.4 中, 余数类 $r=7$ 的情况下, 当 $l>160$ 时, 实际误差明显增加。在矩阵块中的谐

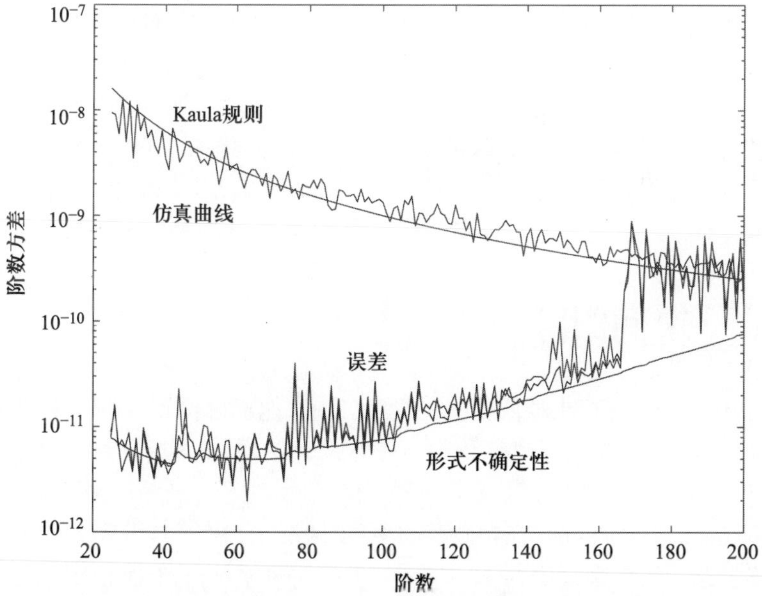

图 16.4 余数类 $r=7$ 时的理论误差、实际误差曲线与信号的对比图。当信噪比大于 1 时, $l>160$ 的谐系数无法确定 (Milani et al. (2005d))

波, 对于 $m=167$ 的部分, 其实际误差特别高。在仿真中引入频率为 $f=1/1000\,\text{Hz}$ 的杂散信号是导致这种情况出现的原因所在, 该杂散信号是在校准过程中 $f>f_c$ 没有被校准的部分。通过寻找相似频率的重力场信号, 可以发现, 对于 $l-2p=-5$, $m=167$ 的频率 v_{lmp0} 其周期为 990 s; 而对于 $l-2p=-19$, $m=167$ 的频率其周期为 957 s, 该频率可以忽略。

16.5.4 重力梯度计的局限性

从这个个案的研究中主要可以得到如下的结论: 由于仪器本身性能的原因或者是轨道的原因, 每个重力梯度测量任务都有一定的局限性。对于 GOCE 卫星, 这些局限性可以概括如下:

首先, 如果星下点没有覆盖整个表面, 那么对于高阶项就不可能准确地求解其球谐函数。但是, 对于飞越区域, 在很小的空间尺度下求解结果也是准确的。

其次, 给定噪声模型, 由协方差矩阵 $\boldsymbol{\Gamma}_{gg}$ 产生的理论误差设定了阶数 l 的上限, 超过这一上限, 误差就会超过信号本身。对于 GOCE 卫星这一上限为 $l\approx 230$。由于该值是在对称误差为零的最优假设条件下得到的, 其上限值不依赖于轨道确定方法, 只取决于测量噪声的相关参数。

第三, 假设在中频频带, 在重力场信号中存在杂散对称信号。该杂散信号的周期为 1000 s 是不太可能的, 但是在该频带的任意周期都将对谐波产生一定的影响。有时候必须通过数值仿真甚至是包络计算的方法来排除可疑问题。$l\leqslant 200$ 时的频率 v_{lmp0}, 该值约为 40000。为了去除一些不在谐波附近频率的杂散信号是一件困难的工作。因此, 每个杂散信号都会对谐波产生干扰, 通常干扰信号的实际误差明显大于理论误差。

16.6 星间跟踪

星间跟踪一般针对低轨上的两个卫星, 他们之间产生相对的跟踪数据, 包括距离或者是距离变化率。任务设计阶段的主要任务是确定星间距离 d, 并且确定如何对其进行精确控制。对于一个最小空间尺度为 $L=\pi R_{\oplus}/l_{\max}$ 的目标, 在短距离 $d\ll L$ 情况下, 尽管其数据处理过程会比较复杂, 但其测量值与 16.7 节中的重力梯度计一样具有相同的测量信息。短距离的特点允许使用相对跟踪的方法, 该方法对距离比较敏感, 而大气传播干扰的影响较小, 但是该方法需要一个无阻力系统。

在 $d \approx L$ 时, 轨道控制要求不高, 这也正是 NASA 于 2002 年发射的 GRACE 卫星任务采用的方式 (Tapley et al., 2005)。这两个航天器允许在阻力的作用下产生轨道衰减, 并且通过零星的轨道机动将它们之间的距离保持在 120 ~ 270 km。该任务的难点在于按照要求的精度建立电波传播模型: GRACE 卫星之间存在复杂的多频点链接。

任何情况下, 在地球重力测量任务中每个卫星上都需要安装加速度计。但是在加速度计测量过程中, 视测量和校准是一个难题。只有在月球上的重力测量任务不需要进行视测量和校准。由欧洲空间机构研究的 MORO 月球任务 (Coradini et al., 1996) 提出了从主极轨道卫星上释放一个简单的月球子卫星进行距离变化率测量的想法 (Milani et al., 1996)。该任务对月球重力场的敏感性设计得非常好。其空间尺度在 100 km 以下, 本身的轨道高度在 100 km 左右, 在这个高度即使没有推力轨道也能够维持 (Knezevic et al., 1998)。扇谐的问题在 MORO 研究中也进行了讨论。日本 2007 年发射的 KAGUYA 月球探测任务实施了另一项子卫星的试验, 并通过地面的 LVBI 进行微分测量。

16.6.1 重力场的激光多普勒干涉重力测量

在此将介绍一个星间跟踪的案例, 该案例是由欧洲空间机构委托 Thales Alenia Spazio 实施的 LDIM 研究项目, 该项目主要进行长周期的地球重力测量任务 (Cesare et al., 2005; Cesare et al., 2006)。该项研究采用激光干涉测量方法来非常精确的测量两个航天器 (间距约 10 km) 之间的距离变化。在这种距离下, 由于 $d/L \approx 1/10$, (其中空间尺度为 $L \approx 100$) 因此对阶数为 $l_{\max} \approx 200$ 的谐函数测量具有很好的敏感性。假定加速度计的测量带宽为 1/1000 ~ 1/100 Hz, 噪声频谱密度 $S(f)$ 与 GOCE 卫星相似。加速度计和干涉仪在加速度测量中的测量性能差异见 Cesare et al. (2006)。通过离子推进维持 325 km 的轨道高度, 可提供无阻力控制和相对的距离控制。两个航天器在 $(\hat{\boldsymbol{r}}, \hat{\boldsymbol{t}}, \hat{\boldsymbol{w}})$ 轨道平面上保持姿态不变。

通过一个简化的定轨方案可以给出该项研究的初步研究情况, 在 6 个月的任务期内, 可以得到周期超过一年的重力势的微小变化①。在重力梯度计测量的过程中对观测量进行了仿真, 得到一个 $d/r \approx 1.5 \times 10^{-3}$ 的近似值。

对于 $I = 96.8°$ 的太阳同步轨道 (节点周期为一年, 简化热控制。),

① 通过不相关的分频方法得到的重力场被妥协以选择 $\boldsymbol{h}$ 的值。

要求对其轨道倾角进行约束。在此条件下, 极圈效应与 GOCE 卫星相当, 并且已在 16.5 节中进行了讨论。可以通过一个阶次为 l 的函数对其进行总结, 该函数是在 $m \leqslant 15$ 情况下的调谐函数。由图 16.5 可知 (Cesare et al., 2005), 该函数具有一个明显的凸起, 看上去像是图 16.2 中的两个凸起的叠加一样。这正是 LDIM 的目标, 利用两个更小的航天器从更高的轨道上得到与 GOCE 相仿的结果。它的好处是可以避免超过五年的轨道衰减。

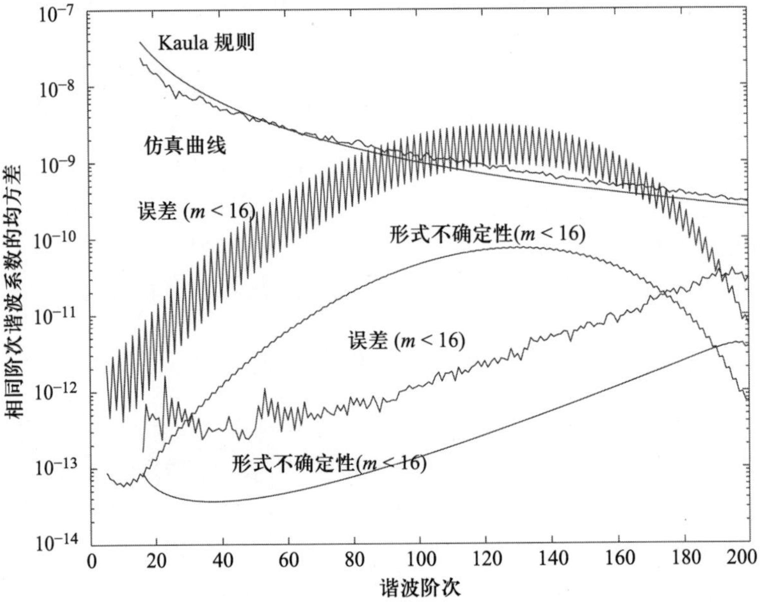

图 16.5 信号曲线与不同阶次的误差估计曲线。左侧从上到下依次是: Kaula 规则信号曲线与实际信号曲线, $m \leqslant 15$ 时的实际误差与理论误差; $m > 15$ 时的实际误差与理论误差

但是, 两者之间也存在一个有趣的差别。如果分别将两个谐系数 C_{lm}、S_{lm} 的结果在同一个图上进行显示, 在该图中, 在轴线附近 m 很小, 在对角线上 $l-m$ 很小, 如图 16.6 所示。图中两侧的 "耳朵" 表示极圈的效应, 中间的山脊表示方程解的另一个缺点, 尽管不是一个明显的阶缺失。当 $l=m$ 时, 在扇谐系数中噪声的增加因子为 10 左右。

由于变量 $\partial^2 U/\partial \boldsymbol{x}^2$ 中唯一可以测量的元素是方向 $\hat{\boldsymbol{t}}$, 因此还是可以找到一个近似的准确对称。如果轨道为完全极化, 那么所有相对于纬度的扇形谐波的导数都为零: $P_{ll}=$ 常数。由于 $\pi/2-I \approx 1/10\,\mathrm{rad}$, 在结果中的缺陷并不重要。需要注意的是, 不存在具有完美重力场的理想轨道。如果轨道近似极化, 那么极圈将非常小, 凸起部分也非常小, 但是它的扇谐缺陷将是一个问题。

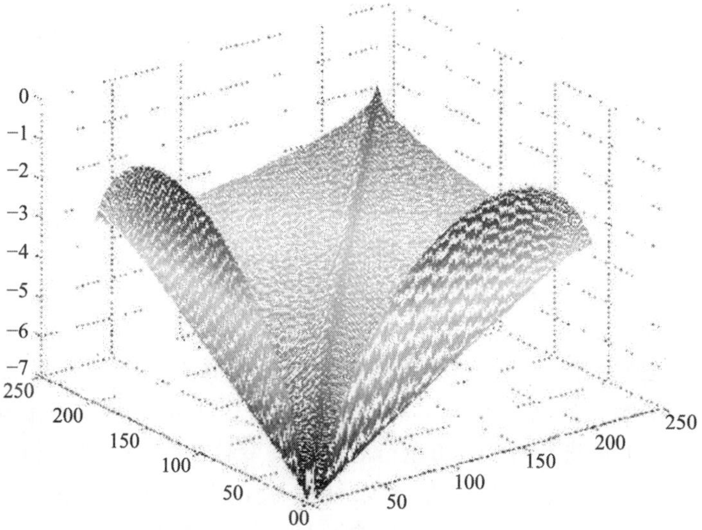

图 16.6　对于每个谐系数 l、m, 由 Kaula 规则建议值除标准差得到的平滑噪信比。图中两个水平方向的轴分别为 C_{lm}、S_{lm}

16.6.2 数值精度要求

在星间跟踪任务存在一个特殊的附加问题, 并不像在首次 LDIM 研究中提到的, 即轨道的数值精度问题。利用激光干涉测量, 航天器间的距离变化率 Δd 敏感度为 10^{-7} cm。当 $r \approx 6.7 \times 10^8$ cm 时, $\Delta d/r \approx 1.5 \times 10^{-16}$。假定两个轨道分别为 $\boldsymbol{x}_1$ 和 $\boldsymbol{x}_2$, 在两个大数间计算误差矢量 $d = |\boldsymbol{x}_1 - \boldsymbol{x}_2|$ 时可能会有很大的不同。因此在现有的计算条件下 (使用尾数为 53 字节的硬件, 对应的相对舍入误差为 $2^{-52} = 2.2 \times 10^{-16}$) 舍入误差是一个制约因素。可以通过软件对上述问题进行补偿, 但是将明显增加计算负荷。因此考虑只在部分计算中采用精度补偿, 而不对重力场的球谐函数展开及其导数等计算进行精度补偿。

第 17 章

其他行星轨道

欧空局计划于 2014 年发射 BepiColombo 航天器用于对水星进行深度研究。本章将把该任务中的航天器定轨问题作为一个案例进行研究,包括仿真技术和数据处理技术两个方面。有一些在本书中还未提及的工具也将在本章进行介绍, 如光行时、距离变化率的隐方程、行星自转方程等。本章内容主要是基于以往发表的研究成果 (Milani et al., 2001b; Milani et al., 2002), 并在此基础上开展的进一步研究。

17.1 水星轨道飞行器的科学目标

在行星探索过程中, 任何一点可获取的信息都是非常有价值的, 而最初的信息往往是行星的近距离图像。对于水星的最早探测可以追溯到 1974—1975 年间 NASA 的 Mariner 10 探测器对水星实施的三次飞越探测①。通过这几次短暂的探测, 初步得到谐系数的估计值是 $\bar{C}_{20} \approx -2.68 \times 10^{-5}$, $\bar{C}_{22} \approx 1.55 \times 10^{-5}$ (Anderson et al., 1987), 同时上述探测也提供了极化磁场的有力证据。

对于行星的深入研究需要采用完全不同的逻辑方式。科学家们首先需要明确研究的一系列科学目标, 并且获得相关空间机构的支持, 但这并不容易实现。它要求将科学目标限定在一个当前资源成本可接受的范围内, 如探测器的质量、功率、数据传输率、热控等。另外, 这类试验还受到现有技术水平的限制, 如高度小型化问题。

① 在不考虑燃料的前提下, 获取三种接近行星的技术由 Giuseppe Colombo 最早提出。这是一个共振的、多重重力场, 它与 12.4 节中描述的共振回归紧密相关。

2001 年, BepiColombo 任务的机会之窗终于开启, Iess and Boscagli (2001) 提出, 采用双频雷达系统 (接收机波段分别为 X 波段和 Ka 波段) 的建议。通常情况下, 雷达电波传播由于受到传播路径上等离子体环境的影响, 其传播速度小于光速, 而由于该航天器和地面雷达之间存在五条链路, 几乎可以完全消除电波传播速度的不确定性影响。即使对于电波传播路径非常接近太阳 (几个太阳半径) 的情况下, 这种不确定性影响也可以忽略。

随之而来出现了两个问题: 在如此优质的跟踪数据条件下可以实现哪些科学目标? 在对水星轨道器的距离和距离变化率测量中, 为了获得更加精确的测量值, 还有哪些附加的要求? 目前在科学研究领域主要关心的问题有两个方面: 一是地球物理问题, 主要是对行星内部结构的研究, 包括行星内核、地幔以及行星两极磁场的源头等; 二是重力场理论问题, 由于水星足够大, 可以减小非重力摄动带来的干扰, 因此它是深入研究太阳重力势问题的有利资源。

17.1.1 水星的行星物理学

从卫星定轨问题中应该可以获得水星重力场的相关信息, 但是这些信息量的大小是未知的 (与球谐系数的阶次相关)。正如在 13.2 节中讨论的, 由外部球谐系数表示的行星外重力场并不是由行星的内部质量分布的唯一约束。特别是二阶谐系数有 5 个时, 6 个二次型的惯量系数间存在一个线性关系, 该关系可由一个自由参数 —— 浓度系数 $C/(MR^2)$ 表示, 其中 C 是最大转动惯量。这使得通过重力确定来描述水星地核的大小显得比较困难。

而且, 静态重力场并不能够完整地描述行星内部各层的物理特性, 如外核。对于地球来说, 其外核为液态的 (通过分析地震波可以确定), 并且它是通过发电机效应产生地球两极磁场的源头, 如果水星不存在液态层, 那么现有的发电机理论将受到质疑。

无论是液态层的存在状态还是核心的大小都可以通过限制行星的自转状态来确定。水星重力场中的时变量部分主要是由太阳产生的潮汐变化引起, 它也可以作为一个约束条件。在 17.4 节中将要介绍的, 行星的旋转状态可以通过对比行星表面同一地域上的点在不同时刻的图像来确定。问题是在给定的技术条件下, 测量的球谐系数 (作为阶数 l 的函数)、行星的潮汐效应、自转状态能达到的准确性。

17.1.2 重力场理论

在 6.6 节中初步介绍的参数化后牛顿方法, 使我们能够对一些违反常规重力场理论的一些问题做出适当的解释, 即广义相对论, 同时还可以通过 γ、β、η、α_1、α_2、ς、$J_{2\odot}$ 等参数来解释其他一些有趣的天体物理现象。当然, 只有通过适用于地球和水星的通用的定轨方法来确定这些参数。目前所不能确定的是在给定跟踪数据的精度和时间分布的情况下, 后牛顿方法参数解的准确性如何。相对于其他所有可利用的试验约束, 如果能够明显改善对于广义相对论的一些可能异常所进行的约束, 那么这将是一个非常重要的试验①。

17.2 行星际跟踪

在地面雷达与航天器间的可观测量为距离 r 及其时间导数 $\dot{r}$。它们可以通过求解五类不同的状态矢量来获得:

$$r = |(\boldsymbol{x}_{\text{sat}} + \boldsymbol{x}_{\text{M}}) - (\boldsymbol{x}_{\text{EM}} + \boldsymbol{x}_{\text{E}} + \boldsymbol{x}_{\text{ant}})| + S(\gamma) \tag{17.1}$$

式中: $\boldsymbol{x}_{\text{sat}}$ 为水星轨道航天器的中心位置; $\boldsymbol{x}_{\text{M}}$ 为水星质心在太阳系质心参考坐标系中的位置; $\boldsymbol{x}_{\text{EM}}$ 为在同一坐标系中地月质心的位置; $\boldsymbol{x}_{\text{E}}$ 为从地月质心到地球质心的矢量; $\boldsymbol{x}_{\text{ant}}$ 为地面雷达相对于地球质心的相位中心。

$S(\gamma)$ 是夏皮罗效应, 即在平直空间中的距离与弯曲空间中的测地线长度之间的区别, 与后牛顿参数 γ 相关。因此, 第 1 章所介绍的动力学参数和运动学参数之间的差别就显得不那么突出了, 这是因为 γ 出现在观测方程式 (17.1) 中, 同时也出现在 6.6 节介绍的相对论运动学中。如果距离可以通过光行时来测量, 则两个日心矢量 $\boldsymbol{r}_1$、$\boldsymbol{r}_2$ 之间的平面距离必须通过下式进行修正 (Moyer, 2003):

$$S(\gamma) = \frac{(1+\gamma)Gm_0}{c^2} \log\left[\frac{r_1 + r_2 + r_{12}}{r_1 + r_2 - r_{12}}\right]$$

式中: $\boldsymbol{r}_1$ 和 $\boldsymbol{r}_2$ 分别对应矢量 $\boldsymbol{x}_{\text{EM}} + \boldsymbol{x}_{\text{E}} + \boldsymbol{x}_{\text{ant}}$ 和 $\boldsymbol{x}_{\text{sat}} + \boldsymbol{x}_{\text{M}}$, 但是首先它们必须转换到日心系下, 该坐标系以太阳的运动速度 $\dot{\boldsymbol{x}}_{\odot}$ 运动。长度变

---

① 如果能够证明一些异常的结论, 那么它将比仅仅验证广义相对论并取得一个更好的精度这一结论显得更加有意义。但是在上述两种情况下所付出的努力是相同的。

量 r_{12} 也可由式 (17.1) 中的 $\boldsymbol{r}$ 进行类似的转换得到。该转换引入了一些后牛顿阶数大于 1 的小项, 在高信噪比的距离测量条件下, 这些小项是可以观测到的。其他关于本次试验精度水平的因素出现在对数的分母项中: 当电波经过太阳周边 (距离太阳几个半径) 时, 即使对于 $GM_{\odot}/c^2 \approx 1.5\ \mathrm{km}$ 的次数的修正都必须计算, 尽管对 $S(\gamma)$ 引入了一个修正量, 该修正量为后牛顿方法的二阶。

式 (17.1) 中的五个矢量必须在不同的历元时间进行计算, 例如 $\boldsymbol{x}_{\mathrm{ant}}$、$\boldsymbol{x}_{\mathrm{EM}}$ 和 $\boldsymbol{x}_{\mathrm{E}}$ 等三个矢量都必须考虑天线的信号传输时间 t_t 和接收时间 t_{r}。$\boldsymbol{x}_{\mathrm{M}}$ 和 $\boldsymbol{x}_{\mathrm{sat}}$ 是在弹性时间 t_{b} 情况下计算的值, 该时间是指在考虑应答机延迟时间修正后信号到达航天器并反射回来的时间。因此存在两个不同的光传输时间, 即信号从天线传输到航天器的上行时间 $\Delta t_{\mathrm{up}} = t_{\mathrm{b}} - t_{\mathrm{t}}$ 和信号从航天器返回的下行时间 $\Delta t_{\mathrm{do}} = t_{\mathrm{r}} - t_{\mathrm{b}}$。那么下行和上行的距离为

$$\begin{aligned} \boldsymbol{r}_{\mathrm{do}}(t_{\mathrm{r}}) &= \boldsymbol{x}_{\mathrm{sat}}(t_{\mathrm{b}}) + \boldsymbol{x}_{\mathrm{M}}(t_{\mathrm{b}}) - \boldsymbol{x}_{\mathrm{EM}}(t_{\mathrm{r}}) - \boldsymbol{x}_{\mathrm{E}}(t_{\mathrm{r}}) - \boldsymbol{x}_{\mathrm{ant}}(t_{\mathrm{r}}) \\ r_{\mathrm{do}}(t_{\mathrm{r}}) &= |\boldsymbol{r}_{\mathrm{do}}(t_{\mathrm{r}})| + S_{\mathrm{do}}(\gamma) \end{aligned} \tag{17.2}$$

$$\begin{aligned} \boldsymbol{r}_{\mathrm{up}}(t_{\mathrm{r}}) &= \boldsymbol{x}_{\mathrm{sat}}(t_{\mathrm{b}}) + \boldsymbol{x}_{\mathrm{M}}(t_{\mathrm{b}}) - \boldsymbol{x}_{\mathrm{EM}}(t_{\mathrm{t}}) - \boldsymbol{x}_{\mathrm{E}}(t_{\mathrm{t}}) - \boldsymbol{x}_{\mathrm{ant}}(t_{\mathrm{t}}) \\ r_{\mathrm{up}}(t_{\mathrm{r}}) &= |\boldsymbol{r}_{\mathrm{do}}(t_{\mathrm{r}})| + S_{\mathrm{up}}(\gamma) \end{aligned} \tag{17.3}$$

存在着一些夏皮罗效应 S_{do}、S_{up}; 根据相对论空间时间中对距离的定义, 上行和下行时间分别为 $\Delta t_{\mathrm{do}} = r_{\mathrm{do}}/c$ 和 $\Delta t_{\mathrm{up}} = r_{\mathrm{up}}/c$。如果测量量的标识时间为接收时间 t_{r}, 那么迭代过程需要从式 (17.2) 中对 t_{r} 时刻 $\boldsymbol{x}_{\mathrm{EM}}$、$\boldsymbol{x}_{\mathrm{E}}$ 和 $\boldsymbol{x}_{\mathrm{ant}}$ 的计算开始。然后粗略估计一个反弹的时间 t_{b}^{0}①。那么在 t_{b}^{0} 时刻计算 $\boldsymbol{x}_{\mathrm{sat}}$ 和 $\boldsymbol{x}_{\mathrm{M}}$ 值, 首次估计 r_{do}^{0} 由式 (17.2) 给出。这就产生了一个更加好的估计值 $t_{\mathrm{b}}^{1} = t_{\mathrm{r}} - r_{\mathrm{do}}^{0}/c$。重复上述过程计算 r_{do}^{1}, 直至计算值收敛, 也就是说直到 $r_{\mathrm{do}}^{k} - r_{\mathrm{do}}^{k-1}$ 的值小于要求的精度。

当接受 t_{b} 和 r_{do} 的最终值后, 从 t_{b} 时刻的 $\boldsymbol{x}_{\mathrm{sat}}$ 和 $\boldsymbol{x}_{\mathrm{M}}$ 状态开始, 并给出传输时间的初略估计值 t_{t}^{0}②。那么在 t_{t}^{0} 时刻的 $\boldsymbol{x}_{\mathrm{EM}}$、$\boldsymbol{x}_{\mathrm{E}}$ 和 $\boldsymbol{x}_{\mathrm{ant}}$ 值可计算得到, r_{up}^{0} 可通过式 (17.3) 计算得到; 此时 $t_{\mathrm{t}}^{1} = t_{\mathrm{b}} - r_{\mathrm{up}}^{0}/c$, 重复上述计算过程直至收敛, 此时可以得到一个足够小的 $r_{\mathrm{up}}^{k} - r_{\mathrm{up}}^{k-1}$。此时双向传输距离为 $r_{\mathrm{up}} + r_{\mathrm{do}}$; 那么单向距离可按传统意义定义为 $r(t_r) = (r_{\mathrm{up}} + r_{\mathrm{do}})/2$。

上述迭代过程同样适用于对自然天体 (如小行星) 的行星际雷达探

---

① 实际上, $t_{\mathrm{b}}^{0} = t_{\mathrm{r}}$ 时的值已经足够好。

② $t_{\mathrm{t}}^{0} = t_{\mathrm{b}} - (t_{\mathrm{r}} - t_{\mathrm{b}})$ 已经足够好。

测, 在 Yeomans et al. (1992) 进行的案例中其最优精度: 距离约 50 m, 速度约为 4 mm/s。采用合作式应答机和高频信号, 目前精度可以做到比以前高 100 倍, 这意味着一阶后牛顿方法修正也应该考虑进去。因此, 考虑到不同的时间坐标, 需要在式 (17.2) 和式 (17.3) 中加入相对修正项 $\Delta_{\rm do}$、$\Delta_{\rm up}$, 在下一节中, 将给出一个具体的实例。

该瞬时距离变化率的计算通过单位矢量 $\hat{\boldsymbol{r}}_{\rm up}$ 和 $\hat{\boldsymbol{r}}_{\rm do}$ 来实现, 即下行:

$$\dot{r}_{\rm do}(t_{\rm r}) = \hat{\boldsymbol{r}}_{\rm do} \cdot \dot{\boldsymbol{r}}_{\rm do} + \dot{S}_{\rm do}(\gamma) \tag{17.4}$$

问题是 $\dot{\boldsymbol{r}}_{\rm do}$ 的计算。对于上述五个位置矢量, 首先可以近似的是速度, 同时 $t_{\rm r}$ 和 $t_{\rm b}$、$t_{\rm t}$ 也可通过双向的迭代收敛得到, 即

$$\dot{\boldsymbol{r}}_{\rm do} = (\dot{\boldsymbol{x}}_{\rm sat} + \dot{\boldsymbol{x}}_{\rm M}) - (\dot{\boldsymbol{x}}_{\rm EM} + \dot{\boldsymbol{x}}_{\rm E} + \dot{\boldsymbol{x}}_{\rm ant})$$

然而, 这样做忽视了一个事实, 即 $t_{\rm b}$、$t_{\rm t}$ 通过 $r_{\rm do}$、$r_{\rm up}$ 与 $t_{\rm r}$ 相关。

$$\frac{{\rm d}t_{\rm b}}{{\rm d}t_{\rm r}} = 1 - \frac{\dot{r}_{\rm do}}{c} + \frac{{\rm d}\Delta_{\rm do}}{{\rm d}t_{\rm b}}, \quad \frac{{\rm d}t_{\rm t}}{{\rm d}t_{\rm r}} = 1 - \frac{\dot{r}_{\rm do}}{c} - \frac{\dot{r}_{\rm up}}{c} + \frac{{\rm d}\Delta_{\rm do}}{{\rm d}t_{\rm b}} + \frac{{\rm d}\Delta_{\rm up}}{{\rm d}t_{\rm b}}$$

对 $\dot{r}_{\rm do}$ 的修正如下:

$$\dot{\boldsymbol{r}}_{\rm do} = (\dot{\boldsymbol{x}}_{\rm sat} + \dot{\boldsymbol{x}}_{\rm M}) - \left(1 - \frac{\dot{\boldsymbol{r}}_{\rm do}}{c} + \frac{{\rm d}\Delta_{\rm do}}{{\rm d}t_{\rm b}}\right) - (\dot{\boldsymbol{x}}_{\rm EM} + \dot{\boldsymbol{x}}_{\rm E} + \dot{\boldsymbol{x}}_{\rm ant}) \tag{17.5}$$

相对于多普勒测量, 采用式 (17.5) 计算的精度高; 由 $\Delta_{\rm do}(tc)$ 引起的因素变小, 但是仍然非常明显。因此 $\dot{r}_{\rm do}$ 的改进值必须引入式 (17.4) 中, 修正的式 (17.5) 进行了重新计算, 直至 $\dot{r}_{\rm do}$ 的值收敛。同样地, 对于 $\dot{r}_{\rm up}(t_{\rm r})$ 迭代循环也是必要的。$\dot{S}_{\rm do}(\gamma)$、$\dot{S}_{\rm up}(\gamma)$ 的计算也需要进行修正 $\mathcal{O}(\dot{r}/c)$。

传统意义上, $\dot{r}(t_{\rm r}) = (\dot{r}_{\rm up}(t_{\rm r}) + \dot{r}_{\rm do}(t_{\rm r}))/2$ 是瞬时值。然而, 测量值并不是瞬时的: 对于多普勒效应的准确测量要求适应拟合载波上的相位差, 其中一个由测站产生, 另一个从空间中返回, 经过一些积分时间 Δ 后累计, 典型的时间区间为 $10 \sim 1000$ s。那么从不同距离上获得的观测量 $\dot{r}$ 为

$$\frac{r(t_{\rm b} + \Delta/2) - r(t_{\rm b} - \Delta/2)}{\Delta} = \frac{1}{\Delta}\int_{t_{\rm b}-\Delta/2}^{t_{\rm b}+\Delta/2} \dot{r}(s){\rm d}s \tag{17.6}$$

或者, 相当地, 集成间隔之间的距离变化率的均值, 该值可通过求积公式计算得到 (见附录 B)。

虽然在本节中介绍的可观测量计算已经非常复杂, 但是仍然不能完整描述观测量的所有影响因素。为了理解计算的难度, 需要考虑其数量

级。对于最先进的跟踪系统 (例如使用 X 波段和 Ka 波段的多频跟踪系统), 距离测量的精度可以达到约 10 cm, 距离变化率的精度为 3×10^{-4} cm/s (通过 1000 s 的时间积分)。假定积分间隔为 $\Delta = 30$ s, 该间隔对于测量水星的重力场是合适的①。

通过高斯统计, 距离变化率测量量的 30 s 积累精度约为 $3 \times 10^{-4}\sqrt{1000/30} \approx 17 \times 10^{-4}$ cm/s, 而在不同 $r(t_b + \Delta/2) - r(t_b - \Delta/2)$ 计算中要求的精度为 0.05 cm 实现目标。距离约为 2×10^{13} cm, 那么不同差别上的相对精度需要为 2.5×10^{-15}。这意味着目前计算机的四舍五入机制是一个障碍, 其相对误差约为 $\varepsilon = 2^{-52} = 2.2 \times 10^{-16}$, 因此其扩展精度只能通过软件来实现, 但是这样会受到很多限制。实际结果是处理跟踪数据 (在当前的精度水平和超过太阳系距离的情况下) 的计算程序必须为一个普通精度和扩展精度变量的混合体。任何的缺陷都可能导致条带效应, 即残差体现了一些离散的值, 这表示一些包含真实观测精度的测量信息在数据处理过程中已经丢失了。作为一个替代方案, 对于式 (17.6) 中的积分公式的使用可以提供一个数值上更加稳定的值, 这是因为距离变化率的测量信噪比远小于 $1/\varepsilon$。

17.2.1 时间尺度和科学目标

在式 (17.1) 中的五个状态矢量中, $\boldsymbol{x}_{\mathrm{ant}}$ 和 $\boldsymbol{x}_{\mathrm{E}}$ 可以认为是已知的, 也就是说通过水星轨道的测量不能提高现有的厘米量级的精度。为了观测月球的轨道, 通过测量到月球表面上某一点的距离是一种更加有效的方法, 即月球激光测距。不论是导航卫星跟踪还是使用甚长基线干涉法, 都提供了关于天线位置和地球自转的更多信息。

相反, $\boldsymbol{x}_{\mathrm{sat}}$ 包含了水星重力场的信息, $\boldsymbol{x}_{\mathrm{M}}$、$\boldsymbol{x}_{\mathrm{EM}}$ 和 $S(\gamma)$ 则包含了水星轨道和重力理论的相关信息。根据基础动力学, $\boldsymbol{x}_{\mathrm{sat}}$ 的轨道周期约为 8000 s, 对于 $\boldsymbol{x}_{\mathrm{M}}$, 行星轨道的周期至少为 7×10^6 s。当太阳接近由地面传输到航天器的电波传播路径时, 称之为上合期间, 夏皮罗效应 $S(\gamma)$ 按照中间时间尺度约 3×10^5 s 产生改变。

观测量的时间分布严格受到观测条件的制约, 例如, 对水星的观测必须满足测站远高于水平面的条件上, 只有这样才能实现 8 h 的连续观测, 当然, 观测时间也随季节产生波动 (夏季长一些, 冬季短一些)。航天器不能位于水星后面, 因此, 对于一些以水星为中心的轨道面的相对方

① 如果轨道周期为 8000 s, 26 阶谐函数的周期约为 150 s, 见 13.5 节。

位和地球方向, 在观测段落将由于受遮挡而中断。传向航天器的电波不能指向太阳, 以免受到强等离子体摄动的影响。总之, 对于水星极轨道, 从单个测站进行观测将只能保证 1/4 轨道周期的观测时间。

对于小于 33000 s 的积累区间, 上节介绍的最优跟踪系统的距离变化率测量精度要优于距离的测量精度。当积累时间增加时, 距离精度也随之增加。因此, 在一个弧段内, $\dot{r}$ 的测量值提供了在 $\boldsymbol{x}_{\mathrm{sat}}$ 上的最优约束。相反, $\boldsymbol{x}_{\mathrm{M}}$ 和 $\boldsymbol{x}_{\mathrm{EM}}$ 行星轨道的约束主要来自于距离测量量 r。在一次上合试验期间, 夏皮罗效应中 γ 的确定可以通过使用 $\dot{r}$ 来约束 $\dot{S}(\gamma)$ (Bertotti et al., 2003a)。当然, 如果 r 也是可用的, 即使在上合期间精度提高一个数量级, 它们也能约束 γ 的值。

因此, 从概念上区分重力试验与相对论试验是可以的, 但从数据处理角度则不能实现。

17.3 重力测定试验

轨道 $\boldsymbol{x}_{\mathrm{sat}}(t)$ 受水星重力场影响, 是一个关于水星质量的函数, 其静态场的谐系数 $\bar{C}_{lm}$、$\bar{S}_{lm}$, 影响其势能的潮汐形变系数。

轨道同样依赖于描述水星自转的系数, 包括黄赤交角 ϵ_1, 经度天平动幅度 ϵ_2 等。然而, 轨道 $\boldsymbol{x}_{\mathrm{sat}}(t)$ 对于 ϵ_1 的响应包含系数 $\bar{C}_{20}$, 对于 ϵ_2 的响应包含系数 $\bar{C}_{22}$, 当然, 如果行星是球对称的, 自转对重力场没有影响。因此, 仅依赖于轨道的轨道确定问题对 ϵ_1、ϵ_2 的灵敏度较低。

作用在轨道上的摄动按照它们的量级排列成如表 17.1 中的顺序, 由表中可知, 在水星周围的热辐射环境下, 除了最低的球谐系数之外, 非重力摄动足够大, 以至于弱化了水星重力场的影响。但即使这样也不能得到想要的精度。从太阳产生的直接辐射压产生了一个约为 $\bar{C}_{22}$ 效应 0.01 倍的摄动加速度; 行星热辐射具有相同的能量, 同样因为水星的反照率 $1-\alpha_{☿}$ 很低。因此, 对于加速度计的要求: 将对 BepiColombo 搭载 ISA 的弹性力速度计任务产生显著的影响 (Iafolla and Nozzoli, 2001; Lucchesi and Iafolla, 2006)。

17.3.1 加速度计观测量

正如在 16.1 节中讨论的, 加速度计可直接测量作用在航天器外表面的非重力摄动产生的加速度, 其符号为负 (式 (16.3))。相对于航天器

表 17.1 当 $a = 3000$ km, $A/M = 0.05\ \mathrm{cm^2/g}$ 时, 在行星参考坐标下的水星轨道上航天器所受的加速度

驱动源	公式	参数	数值/(cm/s^2)
水星磁极	$GM_☿/r^2 = F_0$	$GM_☿$	2.4×10^2
水星扁率	$3F_0\bar{C}_{20}R_☿^2/r^2$	$\bar{C}_{20}$	1.3×10^{-2}
水星三轴	$3F_0\bar{C}_{22}R_☿^2/r^2$	$\bar{C}_{22}$	7.8×10^{-3}
辐射压	$C_\mathrm{R}F_\mathrm{PR}$	C_R	6.8×10^{-5}
热辐射	$4/9F_\mathrm{PR}\alpha_☿\Delta T/T$	$\alpha_☿, \Delta T$	3×10^{-5}
太阳潮汐	$2GM_\odot r/r_\odot^3$	$GM_\odot$	2.3×10^{-5}
ϵ_1 效应	$(9/2)\epsilon_1 F_0\bar{C}_{20}R_☿^2/r^2$	$\epsilon_1\bar{C}_{20}$	1.9×10^{-5}
ϵ_2 效应	$(9/2)\epsilon_2 F_0\bar{C}_{22}R_☿^2/r^2$	$\epsilon_2\bar{C}_{22}$	3.3×10^{-6}
固体潮汐	$3k_2GM_\odot R_☿^5/r_☿^3 r^4$	k_2	2.8×10^{-6}
水星反照率	$C_RF_{PR}(1-\alpha_☿)R_☿^2/(2r^2)$	$\alpha_☿, C_\mathrm{R}$	2.7×10^{-6}
金星潮汐	$2GM_♀ r/r_{☿♀}^3$	$GM_♀$	4×10^{-8}
相对论水星	$F_0GM_☿/(c^2r)$	$GM_☿$	1.9×10^{-8}

质心的探头替代品产生的视在力也同样包括在测量量中。但是假定在轨道计算中, 参考点固连在加速度计上, 而不是质心, 将不会在加速度计测量中引入误差。

一个更加棘手的问题是加速度计上的热辐射摄动, 它将产生一个时变的加速度计标校参数; 如果这种变化比较缓慢, 那么通过对每个观测弧段分开进行标校, 从而可以解决该问题。但是如果温度变化剧烈, 那么这种方法就失效了。对于一个没有温度实时控制装置的加速度计, 其温度变化范围较大。例如, 在水星轨道的 1/4 周期内 (22 天), 温度将变化 10°C 左右, 它所产生的杂散信号将降低求解的精度。

Milani et al. (2001b, 2003) 开展过对于 BepiColombo 的重力测定试

验并进行全尺寸仿真, 以便获得水星重力系数、静力学以及潮汐等参数确定的可信的精度, 同时也确定为加速度计进行先验标校的要求。试验结果如图 17.1 所示, 图中显示了加速度计的温度改变所产生的效应, 这里假定温度的改变既不是可控的, 同时也会导致 10% ~ 1% 的航天器改变。在所有的案例中, 真实误差 (仿真中的地面真实值与标称值的差) 将明显大于由协方差矩阵推导出的理论值。然而, 当温度降低 1 ~ 2 个数量级时, 在一个水星围绕太阳转动的周期内, 重力测定信号直至 25 阶次都在误差之上。这就对加速度计单元提出了明确的要求, 需要在设计过程中进行考虑[①]。

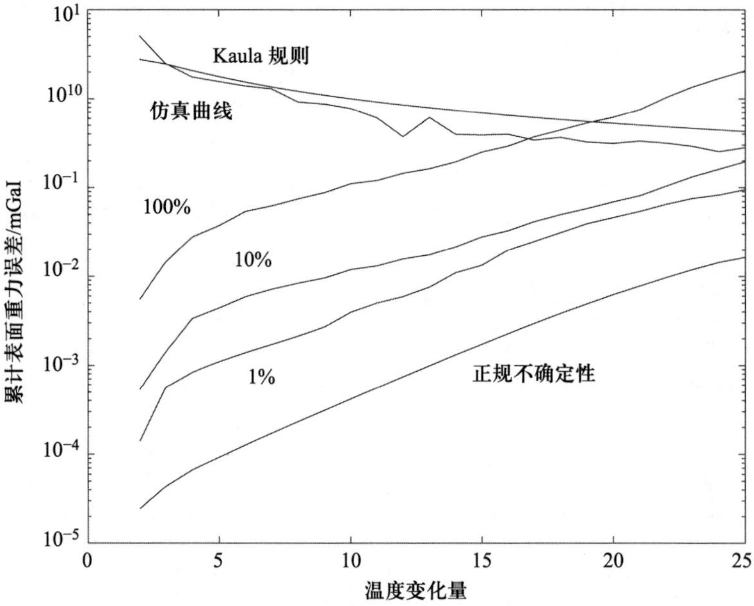

图 17.1　由温度传感器分别产生的 100%、10% 和 1% 的虚拟加速度导致的信号和误差模拟曲线。此处用表面重力异常项 (单位 10^{-3} cm/s^2) 表示不同温度 l 下的模拟结果。每个温度对应的误差由所有到达温度 l 的误差的方差和累积得到。最上面的曲线表示仿真信号和 Kaula 规则。最下面的曲线表示由协方差矩阵获得的正规不确定性

给定水星引力场对二阶太阳潮汐势能的可变响应, 并假定其真实误差为 0.004, 理论精度小于幅值得一阶量, 在将温度变化控制在 1% 以内的情况下, 可仿真计算得到 Love number 系数 k_2。

① 在式 (16.6) 中的温度传感系数 b 已知的情况下, 是否通过温度控制或者测量进行温度校准显得不是很重要。

17.3.2 水星中心轨道上的相对论

通过分别安装在水星表面和地球表面的探测器测得的与太阳之间的加速度的差别,可建立航天器水星质心轨道与地球质心轨道之间的联系。由于水星上太阳的潮汐只能产生二体加速度的 10^{-7},这种耦合非常微弱。如表中所示,水星质量造成的相对摄动将非常小,小到它们甚至是不可测量的,因此它很容易的就被更大的加速度校准量所淹没。那么能够推断广义相对论在水星质心轨道的计算中就不起作用了吗?答案是否定的,但是主要的相对论效应在关于 $\boldsymbol{x}_{\mathrm{sat}}$ 的运动方程的计算中没有出现。

在距离变化率观测方程式 (17.5) 中,$\mathrm{d}\Delta_{\mathrm{do}}/\mathrm{d}t_{\mathrm{b}}$ 项计算时间轴上的变化。实际上,需要考虑三个不同的时间轴。由拉格朗日公式 (6.18) 描述的行星动力学系统是微分方程的解,其自变量的时间术语在时空参考系中,该参考系的原点是太阳系的质心。对于这样的时间坐标有不同的实现。现在已出版的行星星历表提供了一个时间,称为 TDB 时间 (质心动力学时)①。各观测量建立在地面的时间与频率尺度的平均值之上;这对应另外一个时间坐标,称之为 TT (世界时)。因此,对于每一个观测量所对应的时间 t_{t}、t_{r},需要将其从 TT 时间转换到 TDB 时间,以找到行星对应的位置,例如,从预先计算的星历表和关于水星和地月质心的数值计算输出中得到的信息确定地球和月球的位置。这种时间转换的步骤对于准确处理太阳系内跟踪数据是非常必要的; TT 和 TDB 两个时间坐标系的主要差别是周期项,周期为 1 年,幅度约为 1.6×10^{-3} s,它们之间没有线性变化的趋势,作为对 TDB 时间系的合适定义。

在给定的精度要求下,水星质心为原点的卫星运行方程可以用牛顿方程进行近似,其中航天器运动方程的独立变量假定为水星的固有时间。因此,对于 BepiColombo 电波科学试验,有必要定义一个新的时间坐标系,该坐标系包含后牛顿方程的一阶项,该项主要与到太阳的距离 r_{10} 和水星的速度 v_1 有关。以一阶截断了的后牛顿方程的 TDB 尺度间的关系为

$$\frac{\mathrm{d}t_{\mathrm{TDM}}}{\mathrm{d}t_{\mathrm{TDB}}}=1-\frac{v_1^2}{2c^2}-\sum_{k\neq1}\frac{Gm_k}{c^2r_{1k}}$$

在水星、太阳或其他行星轨道已知的条件下,上述方程可通过积分公式进行求解。图 17.2 给出了上述计算的输出结果,显示了后牛顿项

① 它们由 NASA 的 JPL 实验室提供。曾有不同的时间坐标系被提出,在不久的将来,它们需要用在行星星历计算中。

中非零结果的均值。图中的周期项为水星轨道周期, 该周期基本上是 TT-TDB 周期的一个数量级。关于周期修正的时间导数约为 10^{-8}; 在式 (17.5) 中它是与水星速度的乘积, 这就导致在距离变化率上的变化量达 0.05 cm/s, 约是在 30 s 的积分条件下距离变化率精度的 30 倍。线性漂移是具有相关性的, 尽管它可能随着尺度的变化而发生变化 (4.1 节), 该尺度可以是动态的时间也可以是水星的质量。

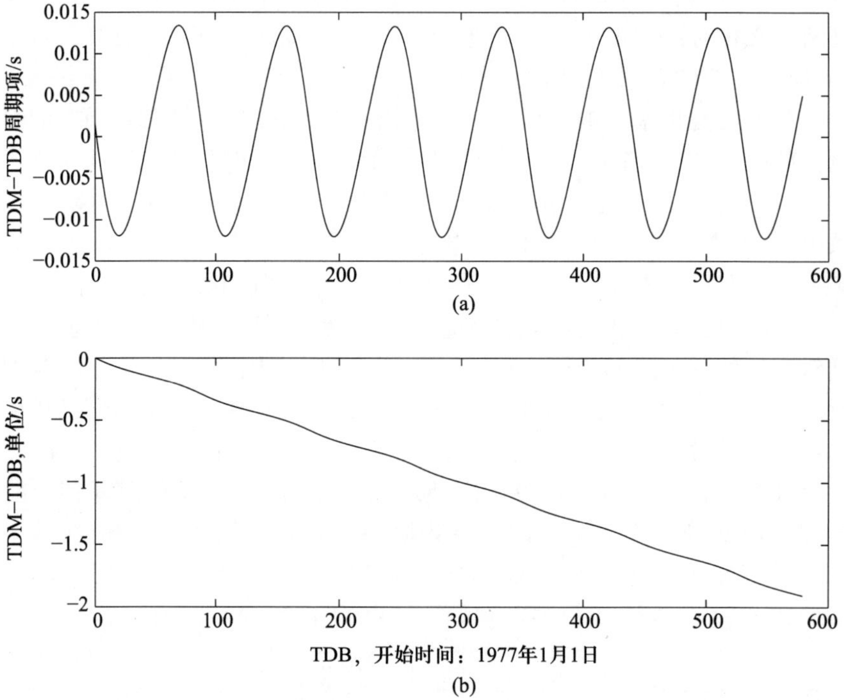

图 17.2 (a) 消除表示水星与太阳间距离表示的趋势项后的差异曲线; (b) 在水星轨道时间轴 TDM 与行星轨道时间轴 TDB 下航天器计算的差值曲线, 以 TDB 的函数形式表示。

17.4 转动试验

转动试验需要通过分析由 BepiColombo 的高分辨率相机得到的图片的相关性来直接确定水星的旋转状态。水星旋转理论是建立在早期的行星雷达数据之上的, 通过这些数据可以知道行星的旋转频率为 $\nu \approx 3/2n_1$, 其中 n_1 是水星轨道的平运动。由于轨道的偏心率 $e_1 \approx 0.2$,

由太阳潮汐重力在水星赤道长轴上产生的扭矩导致了旋转上的一个周期性的摄动。假定水星在开普勒轨道上, 且其自转轴与轨道面正交, 那么与转动惯量最大值的轴线相一致, 运动方程中的转动相位 ϕ 为 (Colombo and Shapiro, 1966)

$$C\frac{\mathrm{d}^2\phi}{\mathrm{d}t^2}=\frac{3}{2}\frac{GM_\odot(B-A)}{r^3}\sin(v_1-\phi) \tag{17.7}$$

式中: A、B、C 为主转动惯量 (惯性二次型的特征值); r 为到太阳的距离; ν_1 为水星的真近点角。由该方程可以得到一阶近似解, 即

$$\phi=\frac{3}{2}l_1+\frac{3}{2}\frac{B-A}{C}\sin l_1+\cdots \tag{17.8}$$

式中: l_1 为水星的平近点角, 体现了在平均旋转速率 $\nu=3/2n_1$ 附近旋转角度。对于 $\nu_1=0$, 这次经度天平动的相位为 0, 此时水星在近日点。然而, 假定水星在其固体外壳外有一层液态层, 那么在式 (17.7) 和式 (17.8) 中的惯性矩 C 应改为外层壳体上的惯性矩 C_m (Peale, 1972)。此时经度天平动的幅度应为原来的 C/C_m 倍 (通常约为 2 倍)。旋转试验的首个目标是估计这种振动的幅度 ϵ_2, 从而来约束 $(B-A)/C_m$。

关于水星旋转的完整理论应包括轨道的非周期性摄动项在内, 同时也应考虑卡西尼原理, 利用该理论平面的旋转轴正常的轨道平面, 以及水星轨道平面岁差的轴 (Colombo, 1966)。轨道平面与旋转轴之间的夹角 ϵ_1 称为黄赤交角, 该值正比于浓度系数 $C/(MR^2)$, 其中 R 为水星的平均半径。那么 (Peale, 1988)

$$\frac{C_m}{C}=\frac{C_m}{B-A}\frac{MR^2}{C}\frac{B-A}{MR^2} \tag{17.9}$$

其中前两项由 ϵ_1、ϵ_2 测量得到, 第三项由谐系数 C_{22} 得到。因此通过测量水星的转动状态 (以参数 ϵ_1、ϵ_2 表示) 和重力场 (以参数 C_{22} 表示), 要想得到水星的物理状态和核心大小的相关信息也是有可能的。

关于水星自转的完整模型应包括行星轨道的短周期摄动, 该摄动将间接影响水星的转动状态。在经度天平动式 (17.8) 中引入的主要项包括行星的异常, 该项的周期可达数年。最大项主要是由木星引起, 它的周期为 11.86 年, 幅度约为 13″。这表明在近日点, 一个完整的经度天平动的相位不为零。如果水星轨道的任务周期相对于主要行星的摄动项周期要小得多, 那么在近日点, 后者可近似为在转动相位上的一个常数转变。假定球谐函数的级数展开由球形极坐标 (r,θ,λ) 表示, 经度原

点为某些近日点面向太阳的水星的子午线。因此非零的转动相位表示最小惯量的轴为与参考子午线成一定的角度 δ_{22}。因此存在非零 S_{22} 系数, 该系数可以在轨道确定过程中得到, 并且通过方程 $C_{22}\cos(2\lambda)+S_{22}\sin(2\lambda)=J_{22}\cos(2\lambda+2\delta_{22})$ 用于计算 δ_{22}。总之, 行星摄动将产生一些效应, 这些效应可以通过 BepiColombo 射电试验进行观测。

17.4.1 观测条件

水星转动的特殊性 (与轨道运动存在 3/2 的共振) 导致从航天器上观测水星表面某一地点数次的可能性受到很大的约束。一个水星太阳日的时间跨度约为 176 个地球日, 在此期间, 行星完成了 3 个恒星自转 (在图 17.3 中的转动相位 ϕ 为曲线 F), 从水星轨道观测太阳经过了两次旋转 (水星的平近点角 l_1 为曲线 M)。从水星表面的点观察, 在一个水星太阳日, 太阳在天球体上经过了一个完整的公转。水星上的太阳时为 $\phi-v_1$ (曲线 T); 在水星表面上给定一条子午线, 曲线上连续的表示日光区, 点线表示黑暗区。太阳潮汐作用在谐系数 C_{22} 上的扭矩相位为 $2\phi-2v_1=3l_1-2v_1+\mathcal{O}(\epsilon_1)$ (曲线 C), 那么在纵向的强迫振动主要项的周期与水星轨道周期相同。

对于一个极轨道, 在航天器经过给定区域的地面轨迹期间, 每个水星太阳日只有六次, 如图 17.3 中所示的水平线条的交叉点和转动相位, 平均情况下, 其中三次位于黑夜区。而且, 在两种不同的状态下, 光照条件和航天器高度肯定是不相同的。如果任务持续一个地球年, 同样的观测条件将重复两次, 但是在同样的水星近地点值上, 同样的经度将再次观测到, 因此经度天平动具有相同的相位。通过这些观测条件约束, 抓住所有的机会记录同一区域内的图像是最基本的条件, 包括当航天器没有被地面站跟踪时。在重力测定试验仿真中已经得到, 当加速度计偏差减小到 1% 以内时, 通过比较任务期间任意时间的图像, 就足以使轨道精度能够满足执行旋转试验的条件。然而, 这意味着在飞行期间的约束条件, 甚至是一个姿态, 需要在两次跟踪段落间执行。

根据固定在航天器上的参考系中的姿态信息和相机的图片信息所建立的惯性参考坐标系, 从航天器上观测, 测量量直接指向表面上的参考点。那么其误差应该包括航天器的轨道误差、姿态误差、相机的热控稳定性以及星图平面, 以及在不同图片中寻找相对位置关系时的相关性误差等。

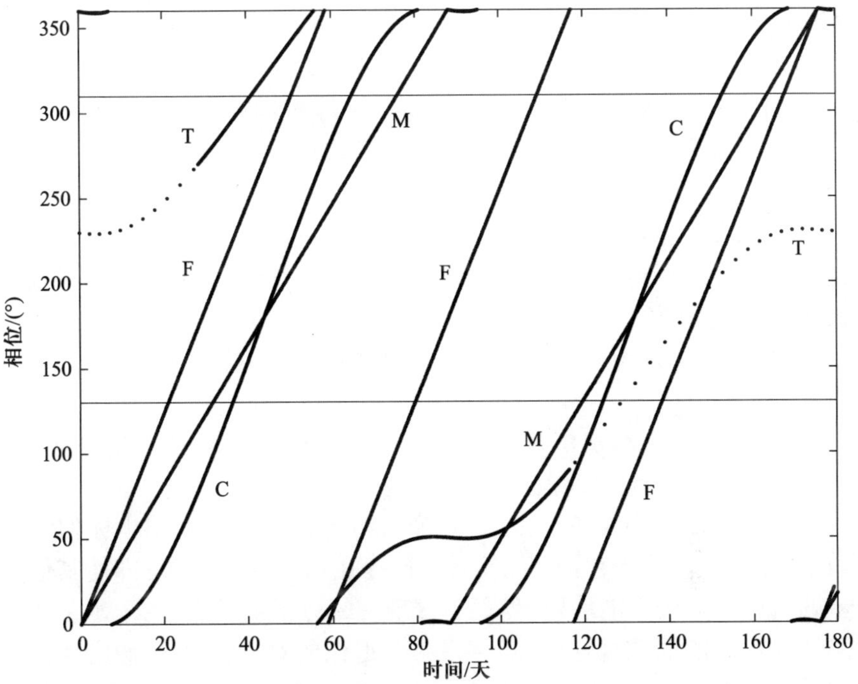

图 17.3 在半年的时间轴上水星经度方向的平动对应的角度。M 表示水星轨道的平均变化。F 表示行星旋转相位。T 表示本地太阳时。需要说明的是在近日点附近太阳将在水星的背面。C 表示在水星赤道面上由太阳作用产生的扭矩相位，其周期为轨道周期。图中两条水平线表示航天器轨道面的一种选择

17.5 相对论试验

为了验证重力理论，需要确定精度极高的水星轨道，同时，地月质心轨道也需要进行一些必要的改进。这就要求完整的相对论运动方程，包括利用后牛顿参数 γ、β、ζ、$J_{2\odot}$、η、α_1、α_2 表达违反广义相对论的项，而且，太阳或者可能是某些行星的质量确定需要有更高的精度。对于水星和地月质心的 12 个初始条件，有将近 20 个参数需要求解。

如果能够从水星质心定轨中将这一部分的问题分离出来，那么通过大量的测试来分析随机误差和系统误差的相互影响所产生的计算量将相对较小 (Milani et al., 2002)。每一个在水平线以上的水星观测弧段，观测量都可以引入到两个正规点上，分别代表距离和距离变化率数据。这种简化方法在仿真计算中非常有用，可以识别主要问题，并判断可能

发生的现象。但这也并不意味着这种问题的分割方式适用于实际的数据处理过程。通过这种方法已经发现了五个主要的问题:

(1) 双行星轨道以及太阳质量的确定导致四阶的近似秩亏。

(2) 在解的协方差矩阵中, β 和 $J_{2\odot}$ 具有强相关性, 这就导致上述两个参数的边缘精度的退化。

(3) 参数 γ 同样出现在夏皮罗效应中, 该参数强烈依赖于电波波束到太阳的最近距离。在一个接近的上合期间, γ 产生的夏皮罗信号远远大于在水星轨道上的信号。

(4) 在距离测量中, 描述 $\mathrm{d}(GM_\odot)/\mathrm{d}t$ 的参数 ζ 对于时变系统效应的出现非常敏感。

(5) 地月质心轨道的确定必须使其与小行星摄动具有相关性。

上述问题的起源及其可能的解决办法如下:

(1) 在 6.6 节中讨论的, 当使用质心行星位置消除太阳坐标作为动力学变量时, 通过所有行星的旋转仍然存在三个绝对对称。即使其他行星的轨道目前还不能确定, 但是通过现有的行星星历表, 由于水星轨道和地球轨道的弱耦合性, 仍然存在一个近似的对称。而且, 假定太阳的质量按照式 (4.7) 同时变化, 同等量级的变化是近似对称的。因此, 根据 6.1 节中技术讨论, 有必要增加四个约束条件。

(2) β 的主要轨道效应是近日点辐角的进动, 这是发生在水星轨道面上的位移; $J_{2\odot}$ 则产生经度节点上的进动, 该进动是在太阳赤道平面上的位移。这两个平面之间的夹角只有 $\epsilon = 3.3°$, 其余弦为 $\cos\epsilon = 0.998$, 因此很容易理解 β 和 $J_{2\odot}$ 之间的相关性为 0.997。除非使用另外一个测试体, 其轨道平面的倾斜度远远大于水星的轨道平面, 否则这种相关性是难以避免的。能够减轻这种效应的一条可能途径是使用 Nordtvedt (1970) 关于重力的通用理论推导的公式, 该理论的前提条件是符合度规理论:

$$\eta = 4\beta - \gamma - 3 - \alpha_1 - \frac{2}{3}\alpha_2 \tag{17.10}$$

在 γ、η 的值以及优越参考架参数已经确定的情况下, 上述方程对于 β 的值起到了一个很好的约束作用, 因此 β 和 $J_{2\odot}$ 的方差明显减小 (Milani et al., 2002)。

(3) 由于不同时间尺度的原因, 对 γ 值形成强约束的上合试验不能像其他后牛顿参数确定的方法一样进行仿真。对于水星轨道的本地校正以及 γ 值, 水星质心轨道的联合解必须采用。然而, 其结果严重依赖于假定条件。从地球上观察, 每年有三个水星的上合, 但是每一个单独的上合产生的夏皮罗信噪比依赖于周围环境: 在有些情况下, 水星隐藏在太阳后面, 在有些情况下, 电波经过的地方距离太阳很远。因此在夏皮罗效应中包含的 γ 信号非常微弱。Milani et al. (2002) 的模拟仿真中假定, 对于一个在上合期间的相对较短的时间段 (20 天), 有三个地面站可用, 这三个地面站分布在不同的经度上能够实现连续跟踪; 而且, 水星被太阳隐藏的上合也被应用。但是在实际任务中, 这种假设并不理想。一种可能是 Bertotti et al. (2003a) 提出的在上合试验期间正处于行星际巡航阶段。正如在 14.5 节中讨论的, 非重力摄动的处理是相对比较简单的, 不需要使用到加速度计 (同样的试验可应用在加速度计的长期校准中)。在 Cassini 号同等的试验条件下, 使用 BepiColombo 的设备 (不仅是在距离变化率测量上精度更高, 而且在距离测量上也能有很高的精度) 能够在 γ 值的求解上使精度提高 1 个数量级。然而, 由于一些原因, 例如强辐射压以及长时间试验的需求等, 内太阳系的条件是非常困难的。

(4) 对于水星而言, 无论是对于万有重力常数 G 的变化还是对于太阳质量 $M_\odot$ 在一年中的微小变化, 其主要影响因素是长期跟踪中的二次摄动, 该摄动在一年中增长约 15 cm。如果距离测量中包含一个具有二次特征的时变偏差, 在对 ζ 的求解中将导致一个系统误差。这个结论用于 BepiColombo 射电科学试验中以提升对设备的要求, 现在已使用一个内部校准环来测量应答机的延迟。太阳的质量由于质子的流出, 每年变化约 7×10^{-14}, 这使得可以在一定精度上对 ζ 进行预测。准确的估计太阳由于带电粒子的流出导致的质量变化稍微有点困难, 这主要是由于这种带电粒子流出的现象主要出现在太阳的极区附近。因此, 从水星轨道上确定 ζ 的值并不是一个无价值的试验, 而是能够得到一个预测值, 尽管这个值的精度并不是很精确。对于 10^{-13} 量级的 ζ 值, 区分 G 的变化和 $M_\odot$ 的变化是有点困难的。

(5) 地球轨道上由于 “谷神” 星产生的摄动可以通过表 4.1 中的 Roy–Walker 参数进行估计, 其中地球轨道的短周期摄动应约为 2.2×10^{-11} AU $\approx$ 3 m。为了不降低结果的准确度, 到地球距离的测量精度约为 10 cm, “谷神” 星的质量需要已知, 其相对误差在 0.01 次的量级, 使用其他经过 “谷神” 星附近的小行星轨道的变形量也是可行的。问题是有大于 20 颗小行星的质量为 “谷神” 星的 1/100 以上, 约有 150 个小行星的质量为 “谷神” 星的 1/1000 以上, 另外还有大部分的小行星的质量是未知的。这些未知摄动的联合效应将导致地球轨道确定的精度降低, 对于水星的效应则是一个数量级的减小。这个问题与 5.8 节中讨论的观察权重的问题相关, 这是因为靠近小行星的轨道确定受天体测量的数据质量影响很大 (Baer et al., 2008)。该问题的解决方法之一是未来能够通过地面或者空间中的高精度天体测量巡天的方法确定小行星的质量①。

Milani et al. (2002) 进行的两次仿真计算的结果在表 17.2 中进行了展示。作为一次上合试验的结果, 参数 γ 的值被认为是在 2×10^{-6} 的水平上。在数值仿真的误差模型中, 系统误差中包含一个时变的偏差, 该偏差每年非线性的增加约 50 cm, 这将影响其他所有的参数。这从形式误差 (由协方差矩阵计算得到) 和真实误差 (在仿真计算中使用值与真实值之间的差别) 的明显差别中可以体现。对于 ζ, 真实误差与形式均方根的比例会非常大。对于 β、$J_{2\odot}$, 在非度量试验 A 中的边际不确定性相对于试验 B 大约降低 100, 在试验 B 中, 式 (17.10) 作为一个约束存在。这就使得我们可以很好地获得参数 γ 和 η 的值, 同样对于其他包含相同参数的 α_1、α_2 值, 也同样可以通过仿真计算获得响应的值。总之, 这些简化的仿真计算结果是非常有用的, 但是这并不意味着所有的问题都能得到解决。

表 17.2 在 BepiColombo 的相对论试验的两种不同仿真中的标准偏差与全误差 (包含体系误差)。A 试验与 B 试验的差别是在 B 试验中使用了 Nordtvedt 方程进行约束

[0.5ex]	试验 A (非度量)		试验 B (度量)	
参数	RMS	全误差	RMS	全误差
$\beta-1$	6.7×10^{-5}	2.2×10^{-4}	7.5×10^{-7}	2.0×10^{-6}
η	4.4×10^{-6}	1.5×10^{-5}	3.0×10^{-6}	7.9×10^{-6}
ζ	4.0×10^{-14}	5.2×10^{-13}	3.9×10^{-14}	5.3×10^{-13}
ΔJ_2	7.9×10^{-9}	2.8×10^{-8}	2.4×10^{-10}	2.1×10^{-9}
$\Delta M_\odot/M_\odot$	1.9×10^{-12}	5.9×10^{-12}	3.3×10^{-13}	1.0×10^{-12}

17.6 全局数据处理

在前三节中已经介绍, 关于 BepiColombo 射电科学试验的三个方面:

① 大量小行星质量的确定问题是另外一个欧空局项目 (Gaia 高精度天体测量任务) 的科学目标, 该项目于 2012 年发射。

重力测定、自转和相对论试验。然而, BepiColombo 定轨的主要问题是汇集所有的观测数据, 并采用一种完整的、独立的方式, 求解所有的相应参数。这就导致产生一个相对比较大的最小二乘方程组, 尽管该方程组并不如第 16 章中所介绍的一些方程那么大。在现有的最先进的计算机硬件条件下, 无论是内存大小还是计算量都是一个很大的问题。为此, 首先需要确保所有方程的准确性 (从物理上表现出一些异常的现象), 并且维持在一个较高的水平。在本节中, 将讨论如何处理这些全局的数据。

17.6.1 局部 — 全局分解

距离和距离观测量需要自然地分解成不同的弧段, 每一个部分代表在水平面之上的地面站的一个观测弧段。如果只有一个地面测站, 那么每天只有一个弧段。此外, 还存在一些由高分辨率相机获得的大地测量参考点的角度观测量的观测弧段。

在一个很长观测时间段内, 水星中心轨道不能以一种非常准确的方式进行传递, 这是因为在两个轨道之间的非重力摄动因素还不能很好地建模, 同时也因为存在一些可能的姿态变化或控制。在一个圈次中, 加速度计的校准参数由观测量获得 (通常是距离变化率) 可以通过下面的方法来实现粗略的数量级估算: 对距离观测量超过 1000 s 的计算精度可达 3×10^{-4} cm/s, 可以确定约等于 3×10^{-7} 加速度值。对于仅有的一个地面观测站, 两个圈次间的间隔为 $14 \sim 16$ h, 在此期间, 加速度计按照无校准的状态进行记录。在 Milani et al. (2003) 的仿真计算中, 即使考虑精度为 1% 的热信号先验校准, 航天器位置每天的传播误差平均值也为 3.8 m, 在初始条件下, 相对于平均值的快速增长, 其增长速度小于 10 cm。

也就是说, 在轨道不被跟踪的情况下, 任何一种通过确定性方法得到的结果其误差要远远大于测量精度。因此, 对于水星质心定轨问题, 可以应用在 15.3 节中关于 LAGEOS 的地心轨道确定相同的方法, 一种好的选择是使用多弧段策略, 在每一个弧段中, 六个初始条件的独立集都能够得到求解。

通过式 (15.1), 可以找出每一个弧段中的局部变量和全局变量。对于一个名义上为期一年的任务, 弧段的初始条件和三个常数校准是局部变量。对于弧段中只包含了相机观测的情况, 为了发现不同图像间的漂移而设置的参考点的大地坐标是局部。

谐系数, 包含一些质量和后牛顿参数的行星初始条件, 全局的距离校准、潮汐系数以及水星自转参数都是全局变量。

根据 15.1 节描述的算法, 问题可以得到逐步解决。第一步是局部法化矩阵, 根据式 (15.2) 在各个弧段间转换。第二步是全局变量, 根据式 (15.4) 进行修正。第三步是根据式 (15.5) 对局部变量进行修正。这种方法可能出现问题的是在第一步中, 仅有局部的法化矩阵存在一阶近似亏秩。

17.6.2 视线对称

产生局部法化矩阵缺陷的是 6.5 节中外太阳系行星精确对称的一个近似版本。如果水星质心轨道沿着轴 $\hat{\boldsymbol{\rho}}$ 旋转, 轴线方向是由地球指向水星中心, 那么如果轴向不变, 在距离和距离变化率观测量上存在绝对的对称。如果假定轴线随时间变化, 那么在近似对称中的变化参数是在弧段观测期间的轴线转动角 (在惯性参考系中)(Bonanno and Milani, 2002)。

对于局部参数的稳定求解有不同的解决方法。对先验观测值的设置能够微弱的约束初始条件 (位置误差 3 m, 速度误差 3 m/天), 将足以获得稳定的求解。这是在仿真中采用的简化的方法。在实际操作过程中, 需要计算一段精度相对较低的长弧段解, 此时不包含近似对称 (由于时间段与水星和地球的轨道周期相当), 使用它对局部初始条件进行一个短弧段的微弱约束。另一个方法是, 两个连贯弧段的初始条件能够同时进行弱约束, 使用对次日扩展所做预测的协方差矩阵①, 如 5.5 节中介绍的对确定性协方差传播。最终的解决方法还没有确定, 但是将通过全尺度的仿真结果来确定。

17.6.3 复杂试验

可以用几句话对 BepiColombo 射电试验下一个结论。由于探测数据质量极度地好, 因此 BepiColombo 跟踪试验将获得大量的信息, 通过这些信息可以对水星的结构以及重力场理论进行很好的研究。然而, 也必须时刻防备发生错误, 因为这是防止错误的唯一方法。

除非存在一个可用的绝对先验条件, 如果误差足够小以至于不会对测量结果产生明显影响, 那么所有影响观测量的参数都应该在全局最小二乘方程中得以体现。这样可以避免不同相关参数间的边界条件和约束条件之间的混淆。

① 该方法与卡尔曼滤波算法紧密相关。

事实上, 对于问题的有些分解是不可避免的, 特别是通过其他渠道得到的一些在不太复杂的界面上传输后的数据所产生的一些问题。例如, 地面站校准参数、地面天线的运动、航天器天线位置和运动、对流层修正、航天器姿态以及相机面阵等需要通过其他渠道进行测量。对于其中大部分的测量, 保持 BepiColombo 任务测量精度的要求都是一项非常不容易的任务。

换而言之, BepiColombo 射电试验是一个系统性的试验, 它包括许多航天器的子系统和地面站相关的一些问题。这就要求所有专家系统都具有很高的质量水平。本章简要介绍了一些需要开展的工作, 但是仍然需要对其他许多未提及的问题进行考虑。

17.6.4 结论

通过一段话对本书进行总结: 正如在引言中已经说明的, 本书作者们从来没有意图想写一本包含所有方法的完整的参考书, 使得该书可以应用到所有的定轨问题中。本书的目的是向读者介绍一些新的、可用的方法, 其中大多数是由我们自己通过大量的合作和多年的研究得到的。如果读者认为我们的这些努力起到了效果, 欢迎联系我们。

参考文献

Aguirre-Martinez, M. and Sneeuw, N. (2003). Needs and tools for future gravity measuring missions, *Space Sci. Rev.* **108**, 409–416.

Aitken R. G. (1964). The Binary Stars (Dover Publication, New York).

Aksnes, K. (1976). Short-period and long-period perturbations of a spherical satellite due to direct solar radiation, *CMDA* **13**, 89–104.

Albertella, A. (1993). Calcoli geodetici sulla sfera con la serie di Fourier, Politecnico di Torino, D. Phil. thesis.

Albertella, A. and Migliaccio, F. (eds) (1998). *SAGE, Satellite Accelerometry for Gravity Field Exploration: Phase A Final Report* (International Geoid Service, Milano).

Albertella, A., Sansò, F. and Sneeuw, N. (1999). Band-limited functions on a bounded spherical domain: the Slepian problem on the sphere, *J. Geod.* **73**, 436–447.

Anderson, J.D., Colombo, G., Esposito, P.B., Lau, E.L. and Trager, G.B. (1987). The mass, gravity field, and ephemeris of Mercury, *Icarus* **124**, 337–349.

Anselmo, L., Bertotti, B., Farinella, P., Milani, A. and Nobili, A. M. (1983a). Orbital perturbations due to radiation pressure for a spacecraft of complex shape, *CMDA* **29**, 27–43.

Anselmo, L., Farinella, P., Milani, A. and Nobili, A. M. (1983b). Effects of the Earth-reflected sunlight on the orbit of the LAGEOS satellite, *Astron. Astrophys.* **117**, 3–8.

Arnold, V. (1976). *Mathematical Methods of Classical Mechanics* (Springer, Berlin).

Baer, J., Milani, A., Chesley, S.R. and Matson, R.D. (2008). An Observational Error Model, and Application to Asteroid Mass Determination, AAAS-DPS meeting 2008, abstract 52.09.

Balmino, G., Barriot, J. P. and Valés, N. (1990). Non-singular formulation of the gravity vector and gravity gradient tensor in spherical harmonics, *Manuscripta Geodetica* **15**, 11–16.

Bern, M. and Eppstein, D. (1992). Mesh generation and optimal triangulation. In *Computing in Euclidean Geometry*, eds. D.-Z. Du and F.K. Hwang (World Scientific), pp. 23–90.

Bertotti, B. and Iess, L. (1991). The rotation of LAGEOS, *J. Geophys. Res.* **96**, 2431–2440.

Bertotti, B., Iess, L. and Tortora, P. (2003a). A test of general relativity using radio links with the Cassini spacecraft, *Nature* **425**, 374–376.

Bertotti, B., Farinella, P. and Vokrouhlický, D. (2003b). *Physics of the Solar System* (Kluwer, Dordrecht).

Bini, D., Capovani, M. and Menchi, O. (1988). *Metodi numerici per l'algebra lineare* (Zanichelli, Bologna).

Bini, D. A. (1997). Numerical computation of polynomial zeros by means of Aberth method, *Numer. Algorithms* **13**, no. 3–4, 179–200.

Boattini, A., D'Abramo, G., Forti and G. Gal, R. (2001). The Arcetri NEO Precovery Program, *Astron. Astrophys.* **375**, 293–307.

Bonanno, C. (2000). An analytical approximation for the MOID and its consequences, *Astron. Astrophys.* **360**, 411–416.

Bonanno, C. and Milani, A. (2002). Symmetries and rank deficiency in the orbit determination around another planet, *CMDA* **83**, 17–33.

Bowell, E. and Muinonen, K. (1994). Earth-crossing asteroids and comets: ground-based search strategies, in *Hazards due to Comets and Asteroids*, ed. T. Gehrels (University of Arizona Press, Tucson), pp. 149–197.

Bowell, E., Hapke, B., Domingue, D., Lumme, K., Peltoniemi, J. and Harris, A.W. (1989). Application of photometric models to asteroids. In *Asteroids II*, eds. R. P. Binzel, T. Gehrels and M. S. Mathews (University of Arizona Press, Tucson), pp. 524–556.

Broucke, R. A. and Cefola, P. J. (1972). On the equinoctial orbit elements, *CMDA* **5**, 303–310.

Carpino, M., Milani, A. and Chesley, S. R. (2003). Error statistics of asteroid optical astrometric observations, *Icarus* **166**, 248–270.

Celletti, A. and Pinzari, G. (2005). Four classical methods for determining planetary elliptic elements: A comparison, *CMDA* **93**, 1–52.

Celletti, A. and Pinzari, G. (2006). Dependence on the observational time intervals and domain of convergence of orbital determination methods, *CMDA* **95**, 327–344.

Cesare, S. *et al.* (2005). *Laser Doppler Interferometry Mission: Final Report*, Alcatel Alenia Space Italia report No. SD-RP-AI-0445. 19 December 2005.

Cesare, S., Sechi, G., Bonino, L., Sabadini, R., Marotta, M., Migliaccio, F., Reguzzoni, M., Sansó, F., Milani, A. and Pisani, M. (2006). Satellite-to-satellite laser tracking mission for gravity field measurement. In *Gravity Field of The Earth*, Proceedings of the First International Symposium of the International Gravity Field Service, Istambul, 28 August −1 September 2006.

Charlier, C. V. L. (1910). On multiple solutions in the determination of orbits from three observations, *MNRAS* **71**, 120–124.

Charlier, C. V. L. (1911). Second note on multiple solutions in the determination of orbits from three observations, *MNRAS* **71**, 454–459.

Chesley, S.R. (2005). Very short arc orbit determination: the case of asteroid 2004 FU_{162}. In *Dynamics of Populations of Planetary Systems*, eds. Z. Knežević, and A. Milani (Cambridge University Press), pp. 259–264.

Chesley, S.R. (2006). Potential impact detection for near-Earth asteroids: the case of 99942 Apophis, in *Asteroid, Comets, Meteors*, eds. Lazzaro, D. *et al.* (Cambridge University Press), pp. 215–228.

Chesley, S.R., Chodas, P.W., Milani, A., Valsecchi, G.B. and Yeomans, D.K. (2002). Quantifying the risk posed by potential Earth impacts, *Icarus*, **159**, 423–432.

Chesley, S. R., Ostro, S. J., Vokrouhlický, D., Čapek, D., Giorgini, J. D., Nolan, M. C., Margot, J.-L., Hine, A. A., Benner, L. A. M. and Chamberlin, A. B. (2003). Direct detection of the Yarkovsky effect by radar ranging to Asteroid 6489 Golevka, *Science* **302**, 1739–1742.

Chesley, S.R., Vokrouhlický, D. and Matson, R.D. (2008). Orbital identification for asteroid 152563 (1992 BF) through the Yarkovsky effect, *Astron. J* **135**, 2336–2340.

Chodas, P.W. and Yeomans, D.K. (1996). The orbital motion and impact circumstances of Comet Shoemaker-Levy 9. In *The Collision of Comet Shoemaker-Levy*

9 and Jupiter, eds. K.S. Knoll *et al.* eds. (Kluwer, Dordrecht), pp. 1–30.

Cicalò, S. (2007). Determinazione dello stato di rotazione di Mercurio dallo studio del campo gravitazionale, University of Pisa, Master thesis.

Colombo, G. (1966). Cassini's second and third laws, *Astron. J* **71**, 891–896.

Colombo, O.L. (1989). Advanced techniques for high-resolution mapping of the gravitational field. In *Theory of Satellite Geodesy and Gravity Field Determination, Lecture Notes in Earth Sciences* **25**, eds. F. Sansò and R. Rummel (Springer, Berlin), pp. 335–369.

Colombo, G. and Shapiro, I.I. (1966). The rotation of the planet Mercury, *Astrophys. J* **145**, 296–307.

Conn, A.R., Gould, N.I.M. and Toint, Ph.L. (1992) *LANCELOT: a Fortran package for large-scale nonlinear optimization* (Springer, Berlin).

Coradini, A. *et al.* (1996). *MORO Moon ORbiting Observatory*, ESA SCI (96) 1, March 1996.

Cox, D. A., Little, J. B. and O'Shea, D. (1996). *Ideals, Varieties and Algorithms* (Springer, Berlin).

Crawford, R. T., Leuschner, A. O. and Merton, G. (1930). *Determination of Orbits of Comets and Asteroids* (McGraw Hill, New York).

Danby, J. M. A. (1988). *Fundamentals of Celestial Mechanics*, Second edition (Willmann Bell, Richmond VA).

Delaunay, B. (1934). Sur la sphere vide, *Izvestiya Akademii Nauk SSSR, Otdelenie Matematicheskii i Estestvennykh Nauk* **7**, 793–800.

de' Michieli Vitturi, M. (2004). Approximate gradient-based methods for optimum shape design in aerodynamic, University of Pisa, D. Phil. thesis.

Dufey, J., Lemaitre, A. and Rambaux, N. (2008) Planetary perturbations on Mercury's libration in longitude, *CMDA* **101**, 141–157.

Edmonds, A.R. (1957). *Angular Momentum in Quantum Mechanics* (Princeton University Press.)

European Space Agency (1999). Gravity field and steady-state ocean circulation mission (GOCE), ESA SP-1233(1), July 1999.

Evans, L. C. (1998). *Partial Differential Equations* (American Mathematical Society).

Everhart, E. and Pitkin, E. T. (1983). Universal variables in the two-body problem, *Am. J. Phys.* **51/8** 712–717.

Farnocchia, D. (2008). Orbite preliminari di asteroidi e satelliti artificiali, University of Pisa, Master thesis.

Ferraz-Mello, S. (1981). Estimation of periods from unequally spaced observations, *Astron. Astrophys.* **86**, 619–624.

Field, D.A. (1988). Laplacian smooting and Delaunay triangulations, *Commun. Appl. Math* **4**, 709–712.

Gauss, C. F. (1809). *Theoria motus corporum coelestium in sectionis conicis solem ambientum*, Hamburg; also in *Werke, siebenter band*, (1981, Olms Verlag, Hildesheim).

Granvik, K. and Muinonen, K. (2008). Asteroid identification over apparitions, *Icarus* **198**, 130–137.

Granvik, K., Muinonen, K., Virtanen, J., Delbó, M., Saba, L., De Sanctis, G., Morbidelli, R., Cellino, A. and Tedesco, E. (2005). Linking Very Large Telescope asteroid observations. In *Dynamics of Populations of Planetary Systems*, eds. Knežević, Z. and Milani, A. (Cambridge University Press), pp. 231–238.

Greenberg, R., Carusi, A. and Valsecchi, G.B. (1988), Outcomes of planetary close encounters – A systematic comparison of methodologies, *Icarus* **75**, 1–29.

Gronchi, G. F. (2002). On the stationary points of the squared distance between two ellipses with a common focus, *SIAM Journ. Sci. Comp.* **24/1**, 61–80.

Gronchi, G. F. (2005). An algebraic method to compute the critical points of the distance function between two Keplerian orbits, *CMDA* **93**, 297–332.

Gronchi, G. F. (2009). Multiple solutions in preliminary orbit determination from three observations, *CMDA* **103**, 301–326.

Gronchi, G. F. and Tommei, G. (2006). On the uncertainty of the minimal distance between two confocal Keplerian orbits, *DCDS-B* **7/4**, 755–778.

Gronchi, G. F., Tommei, G. and Milani, A. (2007). Mutual geometry of confocal Keplerian orbits: uncertainty of the MOID and search for Virtual PHAs. In *Near Earth Objects, our Celestial Neighbors: Opportunity and Risk*, eds. Milani, A. Valsecchi, G. B. and Vokrouhlick′ y, D. (Cambridge University Press), pp. 3–14.

Gronchi, G. F., Dimare, L. and Milani, A. (2008). Orbit determination with the two-body integrals, submitted.

Hartmann, P. (1964). *Ordinary Differential Equations* (John Whiley, Hoboken, NJ).

Herrick, S. (1971). *Astrodynamics*, Vol. **1** (Van Nostrand Reinhold, London).

Hobson, E. W. (1931). *The Theory of Spherical and Ellipsoidal Harmonics* (Cambridge University Press).

Hoots, F. R. (1994). An analytical method to determine future close approaches between satellites, *CMDA* **33**, 143–158.

Iafolla, V. and Nozzoli, S. (2001). Italian spring accelerometer (ISA): a high sensitive accelerometer for BepiColombo ESA CORNERSTONE *Plan. Space Sci.* **49**, 1609–1617.

Iess, L. and Boscagli, G. (2001). Advanced radio science instrumentation for the mission bepiColombo to Mercury, Plan. *Space Sci.* **49**, 1597–1608.

Jazwinski, A. H. (1970). *Stochastic Processes and Filtering Theory* (Academic Press, New York).

Jeffreys, B. (1965). Transformations of tesseral harmonics under rotation, *Geophys. J.* **10**, 141–145.

Kaula, W. M. (1966). *Theory of Satellite Geodesy* (Blaisdell, Whaltham).

Kholshevnikov, K. V. and Vassiliev, N. (1999). On the distance function between two keplerian elliptic orbits, *CMDA* **75**, 75–83.

King-Hele, D. (1964). *Theory of Satellite Orbits in an Atmosphere* (Butterworths, London).

Kinoshita, H., Hori, G. and Nakai, H. (1974). Modified Jacobi polynomial and its applications to expansions of disturbing functions, *Ann. Tokyo Astron. Obs. (Sec. Ser.)* **14**, 14–35.

Knežević, Z. and Milani, A. (1998). Orbit maintenance of a lunar polar orbiter, *Planet. Space Sci.* **46**, 1605–1611.

Knuth D.E. (1998). *The Art of Computer Programming, Volume 3, Sorting and Searching* (Addison-Wesley, Reading, Massachussets).

Kristensen, L.K. (1995). Orbit determination by four observations, *Astron. Nachr.* **316/4**, 261–266.

Kubica, J., Denneau, L., Grav, T., Heasley, J., Jedicke, R., Masiero, J., Milani, A., Moore, A., Tholen and D., Wainscoat, R. J. (2007). Efficient intra- and inter-night linking of asteroid detections using kd-trees, *Icaru* **189**, 151–168.

Lemoine, F.G., Kenyon, S.C., Factor, J.K., Trimmer, R.G., Pavlis, N.K., Chinn, D.S., Cox, C.M., Klosko, S.M., Luthcke, S.B., Torrence, M.H., Wang, Y.M., Williamson, R.G., Pavlis, E.C., Rapp, R.H. and Olson, T.R. (1998). *The Development of the Joint NASA GSFC and NIMA Geopotential Model EGM96*, NASA/TP-1998-206861, (NASA Goddard Space Flight Center, Greenbelt, MD).

Leuschner, A. O. (1913a). A short method of determining orbits from 3 observations, *Publ. Lick Obs.* **7**, 3–20.

Leuschner, A. O. (1913b). Short methods of determining orbits, second paper, *Publ. Lick Obs.* **7**, 217–376.

Lucchesi, D. and Iafolla, V. (2006). The non-gravitational perturbations impact on the BepiColombo radio science experiment and the key rôle of the ISA accelerometer: direct solar radiation and albedo effects, *CMDA* **96**, 99–127.

Marchi, S., Momany, Y. and Bedin, L. R. (2004). Trails of solar system minor bodies on WFC/ACS images, *New Astron.* **9**, 679–685.

Mehrholz, D., Leushacke, L., Flury, W., Jehn, R., Klinkrad, H. and Landgraf, M. (2002). Detecting, tracking and imaging space debris, *ESA Bulletin* **109** 128–134.

Milani, A. (1999). The asteroid identification problem I: recovery of lost asteroids, *Icarus* **137**, 269–292.

Milani, A. (2002a). *Introduzione ai sistemi dinamici* (Editrice PLUS, Pisa).

Milani, A. (2002b). Celestial mechanics and the real Solar System: measurements, models and tests. In *Celestial Mechanics, St. Petersburg 2002*, IAU Transactions no. 8 (Institute of Applied Astronomy, St. Petersburg), pp. 133–136.

Milani, A. (2005). Virtual asteroids and virtual impactors. In *Dynamics of Populations of Planetary Systems*, eds. Z. Knežević, and A. Milani (Cambridge University Press), pp. 219–228.

Milani, A. and Kneževiċ, Z. (1995). *Selenocentric Proper Elements, A Tool for Lunar Satellite Mission Analysis, version 2.0.* ESA, Final Report of Study 144506, G. Racca technical officer.

Milani, A. and Melchioni, E. (1989). Determination of a local geodetic network by multi-arc processing of satellite laser ranges. In *Theory of Satellite Geodesy and Gravity Field Determination*, Lecture Notes in Earth Sciences, **25**, eds. F. Sansò and R. Rummel (Springer-Verlag, Berlin), 417–445.

Milani, A. and Nobili, A. M. (1983a). On topological stability in the general 3body problem, *CMDA* **31**, 213–240.

Milani, A. and Nobili, A. M. (1983b). On the stability of hierarchical 4body systems, *CMDA* **31**, 241–291.

Milani, A. and Valsecchi, G.B. (1999). The asteroid identification problem II: Target plane confidence boundaries. *Icarus* **140**, 408–423.

Milani, A., Nobili, A. M. and Farinella, P. (1987). *Non Gravitational Perturbations and Satellite Geodesy* (Adam Hilger, Liverpool).

Milani, A., Carpino, M., Rossi, A., Catastini and G., Usai, S. (1995). Local geodesy by satellite laser ranging: a European solution, *Manuscripta Geodetica* **20**, 123–138.

Milani, A., Luise, M. and Scortecci, F. (1996) The lunar sub-satellite experiment of the ESA MORO mission, *Planet Space Sci.* **44**, 1065–1076.

Milani, A., Chesley, S.R., and Valsecchi, G.B. (1999). Close approaches of asteroid 1999 AN_{10}: Resonant and non-resonant returns. *Astron. Astrophys.* **346**, L65–L68.

Milani, A., La Spina, A., Sansaturio and M. E., Chesley, S. R. (2000a). The asteroid identification problem III. Proposing identifications, *Icarus* **144**, 39–53.

Milani, A., Chesley, S.R., and Valsecchi, G.B. (2000b). Asteroid close encounters with Earth: risk assessment. *Planet Space Sci.* **48**, 945–954.

Milani, A., Chesley, S.R., Boattini, A. and Valsecchi, G.B. (2000c). Virtual impactors: Search and destroy, *Icarus* **145**, 12–24.

Milani, A., Sansaturio, M. E. and Chesley, S. R. (2001a). The asteroid identification problem IV: Attributions, *Icarus* **151**, 150–159.

Milani, A., Rossi, A., Vockrouhlicky, D., Villani, D. and Bonanno, C. (2001b). Gravity field and rotation state of Mercury from the BepiColombo Radio Science Experiments, *Planet. Space Sci.* **49**, 1579–1596.

Milani, A, Vokrouhlický, D., Villani, D., Bonanno, C. and Rossi, A. (2002). Testing general relativity with the BepiColombo radio science experiment, *Phys. Rev. D* **66**, 082001.

Milani, A., Rossi, A. and Villani, D. (2003). *The BepiColombo radio science simulations*, Report to ESA, Version 2, 11 April 2003.

Milani, A., Gronchi, G. F., de' Michieli Vitturi, M. and Knežević, Z. (2004). Orbit determination with very short arcs. I admissible regions, *CMDA* **90**, 59–87.

Milani, A., Gronchi, G. F., Knežević, Z., Sansaturio, M. E. and Arratia, O. (2005a). Orbit determination with very short arcs. II identifications, *Icarus* **79**, 350–374.

Milani, A., Chesley, S. R., Sansaturio, M. E., Tommei, G. and Valsecchi, G. (2005b). Nonlinear impact monitoring: line of variation searches for impactors, *Icarus* **173**, 362–384.

Milani, A., Sansaturio, M. E., Tommei, G., Arratia, O. and Chesley, S. R. (2005c). Multiple solutions for asteroid orbits: computational procedure and applications, *Astron. Astrophys.* **431**, 729–746.

Milani, A., Rossi, A. and Villani D. (2005d). A timewise kinematic method for satellite gradiometry: GOCE simulations, *Earth Moon Planets* **97**, 37–68.

Milani, A., Gronchi, G. F., Knežević, Z., Sansaturio, M. E., Arratia, O., Denneau, L., Grav, T., Heasley, J., Jedicke, R. and Kubica, J. (2006). Unbiased orbit determination for the next generation asteroid/comet surveys. In *Asteroids Comets Meteors 2005*, eds. D. Lazzaro *et al.* (Cambridge University Press), pp. 367–380.

Milani, A., Gronchi, G. F. and Knežević, Z. (2007). New definition of discovery for Solar System objects, *Earth Moon Planets* **100**, 83–116.

Milani, A., Gronchi, G. F., Farnocchia, D., Knežević, Z., Jedicke, R., Dennau, L. and Pierfederici, F. (2008). Topocentric orbit determination: Algorithms for the next generation surveys, *Icarus* **195**, 474–492.

Mood, A.M., Graybill, F.A. and Boes, D.C. (1974). *Introduction to Statistics*, (McGraw-Hill, New York).

Mossotti, O.F. (1816–1818). Nuova analisi del problema di determinare le orbite dei corpi celesti, in *Mossotti, scritti* (Domus Galileiana, Pisa).

Moyer, T.D. (2003). *Formulation for Observed and Computed Values of Deep Space Network Data Types for Navigation* (Wiley-Interscience, Hoboken, NJ).

Mussio, L. (1984). Il metodo della collocazione minimi quadrati e le sue applicazioni per l'analisi statistica dei risultati delle compensazioni. *Ricerche di Geodesia, Topografia e Fotogrammetria* **4**, 305–338.

Nordtvedt, K. (1970). Post-Newtonian metric for a general class of scalar-tensor gravitational theories and observational consequences, *Astrophys. J.* **161**, 1059–1067.

Olsen, Ø. (2007). The constancy of the Pioneer anomalous acceleration, *Astron. Astrophys.* **463**, 393–397.

Pail, R., Plank, G. and Schuh, W. D. (2001). Spatially restricted data distributions on the sphere: the method of orthonormalized functions and applications, *J. Geod.* **75**, 44–46.

Peale, S.J. (1972). Determination of parameters related to the interior of Mercury, *Icarus* **17**, 168–173.

Peale, S.J. (1988). The rotation dynamics of Mercury and the state of its core, in *Mercury*, eds. Vilas, F., Chapman, C.R. and Matthews, M.S. (University of Arizona Press, Tucson), pp. 461–493.

Plummer, H. C. (1918). *An Introductory Treatise on Dynamical Astronomy* (Dover Publications, New York).

Poincaré, H. (1906). Sur la détermination des orbites par la méthode de Laplace, *Bulletin astronomique* **23**, 161–187.

Risler, J. J. (1991). *Méthodes mathematiques pour le CAO*, Collection Recherche en mathematiques appliquées, *RMA 18*, Masson.

Rossi, A. (2005) Population models of space debris. In *Dynamics of Populations of Planetary Systems*, eds. Z. Knežević, and A. Milani (Cambridge University Press), pp. 427–438.

Sansaturio, M. E., Milani, A. and Cattaneo, L. (1996). Nonlinear optimisation and the asteroid identification problem. In *Dynamics, Ephemerides and Astrometry of the Solar System*, eds. S. Ferraz Mello *et al.* (Kluwer, Dordrecht), pp. 193–198.

Simmons, J.F.L., McDonald, A.J.C. and Brown, J.C. (1985). The restricted 3-body problem with radiation pressure, *CMDA* **35**, 145–187.

Sitarski, G. (1968). Approaches of the parabolic comets to the outer planets, *Acta Astron.* **18/2**, 171–195.

Sneeuw (1991). Inclination functions: group theoretical background and a recursive algorithm. In *Reports of the Faculty of Geodetic Engineering*, **91.2** (Delft University of Technology, Delft).

Taff, L. G. and Hall, D. L. (1977). The use of angles and angular rates. I – Initial orbit determination, *CMDA* **16**, 481–488.

Tapley, B., Ries, J., Bettadpur, S., Chambers, D., Cheng, M., Condi, F., Gunter, B., Kang, Z., Nagel, P., Pastor, R., Pekker, T., Poole, S. and Wang, F. (2005). GGM02 – An improved Earth gravity field model from GRACE, *J. Geodesy* **79**, 467–478.

Tommei, G. (2005). Nonlinear impact monitoring: 2-dimensional sampling, in *Dynamics of Populations of Planetary Systems*, eds. Z. Knežević, and A. Milani, (Cambridge University Press), pp. 259–264.

Tommei, G. (2006a). Canonical elements for Öpik theory, *CMDA* **94**, 173–195.

Tommei, G. (2006b). Impact monitoring of near-Earth objects: theoretical and computational results, University of Pisa, D. Phil. thesis.

Tommei, G., Milani, A. and Rossi, A. (2007). Orbit determination of space debris: admissible regions, *CMDA* **97**, 289–204.

Valk, S. and Lemaitre, A. (2007). Semi-analytical investigations of high area-tomass ratio geosynchronous space debris including Earth's shadowing effects, *Adv. Space Res.* **42**, 1429–1443.

Valk, S., Lemaitre, A. and Anselmo, L. (2007) Analytical and semi-analytical investigations of geosynchronous space debris with high area-to-mass ratios influenced by solar radiation pressure. *Adv. Space Res.* **41**, 1077–1090.

Valsecchi, G.B., Milani, A., Gronchi, G.F., and Chesley, S.R. (2003), Resonant returns to close approaches: analytical theory, *Astron. Astrophys.* **408**, 1179–1196.

Virtanen, J., Muinonen, K. and Bowell, E. (2001). Statistical ranging of asteroid orbits, *Icarus* **154**, 412–431.

Vokrouhlický, D and Milani, A. (2000). Direct radiation pressure on the orbits of small near-Earth asteroids: observable effects?, *Astron. Astrophys.* **362**, 746–755.

Vokrouhlický, D, Milani, A. and Chesley, S. R. (2000). Yarkovsky effect on small Near Earth asteroids: mathematical formulation and examples, *Icarus* **148**, 118–138.

Wagner, W. E. and Velez, C. E. (eds) (1972). *Goddard Trajectory Determination Subsystem Mathematical Specifications* (Goddard Space Flight Center, Greenbelt, MD).

Walker, I.W., Gordon Emslie, A. and Roy, A.E. (1980). Stability criteria in many-body systems I, *CMDA* **22**, 371–402.

Wallin, J.F., Dixon, D.S. and Page, G.L. (2007). Testing gravity in the outer solar system: results from transneptunian objects, *ApJ* **666**, 1296–1302.

Wetherill, G. W. (1967). Collisions in the asteroid belt, *J. Geophys. Res.* **72**, 2429–2444.

Whipple, A.L. (1995). Lyapunov times of the inner asteroids, *Icarus* **115**, 347–353.

Wigner, E.P. (1959). *Group Theory and its Applications to the Quantum Mechanics of Atomic Spectra* (Academic Press, New York).

Will, C.M. (1981). *Theory and Experiment in Gravitational Physics* (Cambridge University Press).

Winslow, A.M. (1964). An irregular triangle mesh generator, *Report UCXRL-7880*, National Technical Information Service, Springfield, VA.

Yeomans, D.K., Chodas, P.W., Keesey, M.S., Ostro, S.J., Chandler, J.F. and Shapiro, I.I. (1992). Asteroid and comets orbits using radar data, *Icarus* **103**, 303–317.